JN411145

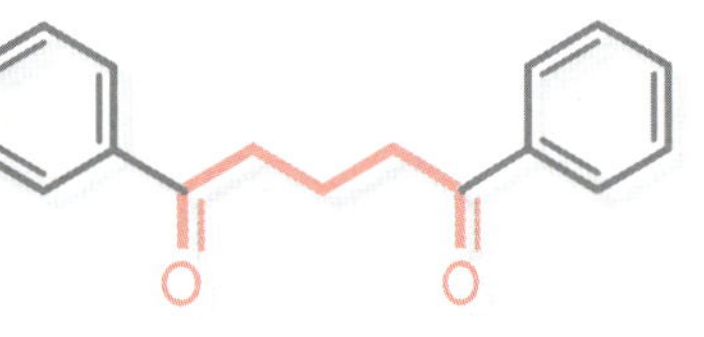

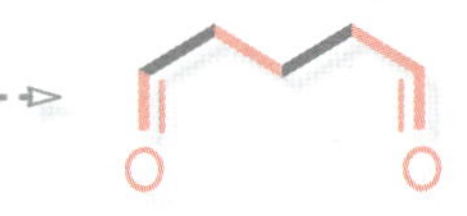

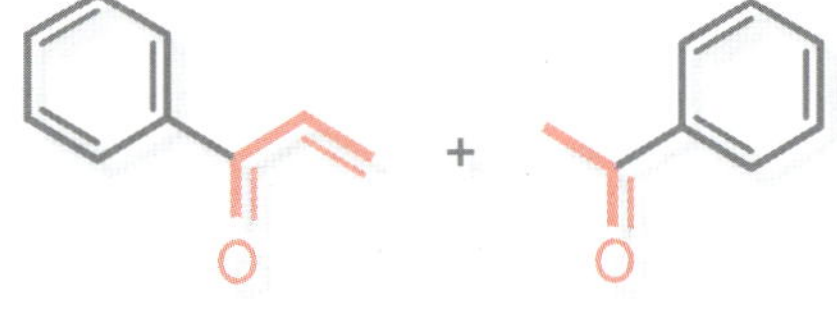

Yoon's

유기 합성

기초 이론 및 설계

윤용진 · 윤효재 지음

자유아카데미

머리말

합성(synthesis)은 새로운 물질을 만들어 내는 창조적인 과학이다. 작은 유기 분자로부터 자연에 존재하는 분자나 존재하지 않는 분자도 만들 수 있을 뿐만 아니라, 분자량이 수만에 이르는 큰 고분자도 합성할 수 있어 화학에서 매우 중요한 분야이다.

합성은 대상에 따라 무기물 합성과 유기물 합성으로 구분할 수 있지만, 일반적으로 공유 결합으로 이루어진 유기 분자의 합성이나 변형이 더 어렵고 다양하다. 나아가서 유기 분자와 금속을 이용하여 초분자(supramolecule, 공유 결합 이외의 힘에 의해 이루어짐)를 합성하기도 한다. 화학이 물질과 물질의 변화를 탐구하는 과학이라면, 합성 화학(synthetic chemistry)은 원자 또는 간단한 분자로부터 새로운 분자를 구축하는 과학이다.

이 교재는 지금까지 나온 반응과 문헌 중심의 유기 합성 참고서와는 달리, 처음 합성을 시작하려는 화학자가 기초적인 합성 이론과 합성의 설계 및 방법을 쉽게 알 수 있도록 서술하고 있다. 이 교재에서는 전반적으로 공유 결합의 형성과 분해를 주로 하는 단분자 유기 합성에 대해 설명하였고, 추가적으로 유기 분자와 금속 및 다른 화학종으로부터 합성하는 초분자 화학에 대해 다루었다.

1장에서는 간단한 서론과 더불어 (1) 모형 반응의 선정, (2) 용매 효과의 평가, (3) 촉매 및 첨가제 효과의 평가, (4) 온도 효과 및 반응 시간 평가, (5) 반응 시약의 양 결정, (6) 최적 반응 조건의 선정, (7) 적용 범위와 제한성 평가, (8) 산업화 평가의 순서에 따라 유기 합성 연구 방법론을 예를 들어 기술하였다.

2장에서는 목표 물질로부터 출발 물질을 도출하는 결합 끊기(bond disconnection) 방법과 이를 이용한 역합성을 다루고 있다. 즉, 결합 끊기 방식, 합성 단위체와 대등체의 도출 방법, 결합 끊기의 실제 등을 예시와 함께 구체적으로 설명하였다.

3장에서는 실제 합성에서 분자 뼈대를 구축하는 방법, 작용기의 도입과 변환 방법을 자세히 설명하였고, 해당 반응의 시약 등에 대한 정보를 제시하고 있다. 아울러 절대 배열 결정 방법 및 비대칭 합성 반응 경로 등에 대해 서술하였다.

4장과 5장에서는 '효율적인 합성 전략은 무엇인가'를 중심으로 다루었다. 합성 과정에서 관여하는 중간 물질의 종류 및 반응 중 거동, 각 계열 화합물들에 대한 유용한 합성 전략들을 예를 들어 기술하였다.

6장에서는 목표 물질을 실제로 합성하는 과정을 예시와 함께 구체적으로 설명하였다. 합성의 실제 단계로 목표 물질의 역합성(단계 1), 출발 물질의 도출(단계 2), 합성에 이용되는 반응 정보와 지식의 확보(단계 3), 합성 및 구조 확인(단계 4)을 어떻게 이용하는가를 다루고 있다.

7장에서는 오늘날 유기 실험실에서도 빈번하게 수행하는 초분자 합성을 다루고 있다. 초분자 화학의 이해, 초분자의 기능성, 초분자 화합물의 합성 방법 및 초분자 합성을 위한 합성 단위체(synthon) 등을 자세히 설명하였다.

8장에서는 합성의 실제적인 기초 실험 기술, 즉 실험실 안전, 반응 장치, 반응 용매의 종류 및 선택 기준, 혼합물 분리 기술과 장치, 반응 진행 정도 확인 방법 등을 설명하였다.

아울러 부록에는 연구 노트 관리 방법, 연구 개요 작성 및 활용, 용어 해설 및 작용기 변환에 관련된 이름 반응(name reaction) 등을 실었다.

좋은 교재를 만들기 위해 많은 시간 동안 노력하였음에도 일부 오류가 있을 것이다. 이 교재의 부족한 점이나 오류를 발견하면 자유아카데미 편집부(editor@freeaca.com)로 알려 주기 바라며, 출간 후에라도 수정 사항이 있을 경우에는 자유아카데미 홈페이지(www.freeaca.com) 자료실에 제공할 예정이다.

끝으로, 이 교재가 합성을 처음 시작하려는 이들에게 많은 도움이 되길 바라며, 교재가 출간되기까지 지원해 주신 자유아카데미 주정희 사장님, 임철석 부사장님과 편집부 여러분께 깊은 감사를 드린다.

2017년 11월

윤 용 진

학습자를 위한 일러두기

합성 화학에서는 일반 유기화학에서 다루지 않는 용어들을 많이 사용한다. 따라서 처음 유기 합성을 접하는 학생들이 내용을 이해하기에는 어려움이 따를 수 있다. 이런 문제 해결을 위해 부록에 유기 합성 관련 용어들을 설명하였다. 이 교재를 학습하는 동안에 부록의 용어 해설을 참고하기 바란다.

차례

5장 목표 분자의 합성 전략: 2부

6장 합성의 실제

1장

서론

지난 세기까지는 공유 결합으로 이루어진 분자성 물질을 간단히 **분자**(molecule)라고 불렀다. 그러나 오늘날에는 유기 화학이나 초분자 및 나노 과학 등 관련 학문이 크게 발전하면서 새로운 개념의 정립이 필요하게 되었다. 원자들이 공유 결합만으로 결합하여 만들어진 분자성 물질을 **단분자**(monomolecule)라고 하고, 단분자가 하나 이상의 금속이나 다른 화학종과 공유 결합이 아닌 힘에 의해 결합되어 하나의 분자처럼 거동하는 물질을 **초분자**(supramolecule)라고 한다.

전통적인 **유기 합성**(organic synthesis)이란, 단분자를 만들거나 변환하기 위해 공유 결합을 생성하거나 분해하는 일련의 반응들을 말한다. 그러나 필요로 하는 특정한 공유 결합을 생성하거나 분해시키는 것은 간단하지 않다. 그럼에도 불구하고 지난 두 세기 동안에 이런 단분자의 합성과 변환 기술이 크게 발전하여 유기 합성을 '화학의 꽃'이라고까지 말한다.

합성은 연구 방법에 따라 세 가지로 구분할 수 있다. 첫째는 큰 분자를 여러 단계의 반응을 거쳐 목표 물질을 합성하는 **전합성**(total synthesis)이고, 두 번째는 천연물을 이용하여 부분적으로만 반응을 시켜 요구하는 물질을 합성하는 **준합성**(semisynthesis), 마지막 세 번째는 특정한 결합이나 작용기의 변환 방법을 연구하는 **합성 방법론**(synthetic methodology)에 대한 연구이다.

오늘날의 유기 합성은 보다 나은 인류의 미래를 위해 친환경적이고도 지속 가능한 합성 방법을 추구하고 있다. 즉 합성 과학의 더 큰 목표인 **이상적 합성**(ideal synthesis)으로 그 개념이 확장되었다.

> J. B. Hendrickson(*J. Am. Chem. Soc.*, 1975, *97*, 5784-5800)은 이상적 합성 개념을 다음과 같이 정의하였다. "The ideal synthesis creates a complex skeleton… in a sequence only of successive construction reactions involving no intermediary refunctionalizations, and leading directly to the structure of the target, not only its skeleton but also its correctly places functionality."

이상적 합성법을 이해하기 쉽게 말하면, 독성이 없어 안전하고 저렴하여 쉽게 구입이 가능한 출발 물질을 물 용매에서 상온으로 반응시켜 100% 수율로 목표 물질을 간단히 얻을 수 있는 합성 방법이다. 그러나 실제로 이런 반응은 자연에서 일어나는 반응을 제외하면 흔하지 않으며 일반적이지도 않다. 대부분의 천연물이나 새로운 유기 분자는 복잡한 경로와 잘 제어된 반응을 통해 합성된다. 소규모 합성을 주로 하는 연구실 합성에서는 크게 문제되지 않는 수율, 독성, 부산물 및 폐기물 등 반응 전후의 결과나 물질들이 산업적인 생산 현장에서는 심각한 요인이 될 수도 있다. 오늘날 모든 합성 화학자들의 목표는 어떻게 이런 문제를 해결할 것인가에 집중되고 있다. 이런 문제들의 해결을 위해 보다 효율적이면서 더 단순한 반응 단계를 찾아야 하므로 전략적인 합성 설계가 필요하다.

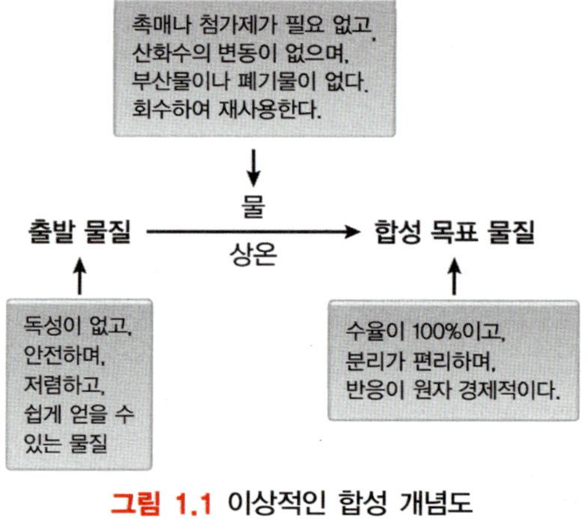

그림 1.1 이상적인 합성 개념도

1.1 유기 합성 연구 방법론

유기 합성은 연구 방법론적인 면에서는 전합성, 준합성과 합성 방법론 개발 연구로 구분되나 준합성은 합성 방법론 개발 연구와 유사하므로 전합성과 합성 방법론 개발 연구를 주로 다루기로 한다.

전합성은 구하기가 쉬운 작은 단위의 출발 물질로부터 여러 단계를 거쳐 필요로 하는 목표 물질을 합성하는 것으로, 최종 목표 물질을 합성하는 단계는 목표 물질의 종류, 구조 및 크기에 따라 매우 다르다. 한편 합성 방법론 개발 연구는, 특정 결합의 생성 및 분해와 작용기의 상호 변환을 위한 최적 반응 조건을 찾는 연구 분야이다. 결국, 전합성을 수행하기 위해서는 각 단계별로 방법과 조건의 최적화를 거쳐야 하므로 합성 방법론 개발 연구가 우선적으로 수반되어야 한다. 경우에 따라서는 관심 있는 합성 방법 개발만을 연구하기도 한다.

합성 화학자가 만들고자 하는 대부분의 분자들은 구조적으로 복잡하다. 유기 분자들이 복잡성(complexity)을 가지는 요인은 분자의 크기, 원소의 종류, 결합의 종류와 수, 작용기의 종류와 수, 고리의 연결도, 입체 중심의 존재 유무와 수, 구조의 불안정성 및 다양한 반응성 등이다. 이러한 유기 분자의 복잡성 때문에 합성 화학자들은 복잡한 유기 분자를 합성하기 위해 i) 어떤 물질로부터 시작해야 하는가? ii) 어떤 방법으로 해야 하는가?를 고민하게 된다. 합성 화학자들은 다단계 합성에서 발생하는 문제의 해결을 위해 보다 논리적이고 체계적인 분석 방법을 찾기 시작하였고, 그 결과로 역합성(retrosynthesis)에 의해 출발 물질을 도출하고 합성 경로를 예측하는 방법을 확립하였다.

1.2 합성 방법론 개발 연구

합성 방법론(synthetic methodology) 개발의 연구 목적은 “관심을 가지는 특정 반응에서 합성하고자 하는 물질을 가장 편리한 방법으로, 순수하게, 최고의 수율로 얻는 방법을 찾는 것”이다. 즉 순수한 물질을 최소 비용을 들여 최고 수율로 만드는 효율적인 방법을 개발하는 것이며, 아울러 해당 방법을 광범위한 기질(substrate)에 적용할 수 있는 방법의 일반화를 추구하는 것이다. 이런 방법론적인 연구는 모든 합성(합성 방법론 개발 연구, 준합성 및 전합성)에서 가장 기초적이면서도 필수적인 과정이다.

합성 방법론 개발 연구는 다음과 같은 세 단계로 이루어진다.

단계 1: 연구 주제(결합, 반응)의 선택과 연구 내용 결정
단계 2: 반응 조건의 최적화(optimization)
단계 3: 반응의 적용 범위(scope)와 제한성(limitation) 평가

단계 1 연구 주제의 선택과 연구 내용 결정

합성 방법론 개발 연구에서는 연구할 대상 결합이나 반응을 선정하는 것이 매우 중요하다. 합성에서의 연구 대상은 연구자가 관심을 갖는 결합이나 반응이다. 전합성에 이용될 합성 단계라면 연구 범위와 대상이 분명하므로 결정하기가 용이하지만, 막연히 어떤 결합에 대한 반응을 연구 과제로 결정하는 것은 어려움이 있다. 합성 화학에서 최고의 연구 주제는 학술적 관심뿐만 아니라, 산업적 실용성 또한 우수한 것이어야 한다. 이와 같은 연구의 정당성을 확보하기 위해서는 충분한 문헌 조사를 통하여 해당 주제의 연구 배경과 역사를 면밀하게 검토하여야 한다. 충분한 문헌 조사는 연구 및 결과 발표에도 많은 도움이 된다. 따라서 문헌 조사는 연구자에게는 필수적이다.

- 합성 방법론 개발 연구에서 좋은 주제를 선택하려면 다음을 고려하여야 한다. 이러한 관점은 논문이나 보고서 작성에도 중요하다.

  1. 중요성: 왜? 해당 주제를 연구해야 하는가? 즉 어떤 면에서, 얼마나 중요한가?
  2. 연구 역사 및 배경: 연구 목표를 정하기 위해서는 누가(who), 무엇을(what), 어떻게(how) 연구했는가? 등의 연구 주제에 대한 역사를 아는 것이 매우 중요하다.
  3. 연구 목표: 해당 연구에서 얻고자 하는 구체적인 연구 목표는 무엇인가?
  4. 응용성: 관련 학문 및 산업 분야에 응용성이 큰 주제인가? 단순한 학술적 가치나 흥미도 중요하지만 응용성이나 활용도가 클수록 연구 결과에 대해 높은 평가를 받는다.

■ 합성 방법론 개발 연구에서는 다음과 같은 내용을 결정하여 진행하면 편리하다.

1. 연구 주제의 결정: 무엇을 연구할 것인가? 왜 이 주제를 연구하려고 하는가?에 대해 관련 논문을 근거로 타당한 이유를 제시해야 한다.
2. 실험의 문제점 발견과 설계: 연구실에서 수행하는 연구는 대부분 해결해야 할 문제점을 가지고 있다. 이런 문제가 되는 요소들을 찾고 해결해야 한다. 아울러 실험을 보다 빠른 시간 내에 성공하기 위해서는 전략적인 실험 설계를 해야 한다.
3. 모형 반응의 선정: 연구 과정에서 필요한 모형 반응은 해결하고자 하는 합성적 문제에 대한 정량적인 정보를 제공할 수 있는 정량적 모형(quantitative model)이어야 한다. 문헌과 기초 지식을 이용하여 선별 실험에 사용할 출발 물질과 반응 용매 및 기타 초기 조건들을 선택한다.
4. 반응 진행 정도의 확인: 반응이 어떻게 얼마나 진행되는지를 확인하는 것도 매우 중요하다. 따라서 연구 수행 전에 반응 진행 여부를 어떤 방법으로 확인할 것인지를 결정해야 한다.
5. 선별 시험 진행: 반응의 최적 조건 선별을 위해 촉매, 첨가제 및 용매의 종류와 반응 온도에 대한 각각의 선별 시험을 수행한다.
6. 최적 반응 조건의 선정: 선별 시험을 거쳐 선정한 각 조건을 평가하여 최적 반응 조건을 결정한다.
7. 기질 적용 범위 및 제한성 평가: 연구된 반응에 적용 가능한 기질의 범위를 확인하는 실험을 수행하고 아울러 해당 방법의 제한성을 찾아내어 제시한다.
8. 응용성 및 산업화 평가: 해당 연구 결과를 어디에 응용할 수 있으며, 산업화는 가능한가?를 평가하여 제시한다.

한 가지 예로 '에스터로부터 *tert*-butoxide를 이용한 아마이드 합성 반응'을 살펴보자. 이 논문은 *Synthesis* 학술지에 오랜 기간 'Most reading paper'로 게재되고, Organic Portal에서 친환경 반응으로 추천되었다. 이 반응은 안전하고, 가격이 저렴한 에틸 에스터(ethyl ester)로부터 대기 중의 실온 조건 하에서 아마이드(amide)를 높은 수율로 합성하는 친환경적인 방법이다. 아마이드 합성법은 제약 분야에서 중요 연구 대상 분야로 선정되어 있다. 이 방법은 지방족 및 방향족 에틸 에스터와 다양한 아민과의 반응도 가능하여 적용 범위가 넓고, 산업적 응용도 매우 높다는 장점을 가지고 있다.

Synthesis **2012**, *44*, 42-50.

단계 2 반응 조건의 최적화

합성 실험 연구에서 첫 실험으로 만족할 만한 결과를 얻는 경우는 드물다. 그러나 우수한 실험 설계는 좋은 결과를 가져 온다. 효과적인 실험 설계 방법은 다음과 같다.

■ 효과적인 실험 설계 방법

1. 목적의 명확성: 연구 목적은 무엇인가?
2. 해당 반응의 문제점 분석: 연구하려는 반응에서 어떤 변수(온도, pH, 촉매, 첨가제 등 …)가 반응의 수율, 선택성 및 순도에 영향을 주는가를 찾는다.
   i) 반응에 대해 알고 있는 것은 무엇인가?
   ii) 반응에 대해 모르는 것은 무엇인가?
   iii) 문제 해결을 위해 무엇이, 어떤 자료(정보)가 필요한가?
3. 새로운 반응의 전략 수립: 지금까지 알고 있는 지식과 정보를 바탕으로 연구 전략을 수립한다. 합성 반응에서는 실험 결과에 영향을 주는 요인을 파악하고, 최선의 결과를 얻을 수 있도록 문제를 해결할 수 있는 계획을 수립하여 시행하여야 한다.

반응에 영향을 미치는 변수로는 어떤 범위 내에서 조절할 수 있는 정량적 변수(또는 연속 변수: pH, 온도, 농도 등), 다른 촉매의 형태(Pd/C 또는 Pt/Al처럼) 및 다른 용매 또는 실험 장치와 같은 정성적 변수(또는 구별된 변수)가 있다. 실험자는 이들 변수들을 고려하고 조합하여 가장 좋은 결과를 얻을 수 있는 최적 조건을 얻도록 계획하고 수행하여야 한다.

연구 주제가 결정되고 나면, 하나의 출발 물질을 모형으로 선택하여 온도, 용매, 촉매 및 반응 시간 등 반응에 영향을 미칠 요인들에 대해 다양한 조건에서 반응을 수행하여 최적 조건을 찾아야 한다. 최적 조건은 순수한 요구 물질을 최고 수율로 얻을 수 있는 반응 조건이다. 이와 같이 "**모형 반응**(model reaction)으로부터 반응에 영향을 미칠 것으로 예상되는 요소들에 대한 체계적인 연구를 통해 최상의 결과를 얻을 수 있는 반응 조건을 결정하는 것"을 **반응의 최적화**(optimization)라고 한다. 반응 주제에 대한 반응 조건의 최적화를 위해서는 우선 모형 반응을 선택하고, 그 모형 반응의 반응 조건을 최적화하는 것이 좋다.

■ 최적화는 다음과 같은 순서로 하는 것이 편리하다. 그러나 제시한 최적화 순서가 절대적인 것은 아니며, 연구하는 반응 종류에 따라 다르게 할 수도 있다.

1. 모형 반응 선정
2. 용매 효과 평가
3. 촉매 및 첨가제 효과 평가
4. 온도 효과 및 반응 시간 평가
5. 반응 시약의 양 결정
6. 최적 반응 조건 선정

예를 들어 Suzuki-Miyaura coupling 반응을 연구한 논문(*Tetrahedron* 2007, *63*, 1345-1352)을 들어 반응 조건 최적화를 설명해 보자.

$$\text{Ar–Cl} + \text{Ar–B(OH)}_2 \xrightarrow[\text{1,4-dioxane, reflux}]{\text{Pd}_2\text{(dba)}_3\text{, L, Cs}_2\text{CO}_3\text{,}} \text{Ar–Ar}$$

Ar = Aryl, Heteroaryl　　30 examples

1. 모형 반응 선정

먼저 최적화에 이용할 모형 반응을 결정한다. 모형 반응은 다음과 같은 기준으로 정하면 편리하다.

- 합성 문제 해결을 위한 정보를 얻을 수 있는 모형을 선택하라. 연구 목적과 문제 분석을 통해 필요한 정보가 제공될 것으로 예상되는 반응 모형을 선택한다.
- 선택한 모형 반응이 실제로 진행되는지 확인하라. 모형 반응으로 결정하여 사용하기 전에 최소량의 출발 물질과 용매 및 반응 시약을 사용하여 반응 진행 여부를 확인하라. 확인은 TLC를 이용하면 편리하다.
- 가능하다면 생성물 구조 확인이 용이한 반응 모형을 선택하라. IR이나 NMR 정보로도 쉽게 확인 가능한 생성물 구조를 선택하라.
- **선별 시험**(screening test)이 용이한 모형 반응을 선택하라. 최적 반응 조건을 찾는 선별 실험이 용이하고, 가격이 저렴한 모형 반응을 선택하라.

문헌(*Tetrahedron* 2007, *63*, 1345-1352)에서는 모형 반응으로 *p*-cyanochlorobenzene과 phenylboronic acid의 커플링 반응에 대해 $Pd(OAc)_2$와 다양한 리간드들을 사용하여 1,4-dioxane 용매에서의 리간드 효과에 대한 선별 실험을 수행하였다. 이 모형 반응은 CN기를 가진 기질을 이용하였으므로, 반응 진행 정도와 생성물 구조 확인이 용이하다.

$$\text{NC–C}_6\text{H}_4\text{–Cl} + \text{C}_6\text{H}_5\text{–B(OH)}_2 \xrightarrow[\text{1,4-dioxane, reflux}]{\text{Pd}_2\text{(dba)}_3\text{, L, }t\text{-BuOK}} \text{NC–C}_6\text{H}_4\text{–C}_6\text{H}_5$$

2. 용매 효과 평가

모형 반응이 선정되면 동일한 반응물을 여러 가지 용매에서 반응시켜, 가장 우수한 반응 결과를 보이는 용매를 선택하여 다음 단계 최적화에 사용한다.

용매 효과(solvent effect)는 분자의 회합(molecular association)이나 화학 반응에 미치는 용매의 영향을 말한다. 용매는 물질의 용해도(용해도 효과), 반응의 안정성(안정도 효과) 및 반응 속도(반응 속도 효과)에 영향을 미친다.

- **용해도 효과**(effects of solubility): 용질은 용매 분자와 우호적인 상호 작용에 의해 녹는다. 모든 용해는 용질과 용매의 자유 에너지 변화에 의존한다. 용매화의 자유 에너지는 i) 용매가 만드는 동공의 크기(cavity size), ii) 큰 부피의 용질 덩어리로부터 용질 분자의 분리 용이도 및 iii) 용질의 용매 동공으로의 삽입 용이도 등 여러 가지 요인의 결과이다. 용해(dissolution)는 용질-용매 상호 작용이 용매-용매 상호 작용과 유사할 때 일어난다. 즉 유사한 용매는 유사한 용질을 잘 녹인다[유사 용해성 규칙(like dissolves like rule)]. 따라서 극성 용질은 극성 용매에 잘 녹는다.
- **안정도 효과**(effects of stability): 용질은 용매의 종류가 다르면 용액 속에서 안정도도 달라진다. 따라서 어떤 반응에서의 반응물, 중간체 및 생성물은 용매에 따라 안정도가 다르므로, 반응의 평형은 보다 더 안정한 물질 쪽으로 이동하게 된다. 반응물과 생성물의 안정화는 H-결합, 쌍극자-쌍극자 상호 작용 및 van der Waals 상호 작용과 같은 비공유 결합 상호 작용을 통해 일어난다. 예로 산-염기 반응 및 케토-엔올 평형을 들 수 있다.
- **반응 속도 효과**(effects of reaction rate): 반응 메커니즘을 그릴 때 대부분 용매를 무시하고 그리지만, 용매는 실제로 화학 반응 속도나 차수에 영향을 미친다(C. Reichardt, *Solvent Effects in Organic Chemistry*, 1990, Marburg, Germany: Wiley-VCH. pp147-181; R. J. Sundberg, F. A. Carey, *Advanced Organic Chemistry: Structure and Mechanisms*, 2007, New York: Springer. pp 359-376).
- Hughes-Ingold 규칙: E. D. Hughes와 C. K. Ingold는 간단한 정성적인 용매화 모형을 이용하여 지방족 친핵성 치환 반응과 제거 반응의 용매 효과를 연구하여 하나의 규칙을 제시하였다(E. D. Hughes, C. K. Ingold, *J. Chem. Soc.*, 1935, 244-255). 이 내용을 표 1.1과 표 1.2에 정리하였다.

표 1.1 친핵성 치환 반응의 속도에 대한 용매 효과의 예측

반응 형태	초기 반응 물질	활성화된 착물	활성화되는 동안 전하의 변화	용매 극성 증가에 따른 속도 효과
S_N1	R-X	$R^{\delta+}\cdots X^{\delta-}$	다른 전하로 분리	크게 증가
S_N1	$R\text{-}X^+$	$R^{\delta+}\cdots X^{\delta+}$	전하 분산	작게 감소
S_N2	Y + R-X	$Y^{\delta+}\cdots R\cdots X^{\delta-}$	다른 전하로 분리	크게 증가
S_N2	$Y^- + R\text{-}X$	$Y^{\delta-}\cdots R\cdots X^{\delta-}$	전하 분산	작게 감소
S_N2	$Y + R\text{-}X^+$	$Y^{\delta+}\cdots R\cdots X^{\delta+}$	전하 분산	작게 감소
S_N2	$Y^- + R\text{-}X^+$	$Y^{\delta-}\cdots R\cdots X^{\delta+}$	전하 파괴	크게 감소

표 1.2 β-제거 반응의 속도에 대한 용매 효과의 예측

반응 형태	초기 반응 물질	활성화된 착물	활성화되는 동안 전하의 변화	용매 극성 증가에 따른 속도 효과
E1	H-C-C-X	$\text{H-C-C}^{\delta+}\cdots\text{X}$	다른 전하로 분리	크게 증가
E1	H-C-C-X^{+}	$\text{H-C-C}^{\delta+}\cdots\text{X}^{\delta+}$	전하 분산	작게 감소
E2	Y: + H-C-C-X	$\text{Y:}^{\delta+}\cdots\text{H}\cdots\text{C-C}\cdots\text{X}^{\delta-}$	다른 전하로 분리	크게 증가
E2	Y^{-} + H-C-C-X	$\text{Y}^{\delta-}\cdots\text{H}\cdots\text{C-C}\cdots\text{X}^{\delta-}$	전하 분산	작게 감소
E2	Y: + H-C-C-X^{+}	$\text{Y}^{\delta+}\cdots\text{H}\cdots\text{C-C}\cdots\text{X}^{\delta+}$	전하 분산	작게 감소
E2	Y:^{-} + H-C-C-X^{+}	$\text{Y}^{\delta-}\cdots\text{H}\cdots\text{C-C}\cdots\text{X}^{\delta+}$	전하 파괴	크게 감소

용매는 용질 분자와의 상호 작용하는 힘에 따라 반응 결과에 영향을 미친다.

화학자들에게 유용한 다섯 가지 용매의 분류는 다음과 같다(C. Reichardt and T. Welton, *Solvents and Solvent effect in Organic Chemistry*, 4th ed. 2011, Wiley-VCH Verlag GmbH & Co.).

- 화학자들에게 유용한 다섯 가지 용매의 분류

1) 화학 조성에 따른 분류: 용매를 화학 결합에 따라 분류할 수 있다. (i) 공유 결합만으로 된 분자성 액체(molecular liquid), (ii) 이온 결합만으로 된 이온성 액체(ionic liquid), (iii) 원자성 액체(atomic liquid: 예 수은, 액체 Na 또는 저온에서 녹는 금속 등)이다. 통상적인 비수용성 유기 용매는 작용기별로 구분할 수 있고, "유사한 물질은 유사한 용매에 잘 녹는다."는 정성적인 예측으로 요약된다. 일반적으로 용매가 특정 작용기를 포함하고 있으면, 동일한 작용기를 포함하고 있는 물질을 더 잘 녹인다. 용질에 있는 작용기와 용매에 있는 작용기 간의 반응성에 대해 알면, 불필요한 부반응을 피할 수 있는 적당한 용매를 선택하는 데 도움이 된다. 친환경적인 용매에 대한 관심이 늘어나면서 물과 perfluorohydrocarbon을 분자성 용매로 사용하려는 연구가 증가하고 있다.

2) 물리적 상수를 기준으로 한 분류: 녹는점 및 끓는점, 증기압, 증발열, 굴절률, 밀도, 점성, 표면 장력, 쌍극자 모멘트, 편극도 및 전도도 등의 특성을 이용하여 분류할 수 있다.

3) 산-염기를 기준으로 한 분류: Brønsted 및 Lewis 산-염기의 기준으로 분류할 수 있다.

   가) 산과 염기 성질에 따라 Brønsted 산-염기 기준으로 구분하면 다음과 같다.

   i) 양쪽성 양성자성(amphiprotic):

   - 중성: H_2O, MeOH, $(CH_3)_3COH$, $HO(CH_2)_2OH$
   - 양성자성(protogenic): H_2SO_4, HCO_2H, CH_3CO_2H
   - 친양성자성(protophilic): NH_3, $HCONH_2$, $CH_3CONHCH_3$

ii) 비양성자성(aprotic):
- 쌍극성 친양성자성(dipolar protophilic): $HCON(CH_3)_2$, CH_3SOCH_3, pyridine, 1,4-dioxane, tetrahydrofuran
- 쌍극성 소양성자성(dipolar protophobic): CH_3CN, CH_3COCH_3, CH_3NO_2, $C_6H_5NO_2$, sulfone
- 불활성: 지방족 탄화수소, benzene, 1,2-dichloroethane, CCl_4

나) Lewis 산 염기 이론에 따른 구분은 Lewis 개념에 HSAB(hard and soft acids and bases) 개념을 적용하여 구분한다. HSAB의 굳은(hard) 및 무른(soft)은 전기 음성도와 편극성에 따라 구분하며, 굳은 산은 굳은 염기와 무른 산은 무른 염기와 더 잘 반응하므로 용매와 용질의 성질을 이 기준으로 이해하면 반응 용매 선택에 도움이 될 수 있다.

4) 용질-용매 상호 작용에 의한 분류: 이 분류에서는 용매 분자의 쌍극성(dipolarity)과 수소 결합 형성 능력에 따라 나눈다. 즉 **쌍극성 비양성자성 용매**(dipolar aprotic solvent), **쌍극성 양성자성 용매**(dipolar protic solvent) 및 **비극성 비양성자성 용매**(apolar aprotic solvent) 등이다.

표 1.3 Chastrette의 용매 분류(*J. Am. Chem. Soc.*, **1985**, *107*, 1-11)

구분		용매
쌍극성 비양성자성 용매 (dipolar aprotic solvent)	비양성자성 쌍극성 용매	CH_3NO_2, CH_3CN, CH_3COCH_3, $(CH_3CO)_2O$, CH_3COEt, CH_2Cl_2, $ClCH_2CH_2Cl$, $CH_3CH_2Cl_2$,CF_3CO_2H
	쌍극성이 큰 비양성자성 용매	CH_3SOCH_3, $HCONMe_2$, CH_3CONMe_2, C_6H_5CN, $C_6H_5NO_2$, $(CH_2)_5CO$, pyridine, *N*-methylpyrrolidone, propylene carbonate
	쌍극성과 편극성이 큰 비양성자성 용매	$(Me_2N)_3PO$, $(CH_2)_4SO_2$
비극성 비양성자성 용매 (apolar aprotic solvent)	비극성 방향족 용매	Benzene, methylbenzene, vinylbenzene, fluorobenzene, *o,p*-dimethylbenzene, 1,3,5-trimethylbenzene, $Cl_2C{=}CHCl$
	비교적 극성인 방향족 용매	PhR(R=Cl, Br, I, OMe, OPh, COMe, CO_2Et, CH_2OH), CCl_4, *o-/m*-$PhCl_2$, *n*-$C_8H_{17}OH$
	전자쌍 주개 용매	Et_3N, Et_2NH, $(CH_2)_5NH$, *n*-$C_3H_7NH_2$, R_2O(R=Et, *i*-Pr, *n*-Bu), dioxane, *n*-C_6H_{14}, cyclohexane
양성자성 용매 (protic solvent)	수소 결합하는 용매	ROH(R=Me, Et, *n/i*-Pr, *n/i/t*-Am, *n/i/sec/t*-Bu, cyclo-C_6H_{11}, CF_3CH_2), CH_3CO_2H, $(CH_2)_4O$, $(MeOCH_2)_2$
	수소 결합으로 강하게 회합하는 용매	H_2O, $HOCH_2CH_2OH$, $(HOCH_2CH_2)_2O$, $HCONH_2$, HCONHMe

5) 다변수 통계적 방법에 따른 분류: 실제 유기 반응에서는 위에서 언급한 것보다 더 많은 용매 속에서의 용매-용질의 상호 작용 정보가 필요하다. 따라서 좋은 용매의 선택을 위해서는 여러 가지 물리 화학적인 변수(예 녹는점, 끓는점, 몰 부피, 증발열, 쌍극자 모멘트 등등)의 종합적인 통계적 방법(chemometrics: 수학적 통계적 방법을 이용하여 화학적인 자료를 분석 처리하여 화학적 측정값을 얻는 방법)을 이용하기도 한다.

유기 반응에서 용매를 선택할 때는 일반적으로 다음과 같은 단계로 하는 것이 편리하다.

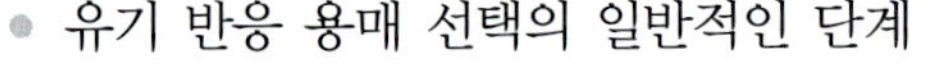

● 유기 반응 용매 선택의 일반적인 단계

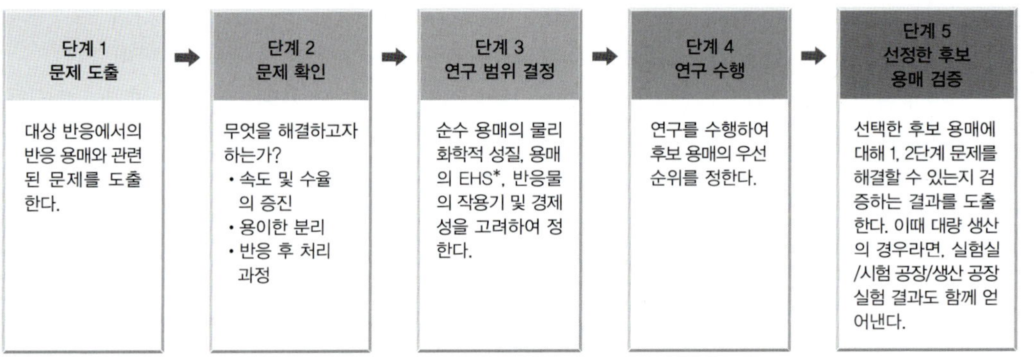

*EHS: environment–health–safety

문헌(*Tetrahedron* 2007, *63*, 1345-1352)에서는 선정된 모형 반응에 대해 반응이 잘 진행될 것으로 예상하는 리간드, 촉매 및 염기 등을 사용하여 모형 반응의 용매 선별 실험을 표 1.4와 같이 수행하였다.

NC–C₆H₄–Cl + C₆H₅–B(OH)₂ → ($Pd_2(dba)_3$, L, Cs_2CO_3, Solvent, reflux) NC–C₆H₄–C₆H₅ [L = ...]

표 1.4 용매 선별 실험(screening of solvents)

Entry	Solvent	Time(h)	Product Isolated yield(%)
1	Toluene	1	95
2	Acetonitrile	2	94
3	Ethanol	4	85
4	1,4-dioxane	1	96
5	Tetrahydrofuran	2	83
6	Water	24	14

선별 실험 후에 1,4-dioxane을 최적 용매로 선정하였다. 그러나 회수가 가능하고 독성이 약한 toluene도 유사한 수율을 보이므로 산업적으로는 toluene이 더 유리한 용매이다.

3. 촉매 및 첨가제 효과 평가

친환경적이고 지속 가능한 합성에서는 가능한 한 첨가제가 필요없거나 촉매를 이용하는 반응을 추구한다. 촉매를 이용하는 반응에서는 얼마나 적은 양의 촉매로 반응을 수행할 수 있는가? 촉매의 회수와 재사용이 가능한가? 비금속 유기 촉매로도 가능한가? 등이 관심 대상이다. 촉매의 선별 시험에서는 앞서 선택한 반응물과 최적 결과를 준 용매를 사용하여, 반응의 촉매(산, 염기 및 기타 촉매) 효과를 평가하여 가장 우수한 촉매를 선택한다.

문헌(*Tetrahedron* 2007, *63*, 1345-1352)에서는 모형 반응을 이용하여 먼저 리간드 선별 실험을 표 1.5와 같이 수행하였다. 가장 좋은 결과를 나타내는 1번 리간드를 선택하였다.

$$\text{NC–C}_6\text{H}_4\text{–Cl} + \text{C}_6\text{H}_5\text{–B(OH)}_2 \xrightarrow[\text{1,4-dioxane, reflux}]{\text{Pd}_2\text{(dba)}_3\text{, L; KO}^t\text{Bu}} \text{NC–C}_6\text{H}_4\text{–C}_6\text{H}_5$$

표 1.5 리간드 선별 실험(screening of ligands)

Entry	Ligand(L)	Time(h)	Product Isolated yield(%)
1	PhP(2,6-dimethylmorpholino)$_2$	1.5	91
2	PhP(morpholino)$_2$	18	74
3	PhP(N(*i*-Pr)$_2$)$_2$	24	No Reaction
4	1,3-dimethyl-2-phenyl-1,3,2-diazaphospholidine	14	No Reaction

문헌(*Tetrahedron* 2007, *63*, 1345-1352)에서는 모형 반응을 이용하여 Pd 촉매의 선별 실험을 표 1.6과 같이 수행하였다. Pd 촉매 8가지 중에서 가장 우수한 수율을 보인 $Pd_2(dba)_3$를 최적 촉매로 선택하였다.

표 1.6 Pd–촉매 선별 실험(Screening of Pd-catalysts)

Entry	Palladium catalysts	Time	Product isolated yields(%)
1	$Pd_2(dba)_3$	90 min	95
2	$PdCl_2$	90 min	91
3	$Pd(OAc)_2$	125 min	84
4	$Pd(PPh_3)_4$	80 min	92
5	$PdCl_2(PPh_3)_4$	80 min	92
6	$PdCl_2(dppf)_2$	100 min	83
7	Pd/C	16 h	32
8*	$Pd_2(dba)_3$	3 h	–

* Ligand 1이 없는 상태에서 반응하였음.

아울러서 이 논문에서는 반응에 필요한 염기를 선별하기 위한 실험도 수행하였다(표 1.7). 여섯 가지 무기 염기와 두 가지 유기 염기가 이용되었다. 실험한 염기 중에서 가장 좋은 결과를 보인 Cs_2CO_3를 최적 염기로 선택하였다.

표 1.7 염기 선별 실험(screening of bases)

Entry	Base	Time(h)	Product isolated yields(%)
1	KO^tBu	3.5	88
2	Cs_2CO_3	1.0	96
3	K_3PO_4	1.5	87
4	K_2CO_3	51	63
5	Rb_2CO_3	1.0	90
6	KF	36	36
7	DMAP	36	25

4. 온도 효과 및 반응 시간 평가

앞 단계에서 선택한 반응물과 조건을 이용하여, 최적 반응 온도를 찾는다. 온도 효과는 먼저 환류 온도, 상온 및 0℃ 이하의 조건에 대해 수행하고, 그 결과로부터 평가할 온도를 정해서 평가한다. 아울러 최적 반응 시간도 고찰한다. 반응 시간의 평가는 반응이 종료되는 시간까지로 하고, 가장 짧은 시간에 반응이 종료되는 것을 선택한다.

5. 반응 시약의 양 결정

반응의 한계 시약을 바탕으로 다른 시약들을 여러 가지 몰 비율로 실험하여, 가장 적합한 시약의 몰 비율(mole ratio)을 결정한다. 이유 없이 과량의 시약을 사용하는 것은, 곧 높은 원가의 원인이 되고 환경 문제도 유발하게 된다.

이 *Tetrahedron* 논문(*Tetrahedron* 2007, *63*, 1345-1352)에서는 마지막으로 선택한 리간드 (1), 촉매[$Pd_2(dba)_3$] 및 용매(1,4-dioxane)를 사용하여 리간드와 촉매의 최적화 실험을 표 1.8과 같이 수행하였다.

표 1.8 커플링 반응의 최적화

[반응 조건: the coupling of chlorocyanobenzene with phenylboronic acid using ligand **1** in the presence of Cs_2CO_3(2 equiv) in 1,4-dioxane(20 mL) at reflux temperature]

Entry	L1(mol %)	$Pd_2(dba)_3$(mol %)	Time(h)	Product isolated yields(%)
1	1	0.5	62	82
2	2	1	43	89
3	5	1	13	92
4	10	1	1	96
5	10	2	1	95

6. 최적 반응 조건 선정

위의 5단계를 거쳐 얻어진 결과로부터 최적의 반응 조건을 선정하여 반응에 이용한다.

문헌(*Tetrahedron* 2007, *63*, 1345-1352)에서는 위와 같은 최적화 실험을 거쳐 얻은 자료로부터 최적 조건을 선택하여 기질의 적용 범위와 제한성 평가를 수행하였다.

Suzuki-Miyaura coupling 반응을 위한 최적 반응 조건은 다음과 같다.

> ArCl(1 equiv)/$ArB(OH)_2$(1.25 equiv)/Cs_2CO_3(2 equiv)/$Pd_2(dba)_3$(1 mol %)/
> 리간드 1(10 mol %)/용매(1,4-dioxane)/반응 온도(환류 온도)

단계 3 반응의 적용 범위와 제한성 평가

이전 단계까지는 모형 반응을 통해 수행하였으므로, 동일 계열의 다른 화합물에 대한 적용 가능성을 평가해야 한다. 동시에 개발한 반응의 제한성도 찾아야 한다. 적용 범위가 넓고, 제한성이 적은 방법이 우수한 방법이다.

■ 단계 2에서 예로 들었던 반응에 대해 기질 적용 범위를 평가하여 보자.

1. 염화물 기질 범위에 대한 평가: 문헌(*Tetrahedron* 2007, *63*, 1345-1352)에서는 전자 주는 기와 전자 받는 기 등이 있는 14개 chlorobenzene의 커플링 반응에 대해 검증하였고, 수율도 72~98%의 좋은 결과를 보였다.

Ar-Cl + PhB(OH)$_2$ → (Pd$_2$(dba)$_3$, Ligand **1**, Cs$_2$CO$_3$, 1,4-Dioxane, reflux) → Ar–Ph

72 - 98% yields

Ar-Cl : 14 examples

MeO–C$_6$H$_4$–Cl, MeO, Cl, OMe, Cl, Cl, MeHN–C$_6$H$_4$–Cl, H$_2$N–C$_6$H$_4$–Cl, O$_2$N, Me, Cl, O, Cl, NC–C$_6$H$_4$–Cl, PhO$_2$S–C$_6$H$_4$–Cl, OHC–C$_6$H$_4$–Cl, O$_2$N–C$_6$H$_4$–Cl, MeO$_2$C–C$_6$H$_4$–Cl, Cl

2. 헤테로 아릴 기질 범위에 대한 평가: 문헌(*Tetrahedron* 2007, *63*, 1345-1352)에서는 염화물 기질로 헤테로아릴 염화물(heteroaryl chloride)에 대해서도 반응 평가를 수행하였다. 평가 결과 8종류의 헤테로아릴 염화물에 대해서도 좋은 수율을 보였다.

Ar-Cl + PhB(OH)$_2$ → (Pd$_2$(dba)$_3$, Ligand **1**, Cs$_2$CO$_3$, 1,4-Dioxane, reflux) → Ar–Ph

70 - 96% yields

Ar-Cl : 8 examples

OEt, Cl, N, S, Cl, N, Cl, N, OEt, N, Cl, N, Et, O, p-MeOPh, Cl, N=N, Cl, N, N, N, N, N, Cl, O, Cl, S

또한, *p*-cyanochlorobenzene을 이용하여 boronic acid 유도체의 적용 범위도 검증하였다. 8종류의 arylboronic acid에 대해 평가하였는데, 전자를 당기는 기가 있는 phenylboronic acid는 반응이 진행되지 않거나 수율이 낮았고, 일부 헤테로 고리 화합물도 수율이 낮다는 결과를 얻었다.

이러한 결과는 산업화나 기타 다른 응용 분야에서 매우 중요한 기준으로 제시된다.

■ 산업화 평가

실험실 연구의 궁극적 목적은 원활한 산업적 응용에 있다. 그런데 산업화 과정에는 실험실 규모의 반응에서 관찰되지 않은 많은 다양한 문제들이 발생한다. 이러한 문제를 단계적으로 해결하기 위해 초기에는 실험실 실험 규모를 10 g에서 수십 그램 단위로 수행하여 문제를 해결하고, 다시 kg 단위의 규모로 실험하여 문제를 해결한다. 그 후 시험 생산 시설(pilot plant)에서 수행할 때에도 단계별 방식이 문제 해결에 도움이 된다. 특히 시험 생산이나 공장 생산 평가 실험에서는 실험실 규모의 실험에서 관찰되지 않는 다양한 문제들이 나타나는데, 한가지 예로 출발 물질을 야외에 저장하는 경우를 보자. 발열 반응인 경우에 대기 온도가 낮은 겨울철에는 불순물이 없이 우수한 수율로 생성물이 생산되지만, 대기 온도가 높은 여름철에는 다량의 불순물이 생성되는 경우도 있다. 따라서 시험 생산이나 공장 생산 평가 실험에서는 다음 사항에 대해 주의 깊게 관찰하고 도출된 문제를 해결해야 한다.

- 색이 변하는가?
- 열이 발생하는가?
- 소량 생성물이 생성되는가?
- 출발 물질의 저장 온도에 따른 영향은 어떠한가?
- 생산 공장의 환경(공장 내부 온도, 습도, 오염 등)에 대한 영향은 어떠한가?

유기 합성 공정이나 실험 규모 확장에 따른 영향 및 최적화에 관련된 연구 내용들을 게재하는 학술지로 미국화학회에서 발간하는 *Organic Process Research & Development* (OPR&D)가 있다. 하나의 예로 A. Beliaev의 논문(*Org. Process. Res. Dev.* 2016, *20*, 724-732)을 살펴보자.

이 논문의 내용은 고혈압 치료제로 개발된 선택적인 dopamine β-hydroxylase(DBH) 저해제인 Etamicastat의 합성을 위한 핵심 물질인, (*R*)-3-amino-6,8-difluorochroman의 합성을 위한 비대칭 수소화 반응의 kg-단위 합성에 대한 연구 논문이다.

S NH F N NH$_2$.HCl O F

Etamicastat

F NH$_2$ O F

(*R*)-3-Amino-6,8-difluorochroman

합성 반응식은 다음과 같다.

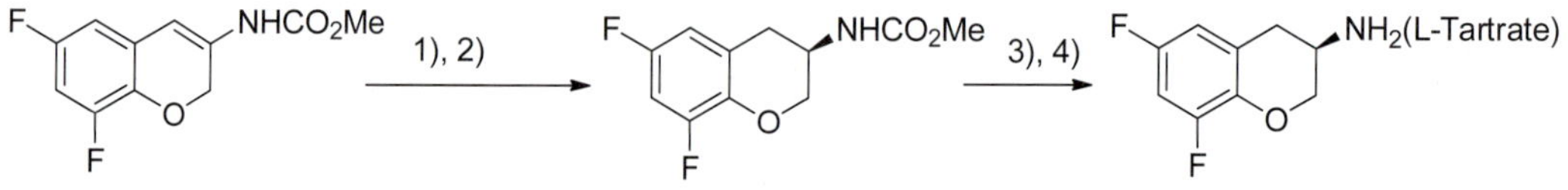

1) Ru cat. S/C 4000, 30 bar H_2, MeOH, 80°C, 20 h. 2) H_2O, 2-propanol, reflux to 20°C.
3) 40% KOH, MeOH, reflux, 24 h 4) L-Tartaric acid, ethanol, H_2O, rt, 1 h.

이 논문에서 최적화를 위한 단계는 다음과 같이 모두 10단계로 수행하였다.

- 단계 1: 모형 반응에 사용할 기질의 선정
- 단계 2: Ru 촉매 회수 방법 탐색
- 단계 3: Ru 촉매의 제자리 생성(formed *in situ*) 또는 용액 내 예비 생성에 대한 탐색
- 단계 4: Ru 촉매 탐색
- 단계 5: Ru 촉매-환원 반응의 용매 선별 시험
- 단계 6: Ru 촉매-환원 반응의 첨가제 탐색
- 단계 7: Ru 촉매-환원 반응에서 수소 압력 및 온도 탐색
- 단계 8: 반응 규모 확대를 위한 촉매 최적화
- 단계 9: 회수한 촉매를 사용하는 반응 조건의 최적화
- 단계 10: 회수 촉매를 이용한 반응 규모 확대와 최적화

앞서 언급한 것처럼 1단계부터 9단계까지는 최적 반응 조건을 찾기 위한 실험이고, 마지막 과정에서 실험 규모의 확대 실험을 수행하였다.

여러 단계 중 마지막 두 단계를 살펴보자. 규모 확대 실험은 0.95 kg과 5 kg에 대해 수행하였다.

표 1.9 Optimization of isolated Ru(*R*)-C3-TunePhos(acac)$_2$ catalyst

Entry	기질/촉매	H_3PO_4/C	[S](mmol/mL)	Conversion(%)	e.e.(%)
1	2000	500/1	0.33	>99	90(*R*)
2	3000	750/1	0.5	>99	89(*R*)
3	4000	1000/1	0.5	83	89(*R*)

표 1.10 Scale-up experiments with isolated Ru(*R*)-C3-TunePhos(acac)$_2$ catalyst

Entry	Substrate **3** (g)	Catalyst(g)	85% H_3PO_4 (g)	MeOH (L)	Reaction mixture e.e.(%)	Isolated yield(%)	Product e.e.(%)
1	950	0.894	113	5	92	841 (90)	99.9
2	5000	6.28	600	20	91	4456 (88)	>99

1.3 전합성 연구

목표 물질을 효과적으로 합성하기 위해서는 i) 목표 분자의 뼈대는 어떻게 구축할 것인가? ii) 작용기는 어떤 것을, 어떤 단계에서, 어떻게 변환할 것인가? iii) 입체 화학은 어떻게 조절할 것인가?를 고려해야 한다.

물론 합성 화학자가 추구하는 최선의 방법은 간단하게 선택적으로 최고의 수율로 목표 물질을 얻는 것이다. 즉 최소 단계(simplicity)를 이용하여 선택적으로(chemoselectivity, regioselectivity, stereoselectivity) 높은 수율의 생성물을 얻는 것이다.

통상적으로 수행하는 전합성의 일반적인 과정은 다음과 같다.

목표 물질 선정 → 역합성 → 출발 물질 선정 → 합성 경로 결정 → 각 단계별 반응 최적화 → 전합성

전합성 방법은 i) 선형 합성과 ii) 수렴 합성 두 가지로 구분된다. 선형 합성은 출발 물질로부터 한 단계씩 합성 중간체를 만들어서 최종 목표 물질을 합성하는 방법이고, 수렴 합성 방식은 먼저 몇 가지의 중요한 중간 물질(key intermediate)을 합성하고, 이 중간 물질들을 반응시켜 최종 목표 물질을 합성하는 방식이다. 따라서 수렴 합성 방식은 다단계 합성을 하는 전합성에서 수율을 보다 높이는 데 유리한 방법이다.

전합성 과정의 설계에서는 탄소 뼈대 구조 구축 방법, 입체 화학의 조절 방법 및 작용기 변환 방법 등을 포함한 다음의 요인들을 고려해야 한다.

■ 전합성 설계에서 고려할 사항

- 최소 단계 반응 경로를 선택하라. 최소 단계로 합성하면 효율성도 높고, 원가와 폐기물을 줄일 수 있다.
- 위치 선택성(regioselectivity)이 좋은가?
  위치 선택성이 좋으면 소량 생성물의 수나 양이 줄어들므로 반응 후 처리가 편리해진다. 또한 반응 시약이나 조건을 달리함으로써 위치 선택적으로 목표 물질을 합성할 수도 있다.

  다음은 동일 출발 물질에 각기 다른 시약을 반응시켜 특정 위치에만 치환기를 가지는 pyrrole 유도체를 합성한 예이다.

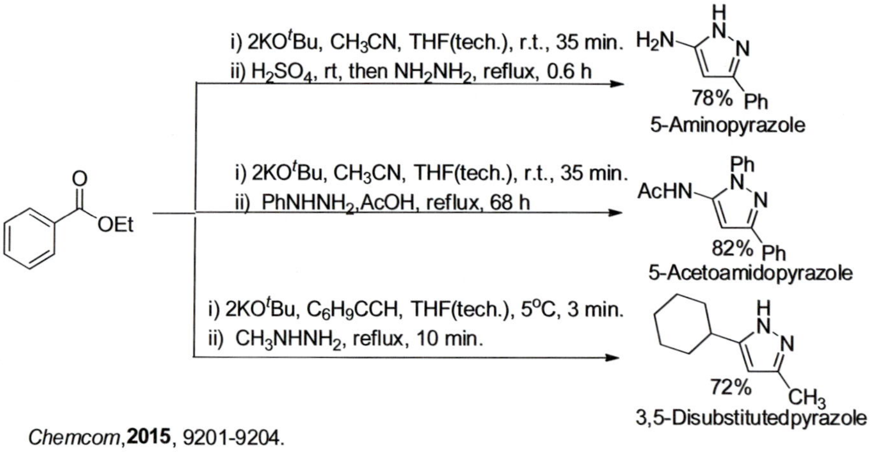
i) 2KO^{t}Bu, CH_3CN, THF(tech.), r.t., 35 min.
ii) H_2SO_4, rt, then NH_2NH_2, reflux, 0.6 h
78%
5-Aminopyrazole
i) 2KO^{t}Bu, CH_3CN, THF(tech.), r.t., 35 min.
ii) $PhNHNH_2$,AcOH, reflux, 68 h
82%
5-Acetoamidopyrazole
i) 2KO^{t}Bu, C_6H_9CCH, THF(tech.), 5°C, 3 min.
ii) CH_3NHNH_2, reflux, 10 min.
72%
3,5-Disubstitutedpyrazole

Chemcom, **2015**, 9201-9204.

- 화학 선택성(chemoselectivity)이 우수한가?

다작용기 화합물에서 특정 작용기에만 반응하도록 하는 것은 최상의 반응 경로이다. 다음의 예는 다성분 반응(MCR)에서 isocyanide와 malononitrile이 화학 선택적으로 먼저 반응하고, 이후 piperidine과 반응하여 생성물이 만들어지는 화학 선택적 pyrrole 유도체 합성 반응이다.

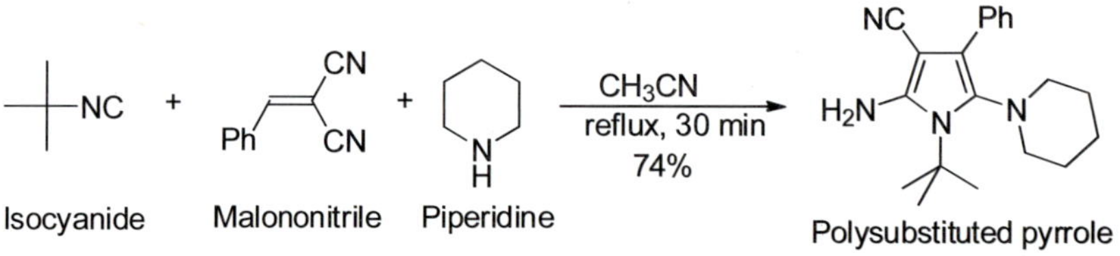
CH_3CN
reflux, 30 min
74%
Isocyanide
Malononitrile
Piperidine
Polysubstituted pyrrole

Org. Lett. **2013**, *15*, 4246-4249.

- 입체 선택성(stereoselectivity)이 우수한가?

여러 가지 입체 이성질체 중에서 하나의 이성질체가 선택적으로 생성되는 방법은 많은 장점이 있다. 특히 입체 이성질체 혼합물의 분리는 어렵고 과정도 복잡하기 때문이다. 아래에 제시된 예는 온화한 조건에서 한 단계의 라디칼 메커니즘으로 oxyazidation 반응을 시켜 입체 선택적으로 카이랄 락톤을 합성하는 반응이다.

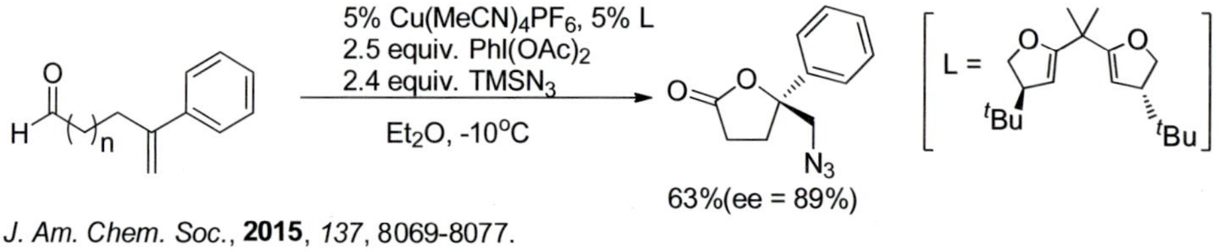
5% $Cu(MeCN)_4PF_6$, 5% L
2.5 equiv. $PhI(OAc)_2$
2.4 equiv. $TMSN_3$
Et_2O, -10°C
63%(ee = 89%)
L =

J. Am. Chem. Soc., **2015**, *137*, 8069-8077.

- 수율이 우수한가?

각 단계마다 가장 높은 수율의 방법을 선택한다. 여러 단계를 거쳐 목표 물질을 합성하는 전합성의 경우, **선형 합성**(linear synthesis) 경로를 택하는 것보다 **수렴 합성**(convergent synthesis) 경로를 택하는 것이 수율 면에서 유리하다. 다음에 모든 단계의 수율이 80%라고 가정하고 두 방법의 수율을 비교하였다.

선형 합성

$$A \xrightarrow[80\%]{B} A\text{–}B \xrightarrow[80\%]{C} A\text{–}B\text{–}C \xrightarrow[80\%]{D} A\text{–}B\text{–}C\text{–}D \xrightarrow[80\%]{E} A\text{–}B\text{–}C\text{–}D\text{–}E$$

$$\xrightarrow[80\%]{F} A\text{–}B\text{–}C\text{–}D\text{–}E\text{–}F \xrightarrow[80\%]{G} A\text{–}B\text{–}C\text{–}D\text{–}E\text{–}F\text{–}G \xrightarrow[80\%]{H} A\text{–}B\text{–}C\text{–}D\text{–}E\text{–}F\text{–}G\text{–}H$$

목표 물질

총괄 수득률 = $(0.8^7 \times 100) = 21\%$

수렴 합성

$A + B \xrightarrow[80\%]{} A\text{–}B$, $C + D \xrightarrow[80\%]{} C\text{–}D$ → $\xrightarrow[80\%]{} A\text{–}B\text{–}C\text{–}D$

$E + F \xrightarrow[80\%]{} E\text{–}F$, $G + H \xrightarrow[80\%]{} G\text{–}H$ → $\xrightarrow[80\%]{} E\text{–}F\text{–}G\text{–}H$

→ $\xrightarrow[80\%]{} A\text{–}B\text{–}C\text{–}D\text{–}E\text{–}F\text{–}G\text{–}H$ 목표 물질

총괄 수득률 = $(0.8^3 \times 100) = 51\%$

- 출발 물질은 저렴하고, 공급이 용이한가?

가격이 저렴한 출발 물질을 이용하는 방법이 유리하고, 또한 출발 물질을 다양한 공급처로부터 공급을 받을 수 있는가? 도 중요하다. 공급처가 여러 곳인 경우는 각 시료의 순도를 확인하고 순도가 가장 좋고 공급 가격이 저렴한 시약을 선택하라.

- 가장 친환경적인 방법과 경로를 선택하라.

사용 후 회수가 가능하고 재사용할 수 있는 방법, 원자 경제적 방법, 산화수 보존 반응 등을 포함한 친환경적인 방법과 경로를 선택한다. 다음의 예는 원자 경제적인 합성법 중의 하나이다.

MeO_2C–C≡C–CH(H)NHBoc + H–C≡C–Ph

→ $Pd(OAc)_2$, TDMPP, PhMe, r.t., 6 h → Ynenoate (90%)

→ i) $Pd(OAc)_2$, TDMPP, PhMe, r.t., 6 h; ii) $Pd(OTFA)_2$, r.t., 6 h → 2,4-Disubstitutedpyrrole (80%)

J. Am. Chem.Soc. **2011**, *133*, 740-743.

- 효율(efficiency)이 높은가?
  가능한 한 간단한 단계로 합성하는 것이 좋다. 여러 경로가 있다면 가장 단순하고 간편한 경로를 선택한다. 가능하면 수렴 합성 경로나 단일 용기 합성(one-pot synthesis) 방법을 선택하라.

- 생성물의 분리와 정제가 쉽고 편리한가?
  반응 과정이 우수하여도 때로는 분리 과정이 어렵거나 불가능할 경우도 만난다. 따라서 처음 설계할 때부터 생성물을 어떻게 분리하고 정제할 것인가를 결정하는 것도 중요하다.

- 반응 진행 정도를 어떻게 확인하고, 생성물 구조는 어떻게 동정할 것인가?를 고안하라.
  반응 진행 정도를 확인하는 것은 매우 중요하다. 실험실에서는 대부분 TLC를 이용하는 것이 편리하다. 그러나 TLC로 할 수 없거나 특별한 정보가 필요한 때는 IR, GC, HPLC, NMR 및 GC-MS 같은 기기를 이용하기도 한다.

- 합성 과정에서 특수 장치가 필요한가를 확인하고 필요하면 준비하라.
  반응을 위해 기체, 유독 물질 및 불안정한 시약 등을 다루어야 할 경우는 필요한 장치와 설비를 어떻게 설치하고 사용할 것인지를 확인하고 준비해야 한다.

전합성의 간단한 예로 $S1P_1$ 수용체 길항제로 개발한 BMS-520의 합성에 관한 X. Hou 등의 논문(*Org. Process Res. Dev.* 2016, *20*, 989-995)을 살펴보자. 앞서 언급한 바와 같은 단계를 거쳐 전합성에 성공하고 나면 대량 생산을 위한 최적화를 해야 한다. 예로 제시된 논문에서도 이와 같은 경로를 거쳤다. 문헌에서는 먼저 역합성을 통해 수렴 합성 경로를 선택하였다.

■ BMS-520 합성 논문의 검토(*Org. Process Res. Dev.* 2016, *20*, 989-995)

1. 목표 분자의 역합성

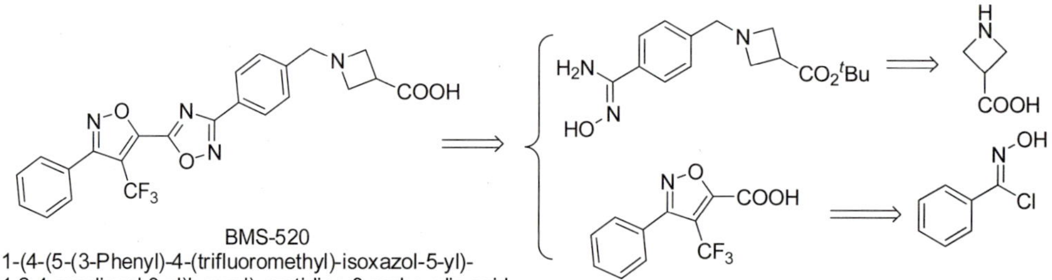

BMS-520
1-(4-(5-(3-Phenyl)-4-(trifluoromethyl)-isoxazol-5-yl)-1,2,4-oxadiazol-3-yl)benzyl)-azetidine-3-carboxylic acid

2. 3-Phenyl-4-(trifluoromethyl)isoxazole-5-carboxylic acid의 위치 선택적 합성법 개발

이 연구에서는 초기 출발 물질로 선택한 *N*-hydroxybenzimidoyl chloride로부터 isoxazole-5-carboxylic acid를 합성하면, 동시에 isoxazole-4-carboxylic acid나 유도체가 생성되므로 isoxazole-5-carboxylic acid의 위치 선택적 합성법 개발이 중요하다. 따라서 저자들도 이 부분에 많은 실험을 수행하여, 아래 방법으로 ethyl ester를 합성한 후에 선택적인 가수 분해 방법으로 필요한 isoxazole-5-carboxylic acid를 합성하였다.

TEA; F_3C–CH=C(Br)–CO_2Et

3. BMS-520의 합성

마지막으로 isoxazole-5-carboxylic acid로부터 1,2,4-oxadiazole 고리를 형성하고, 가수 분해와 재결정으로 정제하는 과정을 개선하여 수십 그램 단위 합성에서 수율을 크게 증가시킨 예이다.

$SOCl_2$, DMF(cat.)

1) MeCN
2) 0.2-0.4 eq. DMAP, 1.5 h
3) crystallization

1) TFA
2) 1N NH_4OH
3) NMP/EtOH recrystallization

2장

결합 끊기와 역합성

천연물 같은 큰 목표 분자를 합성하는 경우, 어떤 출발 물질로부터 어떤 경로를 거쳐 합성할 것인지를 결정하는 것은 쉽지 않다. 큰 분자의 합성을 위해 출발 물질을 도출하는 방식으로 목표 물질의 결합 끊기를 이용하는 역합성 방법이 유용하게 이용된다. 여기서는 출발 물질 도출에 역합성을 이용하는 방법을 설명한다.

2.1 역합성

합성 설계에는 목표 물질로부터 출발 물질을 도출하기 위한 **역합성 분석**과 도출된 출발 물질로부터 목표 물질을 실제로 제조하는 **합성**(synthesis) 두 단계가 포함된다.

목표 물질	역합성 ⟹ / ⟵ 합성	합성 단위체 (중간 물질)	역합성 ⟹ / ⟵ 합성	출발 물질

그림 2.1 역합성과 합성의 관계

역합성 분석(retrosynthetic analysis)은 합성 목표 분자(target molecule)를 만들기 위한 일종의 문제 해결 기술이다. 궁극적으로는 목표 분자 합성에 필요한 상품으로 판매되는 간단한 출발 물질을 도출하는 경로와 방법이다. 과정적으로 보면 역합성 분석은 "목표 분자의 결합을 마음속으로 적절히 끊어(결합 끊기: bond disconnection) **합성 단위체**(synthon)나 중요 중간 물질(key intermediate)을 찾고 이를 바탕으로 반응 출발 물질을 찾는 것"이다.

목표 분자의 결합 끊기 Disconnection	➡	합성 단위체 (Synthon) 도출	➡	중간체 (Intermediate) 도출	➡	출발 물질 (Starting Material) 도출

그림 2.2 역합성 분석 과정

역합성을 나타내는 화살표는 '⟹'를 사용하며, 화살표 방향이 나타내는 것과는 다르게 **"화살표의 오른편 물질로 왼편의 물질을 만들 수 있다."**는 의미를 담고 있다. 목표 물질의 중심 구조를 형성하는 데 필요한 뼈대 구조 부분을 **레트론**(retron)이라고 한다. 이 레트론을 **변형**(transform)하면 합성에 이용할 전구체나 출발 물질을 찾아낼 수 있다.

■ 레트론의 변형 방법

레트론의 변형 방법은 수없이 많지만 크게 3가지로 구분된다.

1. 작용기 상호 변환(FGI: functional group interconversion): 하나의 작용기를 다른 작용기로 변환하는 방법이다. 예 $NH_2 \rightarrow NO_2$
2. 작용기 첨가(FGA: functional group addition)에 의한 변환: 필요한 작용기를 삽입하여 변환하는 방법이다.
3. 작용기 제거(FGR: functional group removal)에 의한 변환: 특정 작용기를 제거하여 변환하는 방법이다.

경우에 따라서는 역합성의 결합 끊기 위치에 따라 합성 경로가 여러 개 도출될 수도 있다. 이런 경우는 여러 개의 합성 중간체가 나타나게 된다. 이처럼 중간체가 여러 가지로 나타날 때는, 단계가 가장 단순하고 가격이 저렴한 물질을 이용하여 최고의 수율을 얻을 수 있는 방법부터 선택하고 우선 합성한다.

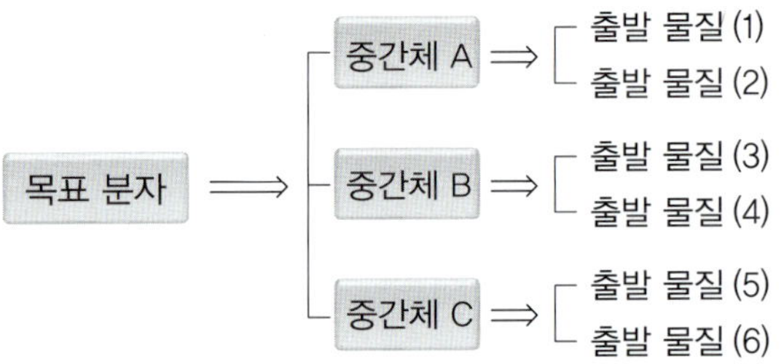

그림 2.3 목표 분자의 결합 끊기로부터 도출되는 여러 개의 중간체와 출발 물질

■ 역합성은 다음과 같이 하면 편리하다.

- 복잡한 분자의 경우, 발산형(divergent)보다 수렴형(convergent) 방식으로 하라.
- C–C 및 C–X 결합 자리에서 결합 끊기를 하라.
- 기존에 알려진 반응(name reaction 또는 문헌에 보고된 반응)에 의해 합성할 수 있는 합성 단위체가 얻어지도록 결합 끊기를 한다.
- 합성 단계를 단순하게 하라.
- 혼합물이 생성되지 않을 것으로 예상되는 반응을 선택하라.
- 입체 중심의 조절은 메커니즘적으로 수행하거나, 기질을 다르게 하여 조절되도록 하는 것이 좋다.

2.2 역합성 분석에 이용하는 결합 끊기

결합 끊기(bond disconnection)는 목표 물질의 특정 결합을 임의로 분리시켜 실제 합성에 유용한 합성 단위체를 도출하는 방법을 말한다. 이 결합 끊기는 전자 이동을 표시하는 화살표 대신 점선이나 곡선을 사용하여 나타낸다. 이 교재에서는 점선(⁞)을 이용하여 결합 끊기를 나타낼 것이다. 역합성 분석을 위한 결합 끊기 방식은 이온이 생성되는 **불균일 분해**(heterolytic cleavage), 라디칼이 형성되는 **균일 분해**(homolytic cleavage) 및 **협동 변환**(concerted transform) 등의 세 가지가 있다.

불균일 분해	$-C\text{⁞}C- \Rightarrow -C^{+} \quad :C^{-}-$	이온 형성
균일 분해	$-C\text{⁞}C- \Rightarrow -C\cdot + \cdot C-$	라디칼 형성
협동 변환	사이클로헥센 ⟹ 에틸렌 + 뷰타다이엔	

목표 물질로부터 결합 끊기를 이용하여 출발 물질을 도출하기 위해서는, 목표 물질의 합성 과정에서 가장 중요한 단계나 반응에 따라 다음과 같은 적절한 결합 끊기 방식을 선택하는 것이 유리하다.

■ 역합성에 유용한 결합 끊기 방식

- 변환을 기초로 하는 결합 끊기(transform-base bond disconnection) 방식: 합성에서 활용할 이름 반응(name reaction: 부록 표 참고) 등을 바탕으로 하여 결합 끊기를 하는 방식이다. 관련 합성 반응에 대한 지식과 정보가 많으면 유용하다.
- 출발 물질을 기초로 하는 결합 끊기(starting material-base bond disconnection) 방식: 중요한 합성 중간체나, 가능한 출발 물질을 기초로 하여 결합 끊기를 하는 방식이다.
- 작용기를 기초로 하는 결합 끊기(functional group-base bond disconnection) 방식: 중요 중간체나 출발 물질에 이용할 작용기가 포함되도록 결합 끊기를 하는 방식이다. 대부분의 작용기에 대한 반응 지식이 풍부하므로 유용하다.
- 입체 화학을 기초로 하는 결합 끊기(stereochemistry-base bond disconnection) 방식: 입체 중심이나 입체 구조 관계를 바탕으로 한 결합 끊기 방식이다. 목표 화합물에 입체 화학을 고려해야 할 경우에 이 방식을 이용하는 것이 바람직하다.
- 결합 끊기를 할 위치 선택은 어떻게 하나?: 결합 끊기는 작용기 이웃 결합에서 수행하거나, 작용기와 가장 가까운 자리에서 수행한다.

작용기에서 가까운 자리 — 좋은 결합 끊기 방식

작용기에서 먼 자리 — H_3C^- + — 나쁜 결합 끊기 방식

- 결합 끊기에서 합성 단위체의 전하는 어떻게 결정하나?: 얻어진 합성 단위체의 공명 구조를 그려서 실제 존재하는 중간체와 유사하다면 전하의 할당을 바르게 한 것이다.

합성 단위체

합성 대등체

■ 다음과 같은 기초적인 지침을 이용하여 결합 끊기를 하면 유용하다.

- 알려진 반응에 적합한 결합 끊기를 하라: 알려진 반응에 적합한 결합 끊기를 수행하고, 둘 이상의 경로가 가능할 때는 최고 수율을 낼 수 있는 반응이 도출되도록 결합을 분리하라. 예로 alk-2-yn-1-ylbenzene의 결합 끊기 양상을 보자. 이 목표 분자의 결합 끊기는 (a), (b) 두 가지 결합 끊기 방식이 가능하다. 이 방식은 잘 알려진 반응으로 목표 물질을 합성할 수 있는 경로들이다.

N_2^+ — $XMgH_2C$—≡—R 합성 대등체

(a) + $H_2\overset{-}{C}$—≡—R 합성 단위체

(b) + $H_2\overset{+}{C}$—≡—R 합성 단위체

MgX — XH_2C—≡—R 합성 대등체

- 가능하다면 작용기가 결합된 탄소의 C–C 위치에서 결합 끊기를 하라. 몇 가지 예를 들어 보자.

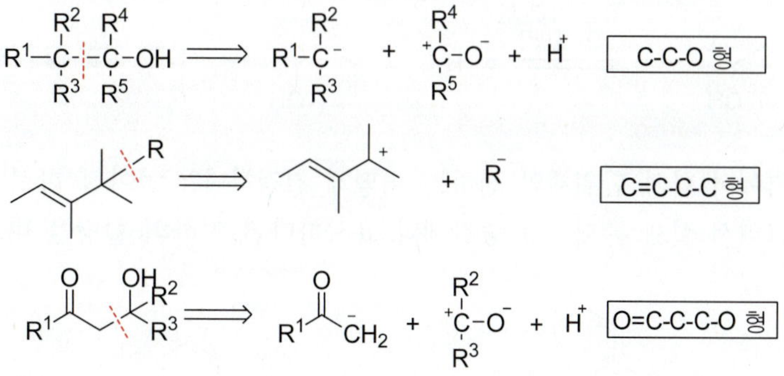

C-C-O 형

C=C-C-C 형

O=C-C-C-O 형

- 뼈대 구조의 단순화를 위한 결합 끊기에서는 곁가지가 있는 가지점, 사슬의 대칭 자리 또는 고리가 연결되는 C–C 결합 위치에서 결합을 끊어라.

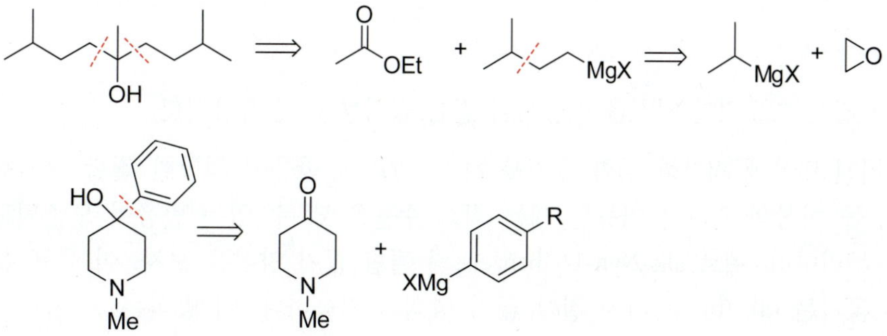

2.2.1 변환을 기초로 하는 결합 끊기 방식

변환을 기초로 하여 결합 끊기를 하면 i) 분자 골격, 작용기 및 입체 중심에서 결합이 끊어져 목표 분자의 뼈대 구조가 단순해지거나, ii) 고리, 작용기 및 입체 중심이 추가되어 반대로 복잡해지기도 한다. 결합 끊기로 뼈대 구조가 단순해지는 예를 표 2.1에 나타내었고, 고리나 작용기가 추가되면서 구조가 복잡해지는 경우의 두 가지 예를 아래에 들었다.

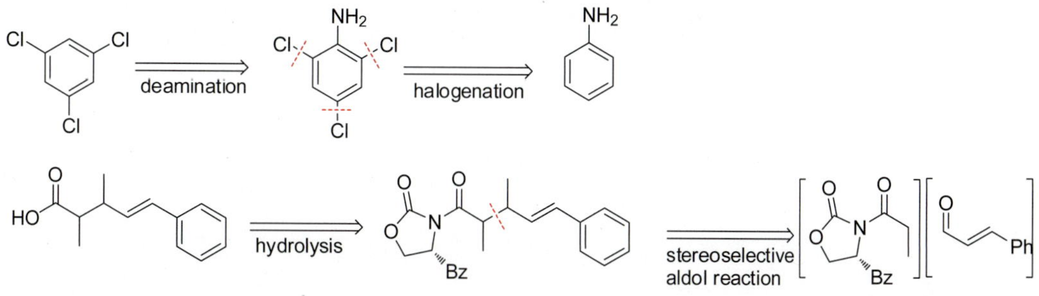

deamination

halogenation

hydrolysis

stereoselective
aldol reaction

표 2.1 변환을 기초로 하는 결합 끊기의 예

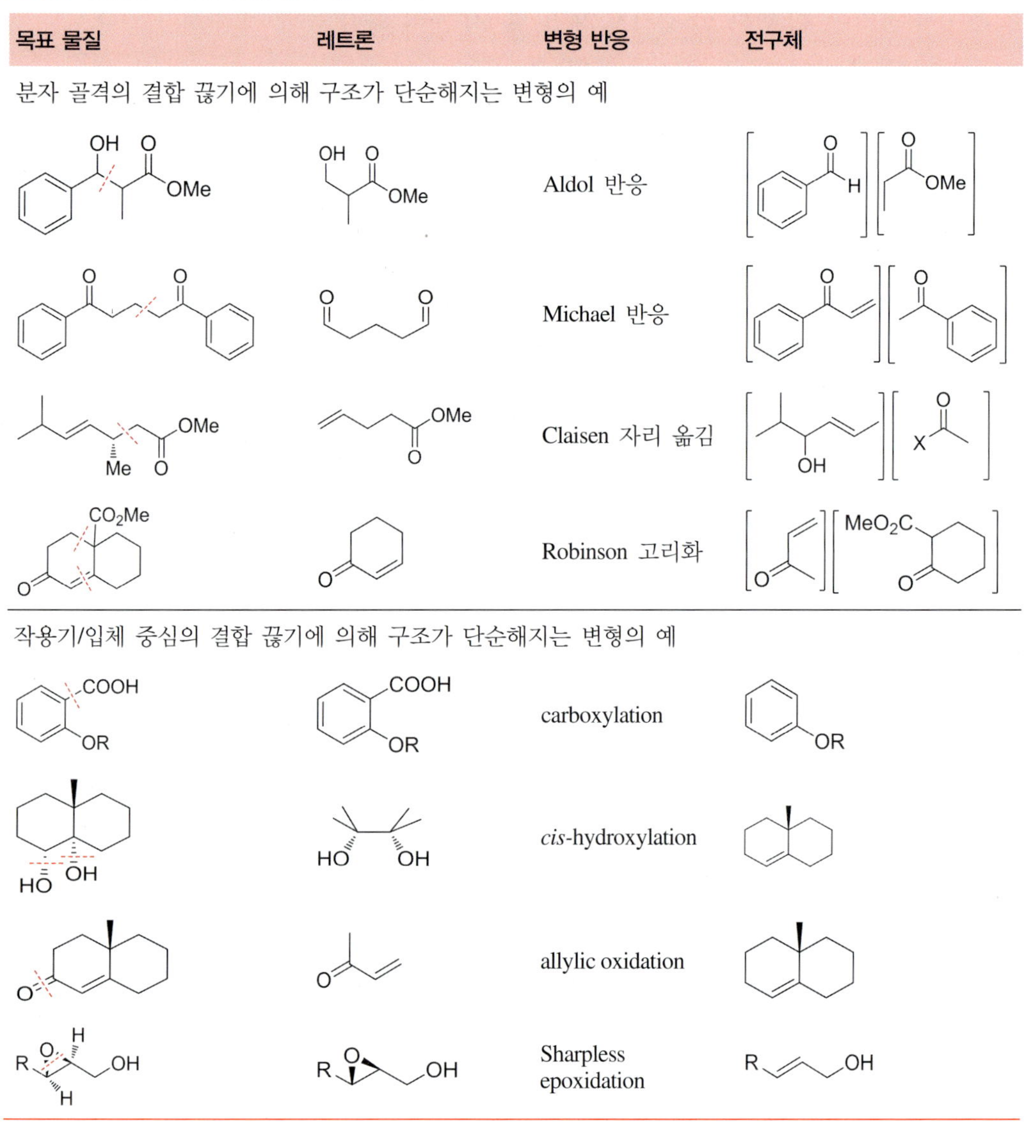

2.2.2 작용기를 기초로 하는 결합 끊기 방식

작용기를 기초로 하는 결합 끊기 방식을 자세히 살펴보자. 앞에서 논한 것처럼, 목표 분자에 존재하는 작용기는 합성 단위체를 찾기 위한 결합 끊기의 위치를 결정하는 데 매우 좋은 기준이 된다. 하나 또는 두 개의 작용기가 포함된 변환을 예를 들어 살펴보자.

■ **하나의 작용기만 포함된 변환의 예**: 하나의 작용기만을 가지고 있는 목표 분자의 변환은 i) 작용기 상호 변환, ii) 곁가지 제거 및 iii) 자리 옮김 등의 세 가지가 있다.

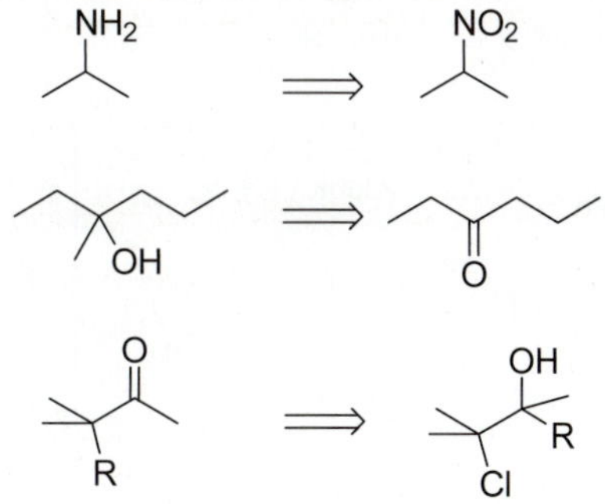

작용기 상호 변환

곁가지 제거

자리 옮김

■ **두 개의 작용기가 포함된 변환의 예**: 목표 분자에 두 개의 작용기가 존재하면, i) C−C 결합 끊기, ii) 고리화 변환 및 iii) 작용기 모방 등 세 가지 형식의 변환이 가능하다.

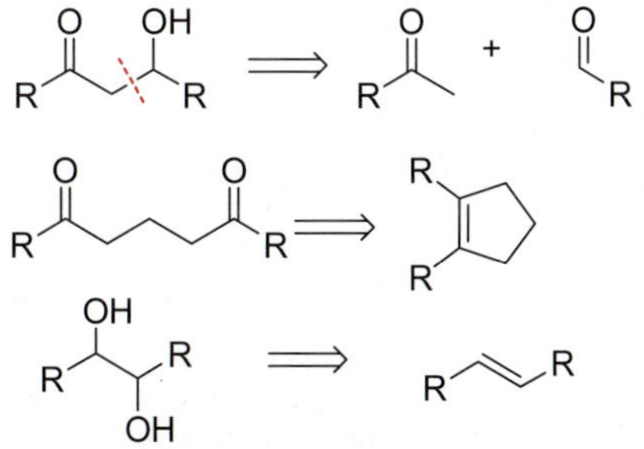

C-C 결합 끊기

고리화 변환

작용기 모방

■ 번갈이 극성 결합 끊기 방식

작용기를 포함하고 있는 복잡한 분자에서 역합성을 위한 결합 끊기 자리를 찾는 데 유용한 방법은 **잠재 극성**(latent polarity) 또는 **번갈이 극성**(alternating polarity) 개념을 이용하는 것이다(G. S. Zweifel, M. H. Nantz "*Morden Organic Synthesis An Introduction*", 2006, W. H. Freeman and Co., New York).

번갈이 극성 개념은 "목표 분자에 존재하는 작용기를 기준으로 각 원자가 어떤 형식 전하를 가질 것으로 예상하고, 이를 토대로 하여 결합 끊기 자리를 선택하는 것"이다.

- 번갈이 극성 결합 끊기 방식에서는 작용기를 세 부류로 구분한다(*Acc. Chem. Rev.* 1974, *7*, 147-155).

  i) E 부류: 이웃한 양이온을 안정화시킬 수 있는 작용기
  $-NH_2$, $-NR_2$, $-OH$, $-OR$, $=O$, $=NR$, Halogen

  ii) G 부류: 이웃한 음이온을 안정화시킬 수 있는 작용기
  $-Li$, $-MgX$, $-AlR_2$, $-SiR_3$

iii) A 부류: 양쪽성(+,−)을 나타내는 작용기
$-BR_2$, $-C{=}CR_2$, $-C{\equiv}CR$, $-NO_2$, $-C{\equiv}N$, $-SR$, $-S(O)R$, $-SO_2R$

- 번갈이 극성 개념에 따라 목표 분자에 형식 전하를 할당하면, E 부류 작용기가 결합된 탄소가 모두 (+)로 표시되는 **조화 양상**(consonant pattern)과 E 부류 작용기 두 개가 포함된 분자에서 하나의 탄소는 (+)이지만 다른 탄소가 (−)로 표시되는 **부조화 양상**(dissonant pattern)이 생길 수 있다. 여기서 사용하는 (+)와 (−)는 분자의 잠재적 전하를 나타내며, 잠재적인 친전자성 자리는 (+)로 표시하고, 잠재적인 친핵성 자리는 (−)로 표기한다.

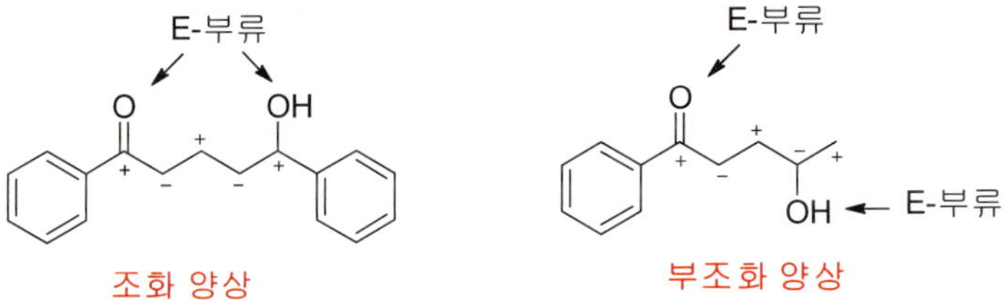

E-부류 E-부류
조화 양상 부조화 양상

- 작용기나 헤테로 원자가 두 개인 분자에서는 두 작용기와 결합한 탄소 사이의 탄소 수 [X−C−$(C)_n$−C−X, n=0, 1, 2,⋯]에 따라 다른 양상을 띤다. → 1,2-이치환(n=0) 및 1,4-이치환(n=2) 이작용기를 가지는 분자는 부조화 양상이 되고, 1,3-이치환(n=1) 또는 1,5-이치환(n=3)은 조화 양상 형태이다.

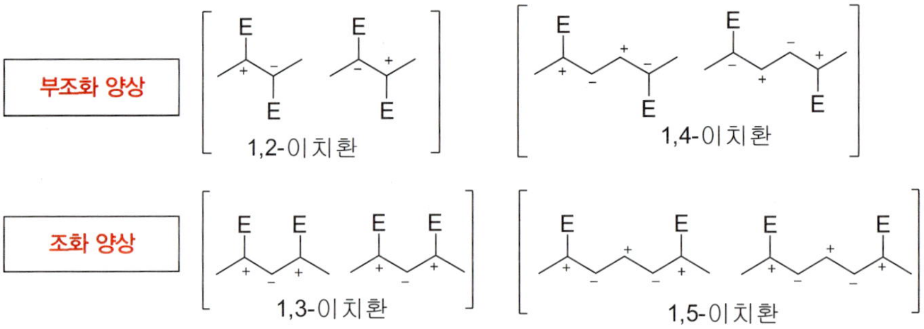

부조화 양상: 1,2-이치환, 1,4-이치환
조화 양상: 1,3-이치환, 1,5-이치환

목표 분자의 결합 끊기는 이 양상에 따라 다르게 수행해야 한다. 조화 양상 관계인 분자의 결합 끊기는 쉽지만, 부조화 양상을 보이는 분자의 결합 끊기는 극성 반전(umpolung)을 이용하거나 라디칼 및 고리형 협동 반응(pericyclic reaction) 등의 전략이 필요하다. 아래에 번갈이 극성 개념을 이용한 결합 끊기의 몇 가지 예를 나타내었다. 합성 단위체(synthon)의 받개, 주개 구분과 기호로 표시하는 방법은 2.3절에서 설명한다.

■ 번갈이 극성 개념을 이용한 결합 끊기의 예

- 작용기가 하나만 포함된 경우의 예:

작용기 변환

받개 합성 단위체 주개 합성 단위체

받개 합성 단위체 주개 합성 단위체

- 작용기가 두 개 포함된 경우의 예:

1,4-이치환 (부조화 양상)

주개 합성 단위체 받개 합성 단위체

1,4-이치환 분자의 부조화 양상의 받개 합성 단위체는 α-위치 탄소가 양전하(+)를 띠므로, 극성 반전을 통한 친전자성 에폭사이드를 이용해야 한다. **극성 반전**(umpolung 또는 polarity inversion)이란 합성 과정에서 어떤 작용기의 극성을 그의 반대 극성으로 바꾸는 것을 말한다. 카보닐기를 예로 들어 보자. 일반적으로 C=O기의 탄소(C)는 δ^+를 띠고, 산소(O)는 δ^-를 띤다. 즉 ($C^{\delta+}=O^{\delta-}$)이 된다. 따라서 친핵체와 반응시키면 친핵체가 탄소에 첨가되고 산소는 (−), Nu-C-O^-를 띤다. 그러나 역합성 분석의 결합 끊기 과정에서는 C=O의 탄소가 (−)를 띠는 합성 단위체(예 $^-$C=O)가 나타난다. 그런 극성 반전의 경우에는 다른 합성 대등체를 선택해야 한다.

통상적인 반응

극성 반전

주개 합성 단위체

역합성 과정에서 유용한 극성 반전 형태를 표 2.2에 나타내었다.

표 2.2 역합성에서 유용한 극성 반전

극성 반전 유형	반응의 예
$a^1 \rightarrow d^1$	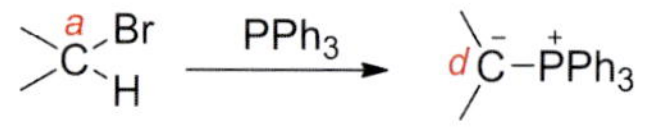 PPh_3
$a^1 \rightarrow d^1$	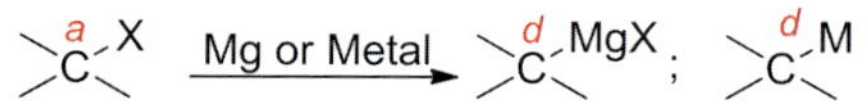 Mg or Metal
$a^1 \rightarrow d^1$	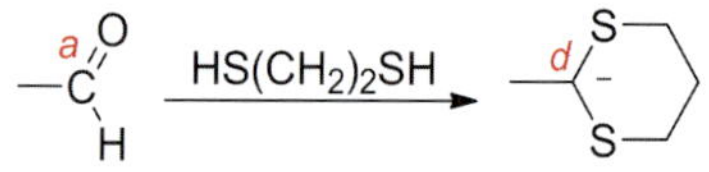 $HS(CH_2)_2SH$
$a^1 \rightarrow d^1$	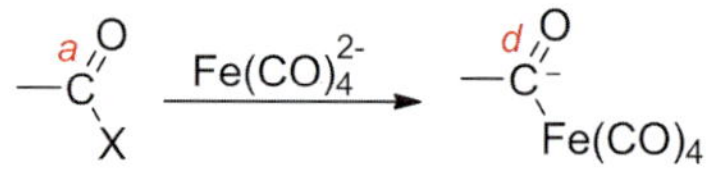 $Fe(CO)_4^{2-}$
$d^{1,2} \rightarrow a^{1,2}$	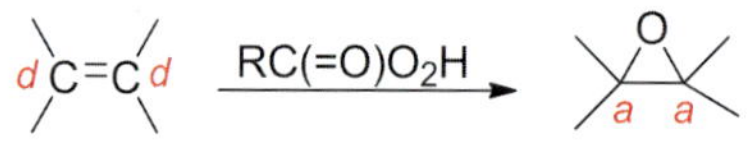 $RC(=O)O_2H$
$d^2 \rightarrow a^2$	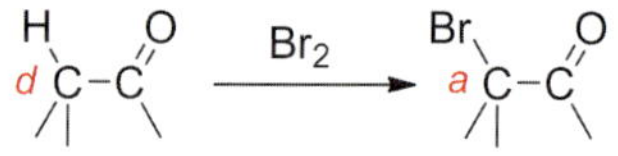 Br_2
$a^3 \rightarrow d^3$	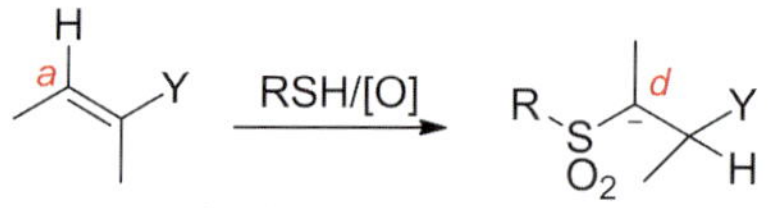 RSH/[O] Y=CHO, COR, CO_2R, CN
$a^1 \rightarrow d^1$	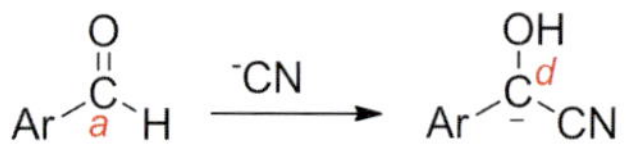 ^-CN
$a^1 \rightarrow d^3$	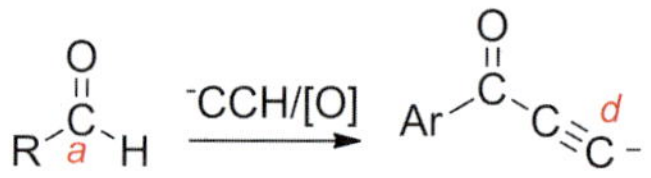 ^-CCH/[O]
$a^1 \rightarrow d^3$	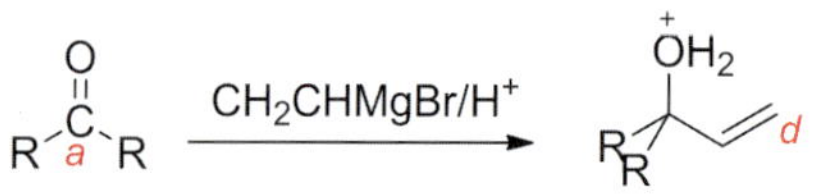 $CH_2CHMgBr/H^+$
$a^3 \rightarrow a^4$	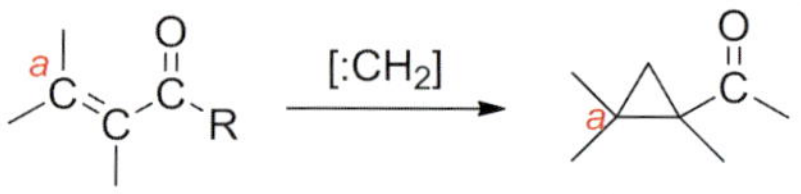 $[:CH_2]$

a = 받개, d = 주개. 위 첨자는 작용기와 반응 자리 탄소와의 거리를 나타낸다(2.3절 참조).

극성 반전을 통해 formyl 및 acyl기의 음이온 대등체로 자주 이용되는 작용기는 1,3-dithiane 고리, nitro alkane, cyanohydrin, enol ether 및 acetylide 음이온 등이 있다.

Lewis acid; 1) n-BuLi 2) R'X; Deprotection
1,3-Dithiane (Thioacetal)

Base; Henry reaction; $TiCl_3$, H_2O
Nitroalkane

RCHO + HC≡N ⇌ R−C(OH)(H)−CN; H_2C=CHOEt, cat. H^+; 1) LDA, THF 2) R'X 3) dilute aq-HCl 4) dilute aq-NaOH
Cyanohydrin

t-BuLi, THF, 65°C; 1) RX 2) H^+, H_2O
Enol ether

RBr + HC≡CLi → R−C≡C−H; cat. $HgSO_4$, H_2SO_4, H_2O
1° Acetylide

2.2.3 입체 화학을 기초로 하는 결합 끊기 방식

목표 화합물의 입체 화학을 고려해야 할 경우에는 입체 화학을 기초로 한 결합 끊기 방식을 이용하는 것이 바람직하다. 이 방법에서는 목표 분자에 있는 입체 생성 중심의 변화가 최소가 되도록 결합 끊기를 하는 것이 좋고, **입체 단위체**(chiron)는 당이나 아미노산 같은 천연물을 이용하면 유리하다(S. Hanession, Total synthesis of Natural Products: The chiron Approach, *Pure & Appl. Chem.* 1993, 1189).

2.3 합성 단위체와 합성 대등체의 도출

목표 물질의 특정 결합을 결합 끊기하여 도출되는 합성 단위체(synthon)는 친전자성인 **받개 합성 단위체**(acceptor synthon, *a*)와 친핵성인 **주개 합성 단위체**(donor synthon, *d*)로 구분하고, 받개 합성 단위체는 'a^n'으로 주개 합성 단위체는 'd^n'으로 표기한다. 여기서 위 첨자 '*n*'은 작용기와 반응 자리 탄소와의 거리를 나타낸다. 아래 그림에서 주개 단위체는 d^3로 표기한다.

목표 분자의 C−C 결합이 불균일하게 끊어지면, 탄소 양이온인 받개 합성 단위체와 탄소 음이온인 주개 합성 단위체가 생성된다. 목표 분자에서 결합 끊기는 다르게 할 수 있고, 그에 따라 다른 종류의 합성 단위체들이 도출된다.

예를 들어 1-phenylpentan-1-one의 경우를 살펴보자. 방법-(a)와 같이 결합 끊기를 하면 benzene 단위가 주개 합성 단위체가 된다. 목표 물질의 카보닐기를 알코올로 변환한 후에 방법-(b)와 같이 결합 끊기를 하면 benzyl alcohol 단위가 받개 합성 단위체가 되고 *n*-butyl 음이온 조각이 주개 합성 단위체가 된다.

결합 끊기를 통해 얻어지는 합성 단위체가 유용한 것인가를 아는 것은 중요하다. 그렇다면, 결합 끊기를 한 후에 얻어지는 합성 단위체는 어떻게 확인하는가? 다행히도 결합 끊기로 생성되는 합성 단위체의 조합에는 몇 가지 양상이 있다. 이런 양상을 알면 결합 끊기 후에 도출되는 합성 단위체의 확인에 도움이 된다(표 2.3).

결합 끊기를 통해 도출된 합성 단위체는 이들의 합성 대등체를 선택하여 반응에 사용한다. **합성 대등체**(synthetic equivalent)란 합성 단위체 구조를 가지고 있는 실제 합성에 사용하는 물질이므로, 실험에서는 이들을 이용하여 목표 분자에 합성 단위체 구조를 도입할 수 있다. 결합 끊기로 도출되는 일반적인 합성 단위체와 이들의 합성 대등체를 표 2.4와 표 2.5에 나타내었다.

표 2.3 목표 분자의 작용기 형태에 따른 합성 단위체 조합 형태와 구조

작용기 형태	목표 분자 구조	합성 단위체 조합 형태와 구조	
		조합 형태	구조
작용기 없음	—C–C—	*alkyl a/ alkyl d*	$—C^+$ + $^-C—$
1-작용기	—C(X)–C—	*Ra/d, a/Rd*	$—C^+(X)$ + $^-C—$
1,2-작용기	—C(X)–C(Y)—	a^1/d^1	$—C^+(X)$ + $^-C(Y)—$
1,3-작용기	—C(X)–C–C(Y)—	a^1/d^2, a^2/d^1	$—C^+(X)$ + $^-C–C(Y)—$ $—C(X)–C^+$ + $^-C(Y)—$
1,4-작용기	—C(X)–C–C–C(Y)—	a^1/d^3, a^2/d^2, a^3/d^1	$—C^+(X)$ + $^-C–C–C(Y)—$ $—C(X)–C^+$ + $^-C–C(Y)—$ $—C(X)–C–C^+$ + $^-C(Y)—$

a = 받개, *d* = 주개. 위 첨자는 작용기와 반응 자리 탄소와의 거리를 나타낸다.

표 2.4 몇 가지 받개 합성 단위체와 합성 대등체

받개 형태	합성 단위체	합성 대등체
a^0	PMe_2	$ClPMe_2$
alkyl-a	R^+(alkyl cation)	RCl, RBr, RI, ROTs
aryl-a	Ar^+(aryl cation)	$ArN_2^+X^-$
a^1	$HC^+{=}O$(acylium ion)	HC(=O)X (X= NR_2, OR)
a^1	$RC^+{=}O$(acylium ion)	RC(=O)X (X=Cl, NR_2, OR)
a^1	$HO\text{-}C^+{=}O$(acylium ion)	CO_2
a^1	$^+CH_2OH$(oxocarbenium ion)	HCHO
a^1	RHC^+OH(oxocarbenium ion)	RCHO
a^1	R_2C^+OH(oxocarbenium ion)	$R_2C{=}O$
a^2	$^+CH_2CH_2OH$	oxirane
a^2	$^+CH_2C({=}O)CH_2R$	$BrCH_2C({=}O)CH_2R$
a^3	$^+CH_2CH_2C({=}O)R$	$CH_2{=}CHC({=}O)R$(R-=alkyl, OR)
a^3	$^+CH_2CH_2C{\equiv}N$	$CH_2{=}CHCN$
a^3	$^+CH_2CH{=}C(O^-)OMe$	$CH_2{=}CHC({=}O)OMe$

표 2.5 몇 가지 주개 합성 단위체와 합성 대등체

주개 형태	합성 단위체	합성 대등체
d^0	MeS^-	MeSH
alkyl-d	R^-(alkyl anion)	RMgX, RLi, R_2CuLi(from RX)
aryl-d	Ar^-(aryl anion)	ArMgX, ArLi, Ar_2CuLi(from RX)
d^1	^-CN(cyanide)	NaCN, KCN(from HCN)
d^1	$RCH_2C^-HNO_2$(α-nitro anion)	$RCH_2CH_2NO_2$
d^2	$^-C{\equiv}CR$(acetylide)	$RC{\equiv}CMgX$, $RC{\equiv}CLi$(from $RC{\equiv}CH$)
d^2	$^-CH_2C(=O)CH_3$(enolate)	$CH_3C(OM)=CH_2$(from $CH_3C(=O)CH_3$
d^2	$^-CH_2CHO$(enolate)	H_3CCHO
d^3	$^-C{\equiv}CCO_2Me$	$HC{\equiv}CCO_2Me$
d^1	$Ph_3P^+-C^-R_2$(ylide)	$[Ph_3P^+-CHR_2]X$ (from R_2HCX)

2.4 합성 단위체로부터 반응 생성물 작용기 수의 예측

역합성을 통해 도출한 합성 단위체를 이용하여 생성물을 합성하면 생성물에는 몇 개의 작용기가 존재할까? 반응 후에 생성물이 가질 수 있는 작용기 수를 예측한다는 것은 합성 화학자에게는 중요한 정보이다. 반응 생성물의 작용기 수를 예측하는 몇 가지 방법이 있다.

각각 하나씩의 받개 합성 단위체와 주개 합성 단위체를 반응시켜 얻는 생성물의 작용기 수를 예측할 수 있다. 이런 예측에 다음의 몇 가지 규칙이나 지침을 이용하면 편리하다.

- 합성 단위체로부터 생성물 작용기 수의 예측
  - 간단한 목표 분자의 경우에는 표 2.6에 나타낸 규칙을 이용한다.

표 2.6 반응 합성 단위체에 따른 몇 가지 생성물 작용기 유형

합성 단위체 조합		생성물 작용기 유형
받개	주개	
Alkyl a	*Alkyl d*	작용기 없음
Alkyl a	d^1	1개 작용기
a^1	*Alkyl d*	1개 작용기
a^1	d^1	1,2-이작용기
a^1	d^2	1,3-이작용기
a^2	d^1	1,3-이작용기
a^1	d^3	1,4-이작용기
a^2	d^2	1,4-이작용기
a^3	d^1	1,4-이작용기

- 다작용기를 가지는 목표 분자의 경우 합성 단위체가 하나 이상의 작용기를 포함한다.
- 열린 사슬 유기 분자가 하나씩의 전자 받개와 전자 주개 자리를 포함하면, 하나의 고리 화합물을 형성한다. 이 반응은 두 탄소 원자가 분자 내 결합을 통해 이루어진다.

- 고리를 포함하는 출발 물질의 분자 내에서 전자 주개와 받개 자리가 반응을 하면, 스피로 고리(spirocycle), 접합 고리(fused ring) 또는 다리 걸친 다중 고리(bridged polycycle)를 형성한다.

2.5 결합 끊기의 실제

결합 끊기를 C−X(헤테로 원자) 결합과 C−C 결합의 끊기로 구분하여 살펴보자.

■ C−X(X=헤테로 원자) 결합 끊기

- 일-작용기 C−X 결합 끊기: 일-작용기 결합 끊기는 R이 전자 받개가 되는 경우(경로 1)와 전자 주개가 되는 경우(경로 2) 두 가지 경로가 가능하다. 두 가지 경로에 따르는 결합 끊기의 예를 아래에 나타내었다.

합성 단위체 시약

경로 1) R-X $\overset{C\text{-}X}{\Longrightarrow}$ $[\overset{a}{R^+} + \overset{d}{X^-}]$ $\Longrightarrow$ R-Hal + HX

경로2) R-X $\overset{C\text{-}X}{\Longrightarrow}$ $[\overset{d}{R^-} + \overset{a}{X^+}]$ $\Longrightarrow$ RLi 또는 RMgBr + X-Cl

RC(=O)-OR $\overset{C\text{-}O}{\Longrightarrow}$ $[RC^+(=O) + {}^-OR]$ $\Longrightarrow$ RC(=O)Cl + ROH

RC(=O)O-R $\overset{C\text{-}O}{\Longrightarrow}$ $[RC(=O)O^- + R^+]$ $\Longrightarrow$ RC(=O)OH + RBr

RC(=O)-NHR $\overset{C\text{-}N}{\Longrightarrow}$ $[RC^+(=O) + {}^-NHR]$ $\Longrightarrow$ RC(=O)Cl + RNH_2

Ph/O ⟹(C-O) [Ph$^+$ + $^-$O] ⟹ PhCl + HO

PhO/ ⟹(C-O) [PhO$^-$ + $^+$] ⟹ PhOH + Cl

RCO/OR ⟹(C-O) [RCO$^+$ + $^-$OR] ⟹ RCOCl + ROH

RCOO/R ⟹(C-O) [RCOO$^-$ + R$^+$] ⟹ RCOOH + RBr

RCO/NHR ⟹(C-N) [RCO$^+$ + $^-$NHR] ⟹ RCOCl + RNH_2

Ph/O ⟹(C-O) [Ph$^+$ + $^-$O] ⟹ PhCl + HO

PhO/ ⟹(C-O) [PhO$^-$ + $^+$] ⟹ PhOH + Cl

- 이-작용기 C−X 결합 끊기: 목표 분자가 두 개의 작용기를 가지는 경우의 결합 끊기는 두 작용기 사이의 탄소 원자 수가 몇 개이며, 어떻게 존재하는가를 이해해야 한다. 즉, 1,1-, 1,2- 및 1,3-이-작용기 관계인가? 또 C=O기가 있는가?를 이해하면 결합 끊기에 도움이 된다. 몇 가지 예를 살펴보자.

합성 단위체 / 시약

1,1-이-작용기) R–CH(OMe)(OMe) ⟹(C-O) [R–$^+$ + $^-$OMe] ⟹ R−CHO + MeOH

1,1-이-작용기) RCH(OH)–P(O)$(OR)_2$ ⟹(C-P) [RCHO$^+$ + $^-$P(O)$(OR)_2$] ⟹ R−CHO + P(O)H$(OR)_2$

1,2-이-작용기) HO–C1–C2/X ⟹(C-X) [HO–C–C$^+$ + X$^-$] ⟹ 에폭사이드 + HX

1,2-이-작용기) X/C2–C1(=O)–R ⟹(C-X) [X$^-$ + $^+$CH$_2$C(=O)R] ⟹ Br_2 + CH_3C(=O)R

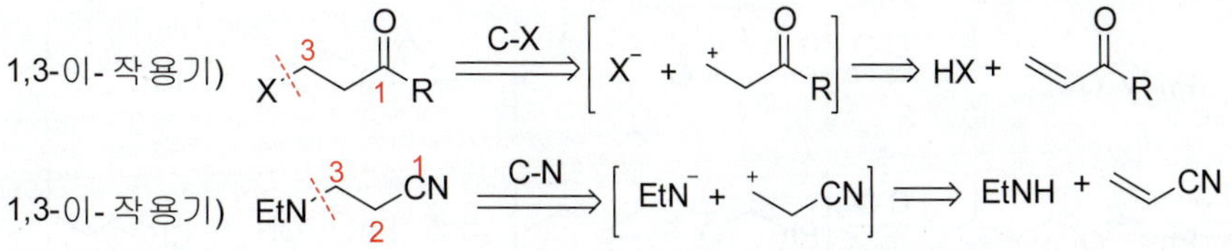

1,3-이-작용기) X–C (C-X) ⟹ [X^- + $^+$] ⟹ HX +

1,3-이-작용기) EtN–CN (C-N) ⟹ [EtN^- + $^+$CN] ⟹ EtNH + CN

■ C−C 결합 끊기

- 일-작용기 C−C 결합 끊기/C−C 다중 결합: 다중 결합은 풍부한 파이 전자 때문에 작용기로 이용된다. 이중 또는 삼중 결합을 가진 화합물의 결합 끊기를 살펴보자.

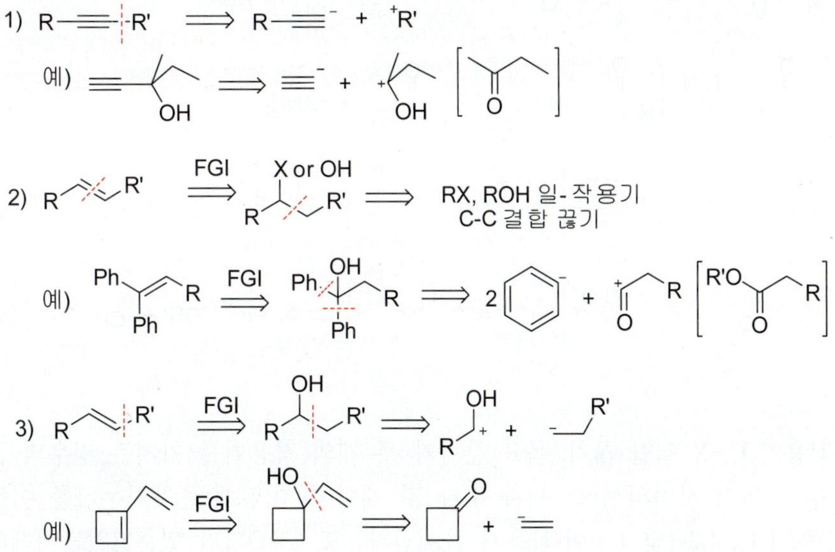

1) R—≡—R' ⟹ R—≡$^-$ + $^+$R'

예) ⟹ ≡$^-$ + $^+$ (OH)

2) R'(FGI) ⟹ X or OH, R' ⟹ RX, ROH 일-작용기 C-C 결합 끊기

예) Ph, Ph, R (FGI) ⟹ OH, Ph, Ph, R ⟹ 2 + R [R'O, R]

3) R, R' (FGI) ⟹ OH, R, R' ⟹ OH, R + R'

예) (FGI) ⟹ HO ⟹ O +

- 일-작용기 C−C 결합 끊기/알코올: OH기를 하나만 갖는 알코올은 일-작용기 화합물이다. 알코올에서는 OH기와 결합하고 있는 탄소의 C−C 결합을 끊거나 그 이웃 자리를 분리하면 유리하다.

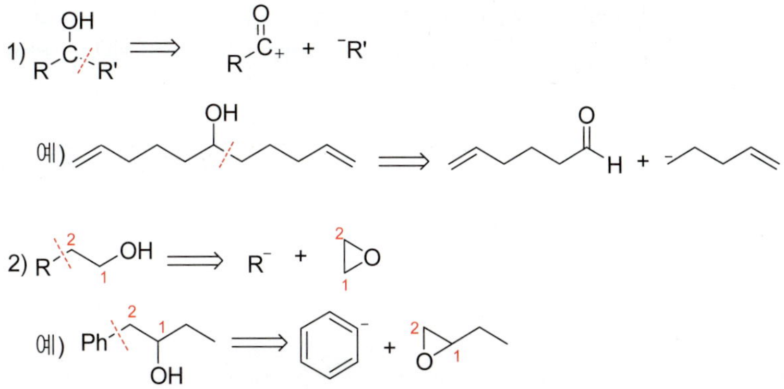

1) OH, R–C–R' ⟹ O, R–C^+ + $^-$R'

예) OH ⟹ O, H +

2) R–OH ⟹ R^- + O

예) Ph, OH ⟹ + O

3) R-OH ⟹ R^- + (acetone)

예) ⟹ (benzyl anion) + (acetone)

4) ⟹ (cyclohexyl)CHO + R^-

예) ⟹ (cyclohexyl)CHO + (hexyl anion)

- 일-작용기 C−C 결합 끊기/카보닐 화합물: C=O기가 하나뿐인 화합물 부류는 케톤이며, 1,1-결합 끊기와 1,2-결합 끊기 두 가지가 가능하다. 1,1-결합 끊기 중에 도출되는 $RC^+(=O)$ 합성 단위체의 대등체는 RCO_2Me, RCOX, $RCON(Me)_2$ 및 RCN 등이 이용된다. 또 1,2-결합 끊기로 도출되는 탄소 음이온 합성 단위체($RC(=O)CH_2^-$)는 엔올 음이온이다. 1,3-결합 끊기의 경우는 하나의 엔온(enone)과 탄소 음이온 합성 단위체가 도출된다.

1) ⟹ $RC^+(=O)$ + $^-R'$ [$RC^+(=O)$ = RCO_2Me, RCOX, $RCON(Me)_2$, RCN]

예) ⟹ + Et^-

2) ⟹ [⟷ Enolate] + $^+R'$

예) ⟹ +

3) ⟹ Enone + $^-R'$

예) ⟹ + $^-CH_3$

- 이-작용기 C−C 결합 끊기/Diels-Alder 반응의 이용: Diels-Alder 반응은 단일 단계로 두 개의 C−C 결합을 만들 수 있고, 이 반응은 위치 선택적이고 입체 선택적인 육-고리 형성 반응이어서 유기합성에서 매우 중요하다. 따라서 육-고리 화합물의 합성을 계획하는 과정에서 Diels-Alder 반응을 염두에 둔 결합 끊기는 유용하다.

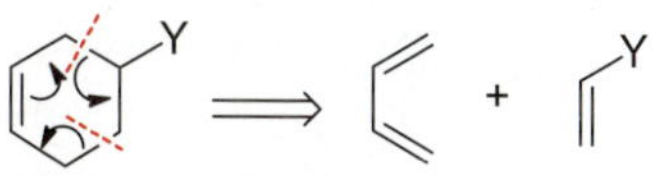

예)

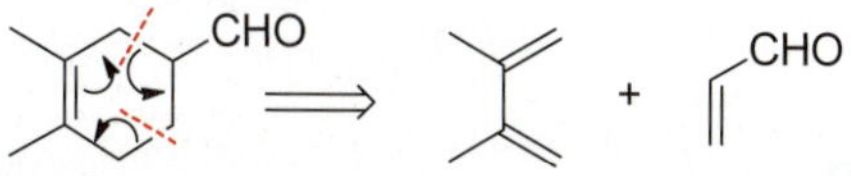

- 1,2-이-작용기 화합물의 C−C 결합 끊기: 1,2-Diketone 및 α-hydroxy carbonyl 등이 이 부류에 속한다. 이들 두 경우는 모두 두 가지 결합 끊기 방식이 있을 수 있다. 1,2-Diketone의 경우(식 1)는 두 경로 중 출발 물질 선택에 유리한 방법으로 결합 끊기를 한다. α-Hydroxy carbonyl의 경우도 작용기 변환 과정을 거치지 않는 경로(식 2)와 작용기 변환을 거치는 경로(식 3)가 가능하다. 그러나 1,2-이-작용기의 도입이 쉽지 않으므로, 이미 1,2-작용기화된 화합물을 출발 물질로 사용하는 것이 유리하다.

1)

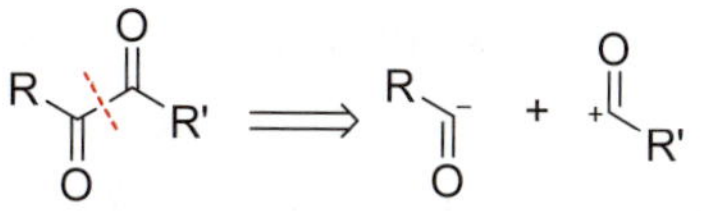

예)

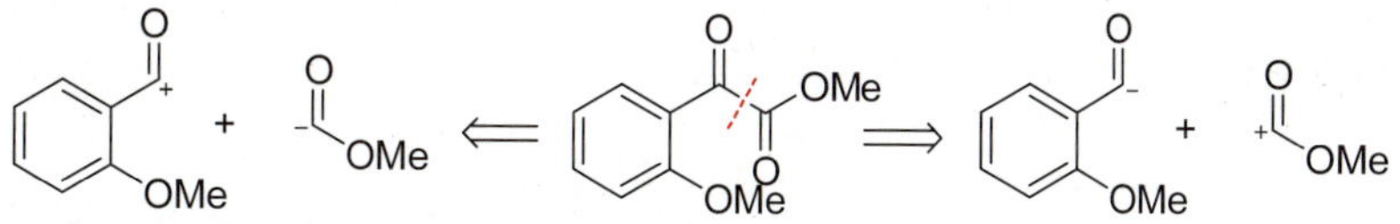

2)

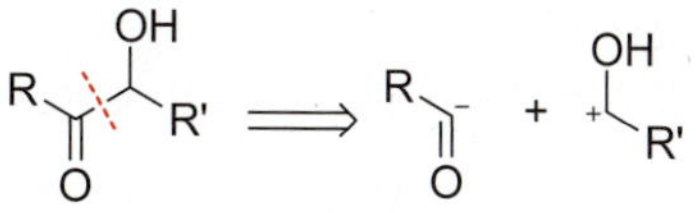

3) 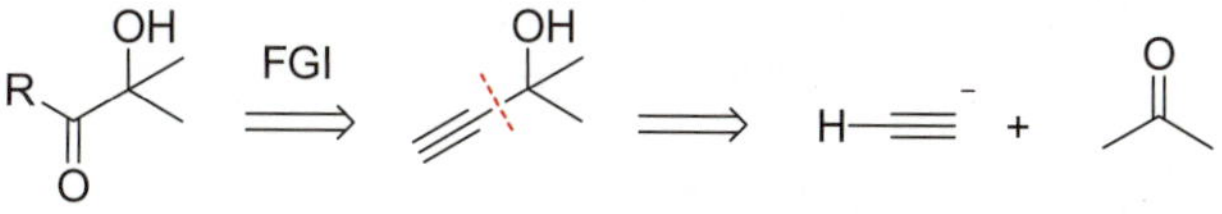 FGI

자주 이용되는 1,2-이-작용기 화합물에는 다음과 같은 것들이 있다.

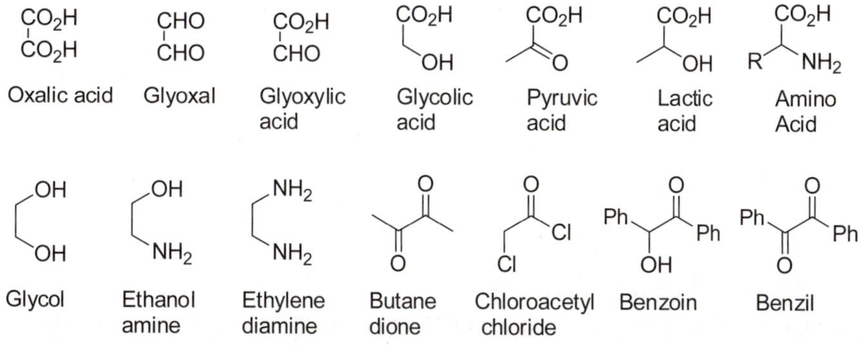

Oxalic acid Glyoxal Glyoxylic acid Glycolic acid Pyruvic acid Lactic acid Amino Acid

Glycol Ethanol amine Ethylene diamine Butane dione Chloroacetyl chloride Benzoin Benzil

- **1,3-이-작용기 화합물의 C−C 결합 끊기:** 1,3-이-작용기 화합물로는 β-hydroxycarbonyl, α,β-unsaturated carbonyl 및 1,3-dicarbonyl 계열 화합물들이 있다. β-Hydroxycarbonyl 화합물들은 Aldol 반응을 이용할 수 있으므로 식 1)처럼 결합을 끊으면 유리하다. α,β-Unsaturated carbonyl 화합물들은 작용기 상호 변환을 통해 β-hydroxycarbonyl 화합물로 전환하여 결합 끊기를 하거나(식 2), Wittig 반응을 이용하기 위한 방법(식 3)으로 결합 끊기를 할 수 있다.

  1,3-Dicarbonyl 화합물 부류는 두 가지 방법으로 결합 끊기를 할 수 있으며, $MeC^{+}(=O)$와 $EtOC^{+}(=O)$ 합성 단위체의 대등체 시약은 MeC(=O)OEt(ethyl acetate)와 EtOC(=O)OEt(diethyl carbonate)를 주로 이용한다.

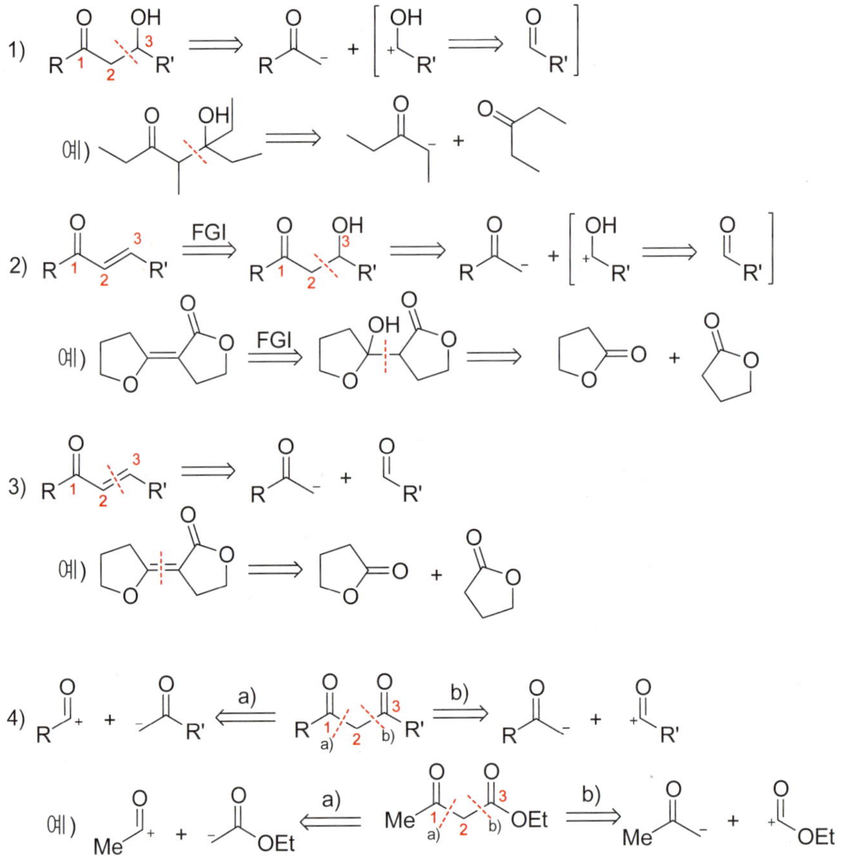

1) 예)

2) FGI 예) FGI

3) 예)

4) a) b) 예) a) Me OEt b) Me OEt

- 1,4-이-작용기 화합물의 C−C 결합 끊기: 1,4-Dicarbonyl 및 4-hydroxyketone 화합물들의 결합 끊기로부터 하나의 엔올 음이온과 a^2 합성 단위체가 도출되거나(식 1), 다르게는 하나의 acyl 음이온(d^1)과 a^3 합성 단위체 또는 acyl 양이온과 d^3 합성 단위체(식 3)가 도출된다.

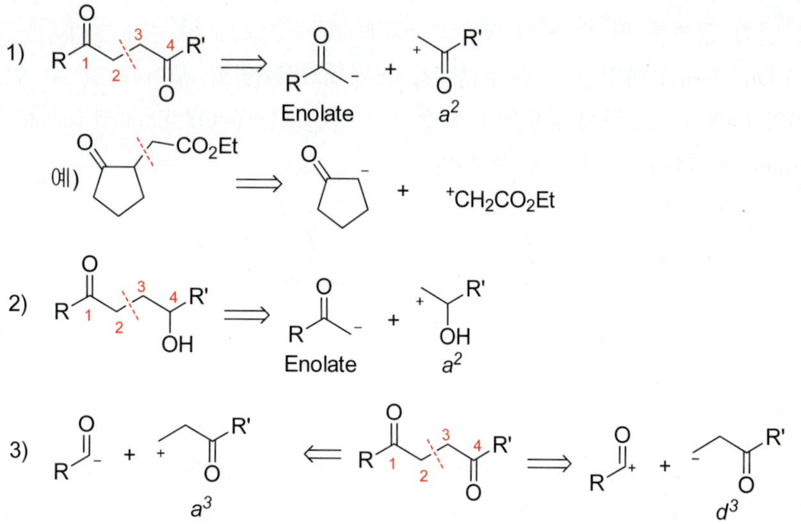

- 1,5-이-작용기 화합물의 C−C 결합 끊기: 1,5-Diketone 같은 화합물은 보통 엔올 음이온(d^2 합성 단위체)과 a^3 합성 단위체로 결합을 끊는다. 아래의 예에서 방법 a)와 b) 두 가지로 결합 끊기를 할 수 있다. 이런 분리는 Michael 첨가 반응이나 Robinson 고리화 반응으로 목표 분자를 합성할 수 있어 유리하다.

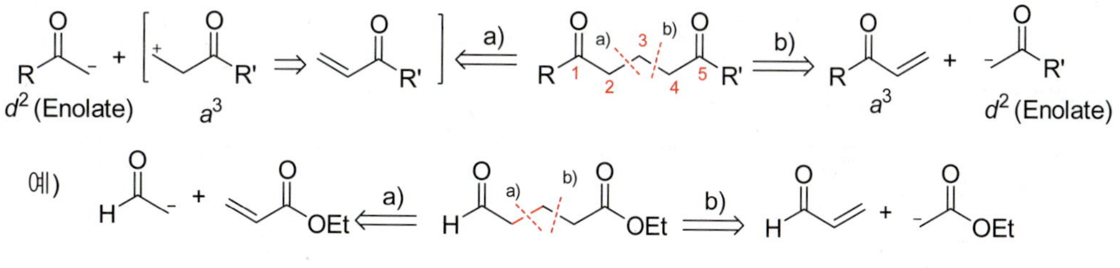

- 1,6-이-작용기 화합물의 C−C 결합 끊기: 1,6-Dicarbonyl 화합물의 결합 끊기는 보통 C^3−C^4 결합을 분리하여 엔온(enone) 전구체를 이용할 수 있는 a^3 합성 단위체와 d^3 합성 단위체를 생성시킨다.

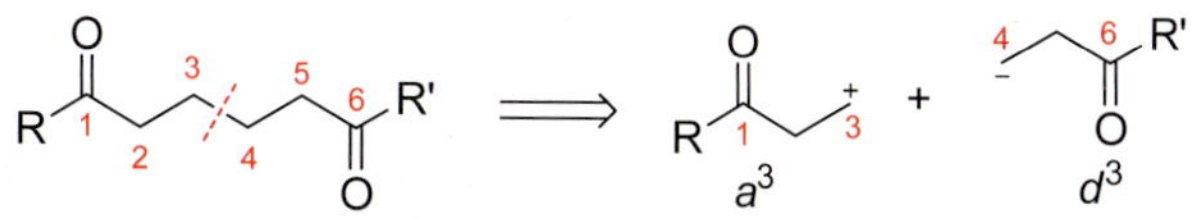

2.6 입체 선택적 합성을 위한 결합 끊기

거울상 이성질적으로 순수한 목표 분자를 얻는 것은 합성에서 매우 중요하다. 특히 의약품이나 천연물 합성에서 더욱 그렇다. 순수한 거울상 이성질체 출발 물질을 이용하더라도 어느 과정에서는 라셈 혼합물로 얻어지기도 한다. 얻어진 라셈 혼합물을 순수한 이성질체로 분리하는 방법들이 개발되어 있지만 쉽지 않으며, 또한 경제적이지도 않다. 따라서 순수한 거울상 이성질체를 얻을 수 있는 방법의 개발이 계속되고 있다. 순수한 거울상 이성질체를 합성하는 네 가지 예를 문헌을 중심으로 소개한다.

■ 순수한 거울상 이성질체 합성의 예

- **반응 중에 부분 입체 이성질체를 이용하는 방법:** 알고 있는 것처럼 라셈 혼합물의 분할(resolution)은 쉽지 않지만, 합성 과정에서는 혼합물에 이미 구조를 알고 있는 순수한 거울상 이성질체를 이용하여 부분 입체 이성질체를 만들어 재결정으로 분리하는 것이 유리할 수도 있다. 다음 반응 과정을 예로 들 수 있다(*J. Am. Chem. Soc.* 1952, *74*, 5851.). 이 문헌에서는 출발 물질인 acetophenone을 아미노화시켜 생성된 1-phenylethanamine 라셈 혼합물에 (*S*)-(-)-tartaric acid를 처리하여 상응하는 부분 입체 이성질체를 만들고, 재결정하여 순수한 (+)-(*R*)-이성질체를 얻었다. 다음 두 단계의 반응은 입체 중심에서 일어나지 않으므로 우수한 수율로 목표 분자를 합성한 예이다.

(+)-이성질체, 목표 분자 ⟹ (FGI) ⟹ ⟹ + ⟹ (FGI)

NH_4OAc, $NaB(CN)H_3$ → (*S*)-(-)-tartaric acid → 부분 입체 이성질체

결정화, NaOH, H_2O → (+)-(*R*)-이성질체 → *t*-BuCOCl → $LiAlH_4$ → (+)-이성질체, 97% 수율, 목표 분자

- 순수한 거울상 이성질체 출발 물질을 이용하는 방법: 거울상 이성질적으로 순수한 출발 물질을 사용하여 라셈 혼합물의 생성 없이 합성하는 경우도 가능한데, 이럴 수만 있다면 유리한 방법일 수 있다. 아래 그림에 나타낸 합성(*J. Chem. Soc., Perkin Trans 1*, 1973, 1214.) 방법에서는 마지막 단계에서 S_N2 반응을 이용하여 목적을 달성하였다.

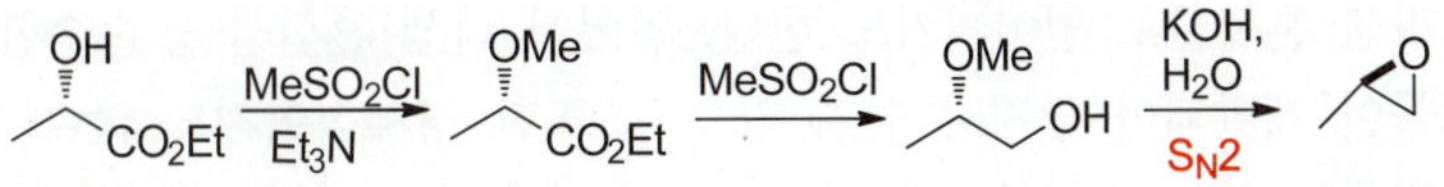

(+)-(*S*)-Ethyl lactate —($MeSO_2Cl$, Et_3N)→ (+)-(*S*) —($MeSO_2Cl$)→ (+)-(*S*) —(KOH, H_2O, S_N2)→ (+)-(*R*)-이성질체, 72%

- 입체 특이성 반응의 이용: 또 다른 방법은 입체 특이성 반응을 이용하는 것이다. 여기에 이용되는 입체 특이성 반응은 표 2.7에 나타낸 것처럼 S_N2 반응, E2 반응, 알켄의 친전자성 첨가 반응, 알카인의 수소화 반응 및 자리 옮김 반응 등이 있다.

- 입체 선택적인 반응의 이용: 입체 선택적인 반응을 이용하는 방법도 있다. 입체 선택적인 반응이란, "메커니즘적으로는 동일한 것으로 생각하지만 입체적으로는 다른 경로로 진행되는 반응"이다. 그러나 속도론적 지배 반응과 열역학적 지배 반응이 함께

표 2.7 합성에서 이용할 수 있는 입체 특이성 반응의 예

반응 종류	반응식 예	입체 화학 결과
S_N2 반응	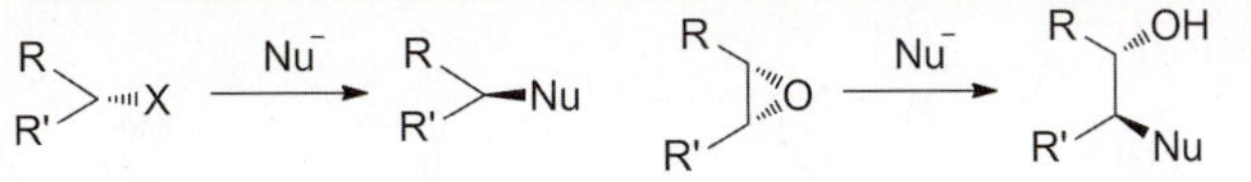 Nu^- ; Nu^-	배열 반전
E2 반응	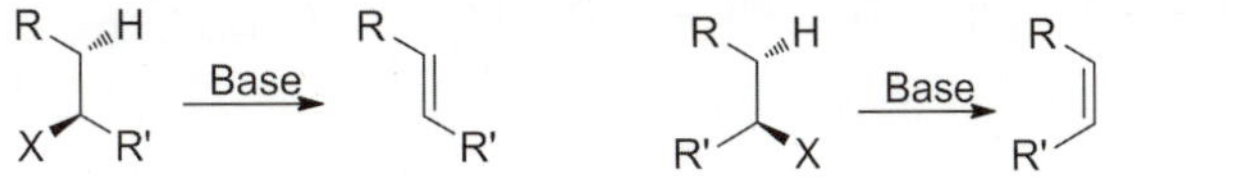 Base ; Base	안티-준평면 H/X
친전자성 첨가	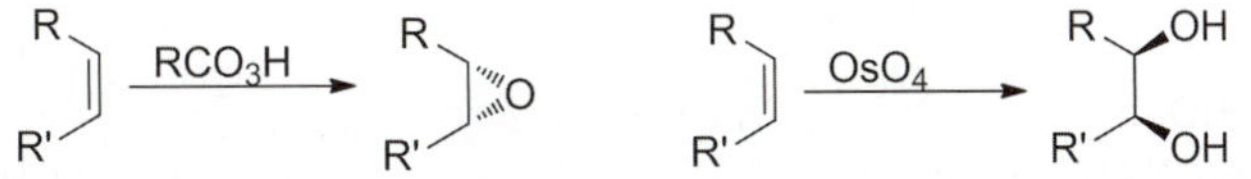 RCO_3H ; OsO_4	*cis*-첨가
친전자성 첨가	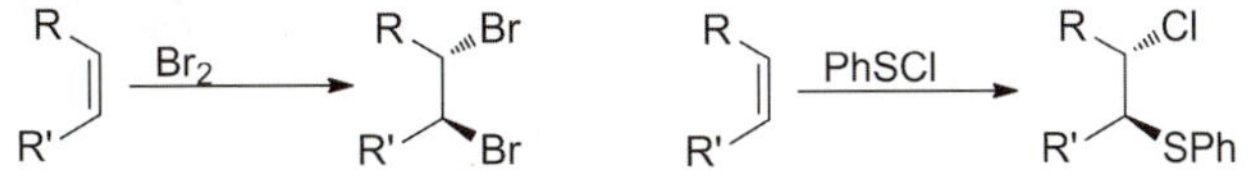 Br_2 ; PhSCl	*trans*-첨가
수소화 반응	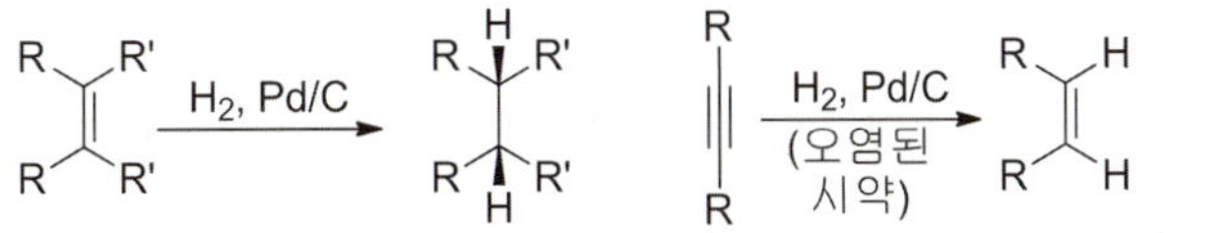 H_2, Pd/C ; H_2, Pd/C (오염된 시약)	*cis*-첨가
자리 옮김 반응	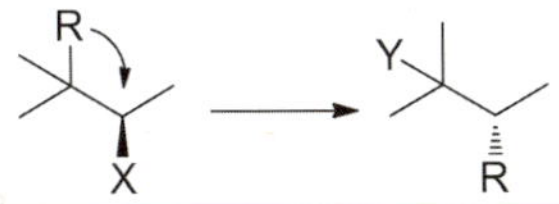	배열 반전

일어나는 경우이므로, 경우에 따라서는 하나 이상의 새로운 카이랄 중심이 만들어지기도 한다.

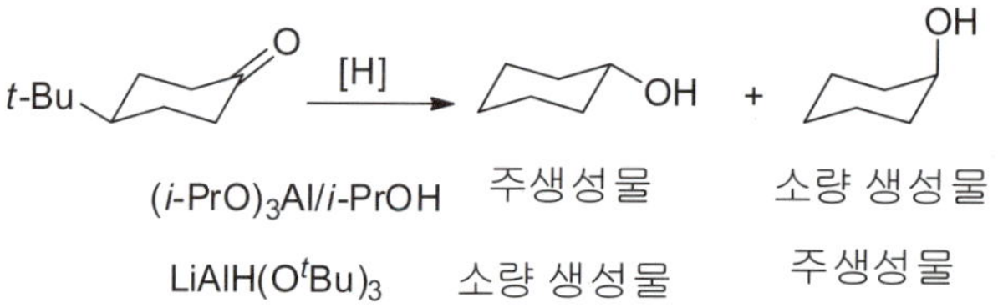

t-Bu [H] OH + OH

$(i\text{-PrO})_3Al/i\text{-PrOH}$	주생성물	소량 생성물
$LiAlH(O^tBu)_3$	소량 생성물	주생성물

2.7 위치 선택적 합성을 위한 결합 끊기

합성 과정에서 위치 선택적으로 반응할 수 있다는 것은 매우 큰 장점이다. 따라서 이러한 위치 선택성을 고려하여 결합 끊기를 하고, 출발 물질을 선택하는 것도 중요하다. 아래의 3-benzylhexan-2-one와 같은 비대칭 케톤 분자의 경우는 두 가지 경로의 결합 끊기가 가능하다. 두 경로 중에서 경로 1)과 같이 결합 끊기를 하여 1,3-dicarbonyl 화합물을 이용하면, 위치 선택적으로 목표 분자를 합성할 수 있다. 이 방법은 엔올 음이온과 RX가 반응하면 *O*-알킬화 대신 *C*-알킬화가 일어나는 반응성을 이용한 것이다.

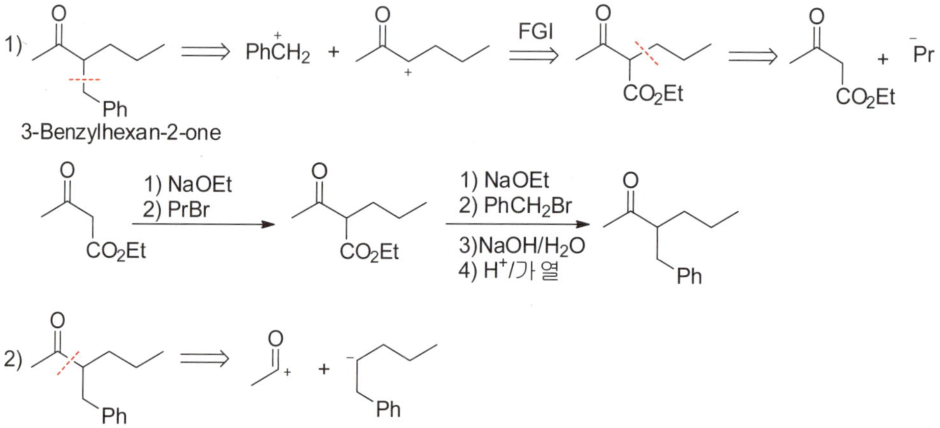

1) ⟹ $Ph\overset{+}{C}H_2$ + FGI ⟹ ⟹ + $\overset{-}{Pr}$

Ph CO₂Et CO₂Et

3-Benzylhexan-2-one

1) NaOEt 2) PrBr → 1) NaOEt 2) $PhCH_2Br$ 3)$NaOH/H_2O$ 4) H^+/가열 →

CO_2Et CO_2Et Ph

2) ⟹ + Ph Ph

Enolate와 RX의 반응

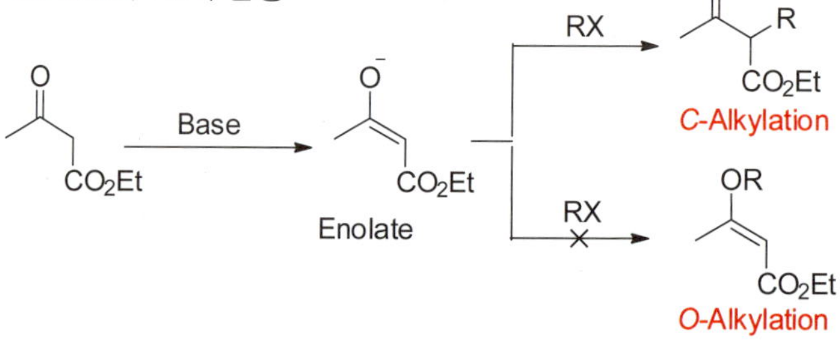

Base → Enolate; RX → *C*-Alkylation; RX ✕ → *O*-Alkylation

CO_2Et CO_2Et R CO_2Et OR CO_2Et

2.8 결합 끊기 방식의 선택

목표 분자의 결합 끊기가 여러 가지로 가능할 때 어떤 결합 끊기가 유리할까? 이런 문제를 해결하려면 다음과 같은 몇 가지 기준을 이용하면 결합 끊기 선택에 유용하다.

■ 유용한 결합 끊기의 선택 기준

1. 가능한 짧은 합성 경로가 되도록 결합 끊기를 하라.
   - 합성 단계가 단순할수록 좋은 합성법이다.
2. 실제 알려진 반응을 이용하여 합성할 수 있도록 결합 끊기를 하라.
   - 유기 화학 교재나 문헌의 이름 반응(name reaction)을 활용하라.
   - 이름 반응은 이 책의 부록 표 1-20, 유기화학 용어 길라잡이(윤용진 저, 2017, 녹문당) 및 Merck Index 등을 참고하라.
3. 구입이 가능하거나 만들기 쉬운 출발 물질이 도출되도록 결합 끊기를 하라.
   - 구조식으로 표시된 시약 카탈로그를 활용하라. 출발 물질 선택에 도움이 된다.
4. 구조적으로 C−X 결합을 이용한 결합 끊기를 우선적으로 하라.
   - 작용기를 가진 탄소(C−X) 주변 결합을 이용하여 결합 끊기를 하면 출발 물질 도출이 유리하다.
5. 필요하다면 작용기 상호 변환(FGI)을 수행한 후에 결합 끊기를 하라.
   - 작용기 변환을 하면 더 유리한 출발 물질을 찾을 수도 있다.
6. 분자 내의 작용기들을 이용한 C−C 결합 끊기를 하라. 가장 단순한 합성 경로를 위해서는,
   - 가능하다면 분자의 중앙 부근에서 결합 끊기를 하라.
   - 가지점에서 결합 끊기를 하라.
   - 고리와 사슬 연결 결합에서 결합 끊기를 하라.
   - 대칭이 되도록 결합 끊기를 하라.

3장

분자 뼈대 구조 합성과 작용기 도입

큰 분자를 합성하는 일반적인 과정은 분자의 뼈대(골격) 구조를 우선적으로 만들고, 이 뼈대 구조에 필요로 하는 작용기를 도입하고 변환하는 방식으로 진행한다. 복잡도가 높은 큰 분자의 합성은 단순하지 않다. 일부 단계가 성공했다 하더라도 다음 단계에서 반응이 일어나지 않거나 여러 개의 소량 생성물이 생성되어 성공한 합성 과정이 쓸모 없게 될 수도 있다. 따라서 목표 물질을 효율적으로 합성하려면, 구체적인 합성 계획이 필요하다. 기본적인 합성 계획을 수립하려면 다음의 세 가지를 고려해야 한다.

첫째, 뼈대 구조를 어떻게 구축할 것인가?
둘째, 필요로 하는 작용기는 어떻게 도입하고 변환할 것인가?
셋째, 입체 화학은 어떻게 조절할 것인가?

3.1 뼈대 구조의 구축

목표 분자의 뼈대 구조를 구축하는 것은 작은 합성 단위체로부터 목표 분자의 뼈대를 만드는 것이며, 주로 새로운 C−C 결합 및 C−Y(Y=헤테로 원자) 결합을 형성시켜 작은 구조 단위에서부터 큰 분자의 뼈대 구조를 합성하는 것이다.

■ 뼈대 구조 구축에 이용되는 C−C 결합 형성 반응

- *sp* 탄소 음이온 치환 반응: 탄소 사슬에 한 개 탄소 단위 또는 C≡CR 단위를 도입하는 데 유용한 화학종은 $^{-}$CN 또는 $^{-}$C≡CR 음이온이다. 1° 할로젠화 알킬(RX)과 $^{-}$CN 또는 $^{-}$C≡CR 음이온을 반응시키면, 상응하는 탄소 수만큼의 탄소 사슬이 늘어난 생성물을 얻을 수 있다. 이 반응들은 S_N2 치환 반응이므로 반응 자리의 배열은 온전히 반전된다.

(*R*)-1-Bromo-1-phenylethane —(-CN)→ (*S*)-2-Phenylpropanenitrile

(2-Bromoethyl)cyclopentane —($H_3C-C\equiv CH$, $NaNH_2$)→ Pent-3-yn-1-ylcyclopentane

- Friedel-Crafts 알킬화 및 아실화 반응: 방향족 고리 화합물의 C_{sp^2}-C_{sp^3} 결합 또는 C_{sp^2}-C(=O) 결합 도입에 이용된다.

$(CH_3)_3CCH_2Cl$, $AlCl_3$

H_3C–CO–Cl, $AlCl_3$, 80°C

- 축합 반응: 알데하이드, 케톤 및 에스터를 이용한 **알돌 축합 반응**, Claisen **축합 반응** 및 Dieckmann **고리화** 반응으로 사슬을 늘리거나 고리를 형성할 수 있다. 특히 이들 축합 반응과 고리화 반응은 두 카보닐 분자(또는 카보닐과 이웃 자리)가 축합되므로 매우 원자 경제적인 탄소 뼈대 구조 구축 방법이다. 뿐만 아니라 이 반응들은 염기성 조건에서 일어나므로 산성에 민감한 작용기를 포함하는 화합물의 경우에 이용할 수 있어서 유용하다.

NaOEt, EtOH (Aldol 반응)

NaOEt, EtOH (분자 내 알돌 반응)

1) NaOEt, 2) H_3O^+ (Claisen 반응)

1) NaOEt, 2) H_3O^+ (Dieckmann 반응)

- 유기 금속 시약의 반응: RLi, RCuLi, RMgX 등과 같은 친핵성 유기 금속 시약과 친전자성 카보닐 탄소를 포함하는 할로젠화 알킬(RX), 알데하이드(RCHO), 케톤(RCOR), 에스터(RCO_2R), 에폭사이드, 산 할로젠화물(RCOX) 및 나이트릴(RCN)을 반응시켜 C−C 결합을 형성할 수 있다. 이들 반응은 대부분 위치 선택적이어서 유용하지만, 유기 금속 시약을 이용한다는 점에서는 어려움이 있다.

주의

유기 금속 시약을 이용하는 반응에서는 반응 용매나 출발 물질에 수분이 존재하면 유기 금속이 분해되어 반응이 진행되지 않는다. 또한 구입한 유기 금속 시약이 상당 부분 분해된 경우도 있을 수 있고, 이전에 사용한 시약이라도 보관상의 부주의나 사용자의 취급 잘못으로 수분에 오염되어 반응이 진행되지 않는 어려움에 처하기도 한다.

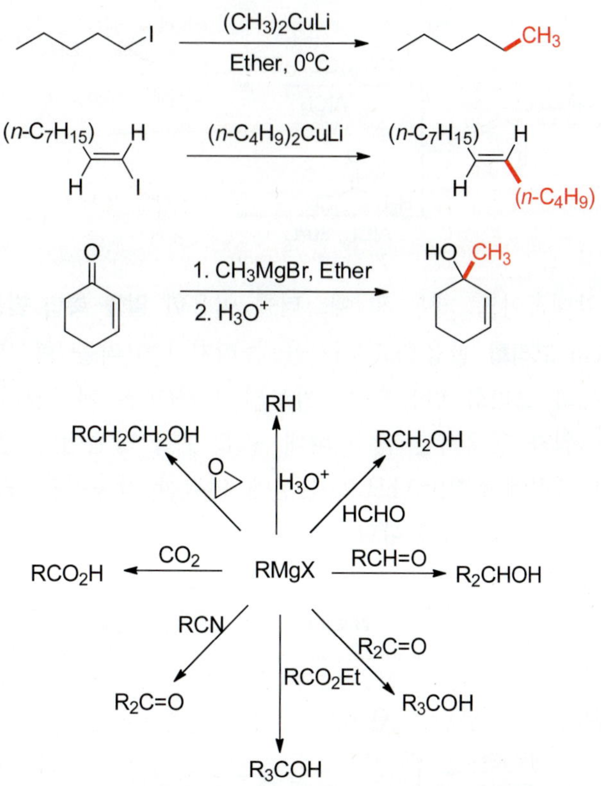

$(CH_3)_2CuLi$, Ether, 0°C

$(n\text{-}C_7H_{15})$ H, H I → $(n\text{-}C_4H_9)_2CuLi$ → $(n\text{-}C_7H_{15})$ H, H $(n\text{-}C_4H_9)$

1. CH_3MgBr, Ether
2. H_3O^+

HO CH_3

RH, RCH_2CH_2OH, RCH_2OH, H_3O^+, HCHO, CO_2, RCO_2H, RMgX, RCH=O, R_2CHOH, RCN, $R_2C=O$, RCO_2Et, R_3COH, $R_2C=O$, R_3COH

그림 3.1 Grignard 시약을 이용한 C–C 결합 형성 반응

- 엔올 음이온의 알킬화: 엔올 음이온을 이용하는 알킬화는 카보닐기 이웃 탄소에 알킬기를 도입하는 데 이용된다. 특히 acetoacetic ester 합성, malonic ester 합성 등은 출발 물질 모체 분자에 $-CH_2C(=O)CH_3$ 또는 $-CH_2C(=O)OH$ 단위를 도입하는 경우에 주로 이용한다.

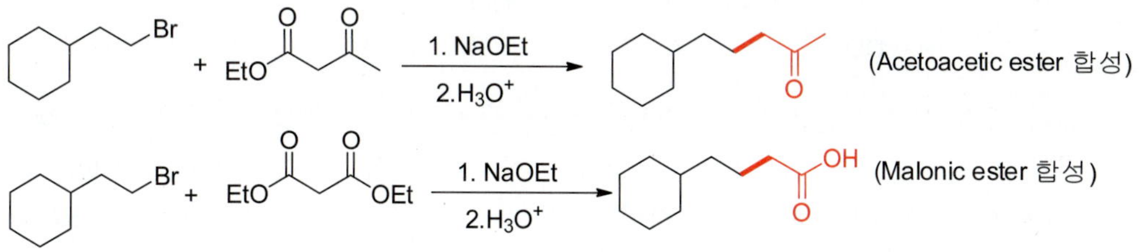

Br + EtO (O O) → 1. NaOEt, 2. H_3O^+ → (Acetoacetic ester 합성)

Br + EtO (O O) OEt → 1. NaOEt, 2. H_3O^+ → OH, O (Malonic ester 합성)

카보닐 화합물의 축합 반응은 축합되는 두 개 화학종의 어느 하나라도 α-수소가 한 개는 존재해야 한다. 그 이유는 축합 과정에서 엔올 토토머가 생성되어야 하기 때문이다. 생성된 음이온 토토머가 안정하게 되려면, C=O기에 전자를 끄는 치환기들이 있어야 유리하다. α-탄소의 전자 부족 현상을 유발하여 음이온의 생성을 유리하게 하는 작용기에는 -C(=O)R, -C(=O)OR, -CN, $-NO_2$, $-S(=O)_2R$, -C(=NH)R 및 $-P(=O)(MeO)_2$ 등이 있다.

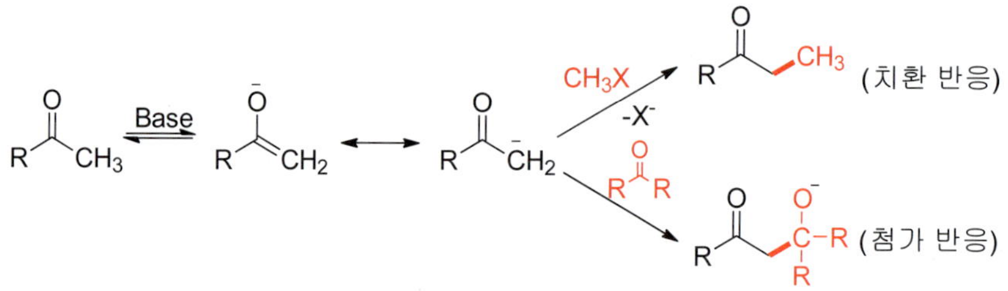

Base, CH_3X, $-X^-$ (치환 반응)

(첨가 반응)

2-Methylcyclohexanone을 염기 존재하에서 $(CH_3)_3SiCl$과 반응시키면, 위치 선택적인 엔올 에터(enol ether)가 만들어진다. 이 반응에서는 조건에 따라(속도론적으로 유리한 조건 또는 열역학적으로 유리한 조건) 위치 선택적으로 치환기를 도입할 수 있어 유용하다.

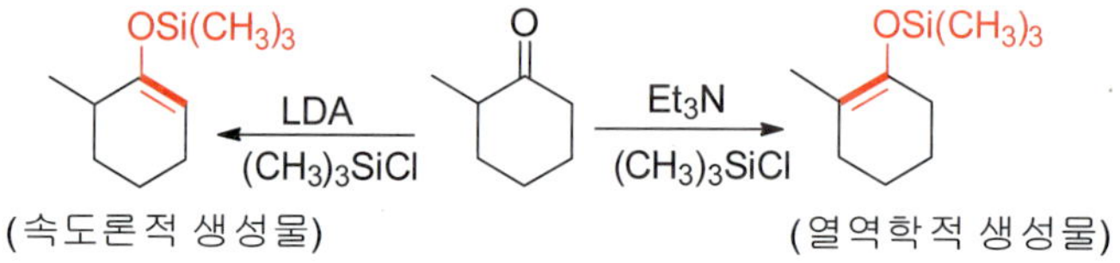

$OSi(CH_3)_3$ ← LDA, $(CH_3)_3SiCl$ — Et$_3$N, $(CH_3)_3SiCl$ → $OSi(CH_3)_3$

(속도론적 생성물) (열역학적 생성물)

탄소 음이온의 알킬화에 유용한 시약을 표 3.1에 나타내었다.

표 3.1 탄소 음이온의 몇 가지 알킬화 시약

알킬화 시약 구조	알킬화 시약 이름
R-X	Alkyl halide
RO-SO_2CH_3(R=OMs)	Methanesulfonates(or mesylate)
R-OTs	Toluene-*p*-sulfonate(or tosylate)
$CH_3OSO_2OCH_3$	Dimethylsulfonate
CH_3OSO_2F	Methyl fluorosulfonate
(epoxide ring, O)	Oxirane

- Michael 첨가 반응 및 Robinson 고리화 반응: Michael 첨가 반응 및 Robinson 고리화 반응은 **1,4-첨가 반응**과 고리화 반응에 유용하다.

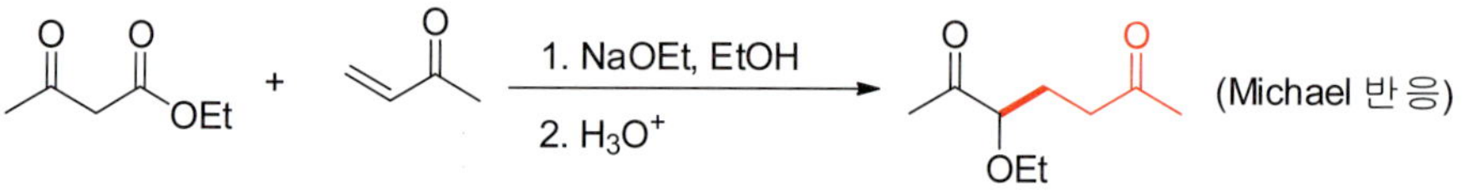

OEt + → 1. NaOEt, EtOH 2. H_3O^+ → OEt (Michael 반응)

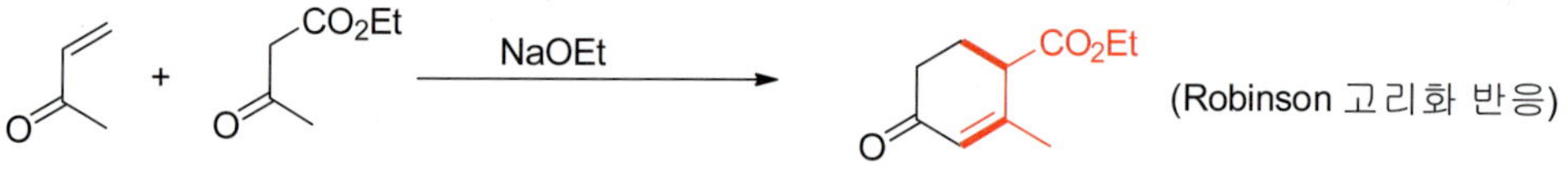

+ CO_2Et → NaOEt → CO_2Et (Robinson 고리화 반응)

- Stork 반응: Stork 반응은 엔아민을 이용한 카보닐 축합 반응이다. 이 반응은 C=O 결합을 2차 아민과 반응시켜 엔아민을 만들고, Michael 반응을 하면 1,5-다이케톤류의 생성물을 얻을 수 있다. 특히 이 반응은 엔아민을 이용하는 반응이어서 카보닐기의 α-위치에서 알킬화가 일어나므로 뼈대 구조에 알킬 치환기를 위치 선택적으로 도입하는 데 이용한다.

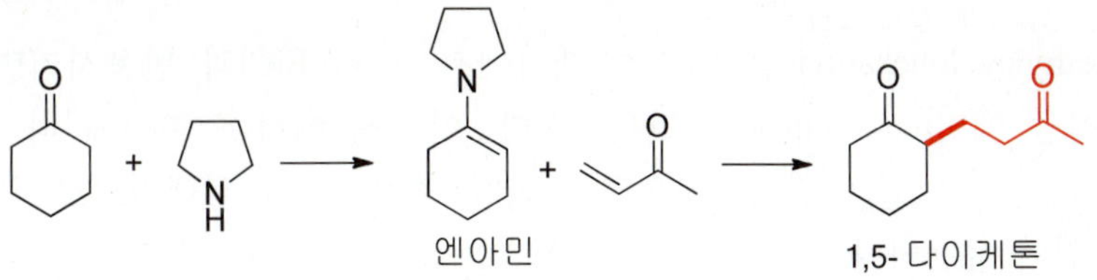

엔아민　　1,5- 다이케톤

- Wittig 반응: Wittig 반응은 C=O 결합을 직접 C=C로 변형시키는 반응이다. 따라서, 고리에 C=C 결합을 도입하거나 C=C 결합을 포함하는 탄소 사슬을 도입하는 데 이용한다. Vitamin A acetate는 Wittig 반응을 이용하여 합성한다.

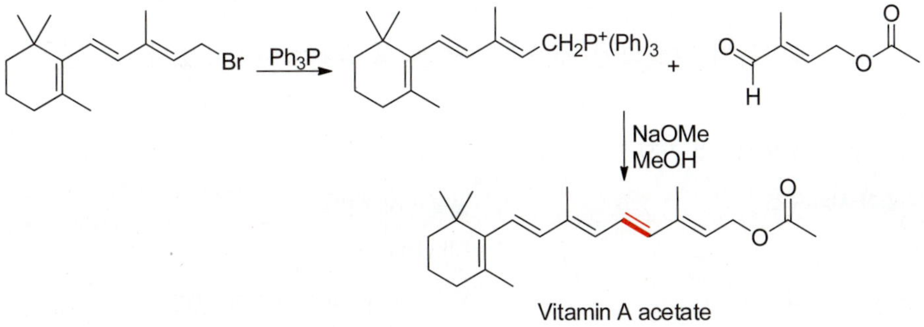

Br　Ph_3P　$CH_2P^+(Ph)_3$　+　NaOMe MeOH

Vitamin A acetate

C=O 결합을 C=C로 변환하는 방법에는 Grignard 시약을 이용할 수도 있으나, Grignard 시약을 이용하는 방법은 C=O 결합을 3° 알코올로 변환하여 제거 반응을 시키므로, 더 많이 치환된 알켄이 주 생성물로 얻어진다. 따라서 Grignard 방법은 경우에 따라서는 합성적으로 불리하다. Wittig 반응의 가장 큰 장점은 C=O 결합 자체를 직접 C=C 결합으로 변환시킨다는 것이다.

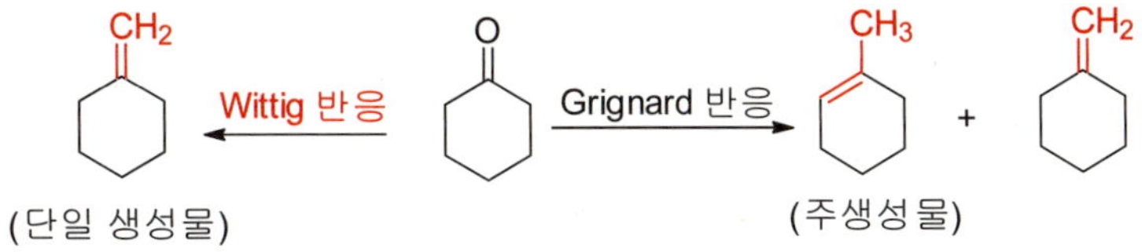

CH_2　Wittig 반응　Grignard 반응　CH_3　+　CH_2

(단일 생성물)　(주생성물)

- **페리 고리 협동 반응**(pericyclic reaction): 페리 고리 협동 반응의 대부분은 입체 특이성 반응이어서 **입체 화학의 조절을 필요로 하는 고리화 등에 유용하다.** 페리 고리 협동 반응으로는 Diels-Alder 반응, [2+2] 고리화 첨가 반응 같은 고리화 첨가 반응, 전자 고리화 반응, 시그마 결합 자리 옮김 및 엔 반응 등이 있다.

1) **고리화 첨가 반응**(cycloaddition): 이 반응은 *x*개의 파이 전자를 가진 분자와 *y*개의 파이 전자를 가진 분자가 반응하여 [*x*+*y*-4]개의 파이 전자 고리 화합물로 되는 반응이다. 이런 반응을 [*x*+*y*] 고리화(cyclization)라고 부른다. Diels-Alder **반응**은 [4+2] 고리화 반응이다.

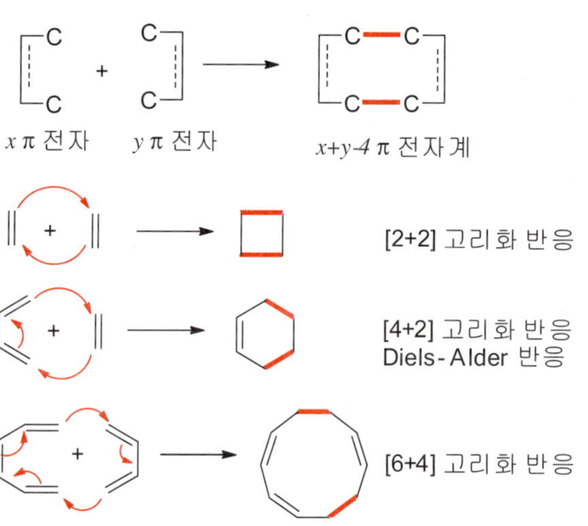

2) **전자 고리화 반응**(electrocyclic reaction): 전자 고리화 반응은 콘쥬게이션된 파이계 분자에서 파이 결합 하나가 고리 시그마 결합으로 되는 **협동성(또는 동시성) 고리화 반응**(concerted cyclization)이다. 이 반응은 입체 특이성 반응이므로 고리 분자의 입체 화학 조절에 유용하다.

CH_3 H H CH_3 → H CH_3 H CH_3 *cis*-Cyclodiene

CH_3 H CH_3 H → H CH_3 H CH_3 *trans*-Cyclodiene

3) **시그마 결합 자리 옮김**(sigmatropic rearrangement): 콘쥬게이션 분자에서 특정 위치의 알킬기가 다른 탄소로 이동되는 반응으로, 합성에서는 치환기의 위치 선택성 조절에 유용하다. 다음 예에서 출발 물질이 1,3-이동을 하면 R기가 C1에서 C3로 이동하고(C1→ C3 이동), C2=C3 이중 결합도 C1=C2로 옮겨진다. 아울러 1,5-이동(C2=C3 → C1=C2 이동)도 가능하다.

C=C-C(R)-C=C ← 1,3-이동 ― C(R)-C=C-C=C ― 1,5-이동 → C=C-C=C-C(R)

4) **엔 반응**(ene reaction): 엔 반응은 "이동될 수 있는 알릴 자리 수소를 가진 알켄 반응물이 이중 결합 또는 삼중 결합과 반응하여 새로운 C-C 결합을 형성하는 반응"이다. 이 반응은 고리와 고리를 연결하는 수단으로 유용하다.

- 올레핀 상호 교환 반응(metathesis): 올레핀 상호 교환 반응은 각기 다른 알켄의 이중 결합 치환기가 상호 교환되는 반응이다. 이 반응에서는 두 개의 말단 알켄이 반응하여 하나의 내부 알켄을 생성한다. 결과적으로는 'CH_2=CH-' 조각이 상실되어 원자 경제적으로는 불리하지만, 뼈대 구조의 말단 알켄에 새로운 알킬기 같은 탄소 치환기를 도입하는 경우에는 유용하다.

cat.

- 팔라듐 촉매를 이용한 탄소-탄소 짝지음 반응: Pd 촉매를 이용하는 탄소-탄소 짝지음(C-C coupling) 반응의 대표적인 반응에는 Suzuki 반응과 Heck 반응이 있다. Suzuki **반응**은 Pd 촉매 존재하에서 유기 할로젠(RX)과 유기 보레인(RBY_2, R = alkyl 또는 alkenyl)을 반응시켜 새로운 C_{sp^2}-C_{sp^2} 결합이 형성되게 하는 반응이다.

  Heck **반응**은 Pd 촉매 존재하에서 바이닐 할로젠 화합물(vinyl halide) 또는 아릴 할로젠 화합물(ArX)과 알켄을 짝지음 반응시켜 새로운 C_{sp^2}-C_{sp^2} 결합을 형성하여 치환기가 더 많은 알켄을 생성하는 반응이다.

  Suzuki 반응과 Heck 반응은 입체 특이성 반응이다.

$Pd(PPh_3)_4$, NaOH — Suzuki 반응

$Pd(OAc)_2$, $P(o\text{-tol})_3$, Et_3N — Heck 반응

R'= H, CN, CO_2CH_3

- 카벤을 이용하는 고리화: 카벤(carbene, :CH_2)을 이용하면 cyclopropane 합성이 용이하다. 알켄과 dichlorocarbene을 이용하면 dichlorocyclopropane 고리를 만들 수 있고, 할로젠이 없는 cyclopropane 합성은 **Simmons-Smith 반응**을 이용한다. Arndt-Eistert **반응**에서는 RC(=O)Cl에 diazomethane(CH_2N_2)을 반응시키면, CH_2가 삽입된 RCH_2COOH가 생성된다.

$CHCl_3$ (KO^tBu) → :CCl_2; cyclohexene + :CCl_2 →

cyclohexene + CH_2I_2 —Zn(Cu)→ (Simmons-Smith 반응)

RC(=O)Cl + CH_2N_2 —Ag_2O→ $RCH_2C(=O)OH$ (Arndt-Eistert 반응)

- 자리 옮김 반응: 많은 종류의 자리 옮김 반응이 C–C 결합 도입에 이용된다. 고리나 사슬을 형성하거나 탄소 치환기 도입에 이용되는 자리 옮김 반응들의 예를 몇 가지 들어 보자.

  자리 옮김 반응을 이용하여 C–C 사슬을 늘리거나 알킬 및 아릴기의 치환 위치를 조절할 수 있다.

$H_3C-C(CH_3)_2-CH_2-Br$ —H_2O, HCO_2H→ $H_3C-C(CH_3)(OH)-CH_2-CH_3$ (Wagner-Meerwein 자리 옮김)

$(H_3C)_2C(OH)-C(OH)(CH_3)_2$ —H^+→ $H_3C-C(=O)-C(CH_3)_3$ (Pinacol 자리 옮김)

allyl phenyl ether —Δ→ 2-allylphenol (Claisen 자리 옮김)

benzil —i) KOH(aq), ii) HCl, MeOH→ benzilic acid (Benzillic acid 자리 옮김)

2-chlorocyclohexanone —NaOH→ cyclopentanecarboxylic acid (Favroskii 자리 옮김)

■ 뼈대 구조의 탄소와 헤테로 원자 결합 형성

합성 과정에서 뼈대 구조가 형성되면, 요구되는 작용기 도입과 변환을 해야 한다. 작용기 변환이나 도입은 이미 존재하는 작용기를 다르게 변환하거나, 뼈대 구조 구축 과정에서 직접 도입할 수도 있다. 뼈대 구조에 작용기가 존재하면 단순히 산화, 환원, 첨가, 치환 및 제거 방법으로 변환할 수 있다. 작용기들의 다양한 변환 방법들은 알려져 있는 방법을 적절히 선택하면 된다.

한편 뼈대 구조 구축 과정에서 필요한 작용기를 도입하는 데에는 자리 옮김 반응이 유용하다. 합성에서 유용한 자리 옮김 반응의 몇 가지 예를 살펴보자.

- *N*-삽입 반응: 카보닐 화합물에 질소 작용기를 삽입하는 방법으로 Hofmann, Curtis, Lossen 자리 옮김 반응과 Beckman 또는 Schmidt 자리 옮김 반응들이 이용된다.

Nitrene —(Y^-)→ [ArN=C=O] Isocyanate → Carbamic acid —($-CO_2$)→ $Ar-NH_2$ Amine

Y = Br, Cl (Hofmann 자리 옮김)
= N_2^+ (Curtis 자리 옮김)
= OC(=O)R' (Lossen 자리 옮김)

Ketone —(NH_2OH)→ Oxime —(i) PCl_5 ii) H_2O)→ Caprolactam (Beckman 자리 옮김)

Ketone —(HN_3)→ Amide (Schmidt 자리 옮김)

- *O*-삽입 및 산소 자리 반응: 대표적인 산소 작용기의 삽입 방법은 산화 반응이다. 알데하이드 또는 케톤을 상응하는 에스터로 변환하는 대표적인 방법은 Baeyer-Villiger **자리 옮김 반응**이다.

Allyl alcohol을 이용하여 λ,δ-unsaturated amide나 ester를 만드는 Eschenmoster-Claisen 자리 옮김 및 Johnson-Claisen 자리 옮김 반응, allylic carboxylate를 λ,δ-unsaturated acid로 변환하는 Ireland-Claisen 자리 옮김 반응, allylic ether(또는 amine)를 케텐과 반응시켜 λ,δ-unsaturated ester 또는 amide를 만들 수 있는 Bellus-Claisen 자리 옮김 반응들이 있다. Baeyer-Villiger 자리 옮김은 산소를 포함한 작용기 삽입과 동시에 뼈대 구조도 변화되는 방법이어서 합성적으로 유용하다.

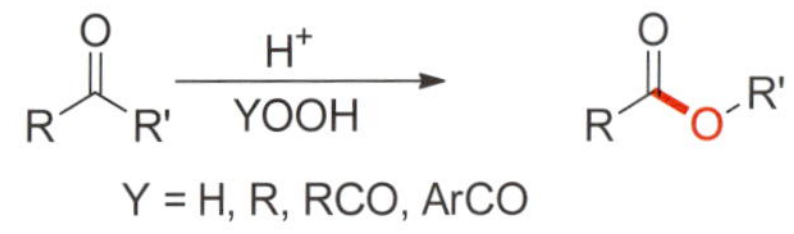
H+
YOOH
R
R'
O
Y = H, R, RCO, ArCO

(Baeyer-Villiger 자리 옮김)

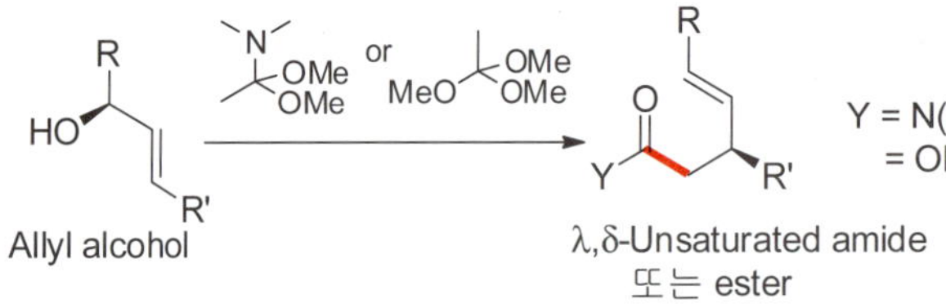
or
OMe
MeO
HO
R
R'
Allyl alcohol
Y
O
λ,δ-Unsaturated amide
또는 ester

Y = N(Me)$_2$ (Eschenmoster-Claisen 자리 옮김)
= OMe (Johnson-Claisen 자리 옮김)

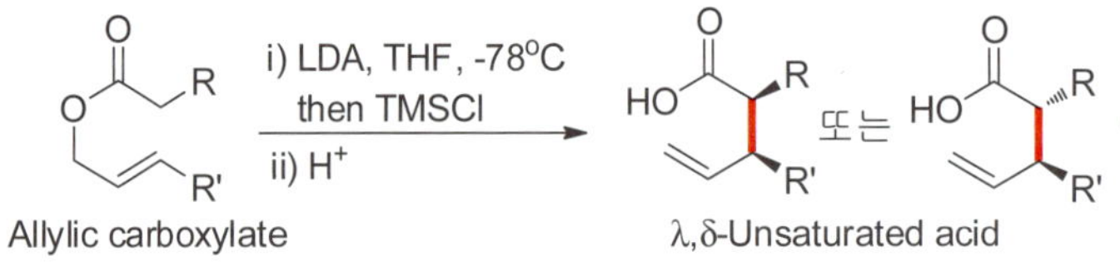
i) LDA, THF, -78°C
then TMSCl
ii) H+
Allylic carboxylate
HO
또는
λ,δ-Unsaturated acid

(Ireland-Claisen 자리 옮김)

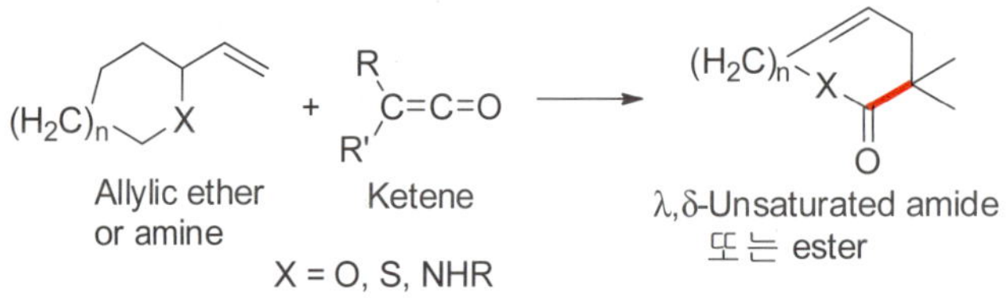
(H2C)n
X
+
C=C=O
Allylic ether
or amine
Ketene
X = O, S, NHR
λ,δ-Unsaturated amide
또는 ester

(Bellus-Claisen 자리 옮김)

- **다이아조 케톤을 이용한 작용기 도입 반응:** 다이아조 케톤(diazo ketone)은 합성적으로 매우 유용한 전구체이다. 다이아조 케톤을 이용하면 카보닐의 α-위치에 다양한 작용기를 도입할 수 있을 뿐 아니라 알킬기와 cyclopropane 고리도 도입할 수 있다.

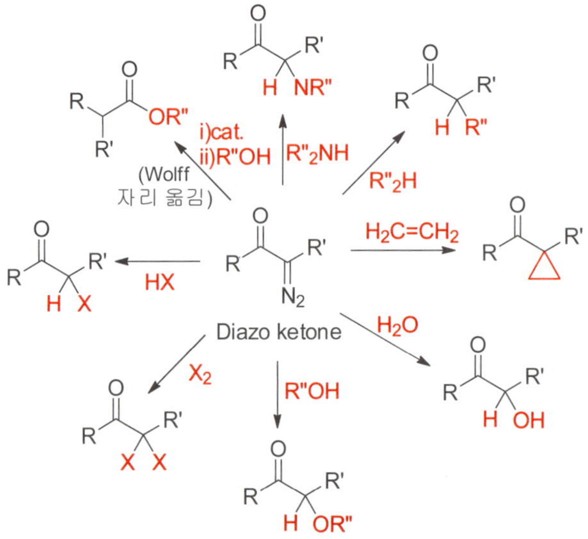
Diazo ketone
N2
OR"
i)cat.
ii)R"OH
(Wolff
자리 옮김)
R"2NH
H NR"
R"2H
H R"
H2C=CH2
HX
H X
X2
X X
R"OH
H OR"
H2O
H OH

그림 3.2 Diazo ketone을 이용한 반응들

- Smiles 자리 옮김: Smiles 자리 옮김 반응은 일종의 분자 내 자리 옮김(intramolecular rearrangement) 반응이며, 이 반응은 특히 방향족 고리에 O, N, S 등과 같은 헤테로 원자를 포함하는 구조 단위를 자리 옮김에 의해 위치 선택적으로 도입하는 데 유용하다. 아울러 1-alkylphenoxybenzene을 이용하여 2-phenylalkylphenol을 만들 수도 있어 위치 선택적인 합성에 유용하다(Truce-Smiles 자리 옮김 반응).

X = O, CO_2, S, SO, SO_2
Y = 친핵체 (OH,OR, NH, NR, SH, $^-CR_3$)

(Smiles 자리 옮김)

(Truce-Smiles 자리 옮김)

3.2 작용기의 변환

목표 분자의 합성에서 필요로 하는 작용기는 뼈대 구조 합성 과정에서 도입할 수도 있고, 마지막 과정에서 원하는 작용기로 변환할 수도 있다. 이런 과정에서는 주로 불포화 결합을 환원하거나 산화수가 낮은 결합을 산화시킨다. 뿐만 아니라 탈수시켜 불포화 결합을 만들거나 다른 작용기로 변환시킬 수도 있다.

작용기의 변환을 위해 선택하는 시약은 가능한 소량 생성물이 생기지 않고, 반응물에 존재하는 다른 작용기와 반응하지 않는 시약이어야 한다. 부득이 다른 작용기와 반응하는 시약을 선택하려면 보호기를 도입한 후에 작용기 변환 반응을 해야 한다. 보호기 도입은 원가 상승이나 수율 감소 및 친환경적인 면에서 불리하므로 가능하면 피하는 것이 좋지만, 부득이 보호기를 도입해야 하는 경우도 많다.

■ 작용기 변환에 자주 사용되는 시약

작용기 변환에 사용되는 시약은 다양하지만, 그 중에서 탈수, 산화 및 환원에는 자주 사용하는 몇 가지 시약들이 알려져 있다.

- 탈수 시약(dehydration agent)
  1) Burgess 시약(1-methoxy-*N*-triethylammoniosulfonylmethaneimidate): 2°- 및 3°-알코올을 탈수시켜 상응하는 알켄으로 변환시킨다.
  2) Cyanuric chloride: 카복실산(RCOOH)을 산 염화물(RCOCl)로 변환시킨다.
  3) DCC(*N,N'*-dicyclohexylcarbodiimide): 알코올을 탈수시켜 알켄으로 만들거나, 아미노산으로 아마이드(펩타이드) 결합을 형성하는 데 이용한다.
  4) P_2O_5(diphosphorus pentoxide): 아마이드($RCONH_2$)를 탈수시켜 나이트릴(RCN)을 만들거나 카복실산(RCOOH)으로 산 무수물[$(RCO)_2O$]을 만드는 데 이용한다.

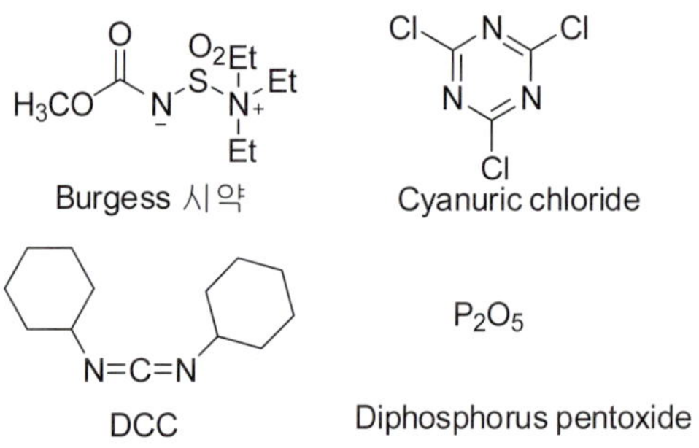

- 산화 시약(oxidation agent)
  1) *N*-Oxyl 유도체: 고리 질소 원자에 결합된 산소가 라디칼인 화학종들로 대부분 알코올(ROH)을 케톤으로 쉽게 산화시킨다. 이들 계열로 TEMPO(2,2,6,6-tetramethylpiperidinyloxy), ABNO(9-azabicyclo[3.3.1]nonane *N*-oxyl) 및 AZADO(2-azaadamantane *N*-oxyl) 등이 있다.

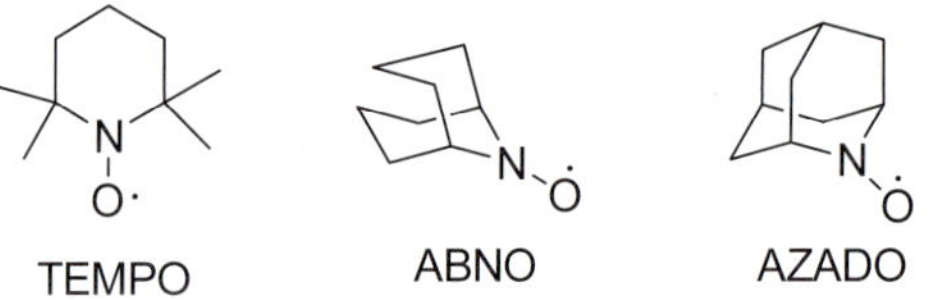

  2) Pyridinium chlorochromate(PCC): Cr(IV)를 포함한 시약 중 하나로 알코올의 C−OH를 C=O로 산화시킨다.
  3) 3-Chloroperoxybenzoic aicd(MCPBA): 이 산화제는 알데하이드(RCHO)나 케톤(RCOR)을 에스터(RCOOR)로 변환시키며, 이 반응을 **Baeyer-Villiger** 산화법이라고 한다. 아울러 올레핀(RCH=CHR)을 에폭사이드로 산화시킨다. 또한 싸이올(RSH)이나 설폰(RSOR)을 설폭사이드(RSO_2R)로 산화시키고, 아민(RNH_2)도 나이트로 알케인(RNO_2)이나 나이트로 옥사이드(RNO)로 산화시킨다.
  4) Benzoylperoxide(BPO): BPO는 알데하이드(RCH_2CHO)나 β-케토카보닐($RCOCH_2COR$)을 α-benzoyloxylation시킨다.

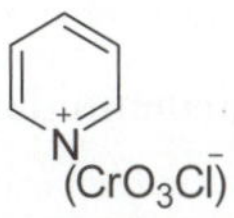

(CrO_3Cl^-)

PCC 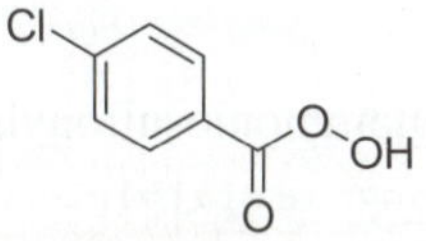 MCPBA 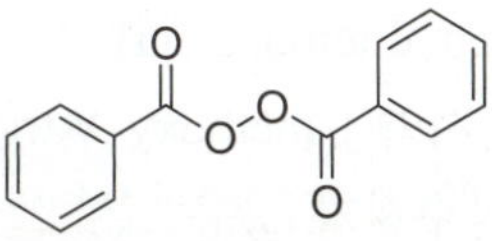 BPO

합성 과정에서 자주 만나는 몇 가지 계열 화합물의 산화 반응 생성물과 산화제 자료를 표 3.2에 나타내었다.

표 3.2 몇 가지 계열 화합물의 산화제와 생성물

반응물	생성물	산화제
 (Alkene)	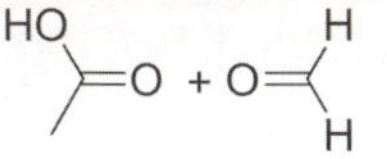	O_3 then H_2O (or Zn, MeSMe), $KMnO_4/H^+$
 (Alkyne)	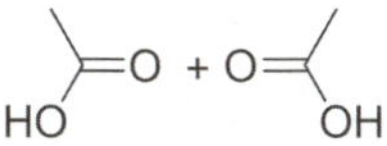	O_3 then H_2O, $KMnO_4/H^+$
 (Alkene)	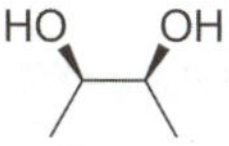	OsO_4, $KMnO_4/^-OH$
 (Alkene)		MCPBA
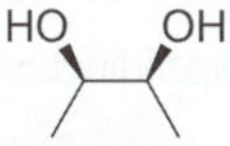 (*cis*-Diol)	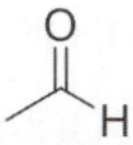	$NaIO_4$, $Pb(OAc)_4$, HIO_4
 (Ketone)	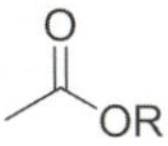	MCPBA
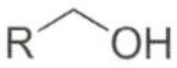 (1° Alcohol)	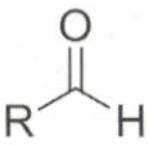	PCC, CrO_3/Pyridine
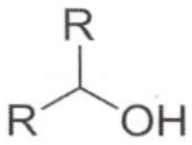 (2° Alcohol)	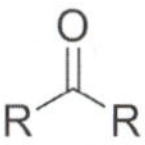	PCC, CrO_3/Pyridine
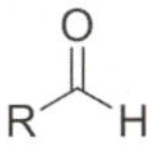 (Aldehyde)	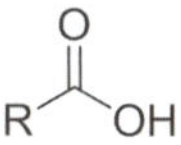	H_2CrO_4, $KMnO_4$, H_2O_2
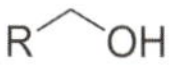 (Alcohol)	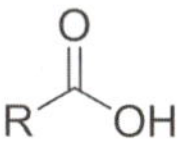	H_2CrO_4, $KMnO_4$
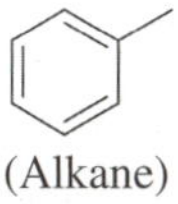 (Alkane)	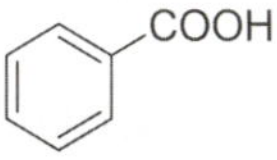	$KMnO_4$

α-H가 있는 알코올 산화에 자주 이용하는 반응들을 표 3.3에 정리하였다. 이 산화 반응들은 메커니즘적으로 E2 과정과 유사하다.

표 3.3 α–H가 있는 알코올을 카보닐로 산화시키는 산화제

산화제 이름	시약
Jones	$CrO_3/H_2SO_4/H_2O$
Collins-Ratcliff	CrO_3/2(pyridine)
PCC	Pyridinium chlorochromate
PDC	Pyridinium dichlorochromate
Swern	DMSO/oxalyl chloride
Dess-Martin Periodinane(DMP)	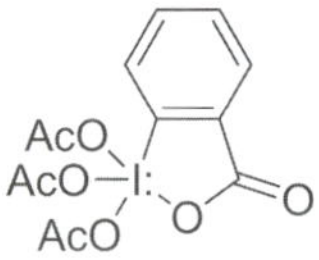
IBX	2-iodobenzoic acid(precursor of DMP)
TEMPO (selective for 1° & 2° ROH)	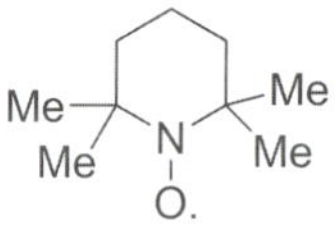 [NaOCl/NaBr]
TPAP	Tetrapropylammonium perruthenate, $Pr_4N^+RuO_4^-$
Activated manganese dioxide(chemoselective for allylic benzylic ROH)	MnO_2/acetone
Barium manganate(chemoselective for allylic benzylic ROH)	$Ba[MnO_4]_2$
Fetizon	Ag_2CO_3/celite
Ceric ammonium nitrate (selective for 1° ROH)	$(NH_4)_2Ce(NO_3)_6/NaBrO_3$
Sodium hypochlorite(selective for 2° ROH)	NaOCl(aq)

- 환원 시약(reduction agent): 환원 시약은 친핵성 환원 시약과 친전자성 환원 시약으로 구분된다. 친핵성이나 친전자성 환원 시약 반응은 외형적 결과로는 같아 보이지만, 메커니즘적으로 보면 차이가 있다. 친핵성 환원제에서는 금속 이온(Li, Na 등)이 산소 비결합 전자와 반응한 후에 H^-가 카보닐 탄소나 나이트릴 탄소로 이동하며 Al과 결합한다. 그러나 친전자성 환원 시약의 반응에서는 H^-가 먼저 카보닐 탄소로 이동하고 Al과 산소가 결합한다.

표 3.4 친핵성 환원 시약과 환원 물질

반응물	생성물	친핵성 환원제
RCHO	RCH_2OH	$LiAlH_4$, Li[AlH(O*t*Bu)$_3$], $NaBH_4$, $NaBH_3CN$
$R_2C{=}O$	R_2CHOH	$LiAlH_4$, Li[AlH(O*t*Bu)$_3$], $NaBH_4$, $NaBH_3CN$
RCO_2H	RCH_2OH	$LiAlH_4$, $NaBH_4$, I_2, $Zn(BH_4)_2$
RCO_2R	RCH_2OH	$LiAlH_4$, $LiBH_4$, $Na[AlH_2(OCH_2CH_2)OMe]_2$
$RCONR_2$	RCH_2NR_2	$LiAlH_4$
RCO_2NR_2	RCHO	$Li[AlH(OEt)_3]$
RCN	RCH_2NH_2	$LiAlH_4$
RCN	RCHO	$Li[AlH(OEt)_3]$
Lactone	α,ω-Diol	$LiAlH_4$
Epoxide	Alcohol	$LiAlH_4$
RCO_2R	RCHO	$LiAlH_4/Et_2NH$
RC(=O)Cl	RCHO	$Li[AlH(O^tBu)_3]$

표 3.5 친전자성 환원 시약과 환원 물질

반응물	생성물	친전자성 환원제
RCHO	RCH_2OH	$BH_3 \cdot THF$
$R_2C{=}O$	R_2CHOH	$BH_3 \cdot THF$(moderate)
RCO_2H	RCH_2OH	$BH_3 \cdot THF$
RCO_2R	RCHO	DIBAL-H(*i*-Bu_2AlH)
RCN	RCH_2NH_2	$BH_3 \cdot THF$
RCN	RCHO	DIBAL-H(*i*-Bu_2AlH)
Epoxide	Alcohol	$BH_3 \cdot THF$(slow)

대표적인 유기물 환원 시약은 수소이며, 반응에서는 Pd나 Pt 같은 촉매를 사용한다. 그 외에 유기 반응에서 자주 사용되는 환원 시약의 몇 가지 예를 들면 다음과 같다.

1) Borane 화합물: $NaBH_4$가 대표적이며 BMS(borane dimethylsulfide), BTHF(borane-tetrahydrofurane complex), catecholborane 등이 있고, 이 환원제들은 C=O와 C≡N 등의 불포화 결합을 쉽게 환원시킨다.

$H_3C-S^+(CH_3)-BH_3^-$ BMS　　BTHF　　Catecholborane

2) Aluminium 화합물: $LiAlH_4$가 가장 대표적이며, DIBAL-H(diisobutylaluminium hydride) 등이 있고 이들은 C=O, C≡N 및 N=O 같은 불포화 결합을 환원시킨다.

3) H_2/Pd 또는 Pt: 촉매 수소화 반응으로 C=C, C≡C, C=O, N=O 결합을 환원시킬 수 있다. 이 환원 반응은 *syn*-첨가로 이루어지므로 유용하다.

4) $Na/NH_3(l)$ 반응계: 이 시약은 C=C에서는 환원 반응이 일어나지 않으며, C≡C, C=O, N=O 결합을 환원시킬 수 있다는 장점이 있고, 입체 화학에서도 *anti*-첨가가 이루어지므로 유용하다.

몇 가지 작용기의 환원에 유용한 환원제의 반응성을 표 3.6과 3.7에 나타내었다.

표 3.6 몇 가지 불포화 결합 환원에 유용한 환원제의 반응성

불포화 결합	H_2 / Pt, Pd	$Na / NH_3(l)$	$LiAlH_4$
C=C	○	×	×
C≡C	○	○	▽
C=O	○	○	○
N=O	○	○	○

○=반응, ▽=부분 반응, ×=미반응

표 3.7 카보닐 화합물에 이용할 수 있는 환원제의 반응성

기질	$LiAlH_4$	$LiAlH(O^tBu)_3$	$NaBH_4$	$LiBH_4$	B_2H_6
RCHO (Aldehyde)	○	○	○	○	○
RC(=O)R (Ketone)	○	○	○	○	○
RCO_2H (carboxylic acid)	○	×	×	×	○
RCO_2R (Ester)	○	×	×	○	▽
RC(=O)Cl (Acid halide)	○	×	○	○	▽

○=반응, ▽= 부분 반응, ×=미반응

■ 작용기 상호 변환

우리는 특정 작용기를 포함하고 있는 화합물을 필요한 반응 시약으로 처리하면 어떻게 변환되는지 그 방법들을 이미 알고 있다. 예를 들어 ROH에 PCl_3나 PCl_5를 처리하면 상응하는 R-Cl 화합물을 제조할 수 있다. 이와 관련된 지식이 많을수록 유능한 합성 화학자로 인정받을 수 있다. 이런 정보를 정리해 두면 도움이 된다. 표 3.8에 이런 정보들을 간단히 요약하였다.

표 3.8 합성 설계에 유용한 작용기 변환 반응

합성 작용기	전구체	반응 시약
R−Cl (Alkyl chloride)	R−OH	• $SOCl_2/ZnCl_2$ • PCl_3 or PCl_5 1) • Ph_3P/Cl_2 (or CCl_4) → $[Ph_3P^+Cl(\text{or } CCl_3)]Cl^-$
R−Br (Alkyl bromide)	R−OH	• PBr_3 • Ph_3P/Br_2 (or CBr_4) → $[Ph_3P^+Br(\text{or } CBr_3)]Br^-$
R−Br	RCOOH	2) • Br_2/HgO
RCH_2CH_2Br	$RCH=CH_2$	• HBr/radical initiator • $BH_3 \cdot THF$ • $Br_2/NaOCH_3$
$RCH=CHCH_2Br$ (Allylic bromide)	Alkene	• NBS/radical initiator
$RCH=CHCH_2Br$	$RCH=CHCH_2OH$	3) • $NaBr/BF_3 \cdot OEt$ 4) • NBS/Me_2S
$RC\equiv CCH_2Br$ (Propargylic bromide)	$RC\equiv CCH_2OH$	• CBr_4/Ph_3P
R−I (Alkyl iodide)	ROH	5) • $[(PhO)_3P/CH_3I]$
R−I	RBr	6) • NaI/acetone/heat
R−I	ROTs	• NaI
ROH (1° Alcohol)	RCH_2CO_2H	• $LiAlH_4/H_3O^+$ • BH_3/THF
ROH	RCH_2CO_2R	• $LiAlH_4/H_3O^+$
ROH	RCH_2CHO	• $NaBH_4/EtOH$
ROH	$RCH=CH_2$	• $BH_3/THF;NaOH/H_2O_2$
$RCH(OH)CH_3$ (2° Alcohol)	$RCH=CH_2$	• $Hg(OAc)_2/H_2O$; $NaBH_4/NaOH$
R_2CHOH	$R_2C=O$	• $NaBH_4/EtOH$ • $LiAlH_4/H_3O^+$
RCH_2NH_2 (1° Amine)	$RCONH_2$	• $LiAlH_4/Et_2O$; H_3O^+

(계속)

합성 작용기	전구체	반응 시약
RCH_2NH_2	RCN	• $LiAlH_4/Et_2O$; H_3O^+
RCH_2NH_2	RCHO	• $NH_3/NaBH_3CN/EtOH$
RCH_2NH_2	RCH_2OH	[7] • MsCl; NaN_3; Ph_3P/H_2O
RCH_2NH_2	RCH_2N_3	[8] • $H_2NNMe_2/FeCl_3 \cdot 6H_2O$
RCH_2NR (2° Amine)	RCONHR	• $LiAlH_4/Et_2O$; H_3O^+
RCH_2NR	RCHO	• $RNH_2/NaBH_3CN/EtOH$
RCH_2NR_2 (3° Amine)	$RCONR_2$	• $LiAlH_4/Et_2O$; H_3O^+
RCH_2NR_2	RCHO	• $R_2NH/NaBH_3CN/EtOH$
RCH_2CHO (Aldehyde)	RMgX	• Me_2NCHO(DMF); H_3O^+
RCH_2CHO	RCH_2CH_2OH	[9] • PCC, Swern or Dess-Martin oxidation
RCH_2CHO	$RC{\equiv}CH$	• Sia_2BH; $NaOH/H_2O_2$
RCH_2CHO	$RCH_2CH{=}CH_2$	• O_3/-78°C; Me_2S
RCH_2CHO	RCH_2COCl	[10] • $H_2/Pt/BaSO_4$ [11] • $LiAlH(OtBu)_3$
RCH_2CHO (Aldehyde)	RCH_2CO_2H	• Thexylchloroborane
RCH_2CHO	RCH_2CO_2R	• i-Bu_2AlH/-78°C; H_3O^+
RCH_2CHO	RCH_2CN	• i-Bu_2AlH/-78°C; H_3O^+
$RC(=O)CH_3$ (Methyl ketone)	RCOCl	• $(CH_3)_2CuLi$/-78°C; H_3O^+
$RC(=O)CH_3$	RCO_2H	• MeLi(2eq); H_3O^+
$RC(=O)CH_3$	$RC{\equiv}CH$	• $HgSO_4/H_3O^+$
RC(=O)R (Ketone)	RCH(OH)R	• Jones & Swern oxidation • NaOCl/HOAc
RC(=O)R	RCOCl	[12] • Organometallic reagent
RC(=O)R	RC(=O)N(OMe)Me	[13] • RLi or RMgX; H_3O^+
RC(=O)Ph (Phenyl ketone)	PhH	• $RCOCl/AlCl_3$
RCH_2CO_2H (Carboxylic acid)	RCH_2CHO	• Jones reagent • $NaClO_2/H_2O$
RCH_2CO_2H	RCH_2CH_2OH	• PDC/DMF • $Na_2Cr_2O_7/H_2SO_4$
RCH_2CO_2H	RCH_2CN	• H_3O^+ • HO^-/heat
RCH_2CO_2H	RCH_2CO_2R	• $LiOH/THF/H_2O$; H_3O^+
RCH_2CO_2H	RCH_2CO_2tBu	• CF_3CO_2H/CH_2Cl_2/25°C

(계속)

합성 작용기	전구체	반응 시약
RCH_2CO_2H	RCH_2Ph	[14] • RuO_4
RCO_2H	$RCH{=}CH_2$	• $NaIO_4/KMnO_4/t$BuOH/H_2O
RCO_2H	$RC({=}O)CH_3$	[15] •LiOCl/chlorox
RCH_2CN (Nitrile)	RCH_2X	•NaCN/DMSO
RCH_2CN	RCH_2CONH_2	• Oxalyl chloride/DMF/MeCN • (Vilsmeier reagent)
RCN (Nitrile)	$RCONH_2$	[16] • $(CF_3SO_2)_2O$ [17] • $(CHO)_n/HCO_2H$
RCN	RCH=NOH	[18] • TBSCl/imidazole
RCN	$R_2C{=}O$	[19] • $TsCH_2NC/t$BuOK
$R_2C{=}CR_2$ (Alkene)	RX	• KO^tBu • DBU
$R_2C{=}CR_2$	ROTs	• KO^tBu • DBU
$R_2C{=}CR_2$	ROH	• $KHSO_4$ • TsOH • H_3PO_4
$R_2C{=}CR_2$	$RC{\equiv}CR$	• H_2/Lindlar cat. for cis • $Ni(OAc)_2/NaBH_4/H_2N(CH_2)_2NH_2$ for cis • Sia_2BH; AcOH for cis • $Li(0)/NH_3(l)/t$BuOH for trans
$R_2C{=}CR_2$	RCHO	• Wittig reagent
$R_2C{=}CR_2$	$R_2C{=}O$	• Wittig reagent
$RC{\equiv}CH$ (Alkyne)	$RCH{=}CH_2$	• Br_2/CCl_4; $NaNH_2/NH_3(l)$
$RC{\equiv}CH$	$HC{\equiv}CH$	• nBuLi; RBr (1° alkyl)
$RC{\equiv}CH$	$RC({=}O)CH_3$	[20] • LDA; $ClP({=}O)(OEt)_2$; LDA/H_2O
$RC{\equiv}CH$	RCHO	[21] • $(MeO)_2P({=}O)CHN_2/t$BuOK [22] • CBr_4/Ph_3P/Zn dust; nBuLi/H_2O
$RC{\equiv}CR$	$RC{\equiv}CH$	• nBuLi; RBr(1° alkyl)

1) *Angew. Chem. Int. Ed.* 1975, *14*, 801.
2) *J. Org. Chem.* 1961, *26*, 280.
3) *Tetrahedron Lett.* 1985. *16*. 3863.
4) *Tetrahedron Lett.* 1972, *13*, 4339.
5) *J. Chem. Soc.* 1953, *3*, 2224.
6) *J. Org. Chem.* 1977, *42*, 875.
7) *Tetrahedron Lett.* 1983, *24*, 763.
8) *Chem. Lett.* 1998, 593.
9) *Synthesis* 1981, 165.; *J. Org. Chem.* 1983, *48*, 4155.;
10) *Org. React.* 1948, *4*, 362
11) *Tetrahedron* 1979, *35*, 567.
12) *Tetrahedron* 1999, *55*, 4177.
13) *J. Org. Chem.* 1991, *56*, 2911.
14) *J. Org. Chem.* 1981, *46*, 3936.
15) *Org. Prep. Proc. Intl.* 1998, *30*, 230.
16) *Synthesis* 1999, 64.
17) *J. Org. Chem.* 1996, *61*, 6486.
18) *Synth. Commun.* 1998, *28*, 2807.
19) *Org. React.* 2001, *57*, 417.
20) *Org. Synth.* 1986, *64*, 44
21) *J. Org. Chem.* 1979, *44*, 4997
22) *Tetrahedron Lett.* 1972, 3769.

3.3 작용기 보호 방법

뼈대 구조를 구축하는 반응이나 작용기 변환 반응에서 원하는 작용기에서만 반응이 진행되면 문제가 없으나, 출발 물질에는 수행하는 반응 조건에서 함께 반응이 진행되는 작용기가 존재하기도 한다. 이런 경우에 원하는 반응을 수행하려는 반응 조건에서 다른 작용기가 반응하지 않도록 보호해야 한다. 불필요한 반응이 수반되면 불순물이 생성되어 수율이 낮고, 이를 분리하기 위해 많은 수고와 비용이 수반된다. "특정 작용기의 반응 조건에서 반응에 참여하지 않도록 해당 작용기를 보호할 때 사용하는 작용기나 치환기"를 **보호기**(protecting group)라고 한다. 합성에서 보호기로 사용할 수 있으려면, 다음 조건을 만족하는 것으로 선택해야 한다.

■ 보호기가 갖추어야 하는 조건

- 수행하려는 반응 조건에서 반응에 참여하지 않아야 한다.
- 도입과 제거 방법이 간단하고 용이하여야 한다.
- 보호기에만 반응하는 선택성이 있어야 한다.
- 보호기 도입이나 제거 단계에서 수율이 정량적이거나 우수해야 한다.
- 원료 시약의 가격이 저렴해야 한다.

반응 중 자주 보호기로 보호하게 되는 작용기들은 OH, C=O, COOH 및 NH_2 등이다.

■ 알코올의 보호

알코올(ROH)의 OH기는 에터(ROR), 에스터(ROCOR), 아세테이트[$RO(O=)CCH_3$] 등으로 보호하고, 1,2- 및 1,3-diol들은 주로 아세탈 및 카보네이트(carbonate)로 보호한다. 표 3.9에 알코올 보호기 도입 및 분해 반응에 이용되는 시약을 요약하였다.

표 3.9 알코올의 보호기 도입 반응, 반응 시약 및 분해 시약 요약

보호기 도입 반응	반응 시약	분해 시약
ROH→ R-OMe [1] (Methyl ether)	• MeI/NaH/THF • CH_2N_2/ HBF_4 or silica	• $AlBr_3$/EtSH
ROH→ R-OCH_2OMe [2] (Methoxymethyl ether:MOM)	• $MeOCH_2Cl$/ NaH/THF • $MeOCH_2Cl$/$i$$Pr_2EtN$/$CH_2Cl_2$	• Me_2BBr_2
ROH→R-$OCH_2O(CH_2)_2OMe$ [3] (Methoxyethoxymethyl ether:MEM)	• $MeO(CH_2)_2OCH_2Cl$/NaH/THF	• $ZnBr_2$/$TiCl_4$/Me_2BBr_2

(계속)

보호기 도입 반응	반응 시약	분해 시약
ROH→ R-OCH_2SMe (Methyl thionyl ether: MTM)	• $MeSCH_2Cl/NaH/THF$	• $HgCl_2/MeCN/H_2O$ • $AgNO_3$/ THF/H_2O/base
ROH→ R-OCH_2OCH_2Ph (Benzyloxymethyl ether: BOM)	• $PhOCH_2CH_2Cl/CH_2Cl_2$/*i*Pr_2EtN	• H_2/PtO_2 • $Na/NH_3/EtOH$
ROH→ R-OTHP (Tetrahydropyranyl ether:THP)	• Dihydropyran(DHP)/*p*TSA/PhH	• $AcOH/THF/H_2O$ • Amberlyst® H15/MeOH
ROH→ $ROCH_2C(Me)OEt$ [4] (Ethoxyethylether:EE)	• $EtOCH=CH_2/H^+$	• Acid에 의해 분해
ROH→R-OCH_2Ph [5] (Benzyl ether: R-OBn)	• $PhCH_2Cl/KH/THF$ • $PhCH_2OC(=NH)CCl_3/F_3CSO_3H$	• H_2/PtO_2 • Li/NH_3
ROH→R-OCH_2PhOMe-*p* [6] (*p*-Methoxybenzyl ether: PMB)	• *p*-$MeOPhCH_2Cl/KH/THF$ • *p*-$MeOPhCH_2OC(=NH)CCl_3$/ F_3CSO_3H	• H_2/PtO_2 • Li/NH_3 • DDQ • CAN[$Ce(NH_4)_2(NO_3)_6$]
ROH→ R-OCH_2PhNO_2(*o*- or *p*-) (Nitrobenzyl ether)	• $NO_2PhCH_2Cl/NaH/THF$	• Photolysis • DDQ • H_2/PtO
ROH→ R-$OCPh_3$ (Trityl ether)	• Ph_3CCl/pyridine/DMAP • $Ph_3C^+BF_4^-$	• Mild acid
ROH→ R-$OSiR_3$ [7] (Silyl ether)	• R_3SiCl/pyridine/DMAP • R_3SiCl/CH_2CH_2/imidazole/DMAP • $R_3SiOTf/iPr_2EtN/CH_2Cl_2$	• Acid/H_2O
ROH→R-O_2CR (Ester)	• Activated carboxylic acid/base (DMAP)/solvent	• Acid hydrolysis
ROH→R-O_2CCH_3 (Acetate)	• Acetic anhydride or acetyl chloride/pyridine	• K_2CO_3/MeOH/reflux • KCN/EtOH/reflux • NH_3/MeOH • LiOH/THF/H_2O
ROH→ R-O_2CPh [8] (Benzoate)	• Benzoyl chloride • Benzoic anhydride • Benzoyl cyanide • Benzoyl tetrazole	• Mild base • KCN/MeOH/reflux
1,2- & 1,3-Diol→Acetal [9), 10)]	• Acetone or ketone/H^+ • PhCHO or $PhCH(OMe)_2/H^+/H_2O$	• Mild aqueous acid • $Na(CN)BH_3/TiCl_4/CH_3CN$
1,2-& 1,3-Diol→Carbonate	• $(Im)_2CO$	• Base
1,2- & 1,3-Diol → Di-*t*-Butylsilene(DTBS) [11]	• $(t\text{-}Bu)_2SiCl_2/Et_3N/CH_3CN$/HOBT	• HF/CH_3CN • Bu_4NF • HF/pyridine

1) *Tetrahedron Lett.* 1987, *28*, 3659
2) *Tetrahedron Lett.* 1983, *24*, 3969
3) *Tetrahedron Lett.* 1976, *18*, 809
4) *J. Am. Chem. Soc.* 1979, *101*, 7104
5) *J. Chem. Soc. Perkin* 1 1985, 2247
6) *Tetrahedron Lett.* 1988, *29*, 4239
7) *Synthesis* 1985, 817:1993, 11: 1996, 1031
8) *Tetrahedron Lett.* 1971, *12*, 185.;1997, *38*, 8811
9) *Chem. Rev.* 1974, *74*, 581
10) *Synthesis* 1988, 373
11) *Tetrahedron Lett.* 1981, *22*, 4999

■ 카복실산의 보호

카복실산(RCOOH)의 OH기는 주로 반응성이 낮은 에스터(RCOOR)나 아마이드($RCONR_2$)로 보호한다. 표 3.10에 카복실산의 보호기 도입 반응 및 분해 시약 등에 대해 요약하였다.

표 3.10 카복실산의 보호기 도입 반응, 반응 시약 및 분해 시약 요약

보호기 도입 반응	반응 시약	분해 시약
$RCO_2H \rightarrow RCO_2\text{-}R$ [1), 2)] (Alkyl ester)	• Fischer esterification • Acid chloride/ROH/pyridine • Isobutylene/acid • diazomethane	• LiOH/THF/H_2O • Aqueous acid for *t*-butyl ester • Bu_2SnO/PhH/reflux • Enzymatic hydrolysis
$RCO_2H \rightarrow RCO_2\text{-}Fm$ [3)] (9-Fluorenylmethyl ester)	• 9-Hydroxymethylfluorene/DCC	• Mild base • Et_2NH/piperidine
$RCO_2H \rightarrow RCO_2\text{-}(CH_2)_2SiMe_3$ [4)] [2-(Trimethylsilyl)ethyl ester]	• $HO(CH_2)_2SiMe_3$/DCC	• Fluoride ion
$RCO_2H \rightarrow RCO_2\text{-}CH_2CCl_3$ (Haloester)	• $HOCH_2CCl_3$/DCC	• Zn(0) dust
$RCO_2H \rightarrow RCO_2\text{-}Bn$ (Benzyl ester)	• $PhCH_2OH$/DCC • Benzyl alcohol/acid chloride	• Hydrogenolysis • Na/NH_3
$RCO_2H \rightarrow RCO_2\text{-}CHPh_2$ (Diphenylmethyl ester)	• $HOCHPh_2$/DCC	• Mild H_3O^+ • H_2/Pd/C • $BF_3 \cdot OEt_2$
$RCO_2H \rightarrow (RCO)_2O$ (Anhydride)	• RCO_2H/P_2O_5	• Hydrolysis
$RCO_2H \rightarrow RCONR_2$ (Amide: R=Imidazole)	• Carbonyl diimidazole	• Hydrolysis

1) *Tetrahedron Lett.* 1991, *32*, 4239
2) *Org. React.* 1989, *37*,1
3) *Tetrahedron Lett.* 1983, *24*, 281
4) *J. Am. Chem. Soc.* 1984, *106*, 3030

■ 케톤과 알데하이드의 보호

케톤(RCOR)과 알데하이드(RCHO)는 아세탈 형태의 보호기를 도입하므로, 반응 시약은 주로 상응하는 알코올이며, 분해 시약은 산 수용액이다. 표 3.11에 케톤과 알데하이드의 보호기 도입 및 분해 반응 시약을 요약하였다.

표 3.11 케톤과 알데하이드의 보호기 도입 반응, 반응 시약 및 분해 시약 요약

보호기 도입 반응	반응 시약	분해 시약
RC(=O)R(or H)→ RC(OR)$_2$R(or H) [1] (Acetal)	• MeOH/H^+ • HC(OMe)$_3$/H^+	• H_3O^+ • DBU/CH_2Cl_2
RC(=O)R(or H)→ RC(OCH$_2$CH$_2$O)R (or H)(1,3-Dioxolane)	• $(CH_2OH)_2/H^+$ • $(CH_2OSiMe_3)_2$/TMSOTf/CH_2Cl_2	• H_3O^+
RC(=O)R(or H)→ RC(OCH$_2$CH$_2$CH$_2$O)R(or H) (1,3-Dioxolane)	• $CH_2(CH_2OH)_2/H^+$/PhH	• H_3O^+
RC(=O)R→ RC(SCH$_2$CH$_2$S)R (1,3-Dithiolane)	• $(CH_2SH)_2/BF_3OEt_2$/AcOH or CH_2Cl_2	• HgO/BF_3OEt_2/THF/H_2O

1) *Tetrahedron Lett.* 1980, *21*, 1357.; 1998, *39*, 2401

■ 아민류의 보호

아민류(RNH_2)는 카바메이트[RHNC(=O)OR], 아마이드[RC(=O)NHR] 및 설폰아마이드($RHNSO_2R$)로 변환시켜 보호한다. 표 3.12에 아민의 보호기 도입 및 분해 반응 시약을 요약하였다.

표 3.12 아민의 보호기 도입 반응, 반응 시약 및 분해 시약 요약

보호기 도입 반응	반응 시약	분해 시약
R_2NH→ $R_2NC(=O)R$ (or H) (Amide)	• HCO_2Et • Ac_2O • $(CF_3CO)_2O$	• Strong acid • K_2CO_3/MeOH/reflux for (CF_3CO-)
R_2NH→ R_2NSO_2R [1] (Sulfonamide)	• *p*-TsCl/pyridine • $Me_3Si(CH_2)_2SO_2Cl/Et_3N$/DMF • *t*BuSOCl/$Et_3N$/MCPBA	• Strong acid • Na(Hg)/MeOH • Na/NH_3 • CsF/DMF • CF_3SO_3H/CH_2Cl_2
R_2NH→ $R_2NC(=O)OR$ [2)~4)] (Carbamate)	• 9-Fluorenylmethylcarbono-chloridate/$NaHCO_3/H_2O$/dioxane • 2,2,2-Trichloroethylcarbo-chloridate/pyridine • $Me_3Si(CH_2)_2OC(=O)$OPhthalimide • $(tBuOCO)_2O$ • $(CH_2CHCH_2O(=O))_2O$ • BnOC(=O)Cl	• Piperidine, morphine or dicyclohexylamine • Zn dust • Bu_4NF/THF • 3M HCl/CF_3CO_2H • $Bu_3SnH/Et_3SiH/HCO_2H$ • $Pd(OAc)_2/Et_3N/Et_3SiH/H_3O^+$ • BBr_3 or $PdCl_2/Et_3SiH$ • Na/NH_3

1) *J. Org. Chem.* 1989, *54*, 2992.; 1992, *33*, 5505. 1988, *53*, 4143.; 1997, *62*, 8604.
2) *Acc. Chem. Res.* 1987, *20*, 401.
3) *Tetrahedron Lett.* 1986, *27*, 4687.; 1985, *26*, 1411.; 1986, *27*, 3753.
4) *J. Am. Chem. Soc.* 1979, *101*, 7104.

3.4 합성 대등체를 이용한 작용기 도입

합성한 중간체에 필요한 작용기를 도입해야 하는 경우가 많다. 이미 확립된 작용기화 방법을 이용할 수 있지만, 경우에 따라서는 기존 방법을 이용하지 못할 때가 많다. 이런 합성 과정에서는 합성 대등체를 이용하는 것이 바람직하고, 우수한 합성 대등체 시약과 방법들도 많이 개발되어 있다(5.9절 참조). 최근 들어서는 새로운 작용기 단위를 도입하기 위해 합성 대등체로서 방향족 헤테로 고리 유도체를 이용하는 방법들도 개발 보고되어 있다.

■ 합성 대등체로서 방향족 헤테로 고리 유도체의 이용

방향족 헤테로 고리는 안정하여 적합한 반응 조건 하에서 안정한 이탈기로 떨어져 나가고, 특정 작용기를 다른 화합물에 쉽게 전달하는 독특한 성질이 있다. 따라서 이상적인 합성을 추구하는 합성 화학자들은 헤테로 고리 유도체의 합성적 응용에도 관심이 높다. 이런 류의 헤테로 고리로 benzotriazole과 pyridazin-3(2*H*)-one을 들 수 있다. 특히 2-pyridazin-3(2*H*)-one은 반응 후에 정량적으로 회수되므로 친환경적이고도 지속 가능한 작용기 전달 물질(functional group transfer agent)이다. Benzotriazole 유도체의 합성 대등체로서의 연구는 A. R. Katritzky 등에 의해서 (*The Chemistry of Benzotriazole Derivatives: A Tribute to Alan Roy Katritzky*, Jean-Christophe M. Monbaliu Ed.; Topics Heterocyclic Chemistry, 43, 2016, ©Springer International Publising, Switzerland), 그리고 pyridazin-3(2*H*)-one에 대해서는 Yoon 등에 의해 주로 연구되었다(*Curr. Org. Chem*., 2012. 16(7), 852-858, *Curr. Org. Chem*. 2004, *8*, 1463, *Adv. Synth. Catal*., 2016, *358*, 1725-1730, *Synlett*. 2016, *27*, 1577-1581; 2015, *26*, 1985-1990; 2014, *25*, 1909-1915).

1-Substituted-1*H*-Benzotriazole 유도체나 2-substituted pyridazin-3(2*H*)-one 유도체들 같은 방향족 헤테로 고리 화합물은 헤테로 고리가 i) 우수한 이탈기로 작용하며, ii) 전자 끌개 또는 주개 성질이 있고, iii) 헤테로 원자에 결합된 α-원자의 음이온을 안정화시키고, iv) 라디칼의 안정화에도 기여하는 특성이 있다. 이러한 합성적 다양성이 있고, 유도체들 대부분이 여러 조건에서 안정하며, 헤테로 고리 이탈기를 회수하여 재사용할 수 있다는 점에서 이상적 합성에 적합한 시약들이다.

방향족 헤테로 고리를 작용기 전달 물질로 이용하면 다음과 같은 장점이 있다.

■ 방향족 헤테로 고리 합성 보조제의 장점

- 온화한 반응 조건에서 반응할 수 있다.
- 유기 용매에 잘 녹는다.
- 사용 후 헤테로 고리 회수가 정량적이고, 재사용이 가능하다.
- 극성 반전된 합성 보조제 설계가 가능하다.

- 반응이 화학량론적이고, 수율이 높다.
- 친환경적이고 지속 가능한 시약이다.

■ 합성 보조제로 이용되는 1*H*-benzotriazole 유도체의 예

합성 보조제로 이용되는 1-substituted 1*H*-benzotriazole은 다음과 같이 세 부류로 구분한다. 이들의 제조 방법과 합성 보조제로서의 이용에 대한 관련 문헌이 "*The Chemistry of Benzotriazole Derivatives: A Tribute to Alan Roy Katritzky*, Jean-Christophe M. Monbaliu Ed.; Topics Heterocyclic Chemistry, 43, 2016, ©Springer International Publising, Switzerland"에 소개되어 있다. 아울러 다양한 합성적 이용법도 알려져 있고, 많은 유도체 시약들이 시판되고 있다.

Benzotriazole 유도체를 이용한 반응의 예는 많다. 여기서는 흥미로운 몇 가지만 나타내었다.

- 1-Substituted benzotriazole 유도체 합성

- 다른 알킬기를 가지는 3° 아민의 합성

Tetrahedron, **2005**, *61*(10), 2555

- *N*-Dialkylheterocycle 합성

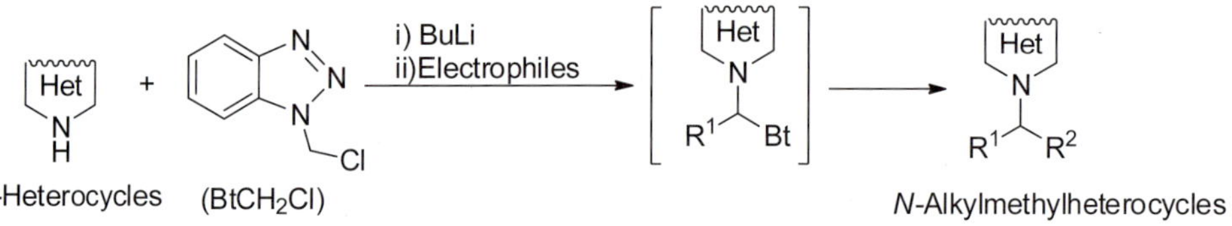

Het N-H + (BtCH₂Cl) → i) BuLi ii)Electrophiles → [Het N, R^1, Bt] → Het N, R^1, R^2

N-Heterocycles (BtCH$_2$Cl) *N*-Alkylmethylheterocycles

Tetrahedron, **2005**, *61*(10), 2555

R^1 = H, *n*-Bu, $(CH_2)_5OH$, $(Me)_3Si$, etc.
R^2 = H, *n*-Bu, Ph

- 1° 및 3° 아민의 합성

$BtCH_2Cl$(Bt = benzotriazole)에 NaN_3를 반응시켜 *N*-azidomethyl 유도체를 만들고 다른 시약들을 순서대로 반응시키면 1차 아민을 얻는다. 한편 $BtCH_2OH$에 ammonia와 $BtCH_2OH$를 추가로 반응시키고 Grignard 시약을 반응시키면 상응하는 3° 아민을 합성할 수 있다.

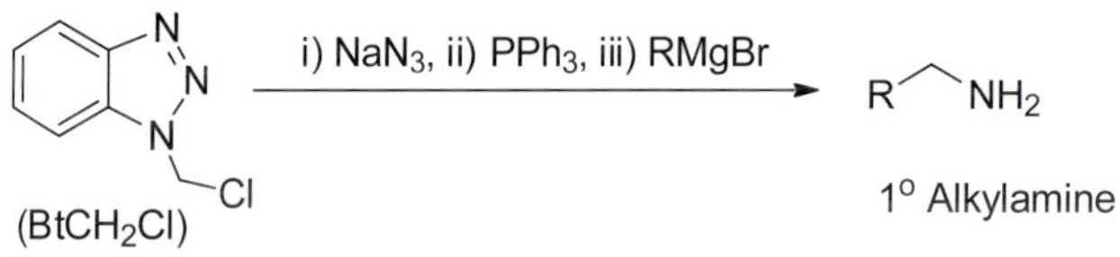

(BtCH$_2$Cl) → i) NaN_3, ii) PPh_3, iii) RMgBr → RCH_2NH_2 (1° Alkylamine)

Tetrahedron, **2005**, *61*(10), 2555

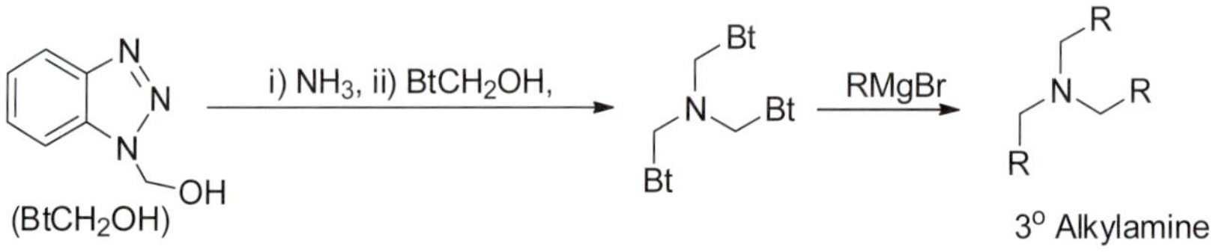

(BtCH$_2$OH) → i) NH_3, ii) $BtCH_2OH$, → $N(CH_2Bt)_3$ → RMgBr → $N(CH_2R)_3$ (3° Alkylamine)

Tetrahedron, **2005**, *61*(10), 2555

- α-Nitrocarbonylation

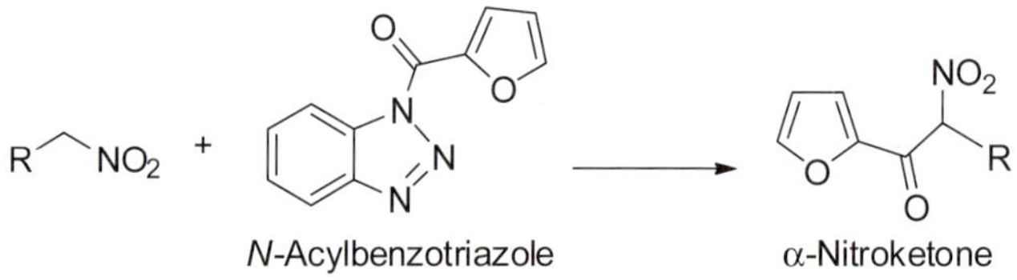

RCH_2NO_2 + *N*-Acylbenzotriazole → α-Nitroketone

J. Org. Chem. **2004,** *69*, 811

■ 작용기 전달 물질로 이용되는 2-substituted-pyridazin-3(2*H*)-one 유도체의 예

합성 대등체로 이용되는 2-substituted-pyridazin-3(2*H*)-one 유도체는 다음과 같다. 이들의 관련 반응과 합성법 등에 대한 문헌들이 보고되어 있다(*Curr. Org. Chem.*, 2004, *8*, 1463 (Review); *Curr. Org. Chem.*, 2012, *16*, 852(Review); *Adv. Synth. Catal.* 2016, *358*, 1725; *Synlett,* 2016, *27*, 1577; *Synlett*, 2015, *26*, 1985; *Synlett*, 2014, *25*, 1909.).

R = -COR(or Ar) R = $-PO(OEt)_2$
= -CN = $-SO_2PhNO_2(p)$
= -X(Cl, Br) = $-CO_2Ph$
= $-NO_2$
Y = Cl, OMe

2-Substituted-4,5-dichloropyridazin-3(2*H*)-one

- 아실화 시약: 2-Acyl-4,5-dichloropyridazin-3(2*H*)-one은 친핵체를 아실화시킨다.

R^1-NH_2 + 2-Acylpyridazin-3(2*H*)-one → (CH_2Cl_2 or THF, -Pyridazinone) $R^1-NH-C(=O)-R$

Amine, 2-Acylpyridazin-3(2*H*)-one, Amide

Synthesis, **2002**, 733

- 사이아노화 시약: 2-Cyano-4,5-dichloropyridazin-3(2*H*)-one은 친핵체를 사이아노화시킨다. 이 시약은 사이아노기의 탄소가 친전자성($^{\delta+}CN$)을 띠고 있어 극성 반전의 형태이므로 친핵체의 사이아노화에 유용하다.

$R-NH_2$ → R−NHCN
R−SH → R−SCN
(H_2O, THF, -Pyridazinone)

Tetrahedron, **2005**, *61*, 5889.

- 할로젠화 시약: 2-Halo-4,5-dichloropyridazin-3(2*H*)-one은 친핵체를 할로젠화시킨다. 이 할로젠화 시약은 할로젠 원소가 친전자성($^{\delta+}X$)을 띠고 있어 극성 반전의 형태이므로 친핵체의 할로젠화에 유용하다.

Synlett, **2005**, 1136.

EtO OEt
또는
+
Cl or OMe
Cl
N
O N
X
X = Cl, Br
i) $ZnCl_2$, CH_2Cl_2, r.t or
ii) $ZnBr_2$, CH_2Cl_2, r.t
-Pyridazinone
EtO OEt
X
또는
S S
X X
Selective mono, di, tri & tetrahalothiophene

Synlett, **2006**, 194.

- 나이트로화 및 산화 시약: 4,5-Dichloro-2-nitropyridazin-3(2*H*)-one은 친핵체에 온화한 조건에서 나이트로화를 할 수 있으며, 옥심을 카보닐 화합물로 산화시키는 경우에도 이용할 수 있다.

R^1-NH
R^2
2° Amine
+
OMe
Cl
N
O N
NO_2
2-Nitropyridazin-3(2*H*)-one
CH_2Cl_2
-Pyridazinone
NO_2
R^1-N
R^2
N-Nitroamine

J. Org. Chem., **2003**, *68*, 9113

N-OH
R H(or R^1)
Oxime
+
Cl
Cl
N
O N
NO_2
2-Nitropyridazin-3(2*H*)-one
$MeOH/H_2O$(1:1, v/v)
M.W, 130 or 150°C
-Pyridazinone
O
R H(or R^1)
Aldehyde/Ketone
R = Alkyl, alkenyl, aryl
R^1 =Alkyl

J. Org. Chem., **2010**, *75*, 484

- **CO 및 COOPh 공급 시약**: 2-Phenoxycarbonyl-4,5-dichloropyridazin-3(2*H*)-one은 친핵체에 CO와 CO_2Ph를 공급하는 시약이다.

KO^{t}Bu
- Pyridazinone
R−OH
K_2CO_3
- Pyridazinone
Symmetric or Asymmetric Carbonate
R, R' = Alkyl or aryl
Symmetric or Aryl carbonate

Synlett, **2016**, *27*, 1577.

- Pyridazinone
Z = S, O NH
R = H, X, NO_2, Me, CF_3, OMe
R' = Alkyl, aryl
Benzo[*d*]azo-2(3*H*)-one

Synlett, **2015**, *26*, 1985.

- **커플링 시약**: 2-Benzenesulfonyl-4,5-dichloropyridazin-3(2*H*)-one과 [(4,5-dichloro-6-oxo(1*H*)-pyridazin-1-yl)phosphoric acid diethyl ester는 카복실산을 이용하는 반응의 커플링 시약으로도 사용된다(*Curr. Org. Chem.*, 2004, *8*, 1463(Review); *Curr. Org. Chem.*, 2012, *16*, 852(Review); *Tetrahedron*, 2007, *63*, 12720; *Bull. Korean Chem. Soc.* 2003, *24*, 1655; *Synthesis*, 2003, 1517).

R'O(or S)H
2-$(EtO)_2$OP)-pyridazinone
-Pyridazinone
R, R' = Aliphatic, aromatic
Ester

Tetrahedron, **2007**, *63*, 12720

R'O(or S)H
2-(4-NO_2PhSO_2)-pyridazinone
-Pyridazinone
R, R' = Aliphatic, aromatic
Ester

Bull. Korean Chem. Soc., **2003**, *24*, 1655.

2-(4-NO_2PhSO_2)-pyridazinone
-Pyridazinone
R, R' = Aliphatic, aromatic
Anhydride

Synthesis, **2003**, 1517.

Cl(or OMe)
(Br or) Cl
EtO−P=O
OEt
2-$(EtO)_2$OP)-pyridazinone

SO_2PhNO_2-*p*
2-(4-NO_2PhSO_2)-pyridazinone

3.5 카이랄 중심의 절대 배열 결정

카이랄 분자 중에는 카이랄 중심이 없지만 카이랄성을 나타내는 분자들이 있다. 이런 분자들이 카이랄성을 나타내는 원인은 C–C 결합의 회전 장애 또는 분자 평면 및 위상(topology) 때문이다. 또한 Tröger 염기와 같이 질소(N) 같은 헤테로 원자가 카이랄 중심이 되는 경우도 있다.

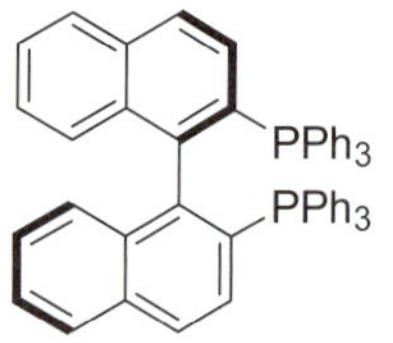

(*R*)-BWAP
(고리 회전 장애)

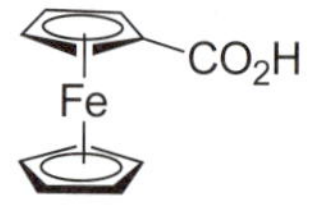

Substituted Ferrocene
(평면 카이랄성)

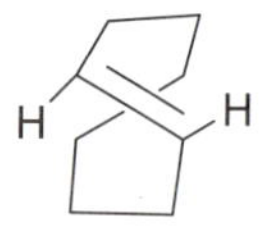

(+)-*trans*-Cyclooctene
(위상 카이랄성)

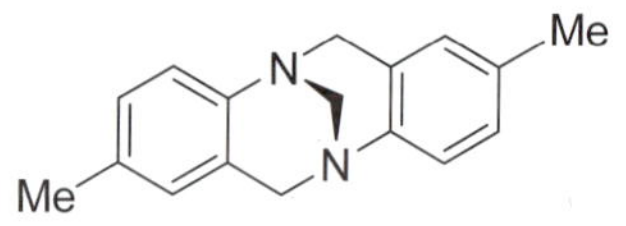

Tröger's base
(*N* 카이랄)

그러나 대부분의 카이랄성 분자는 카이랄 중심이 되는 원자를 포함하고 있다. 따라서 입체 화학에서 카이랄 중심의 배열을 아는 것이 중요하다. 분자식이 동일하지만 카이랄 중심에서의 배열이 다르면 광학적 성질과 생물학적 성질이 다르기 때문에 정확한 배열을 결정해야 한다.

특별히 생물활성과 관련된 새로운 화합물이라면 카이랄 중심에서의 절대 배열의 결정과 확인은 더욱 중요하다. 아울러, 이 부분을 학습하기 전에 부록에 있는 용어들을 먼저 숙지하기를 권고한다. 유기화학에서 사용되는 입체 화학적 용어는 분자 구조나 물리적 성질을 참고하여 붙여져 있다. 이들 용어를 바르고 정확하게 이해하는 것도 중요하다.

■ 절대 배열 결정 방법

합성된 생성물의 **절대 배열**(absolute configuration)을 결정하는 것은 중요하다. 절대 배열은 x-선 단결정 방법으로 결정하거나, 이미 배열을 알고 있는 화합물과 비교하여 결정한다(예 1).

다르게는 Mosher's ester 법처럼 카이랄 중심 배열이 알려진 분자 유도체를 합성(예 2)한 후 NMR을 이용하여 치환기 위치를 결정하기도 한다.

예 1)

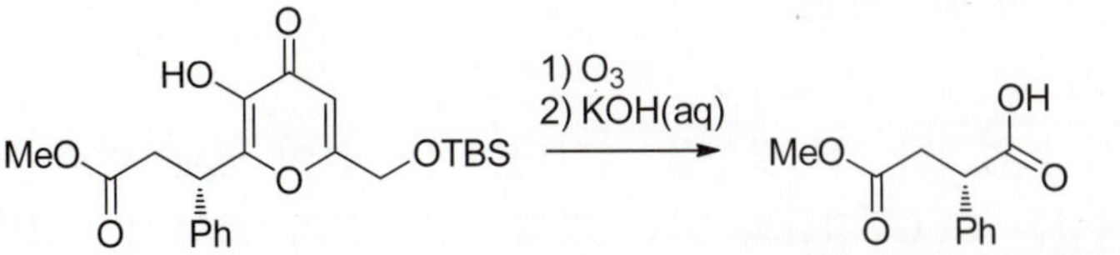

1) O_3
2) KOH(aq)

J. Am. Chem. Soc. **2010**, *132*, 8810

문헌값: +171 (c = 0.01, acetone)
측정값:+101.9(c = 0.20, acetone)

예 2) Mosher's ester 법

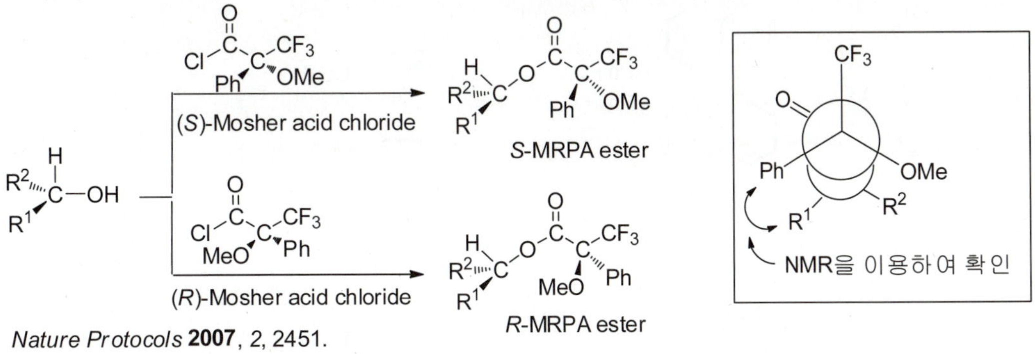

(S)-Mosher acid chloride

S-MRPA ester

(R)-Mosher acid chloride

R-MRPA ester

Nature Protocols **2007**, *2*, 2451.

NMR을 이용하여 확인

3.6 비대칭 합성 반응 경로

비대칭 합성을 경로 측면에서 1) 선형 합성, 2) 수렴 합성, 3) 반복 합성, 4) 준-합성으로 구분할 수 있다. 예를 들어 자세히 살펴보자.

1) 선형 합성: 초기 출발 물질로부터 한 단계씩 합성해 가는 선형 합성에서는 출발 물질의 입체 중심 때문에 대부분 생성물은 라셈체(racemate)로 얻게 된다. 그러나 오늘날에는 입체 중심이 여러 개인 천연물 합성에서도 순수한 거울상 이성질체를 선택적으로 합성하는 방법들이 보고되어 있다.

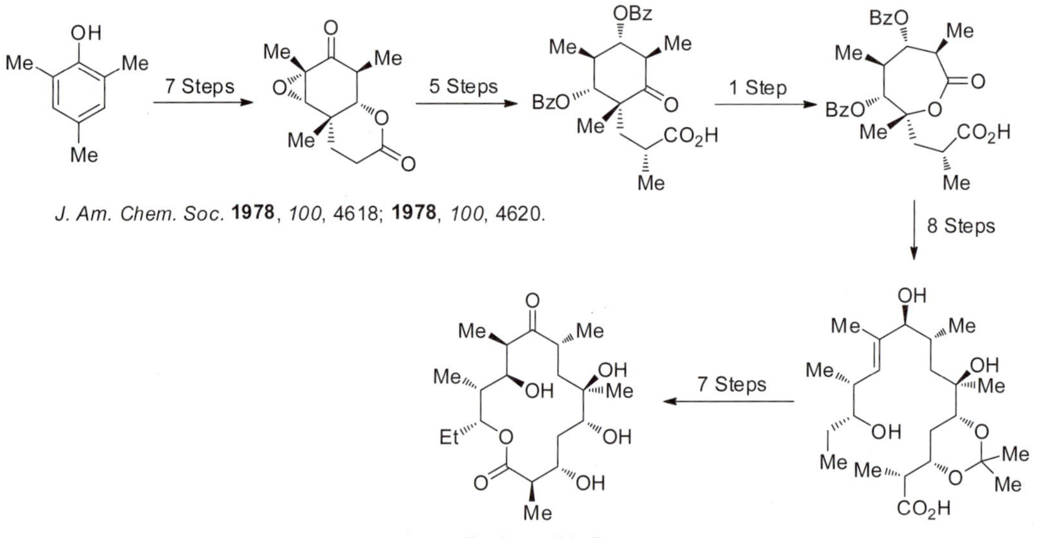

J. Am. Chem. Soc. **1978**, *100*, 4618; **1978**, *100*, 4620.

Erythronolide B

2) 수렴 합성: 입체 중심이 여러 개 있는 천연물의 합성에서는 수렴 합성이 유리할 수도 있다. 수렴 합성은 절대 배열이 정확하고 거울상 이성질적으로 순수한 합성 단위체를 이용하기 때문이다. 아래의 예는 입체 배열을 알고 있는 출발 물질로부터 중요 중간체를 각각 합성하고, 이들 중간체를 반응시켜 최종 생성물로 6-deoxyerythronolide B를 수렴 합성한 경로이다.

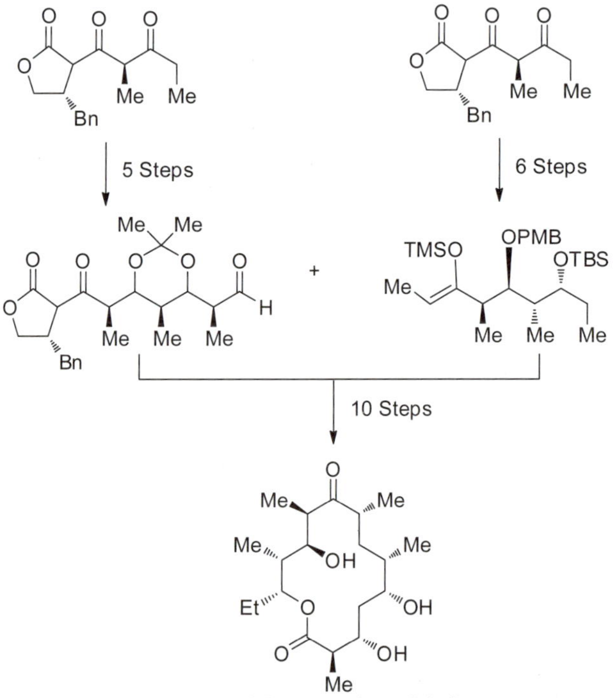

6-Deoxyerythronolide B

J. Am. Chem. Soc. **1998**, *120*, 5921.

3) **반복 합성**(Iterative synthesis): 유사한 합성 구성 단위를 반복해서 반응시켜 복잡한 분자 뼈대를 구축하는 방법이다. 이 방법은 한정된 시약과 반응 조건을 이용하므로 유용하다. 이 경로에서도 사용되는 구성 단위체는 거울상 이성질체적으로 순수해야 한다. 대표적으로 단백질 합성 방법이 이에 해당한다. 아래 반응은 2개의 단위체를 이용하여 erythronolide A의 합성 중간체를 반복 합성 방법으로 합성한 예이다.

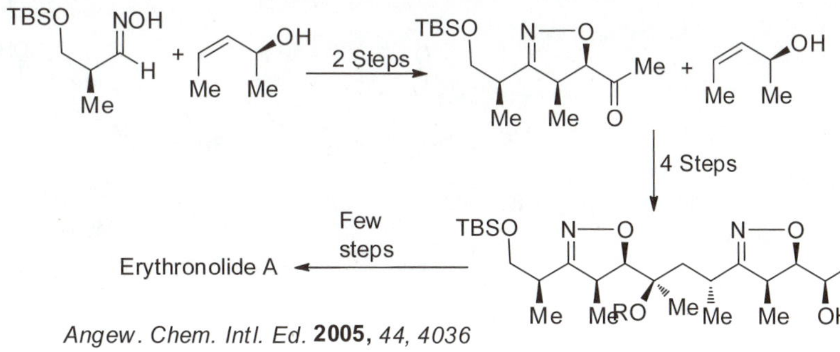

Angew. Chem. Intl. Ed. **2005,** *44, 4036*

4) **준–합성**(Semi-synthesis): 필요로 하는 입체 중심을 가지고 있는 천연물을 출발 물질로 사용하여 간단히 몇 단계 반응만을 통해 원하는 최종 생성물을 합성하는 방법이다. 아래의 반응은 Erythromycin A를 출발 물질로 사용하여 몇 단계의 반응을 통해 Azithromycin을 준-합성한 예이다.

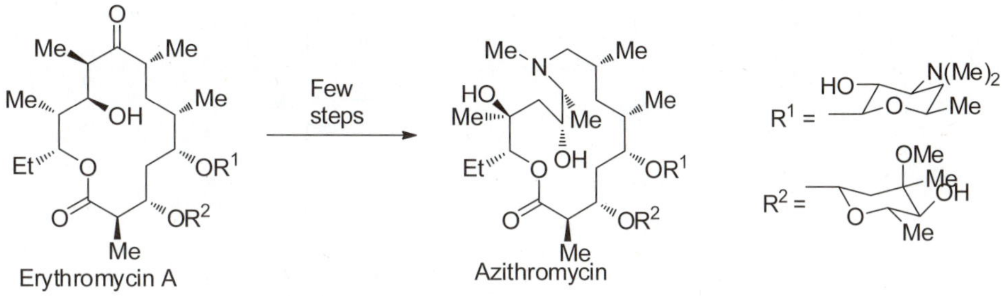

Biorg. Med. Chem. Lett. **1998**, *8*, 2427.

3.7 입체 화학 반응의 구분

입체 화학 반응은 i) 입체 화학이 상실되는 반응과 ii) 새로운 입체 중심을 생성하는 반응 또는 iii) 입체 화학이 보전되는 반응 등으로 구분된다.

- 입체 화학이 상실되는 반응: 순수한 입체 이성질체가 **라셈화**(racemization) 또는 **에피머화**(epimerization) 반응으로 카이랄 중심은 존재하지만 입체 화학 특성이 나타나지 않거나, 산화나 치환 반응에 의해 입체 중심이 붕괴되는 반응 등이 여기에 속한다.

화학 반응 중에 일어나는 라셈화는 반응 중간체의 반응 자리 탄소가 평면 배열을 하기 때문에 발생한다. 이와 같은 반응이 반응 자리 이웃에 또 다른 카이랄 중심이 있으면 에피머화가 일어난다. 그러나 카이랄 알코올 분자의 카이랄 중심이 산화되어 C=O 같은 이중 결합으로 변환되면 카이랄성 출발 물질의 카이랄성이 없어진다.

라셈화: (S) → Salicyl aldehyde (0.05M), AcOH → (S) + (R)

J. Org. Chem. **1983**, *48*, 843.

에피머화: (S)(S) → (S)(S) + (R)(S)

카이랄 중심 붕괴: Ph–C(OH)(H)–Me → [O] → Ph–C(=O)–Me

■ 입체 화학 보존 반응(stereoretention): 반응 물질에 입체 중심이 존재하더라도 반응에 참여하지 않는 경우는 분자의 입체 화학은 보존된다. 이런 반응을 입체 화학 보존 반응이라고 한다. 아래 반응에서는 α-위치의 methyl기 배열이 처음 그대로 보존되었다.

LiO$_2$H, THF, H$_2$O, 0°C

J. Am. Chem. Soc. **1990**, *112*, 7001.

■ 입체 특이성 반응(stereospecific reaction): 입체 특이성 반응에서는 출발 물질의 입체 구조가 생성물의 입체 구조를 결정한다. 입체 특이성 반응이 되려면 출발 물질의 입체 화학이 생성물에 온전히 전달되어야 한다. 만일 그렇지 않으면 입체 선택성 반응이 된다. 예로 S$_N$2 반응의 반전을 들 수 있다.

S$_N$2 반전: (Mitsunobu reaction) PhCO$_2$H, PPh$_3$, DEAD, THF

Bull. Chem. Soc. Jpn **1971**, *44*, 3427.

이중 반전: TosCl; AcO^-, S_N2 반전; HO^-/H_2O; TosCl; AcO^-, S_N2 반전; HO^-/H_2O

카벤 삽입: $CF_3CO_2ZnCH_3I$ → *cis-* + *cis-*

J. Org. Chem. **2004**, *69*, 327.

- 입체 특이성/부분 입체 선택성 반응: 부분 입체 선택적으로 생성물을 얻는 반응을 **부분 입체 선택성 반응**(diastereoselective reaction)이라고 한다. 이런 반응은 하나의 카이랄 중심과 하나의 선구 카이랄 중심이 있을 때에 가능하다.

$LiAlH_4$

J. Am. Chem. Soc. **1988**, *110*, 4475.

$LiAlH_4$, Et_2O (Li-Chelation control)

Tetrahedron Lett. **1982**, *23*, 2355.

$LiAlH_4$, THF (Li-Chelation control)

Tetrahedron Lett. **1982**, *23*, 2355.

- 거울상 선택성 반응(enantioselective reaction): 거울상 선택성 합성에는 선택성이 있는 시약을 화학량론적으로 사용하여 수행하는 방법과, 특수한 촉매를 사용하여 비대칭 합성을 수행하는 방법 등이 있다.

1) 화학량론적 시약의 사용 방법

(*R*,*R*)-TADDOOH

%ee = 97

Helv. Chim. Acta **2001**, *84*, 187.

2) 촉매 비대칭 합성

cat.(30 mol%), oxone
H_2O/CH_3CN
%ee = 97

J. Am. Chem. Soc. **1997**, *119*, 11224.

- 위치 선택성 반응(regioselective reaction): 위치 선택성 반응은 결합의 생성이나 분해가 한 위치에서만 일어나는 반응이다. 따라서 이 반응으로 특정 위치에 입체 중심을 도입할 수 있다. 아래 반응에서는 2,5-dimethylcyclohexa-2,5-diene-1,4-dione과 (*E*)-penta-1,3-diene의 반응에서 각기 다른 촉매를 사용하여 위치 선택적으로 methyl 치환기 위치가 다른 생성물을 합성하였다.

$SnCl_4$
$BF_3 \cdot OEt_2$

J. Am. Chem. Soc. **1980**, *45*, 5012.

- 화학 선택성 반응(chemoselective reaction): 화학 선택성 반응은 분자 내에 있는 여러 작용기 중 하나의 특정 작용기에만 반응을 일으키는 것이다. 이 방법을 이용하면 비대칭 중심이 존재하는 분자에서 특정 작용기만 반응하도록 함으로써, 여러 개의 비대칭 중심을 가지는 펩타이드 같은 큰 분자를 합성할 수 있다.

DMF/H_2O

Angew. Chem. Intl. Ed. **2006**, *45*, 1248.

■ 작용기 선택성 반응(group selective reaction): 작용기 선택성 반응은 하나 이상의 동일한 작용기가 포함된 분자에서, 어느 하나의 작용기에서만 선택적으로 반응이 일어나 비대칭 중심이 생성되는 방법이어서 합성적으로 유용하다. 특정 작용기에만 반응하는 화학 선택성 반응과는 다른 점에 주의하라. 다음 반응은 출발 물질에 있는 두 개의 C≡C 작용기에 선택적인 환원 반응을 유도하여 생성물을 합성한 예이다. $LiAlH_4$를 이용한 경우가 선택성이 더 우수하다.

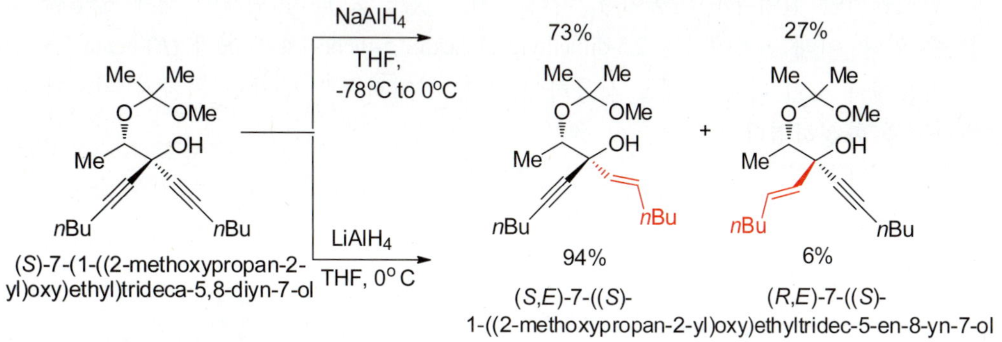

$NaAlH_4$, THF, -78°C to 0°C: 73% / 27%

$LiAlH_4$, THF, 0°C: 94% / 6%

(S)-7-(1-((2-methoxypropan-2-yl)oxy)ethyl)trideca-5,8-diyn-7-ol

(S,E)-7-((S)- + (R,E)-7-((S)-

1-((2-methoxypropan-2-yl)oxy)ethyltridec-5-en-8-yn-7-ol

Org. Lett. **2001**, *3*, 1057.

■ 비대칭 촉매 반응(asymmetric catalytic reaction): 비대칭 촉매 반응은 효소나 천연에서 얻을 수 있는 광학 활성 분자를 비대칭 합성 촉매로 사용하는 반응이다. 천연 광학 활성 분자 몇 가지를 예로 나타내었다.

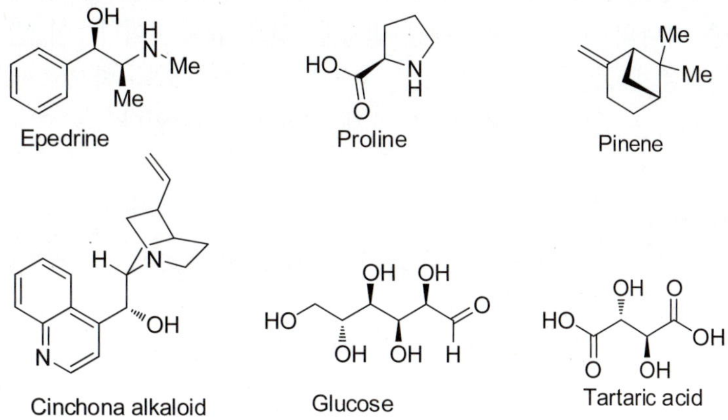

Epedrine　Proline　Pinene

Cinchona alkaloid　Glucose　Tartaric acid

Chem. Rev. **1992**, *92*, 935.

4장

목표 분자의 합성 전략: 1부

– 알케인, 알켄, 알카인, 알코올, 에터, 아민, 나이트로 화합물

잘 설계된 합성 전략이 성공적인 합성에 이르게 한다. 그러기 위해서는 목표 분자의 결합 끊기로부터 최적의 출발 물질과 합성 경로를 선택하고, 알고 있는 유기 반응과 시약으로부터 적절하고도 합리적인 전략을 세워야 한다. 목표 분자의 합성 전략을 1부와 2부로 나누어, 1부에서는 지방족 탄화수소(알케인, 알켄, 알카인)와 알코올(싸이올), 에터(설파이드), 아민의 합성 전략과 나이트로 화합물의 합성적 응용을 다룬다.

합리적인 합성 전략의 수립을 위해서는 또한 수립한 합성 경로가 어떤 중간체를 거쳐 진행될 것인지를 예상하는 것도 중요하다.

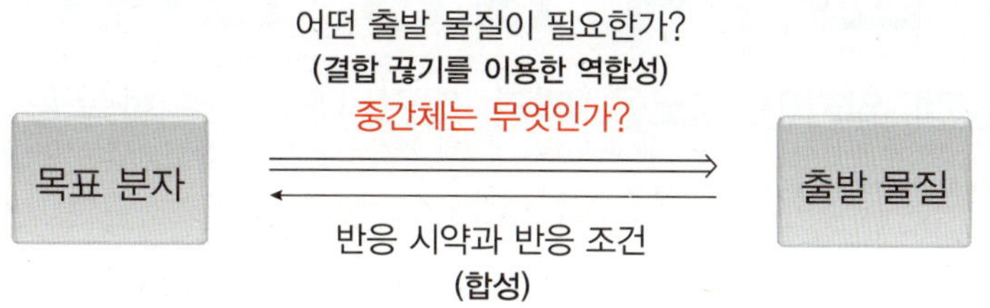

유기 반응 중에 생성되는 주요 중간 물질로는 탄소 화학종인 탄소 양이온, 탄소 음이온, 자유 라디칼 및 카벤과 질소 화학종인 나이트렌 등 5가지가 있다. 이들은 수명이 짧고, 대부분 중간체로서만 존재한다. 4개 탄소 화학종 중에서는 탄소 음이온만이 여덟 개의 전자를 가지고 있다. 나이트렌은 전자적으로는 카벤의 유사체이다.

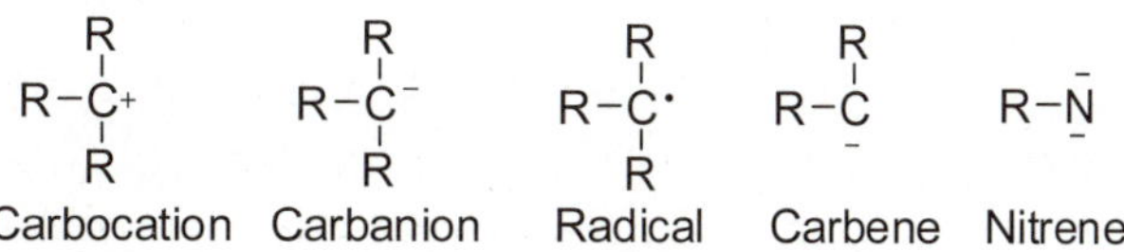

4.1 유기 반응 합성 중간체

4.1.1 탄소 양이온

탄소 양이온(carbocation) 중간체는 용액에서 더 안정하며, 종류가 다양하다. 알킬 탄소 양이온의 안정도는 3° > 2° > 1° > Me 순이며, 1° 및 2° 탄소 양이온은 반응 중 더 안정한 3° 탄소 양이온으로 자리 옮김을 한다. 이런 자리 옮김은 용액이나 기체상에서 일어날 수 있다. 탄소 양이온의 안정도 순서는 하이퍼콘쥬게이션(hyperconjugation), 유발 효과(inductive effect) 및 공명 효과로 설명한다. 탄소 양이온의 이웃 탄소에 3° 양이온처럼 치환기가 많으면, 시그마 결합 오비탈과 전자가 부족한 탄소 양이온 오비탈의 부분 겹침으로 양이온을 안정화시키는 효과(이를 하이퍼콘쥬게이션 효과라고 한다)가 더 크므로 1° 양이온보다 2° 및 3° 양이온이 더 안정하다. 양이온 탄소에 결합된 치환기들이 양이온 탄소 쪽으로 전자를 밀어 주면 또한 양이온을 안정화(이를 유발 효과라고 한다)시킨다.

한편 파이 결합의 이웃 탄소가 양이온이면 공명 효과에 의해 안정화된다. 대표적으로 비고리형 또는 고리형 allyl 양이온을 예로 들 수 있다.

$$H_2C{=}\overset{H}{C}{-}\overset{+}{C}H_2 \longleftrightarrow H_2\overset{+}{C}{-}\overset{H}{C}{=}CH_2$$

Allyl 양이온

Benzyl 양이온

비교적 안정한 알킬 탄소 양이온 종으로 diarylmethyl(Ar_2CH^+), triarylmethyl(예 Ph_3C^+), cyclopropylmethyl[$(c\text{-}Pr)_2CH^+$, $(c\text{-}Pr)_3C^+$] 등이 알려져 있다.

양이온 탄소에 비결합 전자쌍을 가지는 N, O 및 할로젠(Cl, Br, I 등) 원자가 존재하면 또한 공명 효과로 인해 탄소 양이온이 안정화된다. Acyl 양이온[$RC(=O)^+$] 역시 공명 효과로 인해 안정하다.

$$R_2\overset{+}{C}{-}\ddot{O}{-}R \longleftrightarrow R_2C{=}\overset{+}{O}{-}R \qquad R_2\overset{+}{C}{-}\ddot{N}{-}R \longleftrightarrow R_2C{=}\overset{+}{N}{-}R$$

에테르 탄소 양이온 아민 탄소 양이온

$$R_2\overset{+}{C}{-}\ddot{X}{:} \longleftrightarrow R_2C{=}\overset{+}{X}{:} \qquad R{-}\overset{+}{C}{=}\ddot{O} \longleftrightarrow R{-}C{\equiv}\overset{+}{O}$$

할로알킬 탄소 양이온 아실 양이온

■ 탄소 양이온의 생성과 반응

탄소 양이온은 두 가지 경로로 생성된다. 하나는 결합의 불균일 분해이고, 다른 하나는 불포화 결합에 친전자체가 첨가되는 것이다.

$$R{-}X \xrightarrow{\text{불균일 분해}} R^+ + X^-$$

$$R_2C{=}Z + H^+ \xrightarrow[Z\,=\,CR_2,\ O,\ NR]{\text{친전자체 첨가}} R_2\overset{+}{C}{-}ZH$$

반응 중 생성된 탄소 양이온 종은 다음의 5가지 형태의 반응을 한다.

- Lewis 산-염기 반응을 한다.
- 양성자를 상실하고 불포화 결합을 만든다.

- 더 안정한 양이온 종으로 자리 옮김한다.
- 불포화 결합에 첨가 반응을 한다.
- 라셈화가 일어난다.

$$R^+ + Z^- \xrightarrow{\text{Lewis 산-염기 반응}} R{-}Z$$

$$R_2\overset{+}{C}{-}ZH \xrightarrow{H^+ \text{ 상실}} R_2C{=}Z + H^+ \quad (Z = CR_2, O, NR, etc.)$$

$$\underset{1^\circ \text{ 양이온}}{Me_3C{-}\overset{+}{C}H_2} \xrightarrow{\text{자리 옮김}} \underset{3^\circ \text{ 양이온}}{Me{-}\overset{+}{C}(Me){-}CH_2{-}Me}$$

$$R^1R^3C{=}CR^2R^4 + R^+ \xrightarrow{\text{첨가 반응}} R{-}C(R^1)(R^3){-}\overset{+}{C}R^2R^4$$

$$R{-}\overset{+}{C}H(Ar) + Z^- \xrightarrow{\text{라셈화}} \underset{(R,S)\text{-Racemate}}{R{-}CH(Ar){-}Z}$$

4.1.2 탄소 음이온

탄소 음이온(carbanion)은 비결합 전자쌍을 가지고 있어 염기로 작용한다. 탄소 음이온의 안정도 순서는 이들의 짝산의 세기 순서로 정할 수 있으나, 탄소 양이온 안정도 순서를 정하는 것보다 어렵다. 탄소 음이온의 안정도 요인은 i) 비공유 전자쌍이나 불포화 결합과의 콘쥬게이션, ii) 탄소 음이온 탄소의 *s* 오비탈의 양(%), iii) 황(S)이나 인(P) 원자에 의한 안정화, iv) 공명 안정화, v) 방향족 고리에 의한 안정화 및 vi) 인접하지 않은 파이 결합에 의한 안정화 형태 등이다.

콘쥬게이션 계에 의한 안정화 $Z{=}CR{-}\overset{-}{C}R_2 \longleftrightarrow \overset{-}{Z}{-}CR{=}CR_2$

s 오비탈% 증가 $RC{\equiv}\overset{-}{C} > RHC{=}\overset{-}{C}H \sim \overset{-}{Ar} > RH_2C{-}\overset{-}{C}H_2$

S, P에 의한 안정화 $R{-}S(=O)_2{-}\overset{-}{C}R_2 \longleftrightarrow R{-}S(=O)(O^-){=}CR_2 \longleftrightarrow R{-}S(O^-)(=O){=}CR_2$

공명 안정화

$$Ph-C(=O)-N(Me)-\overset{-}{C}H_2 \longleftrightarrow Ph-C(O^-)=\overset{+}{N}(Me)-\overset{-}{C}H_2$$

방향족 고리에 의한 안정화

인접하지 않은 π 결합에 의한 안정화

■ 탄소 음이온의 생성과 반응

탄소 음이온은 다음과 같은 반응으로 생성된다.

- 탄소 음이온은 탄소에서 양성자가 이탈되면 생성된다.
- 알콕사이드에서 $R_2C=O$가 이탈되면 생성된다.
- 불포화 결합에 음이온이 첨가되면 생성된다.

$$R-H \xrightarrow{\text{양성자 이탈}} R^- + H^+$$

$$R_3C-CR_2-O^- \xrightarrow{R_2C=O\ \text{이탈}} R_3C^- + R_2C=O$$

$$R_2C=CR_2 + Z^- \xrightarrow{\text{음이온 첨가}} Z-CR_2-CR_2^-$$

반응 중 생성된 탄소 음이온은 Lewis 산과 접촉하면 반응하여 생성물을 만들거나, 좋은 이탈기를 가지는 할로젠화물 및 C=O기를 가지는 화학종과 쉽게 반응한다.

4.1.3 탄소 라디칼

라디칼(radical)이란 하나 또는 그 이상의 홀전자를 포함하는 화학종을 말하며, 반응성이 매우 크다. 알킬기의 탄소 라디칼의 안정도는 하이퍼콘쥬게이션으로 설명되며, 탄소 양이온처럼 라디칼의 안정도 순서는 $3^o > 2^o > 1^o$ 이다. 알릴(allyl) 및 벤질(benzyl) 라디칼은 공명 안정화된다.

■ 라디칼의 생성과 반응

분자로부터 결합이 균일 분해되어 각기 하나씩의 전자를 수용할 수 있는 라디칼 조각들이 생성된다. 이러한 결합의 분해는 열이나 빛에 의해 일어난다.

$$\text{RC(=O)O–OC(=O)R} \xrightarrow{\Delta} 2\ \text{RC(=O)O}\cdot$$

$$\text{RC(=O)R} \xrightarrow{h\nu} \text{RC}^{\cdot}\text{=O} + \text{R}\cdot$$

$$\text{Cl–Cl} \xrightarrow{h\nu} 2\ \text{Cl}\cdot$$

라디칼은 반응하여 안정한 생성물을 형성하거나, 또 다른 라디칼 종을 생성한다. 일반적으로 **라디칼 반응**은 i) 라디칼이 생성되는 개시 단계(initiation step), ii) 라디칼 반응이 전파되는 전파 단계(propagation step) 및 iii) 반응이 끝나는 종결 단계(termination step)로 진행된다. 반응 중에 라디칼의 자리 옮김 반응은 탄소 양이온보다 잘 일어나지 않는다. 여러 형태의 라디칼 이온종들이 알려져 있다. 탄소 이외의 원자가 홀전자이거나, 전하를 띠는 라디칼 음이온 또는 탄소, 질소 및 황 원자가 (+●)로 된 라디칼 양이온들도 알려져 있다. 공기 중의 O_2도 이중 라디칼 전자 구조를 이루고 있어, 중요한 라디칼 개시제이기도 하다.

Semiquinone　Ketyl　Alkyl azulene　*N*-Alkyl substituted imine　Dimethylsulfonium

4.1.4 카벤

카벤(carbene)은 대부분 수명이 1초 이하이며, 반응성이 매우 크다. 결합하지 않은 두 개의 전자는 쌍을 이루는 **단일항**(singlet)과 쌍을 이루지 않는 **삼중항**(triplet)으로 구분한다.

$:CH_2$ ≡ singlet carbene (단일항 카벤)　　$\cdot\dot{C}H_3$ ≡ triplet carbene (삼중항 카벤)

■ 카벤의 생성과 반응

카벤은 두 가지 방법으로 저렴하게 만들 수 있다. Dichlorocarbene을 제조하는 가장 일반적인 방법은 chloroform을 염기로 처리하여 제조하거나, *gem*-dialkyl dihalide에 Me_3Sn^-을 처리(*J. Org. Chem.*, 1993, *58*, 4205)하여 제조하는 것이다. $:CR_2$를 제조하는 두 가지 중요한 방법은 ketene(CR_2=C=O)이나 diazomethane(CR_2=N^+=N^-)을 광분해하는 것이다.

$$R-CH(R)-Cl \xrightarrow{-H^+} R-\overset{-}{C}(R)-Cl \xrightarrow{-Cl^-} R-\ddot{C}-R$$

$$CCl_3\text{-}COO^- \xrightarrow{heat} :CCl_2 + CO_2 + Cl^-$$

$$R_2C=N_2 \xrightarrow{h\nu} R_2C: + N_2$$

$$R_2C=CO \xrightarrow{h\nu} R_2C: + CO$$

카벤은 앞서 언급한 화학종들보다 더 다양한 반응을 한다. C=C 결합에 첨가되기도 하고, 방향족에 첨가 반응을 하기도 하며, 이때는 자리 옮김이 일어나기도 한다. 그 외에 C=N 및 삼중 결합에 첨가되기도 한다. 카벤의 비정상적인 반응으로, C−C 또는 C−H 결합에 삽입되어 사슬이 늘어나기도 한다.

$$H_3C-CH_2-CH_3 + :CH_2 \longrightarrow H_3C-CH_2-CH_2-CH_3 + H_3C-CH(CH_3)-CH_3$$

카벤의 중요한 반응 중 하나는 **카벤의 이합체화**(dimerization)이며, 알킬카벤(alkylcarbene)에서는 자리 옮김도 일어난다.

$$R_2C: + R_2C=N_2 \xrightarrow[-N_2]{} R_2C=CR_2 \text{ (Alkene)}$$

$$H_3C-CH_2-CH_2-\ddot{C}H \xrightarrow{\text{자리 옮김}} H_3C-CH_2-CH=CH_2 \text{ (1-Butene)}$$

$$R-C(=O)-\ddot{C}H \xrightarrow{\text{자리 옮김}} RCH=C=O \text{ (Ketene)}$$

4.1.5 나이트렌

나이트렌(nitrene)은 전자적으로는 카벤의 질소 유사체이다. 나이트렌도 단일항과 삼중항이 가능하며 일상적인 조건에서 분리하기에는 너무 반응성이 크다.

■ 나이트렌의 생성과 반응

나이트렌의 제조 방법은 카벤 제조 방법과 유사하다. 질소에 좋은 이탈기가 결합된 화학종을 제거 반응시켜 제조하거나, 아자이드(azide) 화합물을 열 또는 광분해시켜 제조한다.

$$\text{R-NH-OSO}_2\text{Ar} \xrightarrow{\text{base}} \text{R-}\ddot{\text{N}}\text{:} + \text{Base-H} + \text{ArSO}_3^-$$

O-Arylsulfonylhydroxylamine → Nitrene

$$\text{R-N=}\overset{+}{\text{N}}\text{=}\overset{-}{\text{N}} \xrightarrow{\text{heat or hv}} \text{R-}\ddot{\text{N}}\text{:} + \text{N}_2$$

Azide → Nitrene

나이트렌의 반응은 카벤의 반응과 유사하며, 삽입 반응, 첨가 반응, 자리 옮김 반응, 수소 떼기 반응 및 이합체화 등이 일어난다.

$$\text{RC(=O)-}\ddot{\text{N}}\text{:} + \text{R}_3\text{C-H} \xrightarrow{\text{삽입}} \text{RC(=O)-NH-CR}_3$$

$$\text{R-}\ddot{\text{N}}\text{:} + \text{R}_2\text{C=CR}_2 \xrightarrow{\text{첨가}} \text{aziridine (R}_2\text{C-CR}_2\text{, N-R)}$$

$$\text{R-CH}_2\text{-}\ddot{\text{N}}\text{:} \xrightarrow{\text{자리 옮김}} \text{R(H)C=NH}$$

$$\text{R-}\ddot{\text{N}}\text{:} + \text{R-H} \xrightarrow{\text{수소 떼기}} \text{R-}\dot{\text{N}}\text{-H} + \text{R}\cdot$$

$$2\,\text{Ar-}\ddot{\text{N}}\text{:} \xrightarrow{\text{이합체화}} \text{Ar-N=N-Ar}$$

4.2 일반적인 합성 전략

좋은 합성 전략을 수립할수록 보다 더 합리적이고 경제적인 결과를 얻을 수 있다. 다음과 같은 사항들을 참고로 하면 좋은 합성 결과를 얻는 데 도움이 될 수 있다.

■ 합성에서의 일반적인 고려 사항

- 목표 분자 내의 각 작용기들 간의 효과를 고려하라. 하나의 작용기가 바뀌면 반응성이 완전히 다를 수 있음을 고려하라.
- 도입이 어려운 치환기는 해당 치환기가 포함된 출발 물질을 선택하라.
- 생성물이 다시 반응하여 불필요한 소량 생성물이 생성되는 반응의 경우 첫 번째 반응이 완전히 종결되는 시점에 반응을 종결하라. 소량 생성물 생성을 최소화할 수 있다.
- 첫 번째 생성물이 동일 시약과 다시 반응하여 최종 생성물이 생성되는 반응에서는, 반응 시약의 양을 화학량론적인 양 또는 다소 과량으로 첨가하여 두 번째 반응을 완결시켜라.

- 합리적인 출발 물질과 시약을 선택하라. 구입이 가능한 출발 물질로부터 시작하면 유리하다. 구입처, 가격 및 순도 등의 정보를 미리 파악해 두라.
- 합리적인 반응 메커니즘으로 설명되는 반응을 선택하라.
- 가장 단순한 경로를 선택하라. 수렴 합성 경로를 택하라.
- 여러 경로로 반응할 때는 하나의 생성물만 생성되는 반응 경로를 우선 선택하라.
- 많은 유기 반응과 상호 변환 방법을 알아 두어라.
- 일반적으로 흔하게 사용되는 친핵체(Nu:)와 친전자체(E^+)를 아는 것이 유리하다. 대부분의 유기 반응은 친핵체와 친전자체의 반응이다. 일반적으로 사용되는 친핵체와 친전자체를 표 4.1과 표 4.2에 나타내었다.

표 4.1 흔히 사용되는 친핵체

친핵체(Nu:)	이름	시약
H^-	Hydride	$LiAlH_4$, $NaBH_4$
R^-	Carbanion	RMgX, RLi, R_2CuLi
HO^-	Hydroxide	NaOH
RO^-	Alkoxide	ROH/NaH 또는 RO^-Na^+(시약)
RS^-	Alkylthiolate	RSH/NaOH
RNH_2	Amine	RNH^-는 강염기로 좋은 Nu:가 아니다
R_3P	Phosphine	Ph_3P
NO_2^-	Nitrite	$NaNO_2$
N_3^-	Azide	NaN_3
I^-	Iodide	NaI
$N{\equiv}C^-$	Cyanide	NaCN
$RC{\equiv}C^-$	Acetylide	$RC{\equiv}CH/NaNH_2$
$RC(=O)CH_2^-$	Enolate	$RC(=O)CH_3$/LDA Ketone pK_a ~20
$RC(=O)CH^-C(=O)OR$	Enolate	$RC(=O)CH_2C(=O)OR$/NaOR Diketone pK_a ~9
$O_2N-CH_2^-$	Nitromethanide	O_2N-CH_3/NaOH Nitro pK_a ~10
$N{\equiv}C-CH_2^-$	Cyanomethanide	$NC-CH_3$/LDA Nitrile pK_a ~25

표 4.2 흔히 사용되는 친전자체

친전자체(E^+)	이름	친핵체 반응 생성물
R_3C^+(주로 δ^+)	Carbocation	R_3C-Nu
$R^{\delta+}-X^{\delta-}$ (X=Cl, Br, I)	Alkyl halide	R−Nu
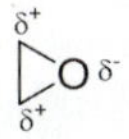 δ^+ O δ^- δ^+	Epoxide	$HOCH_2CH_2Nu$
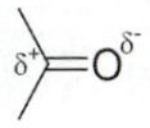 δ^+ =O δ^-	Ketone/Aldehyde	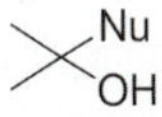 Nu OH
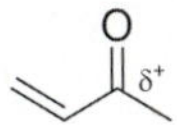 O δ^+	Enone	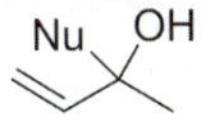 Nu OH (1,2-Addition)
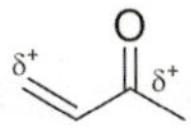 δ^+ O δ^+	Enone	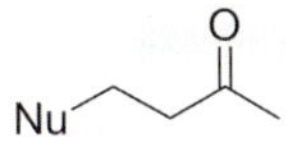 O Nu (1,4-Addition)
$O=C^{\delta+}=O$	Carbon dioxide	Nu−COOH
 O R δ^+ OR , O R δ^+ Cl	Ester/Acid chloride	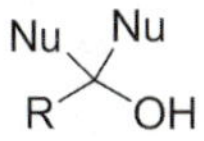 Nu Nu R OH

4.3 화학 선택성에 유리한 합성 전략

목표 분자가 두 개 이상의 작용기에 반응 자리를 갖고 있으면, 화학 선택적으로 하나의 작용기 반응 자리에서만 반응하게 하는 것이 좋다. 이런 경우는 다음을 참고하면 좋다.

■ 화학 선택적 합성 참고사항

- 반응 시약에 대해 두 작용기의 반응성이 동일하면, 둘 중 하나의 작용기에서만 반응하는 경로를 선택하라. 합성 단계가 늘어나도 화학 선택성에 우선하는 것이 바람직하지만, 경로가 지나치게 길어지는 것은 재고해야 한다. *N*-(4-Hydroxyphenyl)acetamide의 합성을 예로 들어보자. 역합성을 하면 phenol과 4-aminophenol 두 가지의 출발 물질이 도출된다. 4-Aminophenol로부터 반응하면 경로가 간단하기는 하지만 혼합 생성물이 얻어진다. 반면에 phenol로부터 반응하면 두 단계를 거치지만 마지막으로 단일 생성물만을 얻으므로 유리하다.

a) ⟸ TM ⟹ b) $+\ NH_3$

Ac_2O (혼합 생성물)

dilute HNO_3 1. H_2, Pd/C 2. Ac_2O (단일 생성물)

- 반응 시약에 대해 두 작용기의 반응성이 동일한 경우에, 하나의 작용기에 보호기를 도입하여 혼합물이 생성되는 문제를 해결할 수도 있다.

O_2N NO_2 NaSH/MeOH 90% O_2N NH_2

J. Chem. Soc., **1949**, 1316

- 동일한 두 개의 작용기 중 하나만 더 많이 반응하는 화학 선택적 반응(시약)들을 선택하라.

$LiAlH_4$, THF, 0°C

(*S*)-7-(1-((2-methoxypropan-2-yl)oxy)ethyl)trideca-5,8-diyn-7-ol

94% (*S*,*E*)-7-((*S*)-1-((2-methoxypropan-2-yl)oxy)ethyltridec-5-en-8-yn-7-ol

6% (*R*,*E*)-7-((*S*)-1-((2-methoxypropan-2-yl)oxy)ethyltridec-5-en-8-yn-7-ol

Org. Lett. **2001**, *3*, 1057.

4.4 알케인의 합성 전략

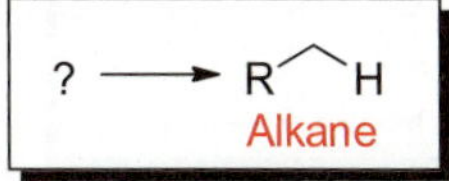

알케인은 일반적으로 불포화 결합의 환원, Grignard 반응, 하이드라존 이용법, 싸이오 아세탈과 황 이탈 반응, 짝지음 반응 및 Friedel-Crafts 반응 등을 이용하여 합성한다.

■ 환원 및 Grignard 반응의 이용

알케인(RH)은 브로민화물(bromide)을 $LiAlH_4$로 환원시켜 만들거나, 할로젠화 알킬(RX), 알켄($R_2C=CR_2$) 및 알카인($RC\equiv CR$)을 직접 환원하여 만들 수 있다. 할로젠화 알킬(RX)을 Grignard 시약과 반응시킨 후에 물로 처리해도 알케인을 합성할 수 있다. 또한 알데하이드(RCHO)나 케톤($R_2C=O$) 같은 카보닐 화합물을 환원제로 처리하면 탄소 수가 동일한 알케인을 얻을 수 있다.

R⌒Br (Bromide) —$LiAlH_4$, S_N2→ R⌒H

R⌒X (Halide) —Mg→ R⌒MgX —H_2O→ R⌒H

R⌒=R, R—≡—R (Alkene/Alkyne) —H_2/cat.→ R⌒⌒R

R(C=O)H(R) (Aldehyde/Ketone) —[H]→ R⌒H(R)

[H] = Zn/Hg, HCl(Clemmensen)
= NH_2NH_2/KOH(Wolff-Kishner)
= 1) $HSCH_2CH_2SH$, BF_3 2) Ni, H_2

■ 하이드라존 이용법

Hydrazine(NH_2NH_2)은 카보닐기와 1° 아민이 이민을 형성하는 것과 유사하게 반응하여, **하이드라존**(hydrazone, $R_2C=NNH_2$)을 형성한다. 이 하이드라존을 강한 염기인 KOH/H_2O로 처리하면 알케인으로 쉽게 환원된다. 이 반응은 개발한 두 과학자의 이름을 따서 Wolff-Kishner **환원 반응**(Wolff-Kishner reduction)이라고 한다.

이 반응은 카보닐기를 환원하는 온화한 방법 중 하나여서 실험실에서도 자주 사용한다.

■ 싸이오 아세탈/황 이탈 반응 이용법

알데하이드와 케톤을 산성 조건에서 싸이올(RSH)과 반응시키면 **싸이오 아세탈**(thioacetal)을 형성하며, 이 반응의 메커니즘은 아세탈 형성 반응과 유사하다. 싸이오 아세탈을 Raney 니켈로 처리하면, **황 이탈 반응**(desulfurization)을 일으켜 상응하는 알케인을 생성한다. 이 반응은 케톤을 알케인으로 변환하는 데 이용하는 유용한 방법 중 하나이다.

케톤을 환원하는 다른 방법으로 Clemmensen 환원법도 있다.

■ 짝지음 반응/Friedel-Crafts 반응 이용법

목표 분자의 알케인 사슬을 늘리는 방법은 **유기 구리 시약**(organocuprate)을 사용하여 탄소 음이온 물질과 할로젠화 알킬들을 **짝지음 반응**(coupling reaction)시키는 것이다. 방향족 화합물에 알킬 사슬을 도입하는 방법은 Friedel-Crafts **알킬화 반응**을 이용하는 것이다. 그러나 이 방법은 불순물이 수반되므로 Friedel-Crafts **아실화 반응**을 시킨 후에 생성물의 카보닐기를 환원하여 알케인으로 전환하는 방법이 유리하다.

4.5 알켄의 합성 전략

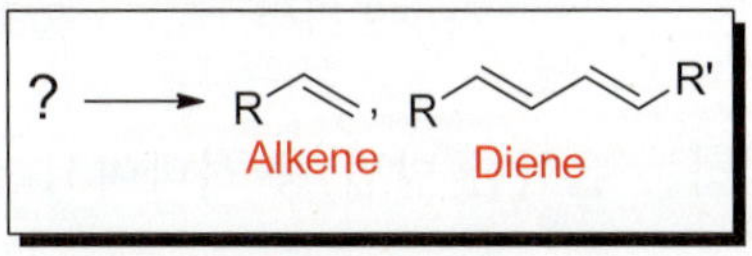

? → R⌒⌒ (Alkene), R⌒⌒⌒⌒R' (Diene)

알켄은 일반적으로 알코올의 탈수 반응과 할로젠 화합물의 제거 반응, 카보닐 화합물의 Wittig 반응으로 합성한다.

■ 제거 반응 이용법

제거 반응을 이용하는 경우에는 위치 선택성과 입체 화학 등을 충분히 고려해야 한다. 특히 2차 알코올이나 할로젠화물의 제거 반응으로 알켄을 만들 때는, 열역학적으로 안정한 내부 알켄이 주 생성물로 얻어진다.

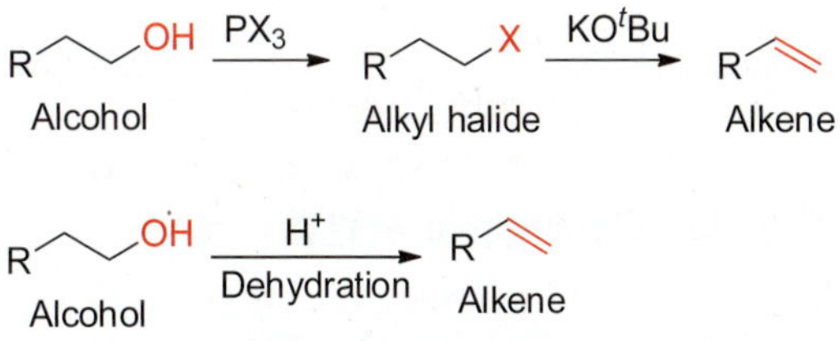

Alcohol (R–CH₂CH₂–OH) —PX_3→ Alkyl halide (R–CH₂CH₂–X) —KO^tBu→ Alkene

Alcohol (R–CH₂CH₂–OH) —H^+, Dehydration→ Alkene

■ Wittig 반응 이용법

카보닐 화합물에 Wittig 반응을 이용하여 알켄을 합성하는 경우는 C=O 자리가 상응하는 C=C 결합으로 전환되므로 매우 유용하다. 이 방법을 이용하면 고리 케톤으로부터 카보닐 탄소에 이중 결합이 고리 밖으로 배향되는 **고리 밖 이중 결합**(exocyclic double bond)의 도입이 가능하다. 아울러 엔온(enone) 화합물에 Wittig 반응을 이용하면, **다이엔**(diene)도 쉽게 합성할 수 있다.

합성에서 Wittig 반응을 이용하려면 먼저 목표 물질을 합성하는 데 필요한 출발 물질 카보닐 화합물과 Wittig 시약을 알아야 한다 그러기 위해 역합성 방법을 이용하면 유용하다.

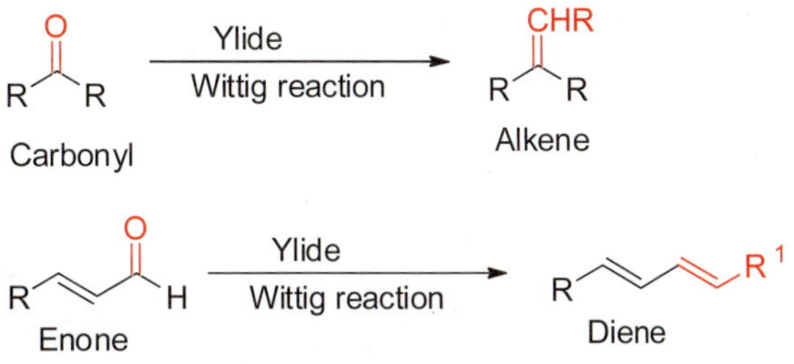

Carbonyl (R(C=O)R) —Ylide, Wittig reaction→ Alkene (R(C=CHR)R)

Enone (R–CH=CH–CHO) —Ylide, Wittig reaction→ Diene (R–CH=CH–CH=CH–R[1])

- Wittig 반응 출발 물질의 결정은 두 단계로 수행한다.

  단계 1: C=C 결합을 끊어 2개의 구성 물질로 분해하라.

  단계 2: 단계 1에서 도출한 Wittig 시약을 비교하라. 입체 장애가 적은 할로젠화 알킬 (CH_3X, RCH_2X)로부터 유도된 Wittig 시약을 우선 사용하라.

  예 ethylidenecyclopentane의 합성 출발 물질 도출 과정

단계 1)

$\Longrightarrow$ cyclopentanone (=O) + $(Ph)_3P$=CHCH$_3$ 또는

=P(Ph)$_3$ + O=CHCH$_3$

합성 목표 물질

단계 2)

$(Ph)_3P$=CHCH$_3$ $\Longrightarrow$ $:P(Ph)_3$ + XCH_2CH_3 ← 1° 할로젠화 알킬이 더 유리하다

cyclopentylidene=P(Ph)$_3$ $\Longrightarrow$ cyclopentyl–X + $:P(Ph)_3$

동일한 고리 케톤 출발 물질로부터 C=C 결합 위치가 다른 알켄을 합성할 수 있다. 잘 알려진 예로 cyclohexanone으로부터 methylenecyclohexane과 1-methylcyclohexene을 합성하는 방법을 살펴보자. 앞에서 언급한 것처럼 Wittig 반응을 이용하면 C=O 결합 자체가 C=C 결합으로 전환되므로 고리 밖 이중 결합 화합물인 methylenecyclohexane을 만들 수 있다. 반면에 첫 단계에서 Grignard 시약을 이용하여 C=O기에 Me기를 첨가시켜 얻는 3차 알코올을 제거 반응시키면 열역학적으로 안정한 내부 알켄인 1-methylcyclohexene을 주 생성물로 얻을 수 있다.

cyclohexanone (=O) + $(Ph)_3P$=CH$_2$ ⟶ =CH_2

Methylenecyclohexane
(고리 밖 이중 결합)

cyclohexanone (=O) $\xrightarrow[2.\ H_2O]{1.\ CH_3MgBr}$ (OH, CH_3) $\xrightarrow{H_2SO_4}$ –CH_3 + =CH_2

1-Methyl-
cyclohexene
(주 생성물)
(고리 내 이중 결합)

4.6 알카인의 합성 및 합성적 이용

? → R-C≡CH , R—≡—R' → ?
Alkyne (말단) Alkyne (내부)

알카인은 이할로젠화물의 **이중 제거 반응**(double elimination)으로 만들 수 있다. 내부 알카인은 말단 알카인과 할로젠 화합물을 반응시켜 만든다.

■ 이중 제거 반응으로부터 알카인의 합성 및 말단 알카인으로부터 내부 알카인의 합성

알카인은 같은 자리 이할로젠화물이나 이웃 자리 이할로젠화물의 이중 제거 반응으로 합성한다. 또 내부 알카인은 말단 알카인을 이용하여 합성한다.

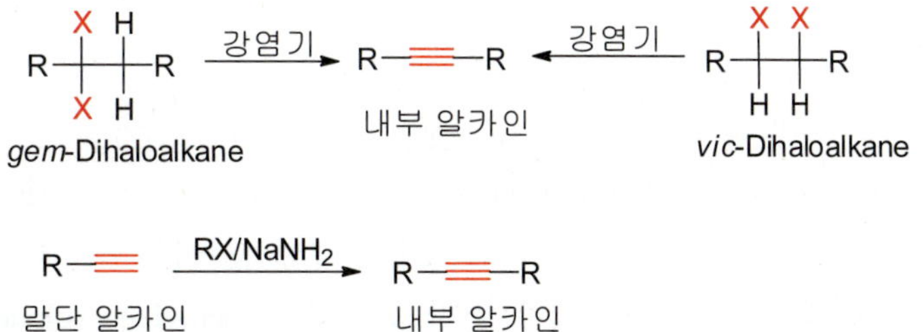

■ 알카인의 합성적 이용

알카인(아세틸렌)은 C≡C, C=C 및 C−C 단위를 도입하는 데 유용한 물질이다. 가장 단순하게는 알카인을 환원하여 알켄과 알케인을 합성할 수 있다. 내부 알카인에 서로 다

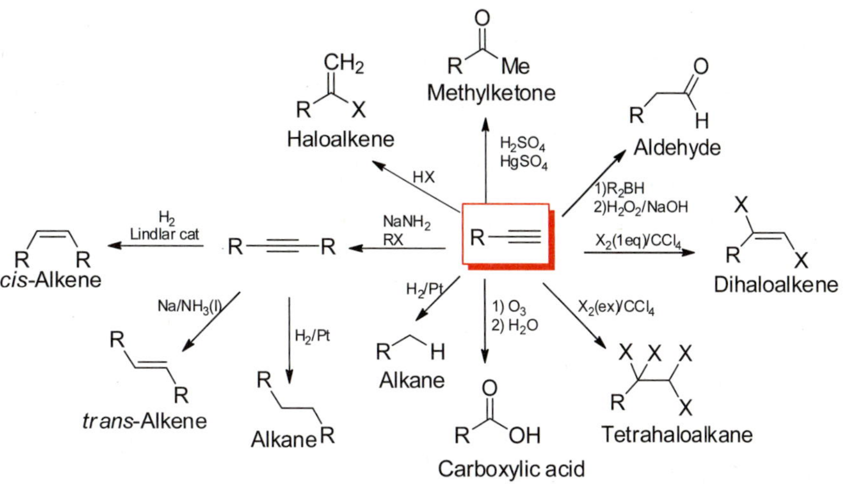

그림 4.1 알카인의 반응

른 수소화 반응 시약을 사용하면 *cis*-알켄(Lindlar 촉매 수소화) 및 *trans*-알켄[Na/NH_3(*l*) 반응]을 선택적으로 합성할 수 있어, 특히 천연물 합성에 유용하게 이용된다. 뿐만 아니라 알카인으로부터 케톤, 알데하이드, 카복실산 및 다중 할로젠화물 등도 제조할 수 있다.

4.7 알코올의 합성 전략

? ⟶ R⁀OH (1°), R–CH(OH)–R (2°), R₃C–OH (3°)

실험실에서 알코올의 합성은 주로 탄소 수가 동일한 할로젠화물, 알켄, 알데하이드, 케톤 및 산 유도체들의 작용기 변환으로 합성한다.

■ 작용기 상호 변환에 의한 합성

- 1차 알코올: C=O의 환원, 알켄의 수화 반응 또는 할로젠화물의 치환 반응 등과 같은 작용기 상호 변환(FGI)으로 1차 알코올을 합성할 수 있다(그림 4.2).

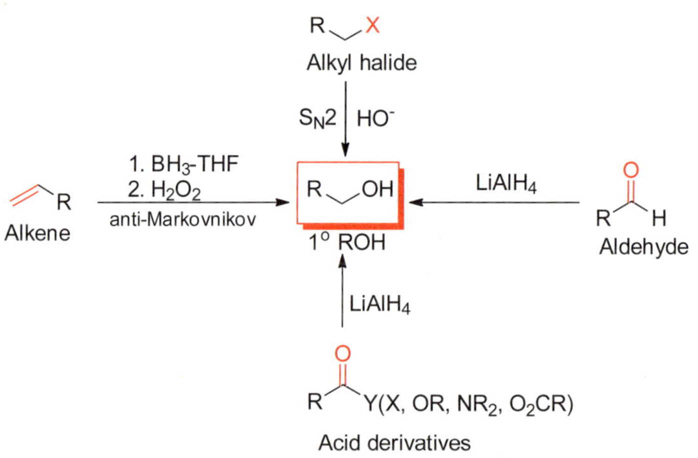

그림 4.2 작용기 상호 변환에 의한 1차 알코올 합성

- 2차/3차 알코올: 2차 할로젠화물, 알켄 및 케톤 등으로부터 2차 알코올을 합성할 수 있다. 3차 알코올은 3차 할로젠화물과 물의 치환 반응 또는 알켄의 수화 반응 등으로 합성한다(그림 4.3, 그림 4.4).

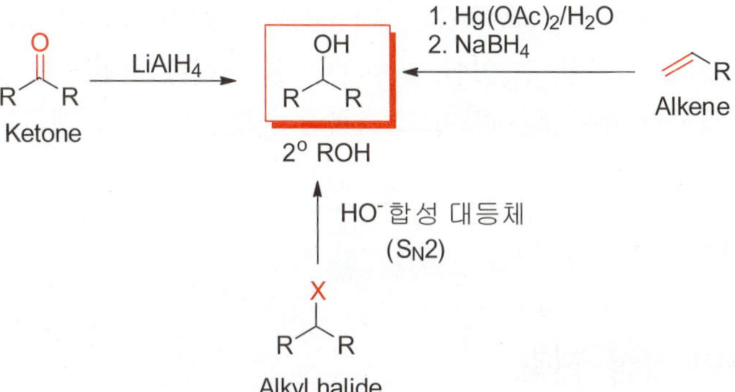

그림 4.3 작용기 상호 변환에 의한 2차 알코올 합성

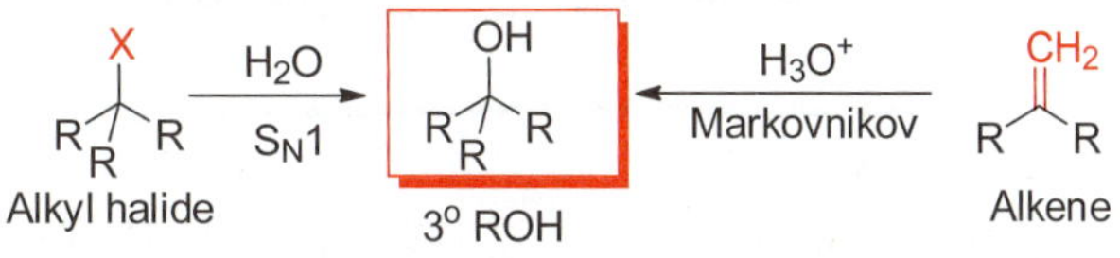

X — H$_2$O, S$_N$1 → 3° ROH ← H$_3$O$^+$, Markovnikov — CH$_2$

Alkyl halide　　3° ROH　　Alkene

그림 4.4 작용기 상호 변환에 의한 3차 알코올 합성

4.8 할로젠 화합물의 합성 전략

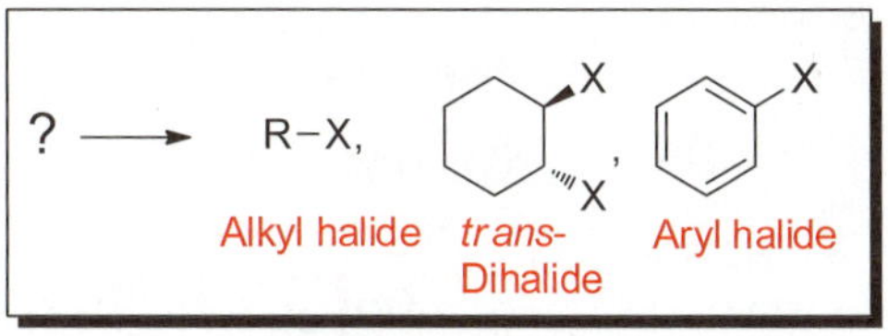

? → R−X, Alkyl halide; *trans*-Dihalide; Aryl halide

많은 종류의 할로젠 화합물이 상품화되어 있으나, 합성 과정에서는 출발 물질과 중간 물질로 또는 최종 목표 분자로 할로젠 화합물을 합성해야 하는 경우가 많다.

할로젠 화합물은 알케인을 직접 할로젠화하거나, 알켄, 알카인, 알코올 및 다이아조늄(diazonium) 같은 다른 작용기들을 변환시켜 만들기도 한다.

알케인의 자유 라디칼 할로젠화 반응 속도는 화합물의 종류에 따라 다르므로 합성 과정에서 고려해야 한다. 알케인의 자유 라디칼 할로젠화 반응 속도는 다음과 같다.

3°, Allylic, Benzylic > 2° > 1° Alkyl radical

또한 할로젠의 종류에 따라서 선택성도 다르다. 일반적으로 염소화는 반응이 빠르지만 위치 선택성은 브로민화보다 더 낮아서 위치 이성질체의 비율이 거의 반반인 혼합 생성물이 생성되고, 브로민화 반응은 위치 선택성이 높아서 하나의 위치 이성질체가 주 생성물로 생성된다.

$$CH_3CH_2CH_3 + Cl_2 \xrightarrow{\text{빛 또는 가열}} CH_3CH_2CH_2Cl\ (50\%) + CH_3CHClCH_3\ (50\%)$$

$$CH_3CH_2CH_3 + Br_2 \xrightarrow{\text{빛 또는 가열}} CH_3CH_2CH_2Br\ (1\%) + CH_3CHBrCH_3\ (99\%)$$

■ 할로젠화 알킬의 합성

할로젠화 알킬은 알켄이나 알코올 같은 작용기를 할로젠으로 변환하여 만든다. 이들 할로젠화는 라디칼 또는 이온 메커니즘 경로로 진행되므로 항상 위치 선택성과 입체 화학 등을 고려해야 한다. 다중 할로젠 화합물을 합성하려면 알켄이나 알카인 같은 불포화 화합물을 할로젠화하는 것이 유리하다(그림 4.1 참조).

R–CH=CH₂ + HX(X=Br, Cl) —(Markovnikov)→ R–CHX–CH₃

R–CH=CH₂ + HX(X=Br, Cl) —(ROOR, anti-Markovnikov)→ R–CH₂CH₂–X

Cyclohexene + X_2 (X= Br, Cl) —(anti-Addition)→ trans-1,2-dihalocyclohexane

Isopropyl alcohol (OH) + $SOCl_2$ (or $HCl/ZnCl_2$) → 2-chloropropane (Cl)

Isopropyl alcohol (OH) + P, I_2 (or HI) → 2-iodopropane (I)

Isopropyl alcohol (OH) + PBr_3 (or HBr) → 2-bromopropane (Br)

■ 방향족 할로젠화물의 합성

방향족 할로젠 화합물은 benzene 자체를 친전자성 방향족 치환 반응시켜 합성하거나, azidobenzene을 할로젠화시켜 합성한다.

$$C_6H_5\text{-H} \xrightarrow{Br_2/FeBr_3 \text{ or } Cl_2/FeCl_3} C_6H_5\text{-Br(or Cl)}$$

$$C_6H_5N_2^+ \xrightarrow{HBF_3} C_6H_5\text{-F} \qquad C_6H_5N_2^+ \xrightarrow{CuBr} C_6H_5\text{-Br}$$

$$C_6H_5N_2^+ \xrightarrow{KI} C_6H_5\text{-I} \qquad C_6H_5N_2^+ \xrightarrow{CuCl} C_6H_5\text{-Cl}$$

4.9 에터/에폭사이드 및 싸이올/설파이드의 합성 전략

? ⟶ R-O-R (Ether), Epoxide

? ⟶ R-SH (Thiol), R-S-R (Sulfide)

에터와 에폭사이드의 합성 출발 물질은 알코올이다. 알코올을 RX와 반응(Williamson **합성법**)시키거나 알코올 두 분자를 이용한 탈수 반응으로 에터를 합성한다. 에터는 알켄에 알코올을 첨가시켜 만들 수 있다. 에폭사이드는 **할로하이드린**(halohydrin)을 고리화하여 만들거나 알켄과 mCPBA를 반응시켜 만든다.

■ 알켄, 알코올 및 할로하이드린 이용법

에터는 알코올과 할로젠화 알킬의 반응, 알코올의 탈수 반응, 알켄과 알코올의 반응 또는 할로하이드린의 분자 내 고리화 반응 등을 이용하여 만든다.

$$\underset{\text{Alcohol}}{R\text{-}OH} + R'\text{-}X \xrightarrow[\text{Williamson reaction}]{-HX} \underset{\text{Ether}}{R\text{-}O\text{-}R'}$$

$$\text{Alkene} \xrightarrow{CH_3OH/H^+} \text{Ether } (\text{-}OCH_3)$$

Alkene → (1. $Hg(OAc)_2$, MeOH 2. $NaBH_4$) → Ether (OCH_3)

2 R⌒OH Alcohol → (H_2SO_4, $-H_2O$) → R⌒O⌒R Ether

Alkene → (mCPBA) → Epoxide

Halohydrin (OH, X(X=Br, Cl)) → (NaOH) → Epoxide

■ 싸이올/싸이오 에터 합성법

싸이올(thiol, RSH)과 싸이오 에터(thioether, sulfide, RSR)는 의약품이나 천연물 합성에서 자주 만난다. 싸이올은 상응하는 할로젠 화합물과 NaSH 같은 황(S) 공급 시약을 사용하여 합성하고, 설파이드는 싸이올과 할로젠화 알킬을 반응시켜 합성한다. S는 O보다 원자 반지름이 더 커서 HS^-나 RS^-가 HO^-나 RO^-보다 더 안정하다.

Bromide (Br) → (NaSH; E2 보다 S_N2 유리) → Thiol (SH)

Thiol (R⌒SH) → (1. NaOH 2. $R'CH_2Br$) → Thioether (Sulfide) (R⌒S⌒R')

4.10 아민의 합성 전략

? → $R-NH_2$ (1°), R_2NH (2°), R_3N (3°)

■ 아마이드, 이민, 아자이드 및 나이트릴의 환원에 의한 제조

아민(amine, RNH_2)은 아마이드(amide)의 환원, 카보닐 화합물로부터 유도되는 이민(imine)

이나 이민염의 **환원성 아미노화**(reductive amination) 또는 할로젠화 알킬로부터 유도되는 아자이드(azide) 및 나이트릴(nitrile)의 환원으로 합성할 수 있다.

- 아마이드, 이민, 이민염의 환원으로 만들어지는 아민의 주 사슬의 탄소 수는 출발 물질의 탄소 수와 동일하다.
- 아자이드로부터 만들어지는 아민의 탄소 수는 할로젠화 알킬의 탄소 수와 동일하다.
- 나이트릴로부터 만들어지는 아민의 탄소 수는 할로젠화 알킬의 탄소 수보다 하나 더 많다.
- Phthalimide를 이용하는 Gabriel 방법은 할로젠화 알킬로부터 1차 아민을 합성하는 매우 좋은 방법이다.

Acid halide —($R'NH_2$)→ Amide —($LiAlH_4$ or BH_3)→ Amine

Ketone —(NH_4AcO)→ Iminium ion —($NaB(CN)H_3$ or $NaB(OAc)_3H$)→ 1° Amine

Ketone —($R'NH_2$)→ Imine —($NaB(CN)H_3$ or $NaB(OAc)_3H$)→ 2° Amine

Ketone —(R'_2NH)→ Iminium ion —($NaB(CN)H_3$ or $NaB(OAc)_3H$)→ 3° Amine

Alkyl halide —(NaN_3)→ Azide —($NaBH_4$)→ Amine

Alkyl halide —($NaCN$)→ Cyanide —(H_2, Cat.)→ Amine

Phthalimide —(1. KOH 2. RBr)→ N-R —($NaOH/H_2O$, - Phthalic acid)→ $R-NH_2$ 1° Amine

Gabriel 반응

4.11 나이트로 화합물의 합성적 이용

$R-NO_2 \longrightarrow ?$

Nitro 화합물들은 콘쥬게이션 첨가 반응의 촉진제이다. 또한 nitro기는 음이온을 안정화시키며, 전자를 끄는 세기는 C=O기의 두 배 이상이다($CH_3NO_2 = pK_a \sim 10$; $CH_2(CO_2R) = pK_a \sim 13$).

Nitro 화합물을 환원하면 아민을 만들 수 있음은 물론이고, 알킬화, 알돌 반응 콘쥬게이션 첨가 및 Diels-Alder 반응 등에 이용할 수 있다. 특히 nitro기를 포함하는 화합물들은 대부분의 반응 조건에서 매우 안정하므로 유용하다.

Alkylation (+ Halide), [H]

Nitro-Aldol (+ Aldehyde)

Conjugate addition (+ Enone)

Conjugate addition (+ Enolate)

Diels-Alder (+ Diene), $TiCl_3/H_2O$

Nitration

Nitration: *o*-Nitro + *p*-Nitro

AG = Activating group

Nitration: *m*-Nitro

DAG = Deactivating group

Nitro 화합물의 합성법

- 지방족 nitro 화합물: 지방족 nitro 화합물은 nitroalkane과 할로젠화물의 알킬화, nitro-aldol **반응**, nitroalkane과 enone 화합물의 콘쥬게이션 첨가 반응 및 diene과의 Diels-Alder 반응으로 만든다.
- 방향족 nitro 화합물: Nitrobenzene은 benzene을 친전자성 방향족 나이트로화시켜 합성한다.

5장

목표 분자의 합성 전략: 2부

– 카보닐 화합물, benzene 유도체, 고리 화합물

– 자리 옮김/합성 대등체/헤테로 고리 화합물 유도체의 합성적 이용

4장에서는 지방족 탄화수소와 알코올(싸이올), 에터(설파이드), 아민의 합성 전략 및 나이트로 화합물의 합성적 응용을 다루었다. 이 장에서는 C=O 작용기를 포함한 알데하이드, 케톤, 카복실산과 그들의 유도체, benzene 유도체 및 고리 화합물의 합성 전략을 다룬다. 아울러 자리 옮김 반응, 합성 대등체 및 헤테로 고리 화합물 유도체의 합성적 이용을 다룬다.

5.1 카보닐 화합물의 축합 전략

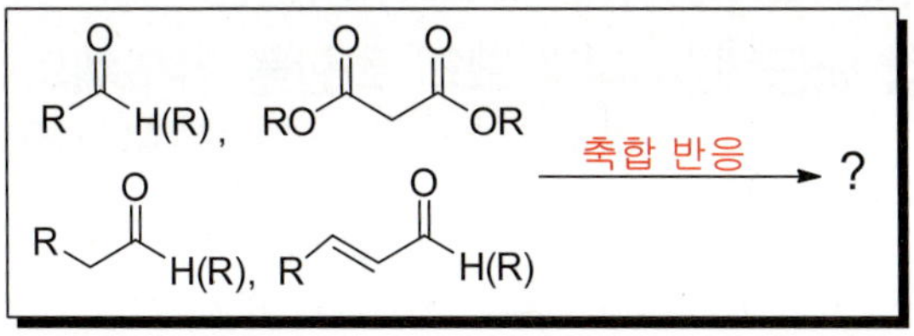

축합 반응 → ?

카보닐기를 포함하고 있는 목표 분자의 결합 끊기로부터 중간체나 출발 물질을 도출하고 합성할 때에 많은 경우 카보닐 화합물의 엔올화가 이용된다. 카보닐 화합물의 축합 반응을 성공적으로 수행하려면 다음과 같은 문제를 고려해야 한다.

■ 카보닐 화합물의 축합 반응에서 고려 사항

- 어떤 반응물이 엔올로 될 수 있는가?
- 목표 분자가 비대칭적이라면, 결합 끊기를 한 후에 도출된 중간체나 출발 물질 중 어느 편이 엔올화되겠는가?
- 어떤 반응물이 친전자체로 작용할 것인가?

카보닐 화합물의 **엔올화 경향성**은 그들의 반응에서처럼 C=O에 결합된 원자나 치환기에 의존한다.

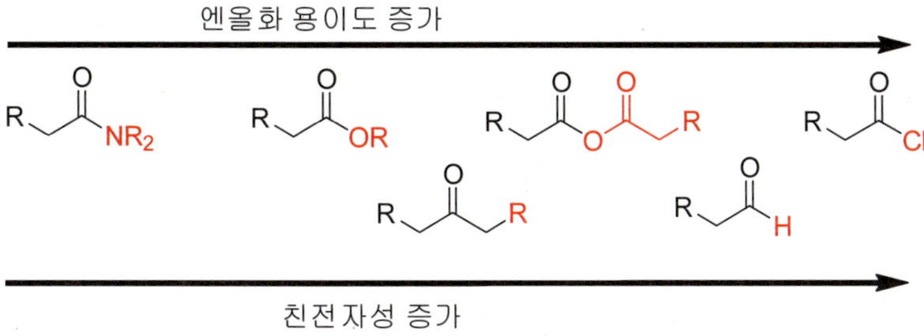

엔올화 용이도 증가

친전자성 증가

그림 5.1 카보닐 화합물의 엔올화 용이도

■ α-H가 없어 엔올화할 수 없는 화합물은 카보닐 축합 반응에서 친전자체로만 작용한다.

- 다음 화합물들이 여기에 해당한다.

Aromatic aldehyde (ArCHO), Chloroformate (ROCOCl), Carbonate (ROCOOR)

Formic acid derivatives (X=Cl, OR), t-Alkyl derivatives (X=H, Cl, OR), Oxalate

- Diethyl carbonate는 CO_2Et 작용기 도입에 유용하다.

Cyclooctanone + EtO(C=O)OEt —NaH→ 2-(CO_2Et)cyclooctanone

Org. Synth. Coll., **1943**, *2*, 531; **1973**, *5*, 198.

- 방향족 알데하이드는 acetone이나 메틸 케톤과 반응하여 상응하는 엔온을 생성한다. 이 반응은 Claisen-Schmidt **반응**으로 잘 알려져 있다.

PhCHO + CH_3COR —NaOH→ RCOCH=CHPh

Vogel's Textbook of Practical Org. Chem. 5th ed. p1032.

- Oxalate는 메틸 케톤의 메틸기에 $-CO_2R$ 단위를 도입하는 경우에 유용하다.

$CH_3COCH_2CH_2OMe$ + MeOOC–COOMe → $MeO_2CCH_2COCH_2CH_2OMe$

J. Am. Chem. Soc., **1949**, *71*, 758; **1950**, *72*, 1428

- Formaldehyde는 카보닐의 α-탄소에 $-CH_2OH$나 $-CH_2NR_2$ 단위를 도입하는 경우에 유용하다. 아울러 생성된 Mannich 염기를 염으로 만들어 가열하거나, 염기 처리하여 바이닐 케톤(vinyl ketone)으로 전환할 수도 있다.

1) HCl 2) 70-90 °C; R_2NH; Vinyl ketone

Vogel's Textbook of Practical Org. Chem., 5th ed. p1053.

■ 1,3(β)-Dicarbonyl 화합물처럼 선택적으로 엔올화되는 카보닐 화합물은 합성에서 유용하다.

- 1,3-Dicarbonyl 화합물의 α-H는 산성이 커서(active methylene이라고 한다) 쉽게 엔올 및 엔올 음이온을 형성한다. 알데하이드와 반응하면 상응하는 α,β-unsaturated carbonyl 화합물을 만들 수 있다.

HOAc

Org. React. **1967**, *15*, 204.(Knoevenagel reaction).

piperidine, DMSO

J. Org. Chem., **1978**, *43*, 3131. *Org. Synth. Coll.*, **1963**, *4*, 327.

- Lithium enolate는 좋은 친전자체이므로 알데하이드나 케톤의 C=O에 첨가 반응을 한다.

LDA

J. Am. Chem. Soc.,**1970**, *92*, 3223.

- 엔아민과 Wittig 시약(ylide)도 엔올 음이온처럼 반응한다.

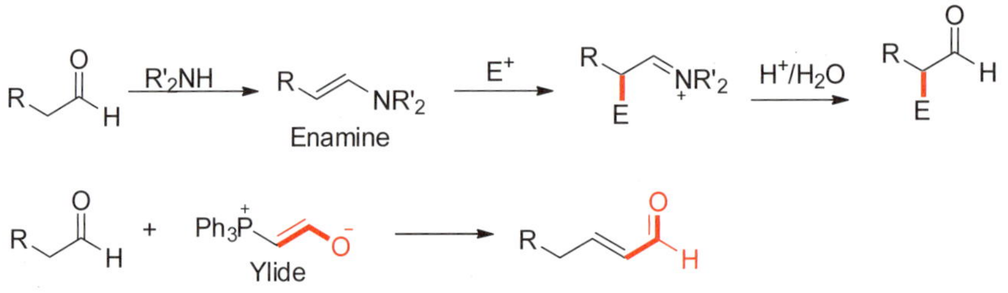

R'$_2$NH, Enamine, E^+, H^+/H_2O

Ylide

5.2 알데하이드 및 케톤의 합성 전략

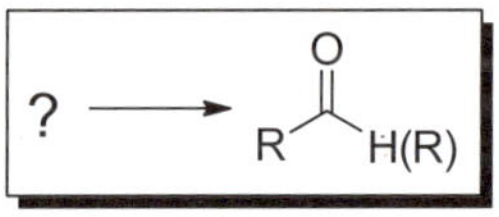

알데하이드나 케톤기의 도입은 합성에서 매우 중요하고 자주 만나는 일 중 하나이다. 따라서 합성 방법 개발 연구 면에서도 관심이 있는 분야이다. 여기서는 실험실에서 자주 이용되는 중요한 반응 몇 가지를 예로 들었다.

■ 알데하이드나 케톤의 합성 방법

- 알데하이드와 케톤은 알카인을 수화 반응시켜 만든다.
- Friedel-Crafts 아실화 반응을 이용한다.
- Gattermann 반응 및 Gattermann-Koch 반응을 이용한다.
- Vilsmeier-Haack 반응을 이용한다.

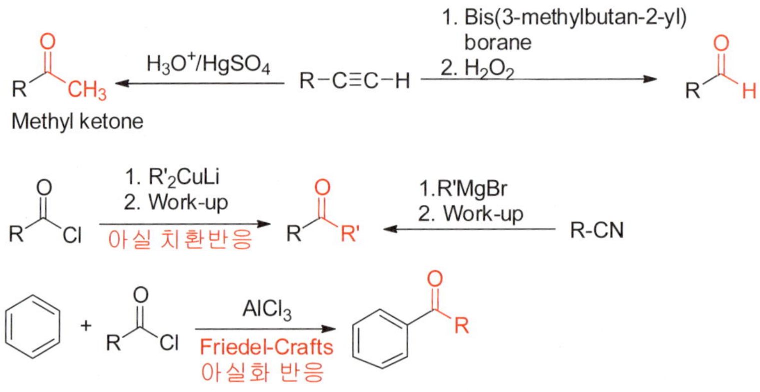

$H_3O^+/HgSO_4$, R−C≡C−H, 1. Bis(3-methylbutan-2-yl) borane 2. H_2O_2

Methyl ketone

1. R'$_2$CuLi 2. Work-up, 아실 치환반응, 1.R'MgBr 2. Work-up, R-CN

$AlCl_3$, Friedel-Crafts 아실화 반응

1. HCN/HCl/$AlCl_3$ 2. H_3O^+
Gattermann 반응

Ber. Dtsch. Chem. Ges.,**1898**, *31* (2): 1765.

1. CO/HCl 2. $AlCl_3$
Gattermann-Koch 반응

Ber.,**1897**, *30*: 1622.

OH
1. $HCON(Me)_2/POCl_3$
2. H_2O
Vilsmeier-Haack 반응
OHC OH

Comp. Org. Syn. **1991**, *2*, 777. (Review)

- α-탄소의 알킬화를 이용하는 방법도 이용된다. 이 경우는 공통적으로 엔올 음이온 중간체를 거친다.

R, O — LDA → R, OLi — R'X → R, O, R'

O, O, OEt — 1. NaOEt 2. R'X → O, O, OEt, R' — 1. NaOH/H_2O 2. H_3O^+, 가열 → O, R'

5.3 알돌 축합 반응의 합성적 이용

알데하이드에 NaOH를 처리하면 알데하이드와 엔올 음이온이 평형으로 존재한다. 이 상태에서 엔올 음이온이 친핵체로 친전자체인 다른 알데하이드의 카보닐을 공격하여 새로운 C−C 결합을 형성할 수 있다. 이 반응의 생성물은 **알돌**(aldol: *Aldol*은 aldehyde의 '*ald-*'와 alcohol의 '*-ol*'의 합성어이다.)이라고 부르는 β-hydroxycarbonyl 화합물 [$HCOCH_2CH(OH)R$]이 된다. 따라서 이 반응을 **알돌 첨가 반응**(aldol addition), 더 일반적으로는 **알돌 축합 반응**(aldol condensation)이라고 한다. 이 반응은 두 분자의 알데하이드가 새로운 C−C 결합을 형성하며 큰 분자를 형성하므로 중요하다. 알돌 축합 반응에서 생성되는 알돌은 다른 알코올보다 더 쉽게 탈수가 일어난다. 따라서 염기 조건에서는 알돌을 잘 분리할 수 없고, 대신 H_2O 한 분자를 잃어서 생성된 α,β-불포화 알데하이드(α,β-unsaturated aldehyde)를 얻는다. 이 탈수 반응은 탄소 음이온 중간체를 거쳐 일어나는 E1 제거 반응이며, 이 메커니즘을 E1cB(Elimination Unimolecular conjugation Base)라고 부른다.

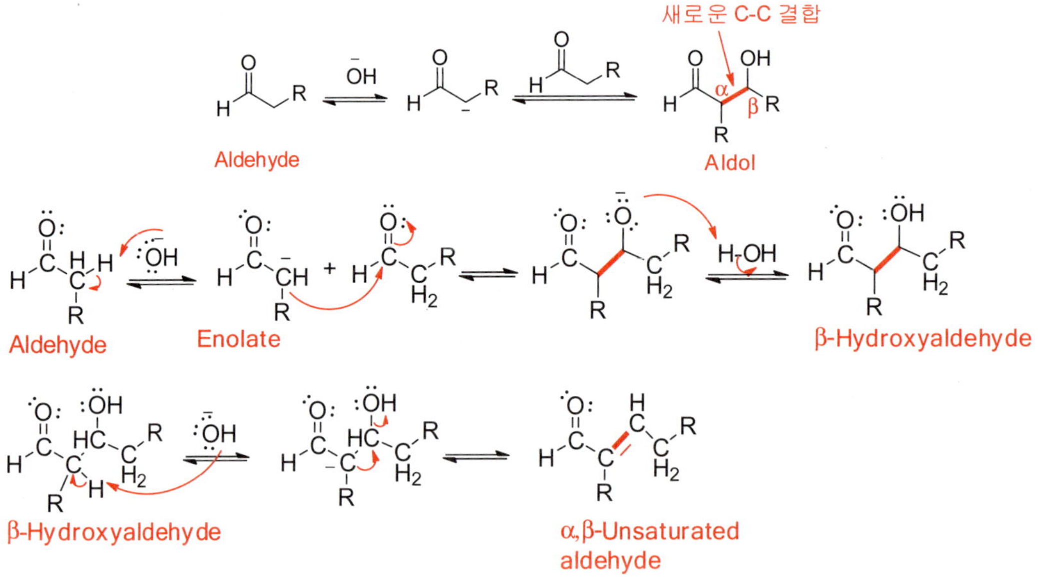

새로운 C-C 결합

Aldehyde

Aldol

Aldehyde

Enolate

β-Hydroxyaldehyde

β-Hydroxyaldehyde

α,β-Unsaturated aldehyde

메커니즘 5.1 **알돌 축합 반응**

- 알돌 축합 반응은 알데하이드나 케톤에서 일어날 수 있다.
  - 알데하이드에서는 알돌 생성물이 우세하지만, 케톤의 경우는 알돌보다 케톤 쪽이 더 우세하므로 알돌 생성물의 수득율이 낮다. 즉 케톤에서는 생성된 알돌이 **역–알돌 반응**(retro-aldol reaction)을 일으켜 케톤으로 되돌아가는 반응이 우세하다.

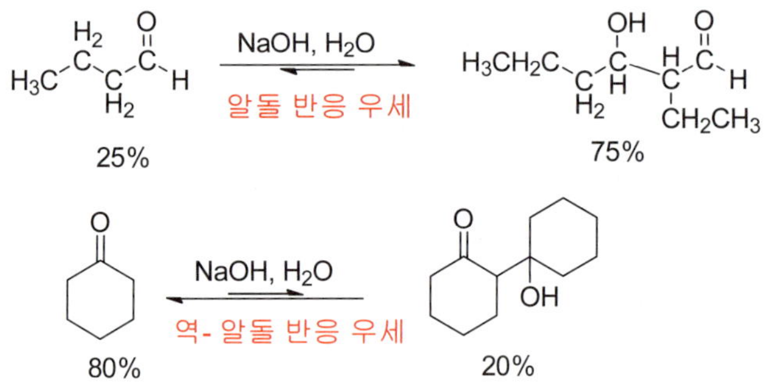

NaOH, H_2O

알돌 반응 우세

25%

75%

NaOH, H_2O

역- 알돌 반응 우세

80%

20%

  - 역-알돌 반응은 정확히 알돌 반응의 역-반응이어서 붙여진 이름이다. 역-알돌 반응은 생체 반응 중 해당작용에서 glucose가 aldolase라고 하는 효소에 의해 두 분자의 pyruvic acid로 분해되는 반응에서도 일어난다.

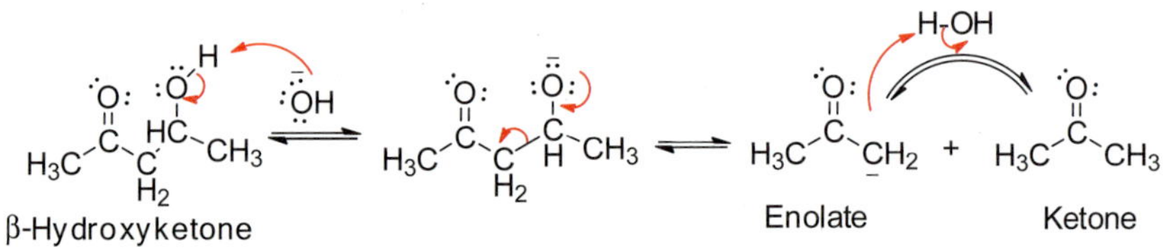

β-Hydroxyketone

Enolate

Ketone

메커니즘 5.2 **역–알돌 반응**

- 알돌 축합 반응은 동일한 알데하이드나 케톤뿐만 아니라 서로 다른 알데하이드나 케톤과도 일어날 수 있다. 서로 다른 두 카보닐 화합물 간의 알돌 반응을 **교차 알돌 반응**(cross aldol reaction)이라고 한다.
- 알돌 반응에서는 친핵체인 엔올 음이온이 만들어질 하나의 알데하이드에만 α-H가 있으면 충분하다. 서로 다른 알데하이드가 모두 α-H를 가지면 4가지의 다른 알돌 화합물이 생기며, 이는 합성에서 유용하지 못하다.

Acetaldehyde (H_3C-CHO) $\xrightleftharpoons{^-OH,\ H_2O}$ $^-H_2C-CHO$ → CH_3CHO: 3-Hydroxybutanal; CH_3CH_2CHO: 3-Hydroxypentanal

Propanal (H_3CH_2C-CHO) $\xrightleftharpoons{^-OH,\ H_2O}$ $H_3C\bar{C}H-CHO$ → CH_3CHO: 3-Hydroxy-2-methylbutanal; CH_3CH_2CHO: 3-Hydroxy-2-methylpentanal

- 교차 알돌 축합 반응에서 두 카보닐 화합물 중 하나의 카보닐 화합물만이 α-H를 가지게 되면, 하나의 생성물이 얻어진다. 예를 들어 benzaldehyde와 acetaldehyde를 알돌 반응시키면 cinnamaldehyde 하나만 생성된다.

Acetaldehyde $\xrightleftharpoons{^-OH,\ H_2O}$ $^-H_2C-CHO$ $\xrightleftharpoons{PhCHO}$ $PhCH(OH)CH_2CHO$ $\xrightarrow{-H_2O}$ Cinnamaldehyde

또한 diethyl malonate와 α-H가 없는 benzaldehyde를 반응시키면, diethyl 2-benzylidenemalonate를 거쳐 α,β-불포화 화합물인 cinnamic acid 하나만 생성된다.

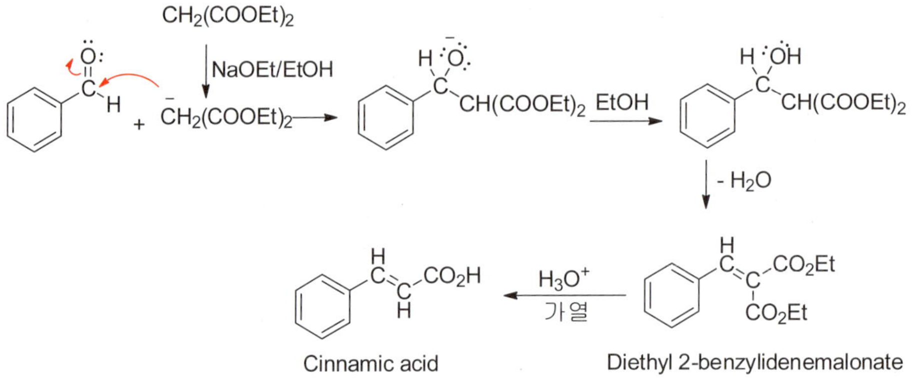

Cinnamic acid

Diethyl 2-benzylidenemalonate

■ 알돌 축합 반응에서 생성물 예측하기

알돌 축합 반응은 매우 전형적인 생성물을 형성하므로 합성 계획의 수립 과정에서 시도하려는 반응으로부터 생성물을 미리 예측하는 것이 가능하다.

- 알돌 축합 반응으로부터 생성물을 예측하려면 다음과 같은 단계로 하는 것이 편리하다.

단계 1: α-탄소 위치를 확인한다.

단계 2: 반응 물질 두 분자를 α-탄소와 카보닐기를 마주 보게 그린다. 만일, 두 분자 중 한 분자에만 α-H가 있는 교차 알돌 반응인 경우에는 α-H가 없는 화합물을 카보닐기 배열 화합물로 선택한다.

단계 3: 한 분자의 α-H 두 개와 다른 분자의 카보닐 산소를 H_2O로 제거하고 두 탄소를 C=C로 연결한다. 이때 생성물의 C=C 결합 주위는 입체 화학적으로 유리한 물질이 주 생성물이 되도록 그린다.

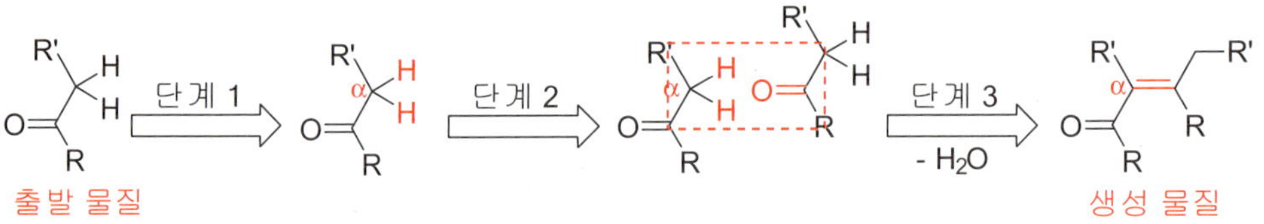

몇 가지 예로 a) 3,3-dimethyl-2-butanone, b) cyclohexanone, c) acetaldehyde와 benzaldehyde 화합물들에서 일어나는 알돌 축합 반응의 최종 생성물을 예측해 보자.

a) 3,3-Dimethyl-2-butanone

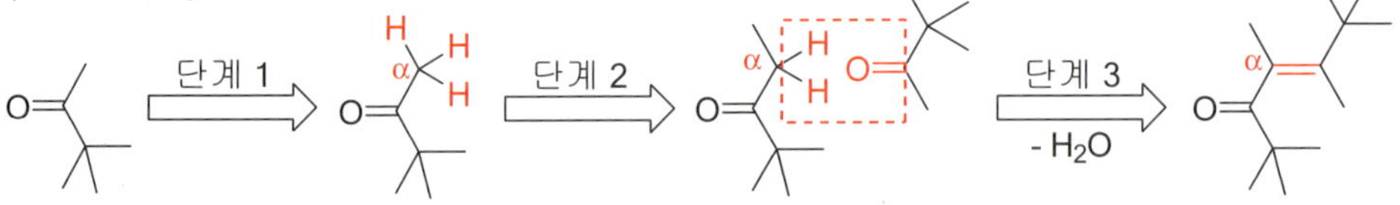

b) Cyclohexanone

단계 1 단계 2 단계 3 - H_2O

c) Acetaldehyde와 benzaldehyde

단계 1 단계 2 단계 3 - H_2O

■ 알돌 반응 생성물로부터 출발 물질 예측

목표 물질을 합성하는 데 필요한 반응의 출발 물질을 쉽게 예측한다는 것은(즉, 역합성) 합성 화학에서 매우 유용하다.

- 알돌 반응에서 역합성에 의해 출발 물질을 예측하려면 다음과 같은 단계를 따르면 용이하다.

  단계 1: α-와 β-탄소 위치를 확인하라. β-Hydroxycarbonyl 화합물에서는 OH기를 가진 탄소가 β-탄소이므로 구분하기 쉽다. α,β-불포화 카보닐 화합물에서는 카보닐기에 가까운 탄소가 α-탄소이다.

  단계 2: 역합성 분석법을 이용해 α-탄소와 β-탄소 사이를 끊는다.

  단계 3: OH기를 포함한 β-탄소나 C=C 결합을 이루었던 β-탄소를 카보닐(C=O)기로 바꾼다. 최종적으로는 얻어진 출발 물질로부터 목표 물질을 합성할 수 있는지 확인하라(생성물 예측하기를 참고하라).

합성 목표 물질 단계 1 단계 2 단계 3

출발 물질

5.4 카복실산의 합성 전략

? ⟶ RCOOH

간단한 구조의 카복실산은 안정하여 상품화된 것이 많다. 그러나 치환기가 다양한 카복실산은 합성 과정에서 중요 중간체이거나 목표 분자인 경우가 많다.

■ 카복실산의 합성 방법

카복실산의 합성은 합성자의 목적이나 여건에 따라 여러 가지 방법이 이용된다.

- 1차 알코올이나 알데하이드를 산화시켜 얻는다.
- 알켄 또는 알카인 같은 불포화 결합의 가오존 분해 반응으로 합성한다.
- 알킬 치환 benzene을 산화시키면 benzoic acid를 만들 수 있다.
- 에스터나 나이트릴을 가수 분해시켜 만든다.
- 할로젠화물에 Grignard 시약을 반응한 후에 CO_2를 첨가시켜 카복실산을 합성한다.

RCH_2OH or $RCHO$ —(강산화제; Jones, $KMnO_4$)→ $RCOOH$

$RCH{=}CHR'$ —(1. O_3 2. H_2O_2; 가오존 분해 반응)→ $RCOOH$ + $R'COOH$

$R{-}C{\equiv}C{-}R'$ —(1. O_3 2. H_2O_2; 가오존 분해 반응)→ $RCOOH$ + $R'COOH$

C_6H_5R —(Jones, $KMnO_4$; 산화 반응)→ C_6H_5COOH

$RCOOR'$ or R-CN —(1. $NaOH/H_2O$ 2. H_3O^+; 가수 분해)→ $RCOOH$

R-X —(NaCN)→ R-CN —(1. $NaOH/H_2O$ 2. H_3O^+; 가수 분해)→ $RCOOH$

R-Br —(Mg)→ R-MgBr —(1. CO_2 2. H_3O^+; Grignard 반응)→ $RCOOH$

- 또 다른 방법은 α-탄소의 알킬화를 이용하여 카복실산을 합성하는 것이다. 대표적으로 diethyl malonate가 이용된다.

Diethyl malonate

1. NaOEt 2. R'X (S_N2)

1. $NaOH/H_2O$ 2. H_3O^+, 가열

1. NaOEt 2. R'X

1. $NaOH/H_2O$ 2. H_3O^+, 가열

■ 말론산 에스터 합성법과 아세토아세트산 에스터 합성법 이용

- 말론산 에스터[malonic ester, $(RO_2C)_2CH_2$]를 RX와 반응시키면, 할로젠화 알킬에 RCH_2COOH 또는 $R_2CHCOOH$ 단위를 도입할 수 있다.
- 아세토아세트산 에스터(acetoacetic ester, $CH_3COCH_2CO_2R$)를 RX와 반응시키면, $CH_3COCHRCO_2H$ 또는 $CH_3COCR_2CO_2H$ 단위를 도입할 수 있어, 매우 유용한 알킬화 방법이다. 아울러 이 카복실산을 가열하여 CO_2를 제거시켜(decarboxylation) CH_3COCH_2R 또는 CH_3COCHR_2와 같은 케톤도 합성할 수 있다.

1) 말론산 에스터 합성법

Diethyl malonate + RX —(NaOEt, $-X^-$)→ —(H_3O^+, -2 EtOH)→ —(가열, $-CO_2$)→ 카복실산

2) 아세토아세트산 에스터 합성법

Ethyl acetoacetate + RX —(NaOEt, $-X^-$)→ —(H_3O^+, $-$EtOH)→ —(가열, $-CO_2$)→ 케톤

- 이 두 반응은 공통적으로 첫 단계에서 엔올 음이온이 형성되고, 이어서 할로젠화 알킬과 S_N2 치환 반응을 하여 새로운 C−C 결합을 형성한다. 마지막 단계에서 에스터가 가수 분해되어 일- 또는 이카복실산으로 된다. 이 단계에서 생성된 이카복실산을 가열하여 카복시 이탈 반응(decarboxylation)을 일으키면 요구하는 카복실산이 생성된다. 말론산 에스터 방법에서는 두 개의 COOH 중에서 하나만 카복시 이탈 반응을 일으켜 카복실산이 형성된다. 아세토아세트산 에스터 방법에서는 생성된 에스터를 가수 분해하면 카복실산이 얻어지고, 이 카복실산을 가열하여 카복시 이탈 반응을 시키면 최종적으로 케톤 생성물을 만들 수 있다. 이 두 방법에서는 α-탄소가 $-CH_2-$인 경우 알킬화가 최대 두 번 일어날 수 있다.

■ 말론산 에스터 및 아세토아세트산 에스터 합성 반응에서 출발 물질 예측

말론산 에스터 및 아세토아세트산 에스터 합성법은 합성에서 자주 이용되는 반응들이다. 주어진 목표 물질의 합성에 이들 합성법을 어떻게 이용할 수 있는지 다음 과정으로 쉽게 알 수 있다.

- 출발 물질 예측하기:

단계 1: α-탄소 위치를 확인하고 역합성 분석으로 α-탄소에 연결된 알킬기를 확인한다.

단계 2: α-탄소의 $-CH_2CO_2H$는 diethyl malonate로부터 얻을 수 있고, CH_3COC- 조각은 ethyl acetoacetate로부터 얻는다. 나머지 확인된 두 개의 알킬기가 S_N2 반응의 기질(즉 할로젠화 알킬)로 사용될 수 있는지 확인한다.

단계 3: Diethyl malonate 또는 ethyl acetoacetate와 단계 2에서 확인된 기질을 이용하여 목표 물질을 합성할 수 있는지 확인한다.

말론산 에스터 합성법 이용

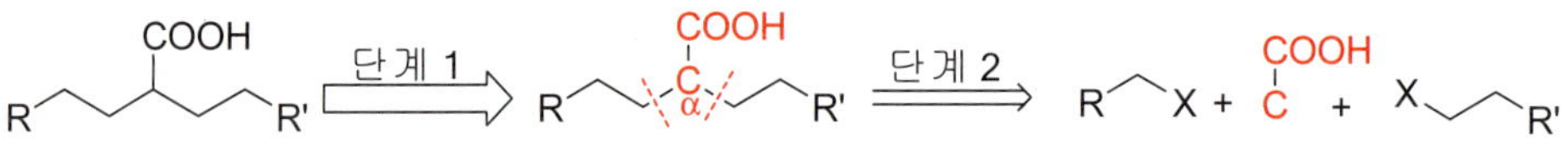

아세토아세트산 에스터 합성법 이용

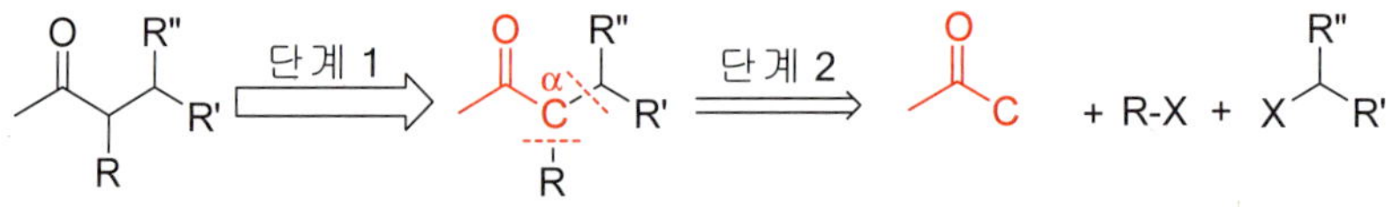

5.5 카복실산 유도체의 합성 전략

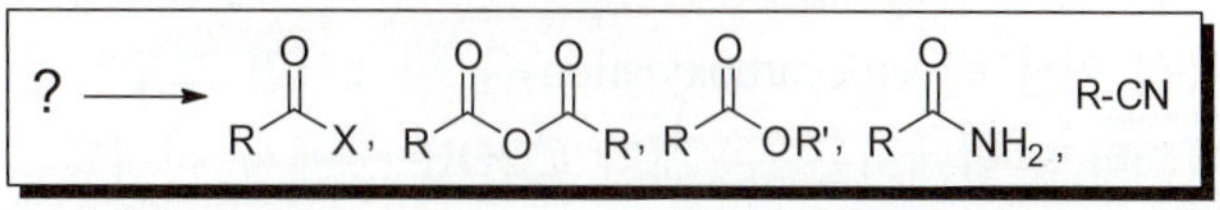

? ⟶ RCOX, RCOOCOR, RCOOR', RCONH$_2$, R-CN

카복실산 유도체를 합성하는 대표적인 반응은 아실 치환 반응에 의한 변환이다. 이 아실 치환 반응에서는 친핵체에 대한 산 유도체의 카보닐 탄소의 반응성이 중요하며, 일반적으로 반응성이 낮은 카복실산 유도체(예 RCONH$_2$)로부터 반응성이 더 좋은 유도체(RCOX)를 합성할 수는 없다.

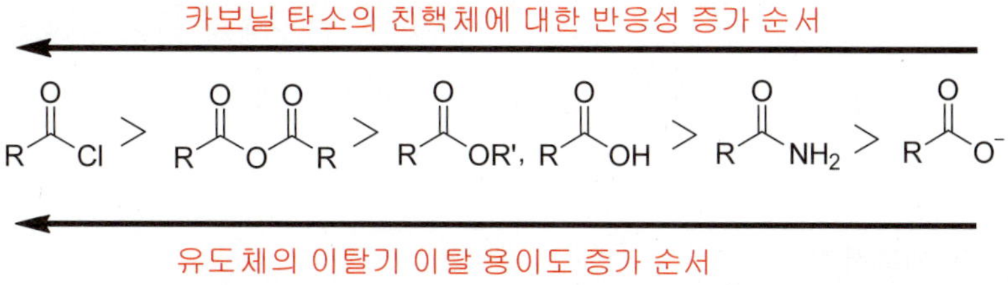

카보닐 탄소의 친핵체에 대한 반응성 증가 순서

RCOCl > RCOOCOR > RCOOR', RCOOH > RCONH$_2$ > RCOO$^-$

유도체의 이탈기 이탈 용이도 증가 순서

그림 5.2 친핵체에 대한 카복실산 유도체 카보닐 탄소의 반응성 순서

산 무수물이나 산 할로젠화물 같이 안정도가 낮은 산 유도체들은 반응성이 우수하여 다양한 유도체들로 쉽게 변환할 수 있다.

■ 카복실산 유도체 합성법

- 카복실산의 할로젠화, 에스터화 및 카복실산과 CH_2N_2의 반응에 의한 **메틸 에스터화** (methyl esterification) 등으로 산 유도체를 합성할 수 있다.
- Baeyer-Villiger 산화 반응은 케톤으로부터 에스터를 만들 수 있을 뿐 아니라, 고리 케톤의 경우는 상응하는 고리 에스터인 락톤(lactone)으로 변환되므로 합성적인 유용성이 크다.
- 나이트릴을 가수 분해하면 아마이드를 만들 수 있고, 더 가수 분해하면 카복실산으로 된다.
- Aniline으로부터 다이아조늄 염을 만들어 CuCN과 반응하면 방향족 나이트릴을 만들 수 있다. 이 경우는 모체 화합물보다 탄소 수가 하나 더 많은 산을 얻게 된다.
- 아마이드를 탈수시켜 상응하는 나이트릴 화합물을 만들 수 있다.
- 알코올을 에스터화하여 에스터를 만들 수 있다.

RCOOH —$SOCl_2$→ RCOCl (Acid chloride)

RCOCl + HOCOR' —pyridine→ RCOOCOR' (Acid anhydride)

RCOCl + HOR' → RCOOR' (Ester)

RCOOH —1. Base 2. R'X→ RCOOR' (Ester)

RCOOH —CH_2N_2→ $RCOOCH_3$ (Methyl ester)

RCOR' —CF_3CO_3H, Baeyer-Villiger→ RCOOR' (Ester)

Cyclic ketone —mCPBA, Baeyer-Villiger→ Lactone

Org. React. **1993**, *43*, 251.

R−CN —H_3O^+ (mild), 가수 분해→ $RCONH_2$ (Amide) —H_3O^+, 가수 분해→ RCOOH (Carboxylic acid)

$RCONH_2$ —P_2O_5, 탈수→ R−CN (Nitrile)

$PhNH_2$ —1. $NaNO_2$/HCl 2. CuCN, 다이아조화/치환 반응→ PhCN (Benzonitrile)

R−OH + 4,5-dichloro-2-(R'CO)-pyridazin-3(2H)-one —$AlCl_3$, THF, - Pyridazinone→ ROCOR' (Ester)

Synlett **2014**, *25*, 1909.

■ Claisen 축합 반응의 합성적 이용

α-H를 가지고 있는 에스터 화합물도 염기 조건에서 축합 반응을 할 수 있다. 두 분자의 에스터가 반응하여 **β-케토에스터**(β-ketoester)를 생성한다. 이 반응을 Claisen **축합 반응**(Claisen condensation)이라고 하며 새로운 C–C 결합을 형성하는 반응이다.

$$2\ H_3C{-}C(=O){-}OEt \xrightarrow[2.\ H_3O^+]{1.\ NaOEt} H_3C{-}C(=O){-}CH_2{-}C(=O){-}OEt$$

Ethyl acetate → Ethyl 3-oxobutanoate

- Claisen 반응은 엔올 음이온이 친전자성 카보닐 탄소에 친핵성 첨가를 한다는 점에서는 알돌 반응과 유사하다. 그러나 카보닐 탄소에 있는 이탈기(-OR)가 이탈되어 치환 생성물이 형성된다. 즉 Claisen 축합 반응은 친핵체가 엔올 음이온인 친핵성 치환 반응이다.

에스터 · 엔올 음이온 친핵체 · 친전자체 · β-케토에스터

메커니즘 5.3 Claisen **축합 반응**

- Claisen 축합 반응도 두 에스터 분자 간에 이루어지는 교차 반응이 가능하며, 두 에스터 중 하나는 반드시 α-H가 있어야만 한다. 물론 두 에스터 중 하나의 에스터에만 α-H가 있으면 생성물은 하나만 생성된다. **교차** Claisen **반응**은 케톤과 에스터 간에도 일어난다.

$$C_6H_5{-}C(=O){-}OEt + H_3C{-}C(=O){-}OEt \xrightarrow[2.\ H_3O^+]{1.\ NaOEt} C_6H_5{-}C(=O){-}CH_2{-}C(=O){-}OEt$$

Ethyl benzoate + Ethyl acetate → Ethyl 3-oxo-3-phenylpropanoate

$$\text{Cyclohexanone} + H{-}C(=O){-}OEt \xrightarrow[2.\ H_3O^+]{1.\ NaOEt} \text{2-Oxocyclohexanecarbaldehyde}$$

Cyclohexanone + Ethyl formate → 2-Oxocyclohexane-carbaldehyde

5.6 치환 benzene의 합성 전략

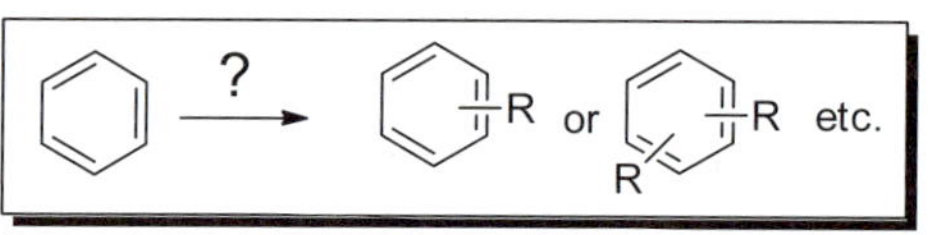

유기 합성에서 치환기를 포함하는 방향족 화합물의 합성은 빈번하다. Benzene과 같은 방향족 화합물의 반응에서 방향족에 존재하는 치환기는 반응 속도와 도입되는 치환기의 **지향성**(orientation)에 영향을 미친다. 이런 활성화와 지향성은 치환기의 유발 효과나 공명 효과에 의해 나타난다.

■ 치환기 지향성의 합성적 응용

Benzene의 치환기에 의한 지향성은 위치 선택성과 관련되므로 합성적으로는 유용하게 이용될 수 있다.

- 친전자성 방향족 치환 반응에서 benzene 고리로 전자를 밀어 주는 기를 **활성화기**(activating group), 전자를 끄는 기를 **활성 감소기**(deactivating group)라고 한다.
- 활성화기가 치환되어 있으면 두 번째 도입되는 치환기는 *o*- 또는 *p*-위치로 도입되고, 활성 감소기가 치환되면 두 번째 치환기는 *m*-위치로 도입된다. 다만, 활성 감소기인 할로젠이 치환되면 공명 효과가 우세하여 *o*- 또는 *p*-위치로 도입된다.

활성화도 증가 →

활성화기 *o*-,*p*-지향기	-R < -N̈HC(=O)R < -ÖR < -ÖH < -N̈H$_2$, -N̈HR, -N̈R$_2$
활성감소기 *o*-,*p*-지향기	-F: -Cl: -Br: -I:
활성감소기 *m*-지향기	-CHO < -COR < -COOR < -COOH < -CN < -SO$_3$H < -NO$_2$ < -N$^+$R$_3$

활성 감소도 증가 →

■ 치환기가 어떻게 친전자성 방향족 치환 반응의 반응성에 영향을 미치며, 지향성을 조절하는가?

- Hammond **가설**(G. S. Hammond, *J. Am. Chem. Soc.*, 1955, *77*, 334–338)에 따르면, 치환기가 탄소 양이온 중간체를 안정화시키면 반응 전이 상태의 에너지 준위가 낮아지고, 따라서 반응 속도도 빨라진다.
- 전자를 밀어 주는 활성화기는 탄소 양이온을 안정화시키고 친전자성 공격이 잘 일어나도록 한다.

- 전자를 끄는 활성 감소기는 탄소 양이온을 덜 안정화시키므로 전이 상태의 에너지 준위가 높아져 반응 속도를 느리게 한다.

표 5.1 C_6H_5X의 나이트로화 반응의 상대 속도

X	$NH(C_6H_5)$	OH	CH_3	H	Cl	CO_2Et	CF_3	NO_2
반응 속도(상댓값)	10^6	1000	25	1	0.033	0.0037	2.6×10^{-5}	6×10^{-8}

■ 치환기의 지향성 조절은 어떤 안정한 탄소 양이온 중간체를 형성하는가에 의존한다.

- 활성화기를 가지고 있는 benzene 유도체는 *o*-나 *p*-위치에 친전자체가 도입될 때 가장 안정한 탄소 양이온 중간체를 생성한다.
- 알킬기(R)는 전자 주개 유발 효과로 *o*-나 *p*-위치를 공격할 때 가장 안정한 탄소 양이온이 형성되므로, 두 번째 치환기가 *o*-나 *p*-위치로 도입되도록 유도한다.
- 고립 전자쌍을 가지고 있는 amino(-NH_2)기는 두 번째 치환기가 *o*-나 *p*-위치로 공격하면, 고립 전자쌍이 모든 원자가 팔전자계를 이루고 있어 더 안정화된 공명 구조를 추가로 형성할 수 있어 두 번째 치환기가 *o*-나 *p*-위치로 도입되도록 유도된다.

오쏘 치환 (가장 안정한 공명 구조)

메타 치환

파라 치환 (가장 안정한 공명 구조)

주의

이런 메커니즘을 그릴 때는 반응 자리 수소를 항상 표시해야 혼동하지 않는다.

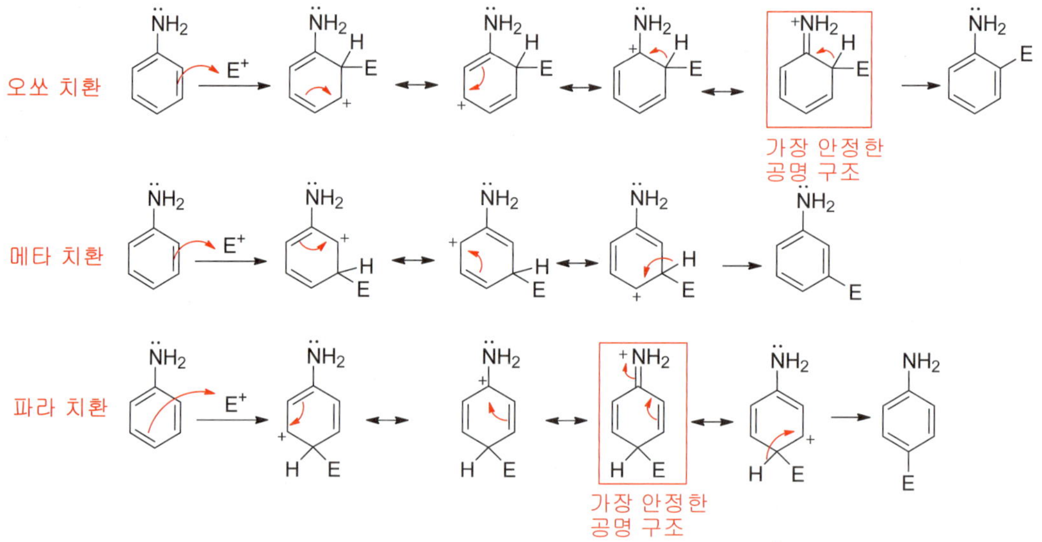

오쏘 치환

가장 안정한 공명 구조

메타 치환

파라 치환

가장 안정한 공명 구조

- 활성 감소기는 benzene 유도체의 *m*-위치에 친전자체가 도입될 때, 더 안정한 탄소 양이온 중간체를 생성하며, *o*-나 *p*-위치에 도입되면 가장 불안정한 양이온 구조를 형성한다.
- CF_3(trifluoromethyl, CH_3와는 다르게 전기 음성도가 큰 세 개의 F 원자가 있어 전자를 끄는 기이다.)나 NO_2 같이 전자를 끄는 기가 존재할 때, 두 번째 치환기가 *o*-나 *p*-위치를 공격하면, 전자를 끄는 치환기가 결합된 탄소에 양이온이 있게 되는 가장 불안정한 형태의 공명 구조가 존재하게 되므로 불리하다. 그러나 *m*-위치로 공격하면 이를 피할 수 있어 *m*-지향성을 나타낸다.

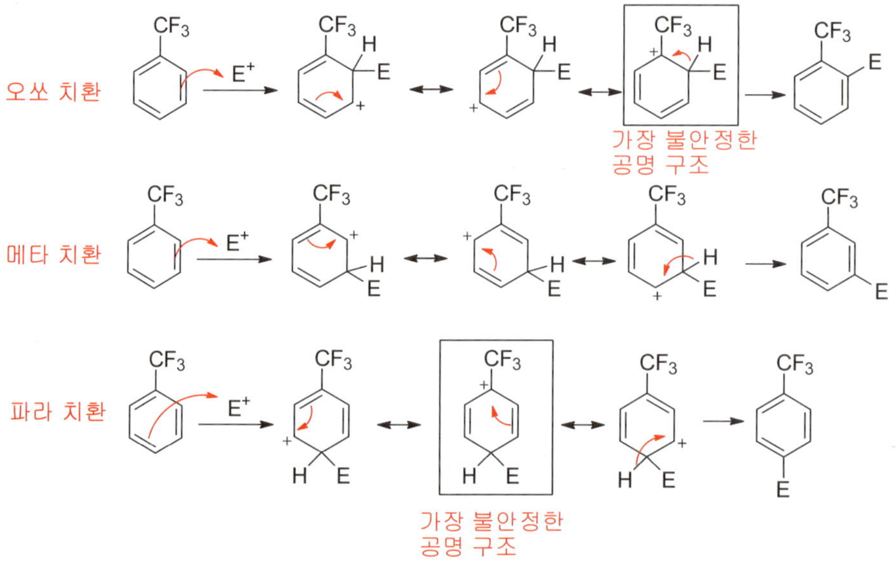

오쏘 치환

가장 불안정한 공명 구조

메타 치환

파라 치환

가장 불안정한 공명 구조

■ 치환기를 두 개 이상 가지고 있는 benzene 유도체의 지향성도 치환기들에 의해 지배된다.

- 두 개 이상의 치환기가 있을 경우는 활성화 능력이 가장 큰 작용기의 지향성에 따른다. 아울러 두 개 이상의 생성물이 생성될 수 있을 때, 치환기의 입체 효과도 생성물 분포에 영향을 미친다.

■ Benzene에 치환기가 두 개 있을 때 지향성 효과를 다음에 정리하였다.

- 활성화기와 활성 감소기가 존재하면, 활성화기의 지배를 받는다.
  예 CH_3기(활성화기)와 NO_2기(활성 감소기)가 있으면, 활성화기인 CH_3기의 지향성에 따라 도입된다.
- 두 개의 활성화기가 있으면, 활성화도가 더 큰 치환기의 지배를 받는다.
  예 CH_3(약한 활성화기)와 $NHCOCH_3$(강한 활성화기)가 있으면, $NHCOCH_3$기의 지향성에 따라 도입된다.
- 두 개의 활성 감소기가 있으면, 둘 중 활성화도가 더 큰 치환기의 지배를 받는다.
  예 할로젠(약한 활성 감소기)과 C(=O)R기(강한 활성 감소기)가 있으면, 할로젠의 지향성에 따라 도입된다.
- 두 치환기가 *m*-위치로 치환되어 있으면, 입체적으로 불리한 두 치환기 사이로는 새로운 치환기가 도입되지 않는다. 예를 들어 1,3-dimethylbenzene(*m*-xylene)의 브로민화 반응에서 2-bromo-1,3-dimethylbenzene은 생성되지 않는다.

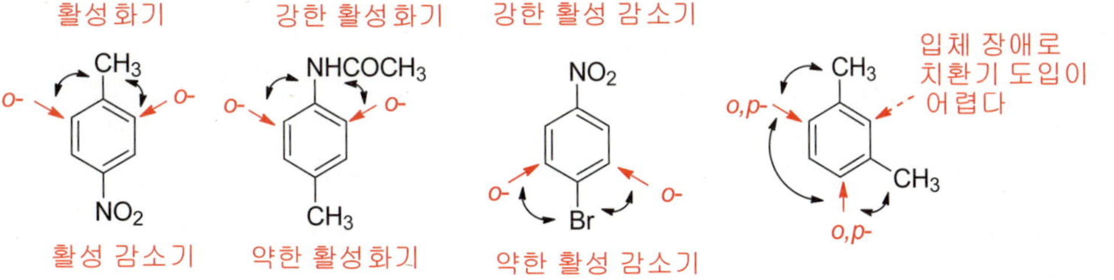

- *o*-및 *p*-지향성 치환기가 존재하면 *o*-와 *p*- 생성물의 예측이 어려우나, 아래의 지침이 도움이 된다.
  1) 크기가 큰 단일 치환기가 있으면 *p*-치환 생성물이 더 우세하다.
  2) 크기가 다른 두 치환기가 1,4-로 치환되면, 크기가 작은 치환기의 *o*-생성물이 더 우세하다.
  3) 크기가 다른 두 치환기가 1,3-로 치환되면, 크기가 작은 치환기의 *o*-생성물이 더 우세하다.

Isopropylbenzene —HNO_3/H_2SO_4→ (O_2N) 주 생성물 + (NO_2)

1-Isopropyl-4-methylbenzene —HNO_3/H_2SO_4→ (O_2N) 주 생성물 + (NO_2)

1-Isopropyl-3-methylbenzene —HNO_3/H_2SO_4→ (O_2N) 주 생성물 + (NO_2) [(NO_2) 관찰되지 않음]

■ Benzene의 알킬화와 아실화: Friedel-Crafts 알킬화 및 아실화 반응

- Friedel-Crafts **알킬화 반응**은 benzene 고리에 새로운 $C_{sp^2}-C_{sp^3}$ 결합을 만드는 반응이다.
- Friedel-Crafts 알킬화 반응에서는 다중 알킬화와 자리 옮김에 의해 혼합물이 생성된다.
- Friedel-Crafts **아실화 반응**은 benzene 고리에 새로운 $C_{sp^2}-C(=O)$ 결합을 생성하는 반응이다.
- Friedel-Crafts 아실화 반응은 다중 알킬화가 일어나지 않는다.

■ Friedel-Crafts 알킬화 반응은 몇 가지 특징이나 제약이 있다.

- 1° 할로젠화 알킬은 자리 옮김을 일으켜 2° 또는 3° 탄소 양이온을 형성할 수 있으므로 하나의 생성물만 생성하기는 어렵다.

Benzene + $Cl-(CH_2)_2CH_3$ —$AlCl_3$→ (propylbenzene) + 주 생성물

- 바이닐 할라이드(vinyl halide, RCH=CH−X)나 아릴 할라이드(aryl halide, Ar−X)는 Friedel-Crafts 반응 조건에서 안정한 양이온을 형성하지 못하므로 반응하지 못한다.
- 강한 활성 감소기인 NO_2기를 가진 유도체는 Friedel-Crafts 알킬화 반응을 하지 않는다.
- 강한 활성화기인 $:NH_2$, $:NHR$ 또는 $:NR_2$ 등은 비공유 전자쌍을 가진 센 염기여서 촉매인 $AlCl_3$와 착물[$(PhN^+HR_2)(Al^-Cl_3)$]을 형성하고, 형성된 착물의 질소 양이온이 고리의 반응성을 감소시키므로 반응이 일어나지 않는다.

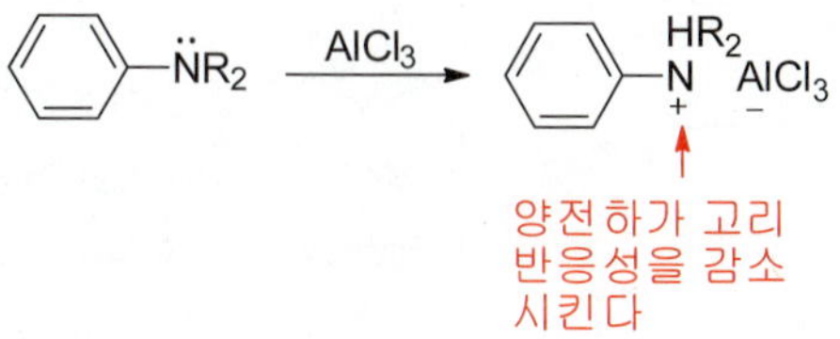

$AlCl_3$

양전하가 고리 반응성을 감소시킨다

- Friedel-Crafts 알킬화 반응 생성물이 alkylbenzene이므로 출발 물질 benzene보다 더 반응성이 좋다. 따라서 다중 알킬화(polyalkylation)가 일어난다.

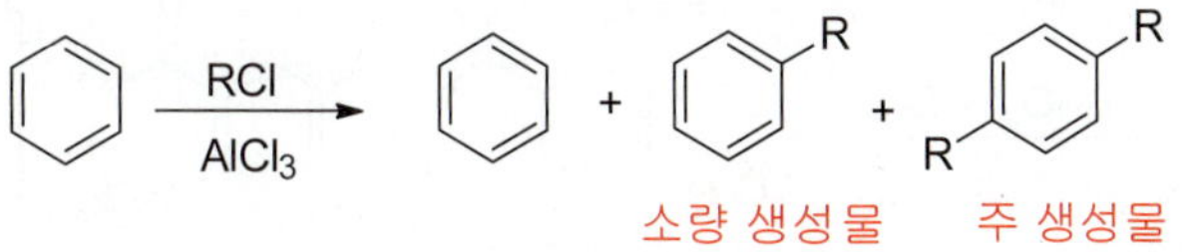

RCl, $AlCl_3$

소량 생성물 주 생성물

■ Acylbenzene의 환원에는 Clemmensen 환원법, Wolff-Kishner 환원법 또는 $NaBH_4$나 $LiAlH_4$ 등의 환원제를 이용하는 방법 등이 사용된다.

- Clemmensen **환원법**: HCl 같은 강한 산과 Zn(Hg)를 사용한다.
- Wolff-Kishner **환원법**: NH_2NH_2(hydrazine)와 KOH 같은 강한 염기를 사용한다.
- 환원제 이용법은 먼저 $NaBH_4$/HBr을 이용하여 브로민화물로 변환하고, 다시 할로젠을 $LiAlH_4$를 이용해 수소로 치환하는 방법이다.

예를 들어 benzene으로부터 *n*-propylbenzene을 합성하는 과정을 살펴보자. Benzene에 직접 Friedel-Crafts 알킬화시켜서는 원하는 *n*-propylbenzene 대신 isopropylbenzene을 얻게 되므로 적당하지 못하다. 따라서, Friedel-Crafts 아실화를 이용해 아실기를 도입한 후에, 여러 가지 환원 방법으로 카보닐기를 탈산소 반응(deoxygenation)시켜 *n*-propylbenzene을 합성해야 한다.

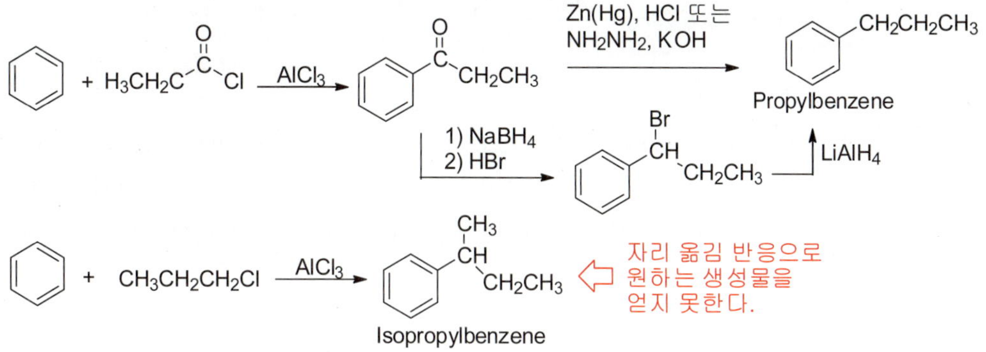

Zn(Hg), HCl 또는 NH_2NH_2, KOH

Propylbenzene

1) $NaBH_4$ 2) HBr

$LiAlH_4$

Isopropylbenzene

자리 옮김 반응으로 원하는 생성물을 얻지 못한다.

■ Benzene 설폰화 반응의 합성적 이용

- Benzene의 설폰화 반응은 가역적인 반응이어서 *o*-disubstituted-benzene을 합성하는 데 효과적으로 이용할 수 있다.
- 활성화기를 가지는 benzene의 *o*-위치에 NO_2기를 도입하는 데 설폰화를 이용할 수 있다. *tert*-Butylbenzene 같이 *o*-또는 *p*-지향성인 치환기를 가지고 있는 화합물에 나이트로화를 시키면 *o*-nitro 유도체가 생기기는 하지만 *p*-유도체가 주로 생성된다. 그러나 *p*-위치에 $-SO_3H$기를 먼저 도입하고 난 이후에 나이트로화시켜, 산 수용액에서 가열하면 1-(*tert*-butyl)-2-nitrobenzene을 얻을 수 있다.

tert-Butylbenzene (C(CH$_3$)$_3$, H) —[SO_3, *conc*-H_2SO_4; 설폰화]→ (C(CH$_3$)$_3$, SO_3H) —[HNO_3, H_2SO_4; 나이트로화]→ (C(CH$_3$)$_3$, NO_2, SO_3H) —[H^+, H_2O, 가열]→ *1-(tert*-Butyl)-2-nitrobenzene (C(CH$_3$)$_3$, NO_2, H)

■ 다중 치환 benzene 유도체의 합성

한 개 이상의 치환기를 가지는 benzene 유도체를 합성하려면 항상 치환기들의 지향성을 고려하여야 한다. 지향기 효과는 어떤 치환기가 먼저 도입되는가에 따라 달라질 수 있다. 두 번째 도입되는 치환기의 도입 위치는 이미 존재하는 치환기에 의해 결정된다. Benzene으로부터 다중 치환 유도체를 합성하는 경로는 다음 방식으로 정하면 편리하다.

- 다중 치환 유도체를 합성하는 경로 정하기

단계 1: 합성 목표 물질의 치환기별 지향성을 구분하라.

단계 2: 각 치환기를 직접 한 단계로 도입할 수 있는지를 확인하라. 만일 단일 단계로 직접 도입이 어려운 치환기는 간단한 반응(산화 또는 환원 등)으로 해당 치환기로 변환할 수 있는 치환기로 교체하고(예 $NH_2 \rightarrow NO_2$), 지향성을 확인한다.

단계 3: 앞 단계에서 얻어진 구조에서 각 치환기 사이의 위치 관계를 확인하라.

단계 4: 각 치환기의 결합 위치를 고려하여 첫 번째 도입 치환기를 선택하라.

단계 5: 치환기 위치를 고려하여 두 번째와 세 번째 도입 치환기를 선택하라. 치환기가 여러 개 있으면 위의 단계를 반복 사용하여 경로를 결정하라.

단계 6: 단계 2에서 교체 도입한 치환기를 목표 물질의 치환기로 변환한다.

5-Chloro-2-methylaniline
목표 물질
단계 1
직접 도입이 어렵다
단계 2
단계 3
경로 1 단계 4 단계 5 단계 6
경로 2 단계 4 단계 5 단계 6

그림 5.3 다중 치환 benzene 합성 경로 결정하기

5.7 고리 화합물의 합성 전략

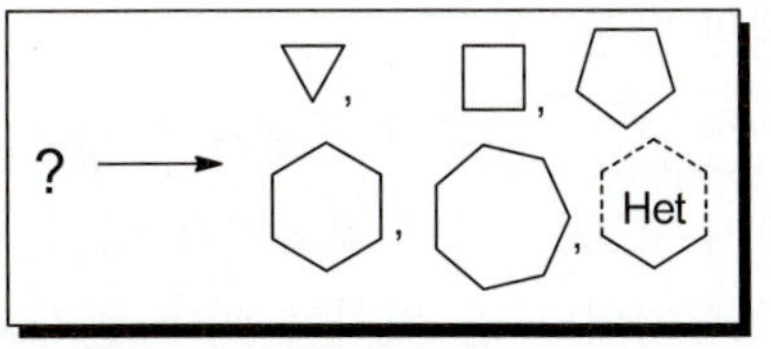

고리 유기 화합물은 탄소 고리(carbocycle) 화합물과 헤테로 고리(heterocycle) 화합물로 구분한다. 간단한 기본 고리 화합물들은 대부분 상용화되어 있으나, 접합 고리 및 여러 고리 화합물은 상용화되지 않은 것들이 대부분이다. 따라서 목표 분자에 고리를 도입하려면 i) 출발 물질로서 고리 화합물을 선택하거나, ii) 합성 중간 과정에 직접 고리화하여야 한다. 알고 있는 것처럼 고리의 크기에 따라 안정도가 다르며, 합성 과정에서도 이러한 안정성이나 고리화 과정에서의 속도론적 또는 열역학적 영향이 고려되어야 한다.

표 5.2 고리화에 대한 속도론적 및 열역학적 요인

고리 크기	열역학적 요인	속도론적 요인
3	불리함(큰 각 무리)	매우 유리함
4	불리함(큰 각 무리)	불리함
5	유리함(작은 각 무리)	유리함
6	아주 유리함(각 무리 없음)	적당히 유리함
7	적당히 유리함	적당히 유리함

■ 삼-원자 탄소 고리의 합성

- Cyclopropane은 고리의 **각 무리**(angle strain)가 커서 열역학적으로 불안정하지만 엔올음이온의 알킬화, 카벤(carbene)의 삽입, sulfonium 일라이드를 이용하는 방법 등으로 합성할 수 있다.

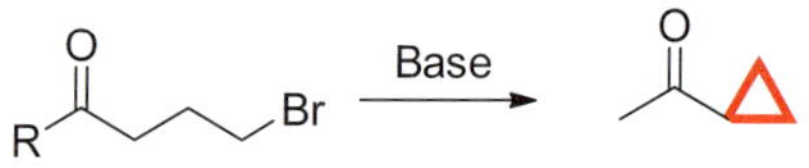

Base

Angew. Chem. Int. Ed. **1968**, 7, 570.
Vogel's Textbook of Practical Org. Chem. 5th ed. p1090.

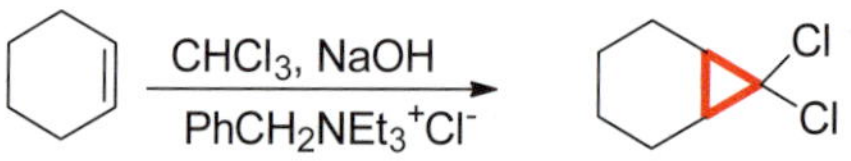

$CHCl_3$, NaOH
$PhCH_2NEt_3^+Cl^-$

Vogel's Textbook of Practical Org. Chem. 5th ed. p1110.

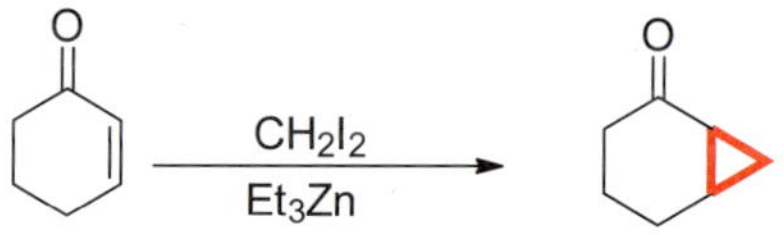

CH_2I_2
Et_3Zn

Bull. Soc. Chim. Fr., **1969**, 3961.

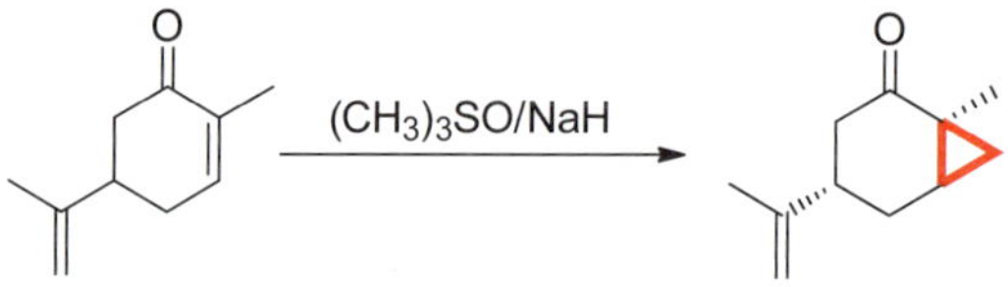

$(CH_3)_3SO/NaH$

J. Am. Chem. Soc., **1965**, 87, 1353.

■ 사-원자 탄소 고리의 합성

- 사-원자 고리는 결합각이 90°이므로 각 무리가 크고 출발 물질 자체로 쉽게 고리화되지 않지만, 알려진 방법으로 고리를 형성할 수 있다. 예를 들어 malonate에 이중 알킬화시키면 cyclobutane을 만들 수 있다.

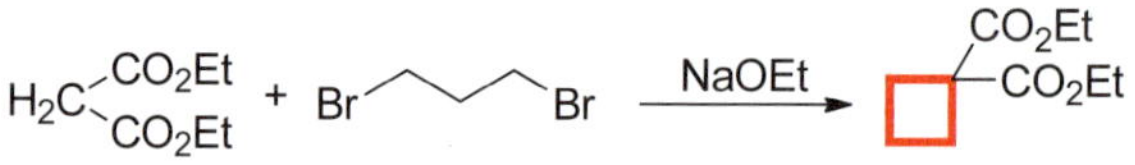

$H_2C(CO_2Et)_2$ + Br⁀⁀Br —NaOEt→ $(CO_2Et)_2$-cyclobutane

- 한편 알켄의 광반응을 이용한 2+2 고리화 첨가 반응과 몇 가지 이온 반응에 의한 사-원자 고리 화합물 합성법이 알려져 있다.

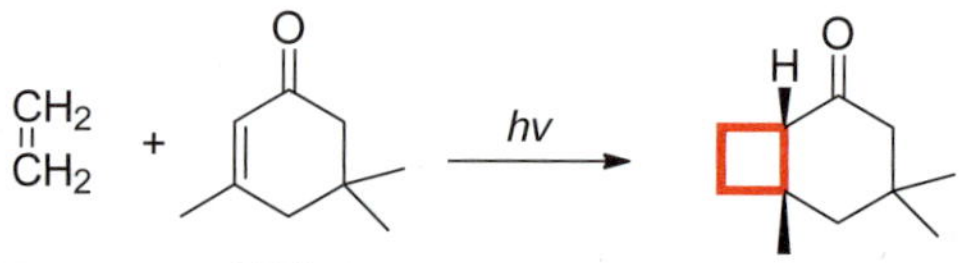

$CH_2=CH_2$ + —hv→

Synthesis, **1970**, 287

NaH/DMF

J. Org. Chem., **1972**, *37*, 2418.

Me_3Si / $(Me_3Si)nNLi$

J. Org. Chem., **2001,** *66*, 4667

- 사-원자 고리 합성에 유용한 중간 물질로 C=C=O(ketene)이 있다. 케텐과 C=C 결합을 반응시키면 2+2 고리화 첨가 반응을 일으켜 사-원자 고리 화합물을 생성한다.

Zn/ROH

J. Chem. Edu. **1976**, *53*, 81.

1)Zn/AcOH 2)H_2O_2/$(CF_3CO)_2O$

J. Org. Chem. **1982**, *47*, 3871.

$ArSO_2ONH_2$ Zn/Cu, H^+

Org. Lett., **2006**, *8*, 4739.

■ 오-원자 탄소 고리의 합성

오-원자 고리 화합물의 합성은 삼-원자 고리나 사-원자 고리 합성보다는 용이하다.

- 1,4-Dicarbonyl-, 1,5-dicarbonyl- 및 1,6-dicarbonyl 화합물로부터 상응하는 오-원자 고리 화합물을 합성할 수 있다.

Base ... or

Na, Me_3SiCl Toluene

Org. React., **1976**, *23*, 259

1) NaOEt
2) RX

Chem. Abstr., **1951,** 45, 6657c.

1) NaOMe/MeOH
2) $PhCOCHCH_2$

J. Org. Chem., **1987**, *52*, 464.

- 또 다른 합성 방법으로는 4개 전자의 **전자 고리화 반응**(electrocyclic reaction)과 **시그마 결합 자리 옮김**(sigmatropic rearrangement) 등이 있다.

Nazarov 반응
BF_3-OEt
Et_3SiH
4-전자
전자 고리화 반응
con-rotatory

Tetrahedron,**2005**, *61*, 7577.

[1,3] 시그마 결합
자리 옮김

Org. React., **1985,** *33*, 247.

60°C
[3,3]시그마 결합
자리 옮김

J. Org. Chem., **2011**, *76*, 3576.

Vinyldiazoacetate + Allyl alcohol
Rh_2(R-DOSP)/$CaCl_2$(anhyd.)
[3,3] Oxy-Cope 자리 옮김
Cyclopentane derivatives

Nature Commun., **2014**, *5*:4455/DOI:10.1038/ncommms 5455

■ 육-원자 탄소 고리의 합성

- 육-원자 탄소 고리 화합물을 합성하는 가장 일반적인 방법은 Diels-Alder **반응**과 Robinson **고리화**이다.
- 또 다른 합성 방법으로는 benzene과 같은 방향족 고리나 고리 알켄의 환원이 있다.

Amine(cat.)
Robinson
고리화

Angew. Chem. Intl. Ed., **2004**, *43*, 1272.

Diels-Alder

J. Am. Chem. Soc., **1952**, *74*(17), 4223.

H_2/Ni

J. Am. Chem. Soc., **1955**, *77*, 5562.

$I(py)_2BF_3$

Angew. Chem. Intl. Ed., **1988**, *27*, 1546

■ 헤테로 고리의 합성

헤테로 고리의 합성은 포화 헤테로 고리와 방향족 헤테로 고리 합성으로 구분된다. 여기서는 포화 헤테로 고리 합성만을 간단히 다룬다. 방향족 헤테로 고리 합성은 그 양이 방대하여 여기서 다루지 못하는 점이 아쉽다.

- 포화 헤테로 고리의 합성: 포화 헤테로 고리는 주로 하나의 분자를 이용한 분자 내 고리화로 합성하거나 두 가지 다른 시약들을 이용한 분자간 고리화로 합성한다.
- 포화 질소 헤테로 고리는 ω-haloalkylamine의 분자 내 고리화로 합성한다.
- 락톤과 락탐은 ω-hydroxycarboxylic acid나 ω-aminocarboxylic acid를 이용하여 합성할 수 있다.
- Thiophene은 이할로젠화물과 Na_2S를 반응시켜 합성한다.
- Morpholine 같이 두 개 또는 그 이상의 헤테로 원자가 포함된 고리의 합성은 이-성분 내지는 삼-성분 고리화 반응을 이용하여야 한다.

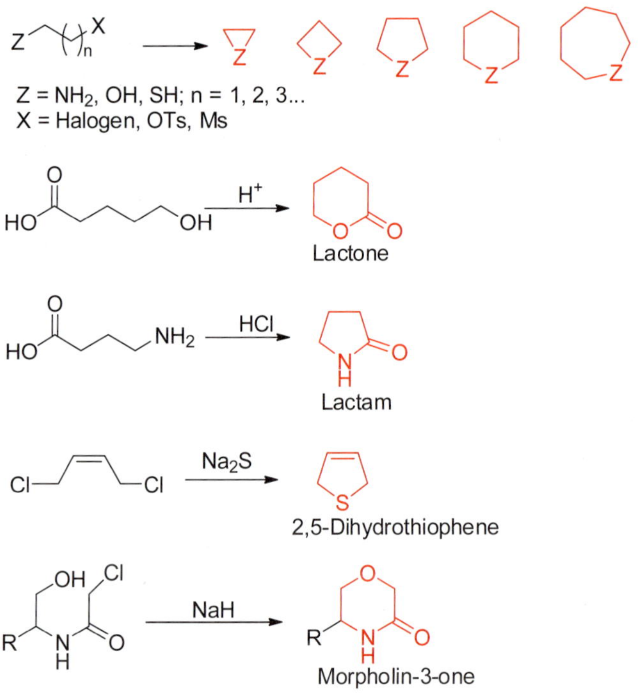

$Z = NH_2, OH, SH; n = 1, 2, 3...$
X = Halogen, OTs, Ms

Lactone

Lactam

2,5-Dihydrothiophene

Morpholin-3-one

다른 예로 alkynol로부터 [3,3] 시그마 결합 자리 옮김을 이용하여 enecarbamate를 합성하고, 아울러 칠-원자 고리 카바메이트로부터 pyrrolidine을 합성하는 반응을 다음에 나타내었다.

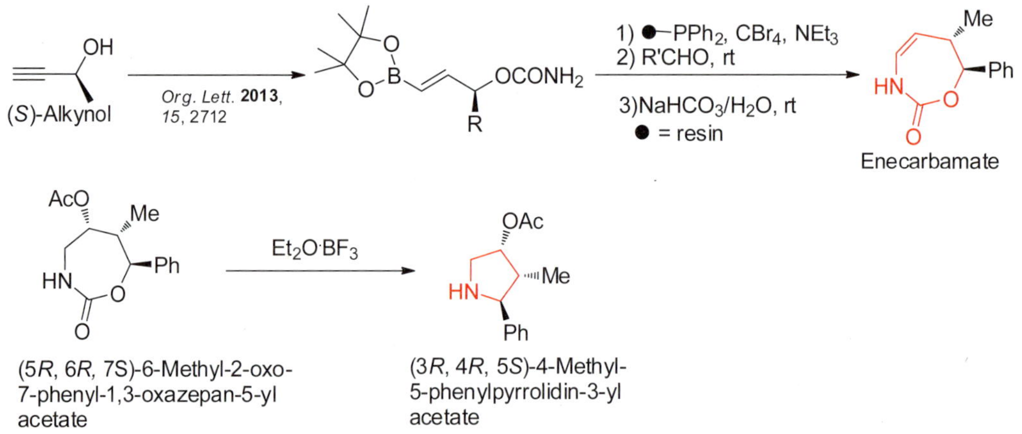

(S)-Alkynol

Org. Lett. **2013**, *15*, 2712

1) ●—PPh_2, CBr_4, NEt_3
2) R'CHO, rt
3)$NaHCO_3/H_2O$, rt
● = resin

Enecarbamate

$Et_2O{\cdot}BF_3$

(5R, 6R, 7S)-6-Methyl-2-oxo-7-phenyl-1,3-oxazepan-5-yl acetate

(3R, 4R, 5S)-4-Methyl-5-phenylpyrrolidin-3-yl acetate

Angew. Chem. Intl. Ed., **2016**, *55*(3), 1025.

5.8 자리 옮김 반응의 합성적 이용

? 자리 옮김

자리 옮김 반응은 목표 분자의 뼈대 구조 구축 과정이나, 특정 위치에 필요로 하는 작용기를 도입하거나, 고리 크기나 사슬의 길이를 변형시키는 데 유용할 수 있다.

■ 자리 옮김 반응의 합성적 이용

다양한 종류의 자리 옮김 반응이 알려져 있다(부록의 표 참고). 자리 옮김 반응은 합성적으로 유용하고, 학술적으로도 흥미가 있어 방법론적 연구에도 관심이 높다. 여기서는 합성에서 자주 이용되는 자리 옮김 반응 몇 가지를 살펴보자.

- Arndt-Eistert 반응(-CH_2- 삽입을 위한 자리 옮김): 이 반응은 acyl chloride를 이용하여 α-탄소에 methylene(-CH_2-)기가 하나 증가된 카복실산이나 에스터를 합성하는 방법이다. Diazoalkane을 acyl chloride와 반응시켜 acyldiazoalkane을 형성하면 자리 옮김하여 상응하는 케텐이 형성되고, 알코올과 반응하면 출발 물질보다 탄소 사슬이 하나 증가된 카복실산이 형성된다. 이 반응은 Arndt-Eistert 반응으로 알려져 있다. 같은 반응을 작은 고리 반응물에서 수행하면, 고리 탄소가 하나 더 증가된 고리로 합성할 수 있다. 즉 육-고리 카보닐 화합물로 칠-고리 카보닐 화합물을 만들 수 있다.

Acid chloride → (CH_2N_2) Acyldiazoalkane → (hv or heat) Ketene → (Ag_2O/H_2O, 자리 옮김) Acid

Ber. Dtsch. Chem. Ges., **1935**, *68*, 200. *Org. React.*, **1942**, *1*, 38.

CH_2N_2 → CF_3CO_2Ag/NEt_3, H_2O

Org. Synth. **1993**, *71*, 146. *Coll. Vol. 9*, 426.

$N_2CH_2CO_2Et$ → HC−CO_2Et

J. Am. Chem. Soc., **1970**, *92*, 5767.

- Pinacol 자리 옮김: Pinacol 자리 옮김은 3차 알코올인 pinacol을 산 처리하여 생성된 2차 탄소 양이온이 3차 탄소 양이온으로 자리 옮김하여 다시 케톤으로 된 결과이다. 이 반응은 출발 물질이 대칭 알코올이어야 한다는 점이 한계이다. 이런 한계점을 개선하기 위해 에폭사이드를 사용하는 반응들도 알려져 있다.

OHOH H$^+$ OH 자리 옮김 OH O

Pinacol Pinacolone

Angw. Chem. Intl. Ed. **2002**, *41*(24), 4655. Reference cited therein.

- Favorskii 자리 옮김: Favorskii 자리 옮김 반응은 α-haloketone 고리 화합물에서 탄소 고리의 축소가 일어나, 고리 탄소가 하나 줄어든 카복실산을 생성하는 반응으로 천연물 합성에서 유용하다.

O Cl NaOH O OH

J. Prakt. Chem., **1913**, *88*, 658. *J. Russ. Phys. Chem. Soc.* **1905**, *37*, 643.

O Br Br NaOEt CO_2Et KOH/EtOH CO_2Et

cis/trans Mixture *trans*-Isomer

Vogel's Textbook of Practical Org. Chem. 5th ed. p1113.

- Claisen 자리 옮김: Allyloxybenzene으로부터 상응하는 *o*- 또는 *p*-allylphenol을 합성하는 반응에 이용한다.

Claisen 자리 옮김

O 가열 OH O 가열 OH

Chem. Rev., **1988**, *88*(8), 1423

J. Org. Chem., **1961**, *26*(10), 3631
J. Org. Chem., **2003**, *68*(14), 5493

Bellus-Claisen 자리 옮김

$X_2C{=}C{=}O$

Y = O, S, NR

γ,δ-Unsaturated ester, thioester, amide,

J. Org. Chem., **1983**, *48(6)*, 860. *Helv. Chim. Acta*, **1978**, *61(8)*, 3096.

Eschenmoser-Claisen 자리 옮김

$(Me)_2NC(OMe)_2CH_3$

γ,δ-Unsaturated amide

Helv. Chim. Acta, **1964**, *47(8)*, 2425. *Helv. Chim. Acta*, **1969**, *52(4)*, 1030.

Johnson-Claisen 자리 옮김

$MeC(OMe)_3$

γ,δ-Unsaturated ester

J. Am. Chem. Soc.,, **1970**, *92(3)*, 741. *Eur. J. Org. Chem.*, **2013**:DOI:10.1002/ejoc. 201301033.

Zwitterionic-Claisen 자리 옮김

$R''CH_2COCl$

K_2CO_3, Me_3Al

0°C

가열

γ,δ-Unsaturated amide

J. Org. Chem., **1995**, *60*(12), 3773. *J. Chem. Soc. Perkin Trans*, **1996**, 1(2).

Ireland-Claisen 자리 옮김

LDA, HMPA, THF

-78°C then TMSCl

[3,3]시그마 결합 자리 옮김

Anti-

LDA, THF,-78°C

then TMSCl

[3,3]시그마 결합 자리 옮김

Syn-

J. Am. Chem. Soc., **1972**, *94(16)*, 5897. *J. Am. Chem. Soc.*, **1976**, *98(10)*, 2868. *Tetrahedron Lett.*, **1975,** *16(46)*, 3975.

- Wagner-Meerwein 자리 옮김: 이 자리 옮김은 이웃 자리에 수소, 알킬 및 아릴기를 가지고 있는 탄소 양이온에서 1,2-자리 옮김하여 상응하는 알켄 또는 치환 생성물을 형성하는 반응이다. 이 반응으로 2-methylenenorborane-1-ol 골격을 (1*R*)-10-hydroxyfenchone으로 변환할 수 있다.

Me Me OH — mCPBA → [Me Me OH + OH — [1,2] → Me Me OH + OH] — $-H^+$ → Me Me O OH

2-Methylene-norborane-1-ol

(1*R*)-10-Hydroxy-fenchone

- Hofmann, Curtius, Lossen 자리 옮김: 아마이드, 아자이드 및 hydroxamic acid 유도체로부터 carbamic acid나 아민을 제조하는 데 이용한다. 이 반응들은 공통적으로 isocyanate 중간체를 거친다.

Hofmann 자리 옮김

MeO–C₆H₄–C(=O)NH_2 — $Pb(OAc)_4$, DBU, MeOH → [MeO–C₆H₄–N=C=O] — H_2O, $-CO_2$ → MeO–C₆H₄–NH_2

DBU: 1,8-Diazobicyclo[5.4.0]undec-7-ene

Isocyanate

J. Org. Chem., **1975**, *40*(24), 3554.

Curtius 자리 옮김

$(Et)_2HCO$, STol, CO_2Et, N_3, O, NO_2 — AcOH, Ac_2O → $(Et)_2HCO$, STol, CO_2Et, AcHN, NO_2

Angew. Chem. Intl. Ed., **2009**, *48*, 1304.

Lossen 자리 옮김

R–C(=O)–NHOH — TsCl → [R-N=C=O] — H_2O, $-CO_2$ → R-NH_2

Hydroxamic acid

Amine

Chem. Rev., **1943**, *33*(3), 209.

- Schmidt 및 Beckmann 자리 옮김: 케톤으로부터 아마이드를 제조하거나(**Schmidt 자리 옮김**), 옥심으로부터 락탐을 제조(Beckmann **자리 옮김**)하는 데 이용한다.

Schmidt 자리 옮김

Carboxylic acid —HN_3→ [Acyl azide] → R-NH_2 Amine

Aldehyde —HN_3→ [R-C(OH)(H)-N_3 → RCH_2N_3 Azide] → R-CN Nitrile

Ketone —$R'N_3$→ Amide (R-CO-NHR')

Chem. Rev. , **1971**, *40*, 835. *Russ. Chem. Rev.*, **1978**, *47*, 1084.

Beckmann 자리 옮김

(R) —MsCl, Et_3N, DCM→

Tetrahedron Asymmetry, **2000**, *11*, 4687.

- Baeyer-Villiger 자리 옮김: 케톤으로부터 상응하는 에스터를 합성하는 데 이용한다.

—mCPBA, $NaHCO_3$, CH_2Cl_2→

Tetrahedron Lett., **1997**, *38*, 3249.

- Wolff 자리 옮김: 다이아조 케톤으로부터 상응하는 α-치환 에스터 합성에 이용한다.

—ROH, 가열→ Ester

J. Am. Chem. Soc., **1962**, *84*(8), 1503.

Ag$_2$O/H$_2$O → Ph–CH$_2$–COOH (Acid)

Ag$_2$O, H$_2$O, NH$_3$ → Ph–CH$_2$–CONH$_2$ (Amide)

Eur. J. Org. Chem., **2002**(14), 2193.

- Smiles 및 Truce-Smiles 자리 옮김: 방향족 고리상의 치환기 작용기를 이용하여 헤테로 원자(O, N, S 등)나 탄소 원자 위치를 변경하는 데 이용하는 반응이다.

Cs_2CO_3, X = Cl, Br

Smiles 자리 옮김

α-Haloamide 2-Halopyridin-3-ol 1-Substitutedpyrido[2,3-b][1,4]oxazin-2-one

J. Org. Chem., **2003**, *68*(20), 7918.

R = OBn; R' = C_5H_{11}

K_2CO_3, DMSO

Smiles 자리 옮김

Aust. J. Chem., **1989**, *42*, 987.

5.9 합성 대등체의 합성적 이용

합성에서 특정 작용기를 대신할 수 있는 **합성 대등체**(synthetic equivalent)의 이용은 불가능한 합성도 가능하게 할 만큼 중요하고도 유용하다. 이런 이유로 많은 합성 화학자들이 특정 작용기의 공급원으로서의 역할을 할 수 있는 안정하고도 친환경적인 합성 대등체 개발에 관심이 크다. 여기서는 합성적으로 자주 이용되는 합성 대등체 몇 가지를 설명한다.

■ 합성에 유용한 합성 대등체의 예

- Acetate는 HO^-의 유용한 합성 대등체이다. Acetate는 알릴 계열이 아닌 2° 탄소에서 S_N2 반응을 일으켜 에스터를 형성하고, 이를 염기로 처리하면 Cl 대신 OH로 치환할 수 있다. 물론 배열은 반전이 일어난다.

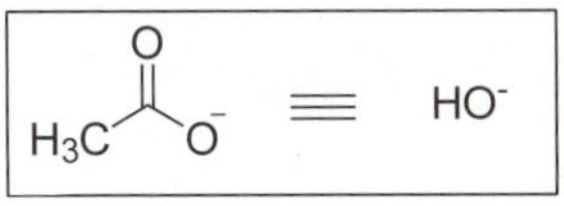

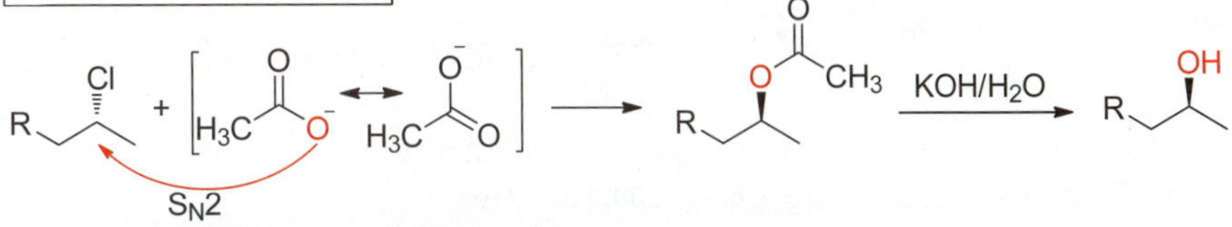

H_3C-COO^- ≡ HO^-

S_N2, KOH/H_2O

- Phthalimide와 N_3^-는 NH_3의 유용한 합성 대등체이다. Gabriel 1차 아민 합성법은 phthalimide를 'N' 원자 공급 물질로 사용한다. N_3^-는 시판되는 NaN_3로 쉽게 얻을 수 있어 널리 이용한다(아민 합성 전략 참고).

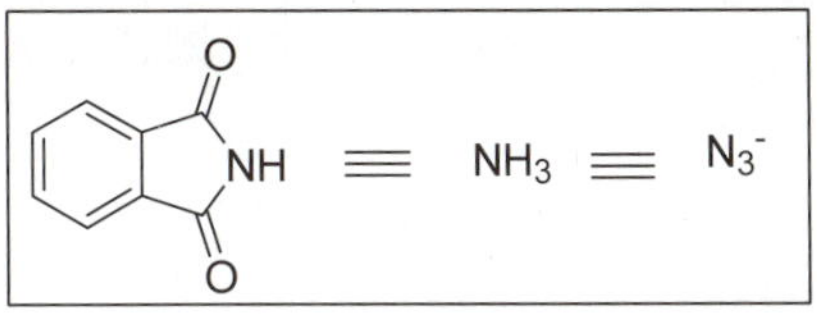

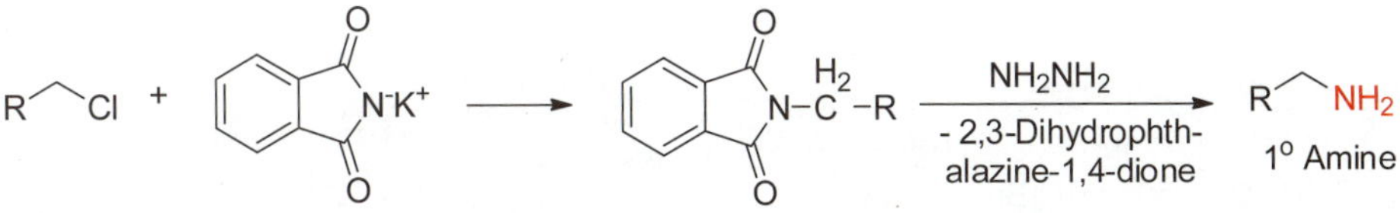

Phthalimide (NH) ≡ NH_3 ≡ N_3^-

R–Cl + phthalimide N^-K^+ → N–CH_2–R → (NH_2NH_2, - 2,3-Dihydrophthalazine-1,4-dione) → R–NH_2 (1° Amine)

J. Am. Chem. Soc., **1950**, *72*(6), 2786.

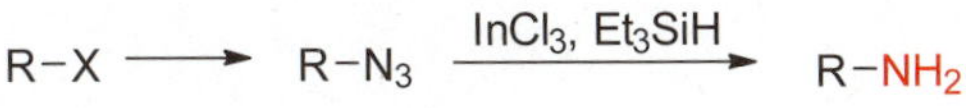

R–X → R–N_3 → ($InCl_3$, Et_3SiH) → R–NH_2

R = Alkyl, aryl, PhCO, $PhSO_2$

Org. Lett., **2006**, *8*, 2499.

- Dimethylchloromethaniminium은 chloroformate의 합성 대등체이다. Chloroformate는 실온에서 매우 불안정하여 취급하기 어렵다. 따라서 Friedel-Crafts 아실화 반응에서 *N,N*-dimethylformamide와 $POCl_3$를 처리하여 생성되면 즉시 사용한다.

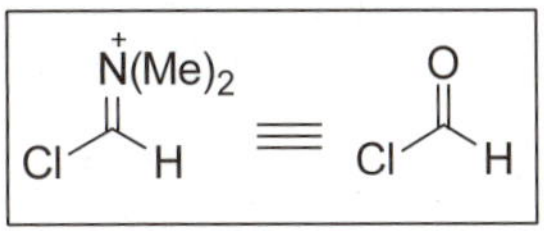

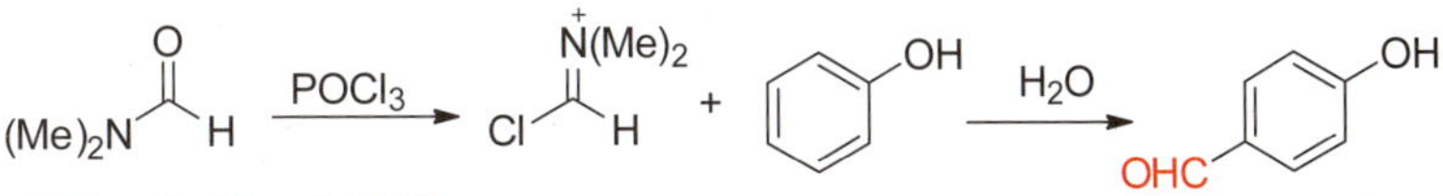

$Cl-CH=N^+(Me)_2$ ≡ Cl–CHO

$(Me)_2N$–CHO → ($POCl_3$) → $Cl-CH=N^+(Me)_2$ + phenol → (H_2O) → OHC–C_6H_4–OH

Vilsmeier-Haack 반응

Comp. Org. Syn. **1991**, 2, 777. (Review)

- Chloromethaniminium도 chloroformate의 합성 대등체이다. HCN과 HCl을 처리하여 생성된 chloromethanimine에 $AlCl_3$를 처리하여 착물을 형성하고 benzene과 반응시켜 물로 처리하면 formyl기가 도입된다.

$\overset{+}{N}H{\cdot}AlCl_3$ Cl H ≡ O Cl H

HC≡N + HCl —$AlCl_3$→ $\overset{+}{N}H{\cdot}AlCl_3$ Cl H + benzene —H_2O→ benzaldehyde (O, H)

Gattermann 반응

Ber. Dtsch. Chem. Ges., **1898**, *31(2)*, 1765.

- Cyanide 음이온(^-CN)은 카복시 음이온의 합성 대등체이다. CN기는 가수 분해시키면 아마이드를 거쳐 카복실산이 된다. 이 예는 극성 반전에 의한 출발 물질을 도출하는 예 중 하나이다.

$^-C{\equiv}N$ ≡ $^-C(=O)OH$

R−C≡N —Acid or Base / H_2O→ R−C(=O)NH_2 (Amide) —Acid or Base / H_2O→ R−C(=O)OH (Carboxylic acid)

R = Alkyl, aryl

- Dithiane 음이온은 친핵성 카보닐 탄소의 합성 대등체로 이용된다. 결합 분리에서 카보닐 탄소가 음이온을 띠는 합성 단위체가 도출되면 이에 상응하는 dithiane 유도체를 이용한다.

1,3-Dithiane ; 1,2-Dithiane ; Dialkylthioacetal ≡ $^-C(=O)R$

RCHO —$HS(CH_2)_3SH$ / H_3O^+→ 2-R-1,3-dithiane (R, H) —BuLi→ 2-R-2-Li-1,3-dithiane —1) E^+ 2)HgO, H_2O THF→ R−C(=O)−E

J. Org. Chem., **1975,** *40*, 231.

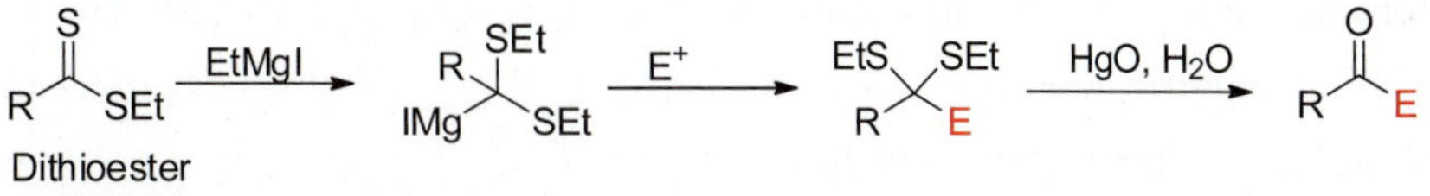

Dithioester

Tetrahedron Lett., **1978**, *19*, 4657.

- Cyanohydrin도 아실 음이온의 합성 대등체이다. 알데하이드로부터 cyanohydrin을 이용하여 1,4-diketone, 4-ketonitrile 및 4-ketoester 등을 만들 수 있다.

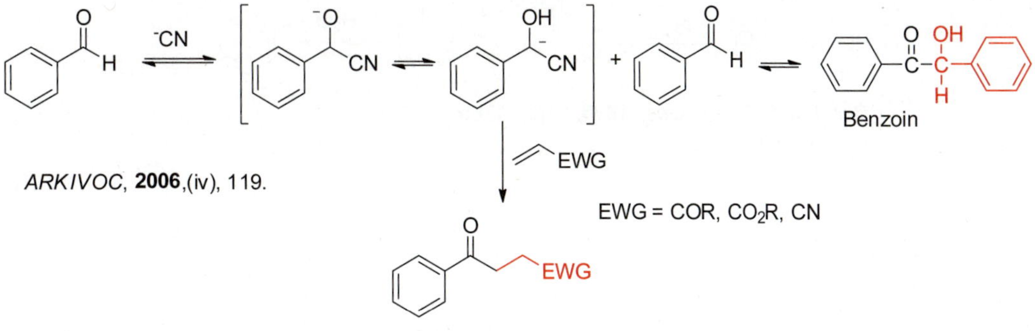

Benzoin

ARKIVOC, **2006**,(iv), 119.

EWG = COR, CO_2R, CN

1,4-Diketone
4-Ketoester
4-Ketonitrile

5.10 방향족 헤테로 고리 유도체의 합성적 이용

합성 대등체로 방향족 헤테로 고리를 이용하는 것은 유용하다. Benzotriazole 유도체, pyridazin-3(2*H*)-one의 관련 반응과 문헌은 3.4절을 참고하라.

■ Pyridazinone 유도체의 합성 대등체

- 친전자성 할로젠($X^{\delta+}$) 대등체: 2-Halopyridazin-3(2*H*)-one은 할로젠이 친전자성을 나타내므로 극성이 반전된 형태여서 탄소 음이온 같은 친핵체의 할로젠화에 유용하다.

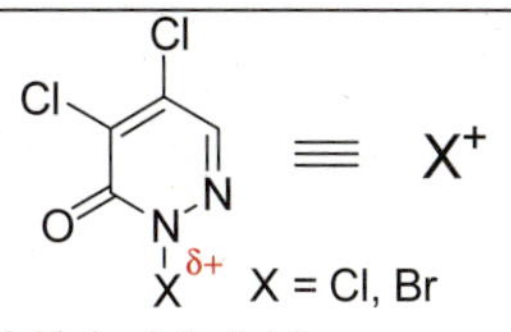

X = Cl, Br

2-Halo-4,5-dichloro-pyridazin-3(2*H*)-one

- 친전자성 사이아나이드($^{\delta+}$CN) 대등체: 2-Cyanopyridazin-3(2*H*)-one은 CN의 탄소가 친

전자성을 나타내므로 극성이 반전된 형태여서 탄소 음이온이나 질소 등과 같은 친핵체의 사이아노화에 유용하다.

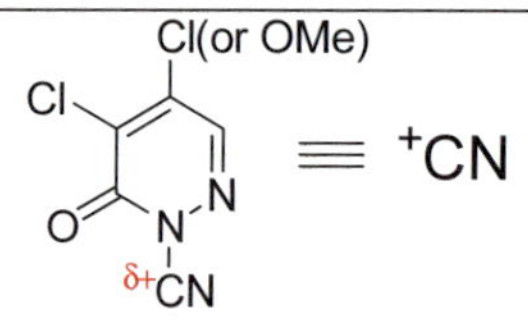

Cl(or OMe) ≡ $^{+}$CN

2-Cyano-4,5-dichloro-pyridazin-3(2*H*)-one

- CO 및 CO_2Ph의 대등체: 2-Phenoxycarbonyl-4,5-dichloropyridazin-3(2*H*)-one은 CO 또는 CO_2Ph의 합성 대등체이다.

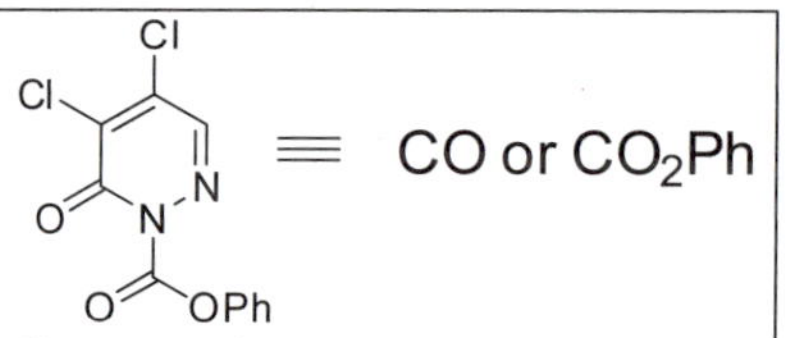

≡ CO or CO_2Ph

2-Phenoxycarbonyl-4,5-dichloro-pyridazin-3(2*H*)-one

- 아실(COR)기의 대등체: 2-Acyl-4,5-dichloropyridazin-3(2*H*)-one은 COR(or Ar)(acyl)기의 합성 대등체이다.

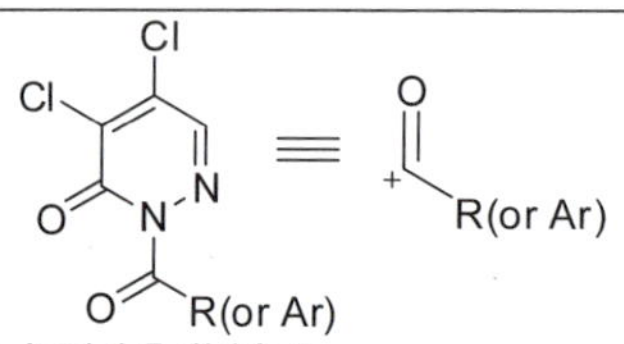

≡ R(or Ar)

2-Acyl-4,5-dichloro-pyridazin-3(2*H*)-one

- Nitro기의 대등체: 4-Chloro-5-methoxy-2-nitropyridazin-3(2*H*)-one은 $^{+}NO_2$기의 합성 대등체이다.

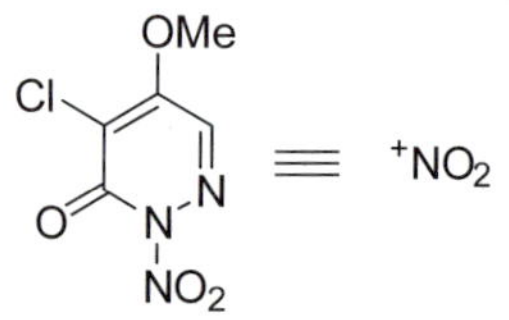

≡ $^{+}NO_2$

4-Chloro-5-methoxy-2-nitropyridazin-3(2*H*)-one

- $^{+}P(=O)(OEt)_2$기의 대등체: [4,5-Dichloro-6-oxo(1*H*)-pyridazin-1-yl]phosphoric acid diethyl ester는 $^{+}P(=O)(OEt)_2$기의 합성 대등체이다.

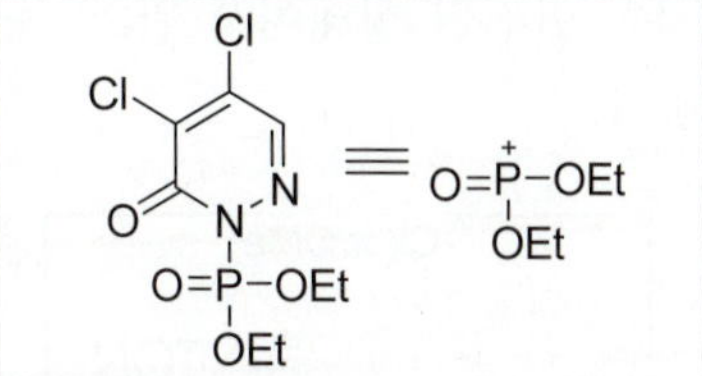

$O=\overset{+}{P}(OEt)_2$

[4,5-Dichloro-6-oxo(1*H*)-pyridazin-1-yl]phosphoric acid diethyl ester

- *p*-Nitrobenzenesulfonyl(p-O_2NPhSO_2-)기의 대등체: 2-(*p*-Nitrobenzenesulfonyl)-4,5-dichloropyridazin-3(2*H*)-one은 *p*-Nitrobenzenesulfonyl(p-O_2NPhSO_2-)기의 합성 대등체이다.

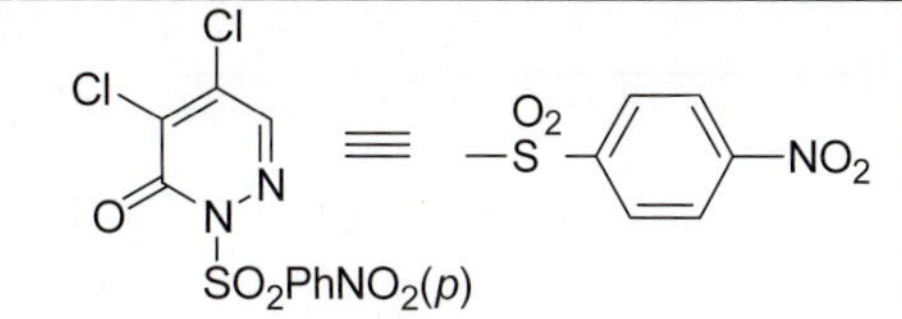

$SO_2PhNO_2(p)$ ≡ $-SO_2-C_6H_4-NO_2$

2-(*p*-Nitrobenzenesulfonyl)-4,5-dichloropyridazin-3(2*H*)-one

RR'NH + 2-(*p*-Nitrobenzenesulfonyl)-4,5-dichloropyridazin-3(2*H*)-one → (Cyclohexane, reflux; -(4,5-dichloropyridazin-3(2*H*)-one) → R,R'N-SO_2Ph(-NO_2-*p*) Sulfonylamide

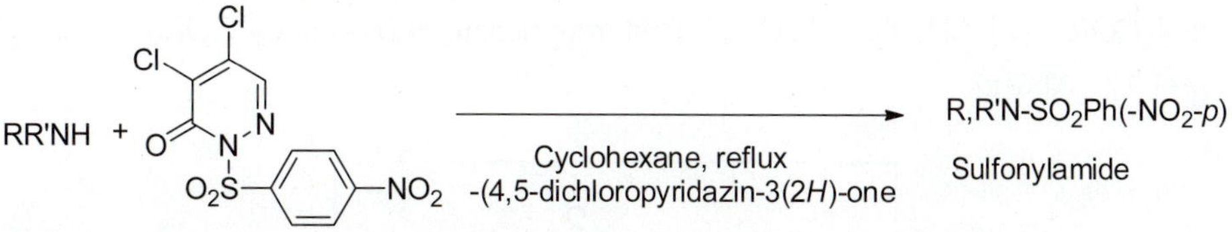

RR'NH: $EtNH_2$, c-$C_6H_{11}NH_2$, $PhCH_2NH_2$, 4-$(NO_2)PhCH_2NH_2$, 2,4-$(F_2)PhCH_2NH_2$
4-$(NH_2)PhCH_2NH_2$, $H_2NCH_2CH_2OH$, $PhCH_2NHMe$, $(Et)_2NH$, $(OHCH_2CH_2)_2NH$
Piperidine, 2-Mepiperidine

Bull. Korean Chem. Soc. **2003**, *24*, 1655.

- Benzotriazole acyl 음이온은 아실 음이온의 합성 대등체이다.

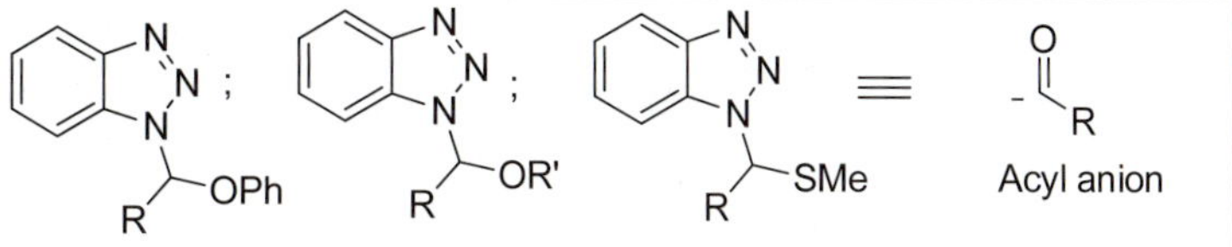

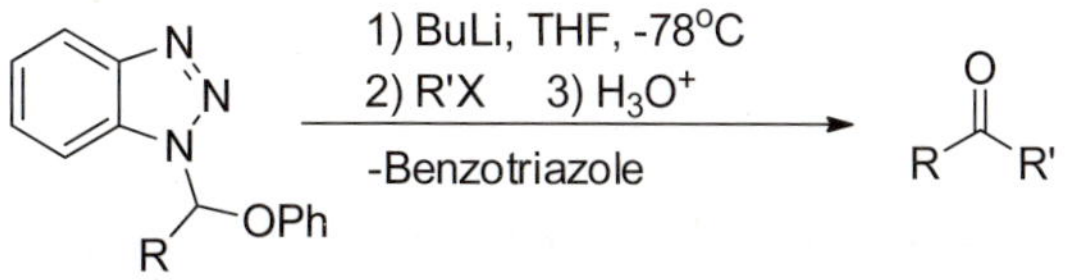

Bt-CH(R)OPh ; Bt-CH(R)OR' ; Bt-CH(R)SMe ≡ $^-$C(=O)R Acyl anion

Bt-CH(R)OPh → (1) BuLi, THF, -78°C 2) R'X 3) H_3O^+; -Benzotriazole) → RC(=O)R'

ARTKIVOC, **2006**,(iv), 119.

6장

합성의 실제

유기 화학 전공자라도 처음 합성을 시작하는 사람들이 보기에는 대충해서도 물질을 만들어 내는 것처럼 보여질 때가 있다. 그러나 숙련된 연구자들은 나름대로의 계획을 가지고 수행한다는 점을 명심해야 한다. 합성을 하다 보면, "*플라스크 속에 있는 화합물이 생각하고 대화한다.*"는 것을 자주 느끼게 된다. 화합물이 생각하고 대화한다는 것이 이상하게 여겨질지 모른다. 그러나 많은 합성 화학자들은 이런 순간들을 한두 번씩은 경험한다. **화합물 자체의 생각과 대화는 곧 그 화합물의 화학 그 자체이기 때문에, 합성자가 화합물들의 이런 생각과 대화를 이해하고 받아들일 때 성공적인 합성 결과를 얻을 수 있다.**

연구실에서나 산업 현장에서 실제로 주어진 목표 물질을 합성하는 경우에는 다음과 같은 공통적인 단계를 거쳐 이루어지며, 각 단계마다 주의하거나 고려해야 하는 지식과 정보가 있다.

■ 합성의 일반적인 단계

단계 1: 목표 물질의 역합성

- 필요하면 작용기 상호 변환을 이용하라.
- 합성 반응에 이용할 수 있는 보고된 반응을 염두에 두고 결합 끊기를 시도하라.
- 가능한 모든 합성 단위체나 중간체가 도출되도록 역합성하라.

단계 2: 출발 물질의 도출

- 역합성 과정에서 도출된 모든 합성 단위체로부터 가능한 출발 물질을 도출하라.
- 도출된 출발 물질의 가격, 구입처, 제조 회사 및 안정성 등에 대한 정보를 확보하라.
- 출발 물질이 여러 개 도출되면 구입의 용이성, 가격 경쟁력, 순도, 안정성 및 친환경성 여부 등을 고려하여 경쟁력 우선 순위를 매겨라.
- 가장 경쟁력 있는 출발 물질을 먼저 이용한다.

단계 3: 합성에 이용되는 반응 정보와 지식의 확보

- 합성 반응에 관련된 지식(메커니즘, 선택성, 수율, 반응 용매 등등)과 문헌을 확보하라.
- 합성을 위한 반응 정보를 얻는 데 'Name reaction(**이름 반응**)'을 참고하면 도움이 된다. 이 책의 부록에 작용기 변환에 유용한 이름 반응 표를 수록하였다.
- 해당 반응의 수행에 특수 장치나 장비가 필요한지를 확인하라. 필요하다면 해결 방안을 사전에 계획하고 확보하라.
- 반응의 진행 정도를 확인할 수 있는 방법(예 TLC, IR, NMR, 기타)을 확보하라.
- 정확한 반응 진행의 확인은 매우 중요하다. 반응 진행 확인 방법은 정확하고 간단하며 신속한 것이 좋다.

단계 4: 목표 물질의 합성 및 구조 확인

- 출발 물질과 반응 종류가 결정되면, 예비 실험을 통해 반응 진행 여부를 확인하라.
- 예비 실험으로 반응 진행이 확인되면 목표 물질 합성을 위한 최적 반응 조건을 선택하라(1.2.2절을 참조).
- 반응 후 처리, 생성물 분리 및 구조 확인 등에 대한 방법과 계획을 수립하라.

이 장에서는 몇 가지 유형의 화합물 합성에 대해, 위에서 제시한 단계별로 합성하는 예를 들어 설명하였다.

6.1 α,β-Unsaturated carbonyl 및 β-hydroxycarbonyl 화합물의 합성

■ 알돌 반응의 이용

알돌 반응은 친핵체인 엔올 음이온과 친전자체인 카보닐기가 반응하여 β-hydroxycarbonyl 분자를 형성하는 반응이다. 이때 생성되는 알돌 생성물은 두 개의 새로운 카이랄 중심이 창출되고, 엔올 음이온도 (*Z*)- 및 (*E*)-이성질체가 가능하므로 이들을 고려해야 한다. 엔올 음이온의 입체 구조는 엔올 음이온에 존재하는 이중 결합 탄소에 결합하고 있는 치환기와 음이온을 만들기 위해 사용되는 염기의 크기에 영향을 받는다. 일반적으로 케톤의 경우는 (*Z*)-엔올 음이온이 우세하고, 에스터나 큰 염기 분자를 사용하면 (*E*)-엔올 음이온이 우세하다.

(*Z*)-엔올 음이온이 알돌 반응하면 알데하이드로부터 유도되는 OH기와 엔올 음이온으로부터 유도되는 R″이 같은 편으로 배향하는 *syn*-생성물을 생성한다. (*E*)-엔올 음이온이 알데하이드와 반응하면 OH기와 R″이 서로 다른 편으로 배향하는 *anti*-생성물이 얻어진다. 이러한 반응 결과는 알돌 반응의 입체 화학을 이용하는 데 중요하고 유용하다.

(*Z*)-Enolate

syn-생성물
OH/R"이 같은 편에 있음

(*E*)-Enolate

anti-생성물
OH/R"이 다른 편에 있음

α,β-Unsaturated carbonyl 및 β-hydroxycarbonyl의 합성

단계 1: α,β-Unsaturated carbonyl 및 β-hydroxycarbonyl의 역합성

α,β-Unsaturated carbonyl의 역합성은 먼저 작용기 상호 변환을 통해 β-hydroxycarbonyl로 변환하고 결합 끊기를 한다. 결합 끊기는 가능한 한 합성 과정에 이용할 수 있는 알려진 반응을 고려하여 수행한다. β-Hydroxycarbonyl에서는 카보닐기의 $C_\alpha-C_\beta$ 결합 사이를 끊어 합성 단위체를 도출하면 유리하다.

α,β-Unsaturated carbonyl (목표 물질) ⟹ (FGI) β-Hydroxy carbonyl ⟹ (결합 끊기) 합성 단위체 ≡ 출발 물질

단계 2: 출발 물질 도출

- β-Hydroxycarbonyl로 변환하고 카보닐의 $C_\alpha-C_\beta$ 결합을 분리하여 얻은 합성 단위체로부터 이에 상응하는 출발 물질을 도출한다.
- Methyl ketone과 다른 케톤을 출발 물질로 선택한다.
- 구입 가능 여부와 구입 가격 및 제조 회사 등을 고려하여 합성 반응에 유용한 출발 물질을 선택해야 한다.
- 반응 진행 정도는 TLC로 확인한다.

단계 3: 합성에 이용되는 반응 지식 확보

- 알돌 반응: α,β-Unsaturated carbonyl과 β-hydroxycarbonyl 목표 물질의 뼈대 구조 구축에 이용된다. 교차 알돌 반응에서는 위치 및 화학 선택성이 고려되어야 한다.
- 탈수 반응: α,β-Unsaturated carbonyl의 $C_\alpha=C_\beta$ 결합은 β-hydroxycarbonyl 화합물의 탈수 반응(dehydration)을 이용하여 형성할 수 있다. 이 탈수 반응은 β-제거 반응 또는 E1cB 반응에 해당한다.
- 토토머화: α-H가 있는 카보닐 출발 물질에서 엔올화가 관찰된다.

단계 4: 목표 물질 합성

- 앞 단계에서 선택한 출발 물질과 반응 정보를 이용하여 최종 목표 물질을 합성한다.
- 분리된 생성물을 IR, NMR 및 MS를 이용하여 구조 분석한다.

Methyl ketone → (base) [토토머화] + ketone → (알돌 반응) β-Hydroxy carbonyl → ($-H_2O$, 탈수 반응) α,β-Unsaturated carbonyl

몇 가지 합성 예를 들어 보자.

α,β-Unsaturated carbonyl 화합물의 합성에 이용되는 Mannich 반응과 Wittig 반응을 살펴보자. Mannich 반응은 엔올 친핵체와 이미늄(iminium) 친전자체의 반응으로 β-amino carbonyl 생성물을 생성한다. 한편 에스터기를 포함하는 Wittig 시약과 알데하이드 및 케톤이 반응하면 상응하는 알켄을 합성할 수 있다.

■ Mannich 시약을 이용한 α,β-unsaturated carbonyl의 합성

단계 1: β-Dialkylamino carbonyl을 거치는 α,β-unsaturated carbonyl의 역합성

- 결합 끊기를 하기 전에 C=C 결합에 첨가 반응을 이용한 작용기 상호 변환을 한다.
- $C_\alpha-C_\beta$ 결합 사이에서 1차 결합 끊기를 하여 α-탄소 음이온 카보닐 화합물로부터 methyl ketone 출발 물질을 도출한다.
- 다른 탄소 양이온 조각으로부터 iminium 합성 단위체를 도출하고, 이로부터 케톤 화합물을 또 다른 출발 물질로 도출한다.

단계 2: 출발 물질 도출

- 목표 물질의 역합성(단계 1)을 통해 두 가지의 카보닐 화합물(methyl ketone, 다른 케톤)과 dimethylamine이 출발 물질로 도출되었다.

단계 3: 합성에 이용되는 반응 지식 확보

- Mannich 반응: 친전자체인 이미늄 이온(Mannich 시약)이 친핵체인 엔올과 반응하여 β-aminocarbonyl을 형성한다. Mannich 시약은 dimethylamine 같은 2° 아민과 알데하이드를 동일 용기에서 반응시켜 제조한다.
- Mannich 반응은 일종의 알돌 유사 반응이다.
- 토토머화: α-H가 있는 카보닐 출발 물질에서 엔올화가 관찰된다.

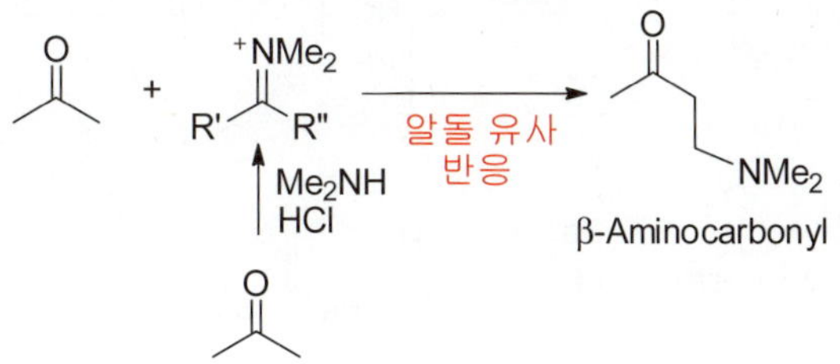

- Hofmann 제거 반응: β-Dialkylamino 케톤으로부터 α,β-unsaturated carbonyl을 합성하려면 Hofmann 제거 반응을 해야 한다.
- 반응 진행은 TLC로 확인한다.

단계 4: 목표 물질 합성

- 앞 단계에서 선택한 출발 물질과 반응 정보를 이용하여 최종 목표 물질을 합성한다.
- 생성물 구조는 IR, NMR 및 MS를 이용하여 확인한다.

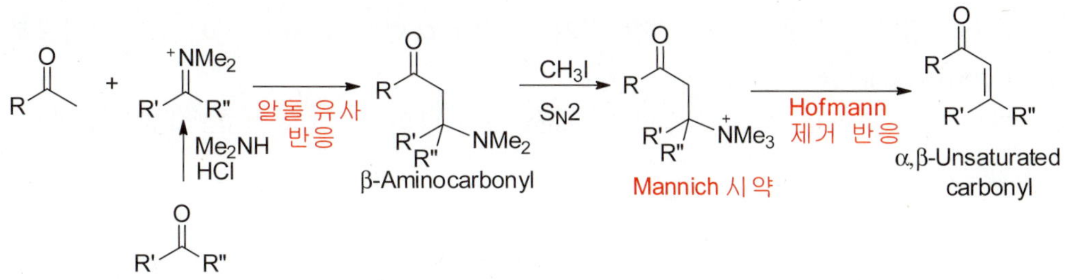

■ Wittig 시약을 이용한 α,β-unsaturated carbonyl의 합성

Wittig 반응은 C=O 결합을 C=C 결합으로 직접 변환(C=O → C=C)하는 좋은 방법이다. 카보닐기를 포함하는 Wittig 시약을 이용하면 α,β-unsaturated carbonyl 화합물을 합성할 수 있다.

단계 1: α,β-unsaturated carbonyl의 역합성

- $C_\alpha=C_\beta$ 결합을 끊어 역합성 분석을 하면 두 가지 경로가 가능하다.

- 경로 1)과 같이 결합 끊기를 하면 에스터기를 포함하는 좋은 친핵체로서의 Wittig 시약을 합성 단위체로 도출할 수 있다.
- 경로 2)와 같이 결합 끊기를 하면 얻어진 친전자체에 두 개의 C=O가 있어 불리하다.

출발 물질
EtO(C=O)CH₂Br + PPh3
⇑ 결합 끊기
경로 1) 목표 물질 ⟹ (결합 끊기) EtO(C=O)CH=PPh$_3$ (좋은 친핵체) + R'(C=O)R'' (친전자체) 합성 단위체
경로 2) 목표 물질 ⟹ (결합 끊기) EtO(C=O)CHO (친전자체) + R'R''C=PPh$_3$ (친핵체) 합성 단위체
⇓ 결합 끊기
R'R''CHBr
출발 물질

단계 2: 출발 물질 도출

- Wittig 반응을 이용하는 역합성은 경로 1)과 경로 2) 두 가지이며, 이로부터 각각 다른 출발 물질이 도출된다.
  - 경로 1)의 출발 물질: Ethyl 2-bromoacetate와 상응하는 케톤
  - 경로 2)의 출발 물질: 상응하는 dialkyl bromide(R′R″ CHBr)와 ethyl 2-oxoacetate
- 반응성 면에서 보면 경로 1)에서 도출된 합성 단위체 Wittig 시약이 좋은 친핵체이므로 이 화학종을 출발 물질로 선택한다.

단계 3: 합성에 이용되는 반응 지식 확보

- Wittig 반응: C=O 작용기를 C=C로 직접 전환하는 반응이다. 이 반응에서는 (*Z*)-알켄이 주 생성물이지만, Horner-Wadsworth-Emmons(HWE) **시약**처럼 안정화된 일라이드는 (*E*)-이성질체를 생성한다.
- Horner-Wadsworth-Emmons(HWE) 반응: 안정화된 phosphonate carbanion과 알데하이드를 반응시키면 (*E*)-알켄이 우세하게 만들어진다. (*Org. React.* 1977, *25*, 73)
- 반응 진행은 TLC로 확인한다. 필요하면 IR로 반응 중에 생성물 구조를 확인한다.

단계 4: 목표 물질 합성

- 앞의 단계에서 선택한 출발 물질과 수집한 정보를 이용하여 역합성 경로 1)에 따라 목표 물질을 합성한다.
- 생성물 구조는 IR, NMR 및 MS 등의 분광기를 이용하여 밝힌다.

$$EtOC(=O)CH_2Br \xrightarrow[2.\ NaOH]{1.\ PPh_3} EtOC(=O)CH{=}PPh_3 + R'C(=O)R'' \longrightarrow EtOC(=O)CH{=}CR'R''$$

목표 물질

합성의 예를 보자.

$$EtOC(=O)CH_2Br \xrightarrow[2.\ NaOH]{1.\ PPh_3} EtOC(=O)CH{=}PPh_3 + PhC(=O)H \longrightarrow EtOC(=O)CH{=}CHPh$$

$$PhC(=O)H + (MeO)_2P(=O)CH_2C(=O)OMe \longrightarrow PhCH{=}CHC(=O)OMe\ (98\%) + (Z)\text{-}PhCH{=}CHC(=O)OMe\ (2\%)$$

Tetrahedron Lett, **1983**, *24*, 4405

6.2 1,2-Dioxygenated 화합물의 합성

이웃한 두 개 탄소에 산소(O) 작용기(OH와 C=O)를 가지는 화합물들의 합성도 자주 만나게 된다. 1,2-Diol, α-hydroxy carboxylic acid 및 α-hydroxy ketone 등이 이런 부류이다. 이런 계열 화합물들의 경우는 두 산소 작용기가 모두 전자를 끄는 기들이므로 정상적인 결합 분리가 어렵다. 따라서 이런 경우에는 극성 반전을 이용하는 것이 좋다.

■ 극성 반전의 이용

단계 1: 1,2-Diol, α-hydroxy acid 및 ketone의 역합성

- 1,2-Diol 화합물의 역합성은 작용기 상호 변환으로 하거나, OH기와 결합한 두 탄소 사이를 결합 끊기하는 것이다. 알켄을 산화시키면 *cis*- 또는 *trans*-diol을 얻을 수 있다.
- 역합성에서 OH기가 결합된 탄소 양이온 합성 단위체로부터는 출발 물질을 도출할 수 있으나, OH기가 결합된 탄소 음이온 합성 단위체로부터는 출발 물질 도출이 어렵다.
- α-Hydroxy acid나 α-hydroxy ketone의 역합성에서 결합 끊기에 의해 OH기가 결합된 탄소 양이온 합성 단위체($HOCH^+R$)로부터는 상응하는 출발 물질(RC(=O)H)을 도출할 수 있으나, 카복실 음이온(−C(=O)OH) 합성 단위체에 적합한 유사 구조 대등체는 없다.

- cyanide(CN)기를 가수 분해하면 카복실산을 얻을 수 있으므로, 카복실 음이온 합성 대등체로 $^{-}$CN 음이온을 사용한다(5.9절 참조). 이것은 극성 반전을 이용한 한 가지 예이다.
- α-hydroxy acid 목표 분자 역합성 첫 단계에서 먼저 작용기 상호 변환을 한 후에 결합 끊기를 하면, 극성 반전 없이 cyanide를 합성한 후에 가수 분해시켜 최종 목표 분자를 합성할 수 있다.
- α-hydroxy ketone의 결합 끊기에서도 아실 음이온이 얻어지며, 이 경우에도 극성 반전이 요구된다.
- 아실 음이온의 합성 대등체로는 dithiane 음이온(5.9절 참조)을 이용한다. α-hydroxy ketone의 경우도 역합성 첫 단계에서 작용기 변환으로 dithiane 고리를 도입하고 결합 끊기를 하면 통상적인 합성 단위체를 얻을 수 있다.

1,2-Diol ⟹ (FGI) 알켄의 산화 반응으로 1,2- diol 합성이 가능하다

1,2-Diol ⟹ (결합 끊기) OH와 결합한 탄소 음이온 합성 동등체를 찾기 어렵다.

α-Hydroxy acid ⟹ (결합 끊기) $\equiv$ C≡N 극성 반전시킨 합성 동등체

α-Hydroxy acid ⟹ (FGI) α-Hydroxy nitrile ⟹ (결합 끊기) C≡N 극성 반전 필요 없음

α-Hydroxy ketone ⟹ (결합 끊기) 극성 반전시킨 합성 동등체

α-Hydroxy ketone ⟹ (FGI) ⟹ (결합 끊기) 극성 반전 필요 없음

단계 2: 출발 물질 도출

- 1,2-Diol의 역합성에서는 상응하는 알켄이 출발 물질로 도출된다.
- α-hydroxy acid나 α-hydroxy ketone의 역합성에서는 상응하는 친전자성 카보닐 화합물과 극성 반전에 의해 도출되는 합성 대등체들이 출발 물질로 도출된다.

단계 3: 합성에 이용되는 반응 지식 확보

- Dihydroxylation 반응: 알켄을 OsO_4로 산화시키면 *syn*-1,2-diol이 생성되고, CH_3CO_3H/H_3O^+를 반응하면 *anti*-1,2-diol이 생성된다. 이 반응은 에폭사이드를 거쳐 진행된다.
- 첨가 반응: 카보닐기에 cyanide를 첨가 반응시키면 cyanohydrin이 생성된다.
- 가수 분해 반응: Cyanide를 가수 분해하면 아마이드를 거쳐 카복실산이 된다. 또한 1,3-dithiane도 Hg^{2+} 존재하에서 가수 분해하면 상응하는 카보닐 화합물로 변환된다.
- 싸이오아세탈 형성 반응: 알데하이드를 1,3-propanedithiol과 BF_3 존재하에서 반응시키면 상응하는 1,3-dithiane이 생성된다.
- Cyanide를 이용한 α-hydroxy acid 합성법과 유사한 방법으로 α-amino acid를 합성하는 방법이 Strecker 합성법(*Org. React.*, 2008, *70*. 1)이다.
- 반응 진행 정도는 TLC, 각 과정의 생성물 구조는 IR을 이용하면 확인 가능하다.

단계 4: 목표 물질 합성

- 1,2-Diol은 알켄으로부터 각기 다른 시약을 사용하여 합성할 수 있다.
- α-Hydroxy acid는 알데하이드로부터 사이아노하이드린을 합성하여 가수 분해하여 만든다.
- Strecker 합성법으로 α-amino acid를 합성한다.
- 알데하이드로부터 1,3-dithiane을 만들어 다른 알데하이드와 반응시켜 α-hydroxy ketone을 합성한다.
- 생성물 구조는 IR, NMR, MS 등의 분광기를 이용하여 밝힌다.

syn–1,2–Diol ← OsO_4 — alkene — CH_3CO_3H → [epoxide] — H_3O^+ → *anti*–1,2–Diol

RCHO — 1. KCN, 2. H_2O → cyanohydrin — H_3O^+, mild → α-Hydroxy amide — H_3O^+, heat → α-Hydroxy acid

$R_2C{=}O$ — NH_3/HA → imine — NaCN → aminonitrile — H_3O^+, heat → α-Amino acid

Strecker 합성:*Org. React.* **2008**, *70*.1.

$CH_2(CH_2SH)_2$ *n*-BuLi Hg^{2+}/H_2O

α-Hydroxy ketone

6.3 1,3-Dicarbonyl 화합물의 합성

1,3- 및 1,5-dicarbonyl계 화합물의 합성에는 Claisen 축합 반응, Michael 반응 및 Robinson 고리화 반응 등을 이용할 수 있다.

■ Claisen 축합 반응의 이용

에스터의 Claisen 축합 반응으로 1,3-dicarbonyl계 화합물을 합성할 수 있다. 뿐만 아니라, 두 개의 에스터기를 포함하는 단일 분자의 분자 내 Claisen 축합, 즉 Dieckmann 고리화 (Dieckmann cyclization)로 오- 또는 육-고리 β-케토 에스터를 만들 수 있다.

단계 1: 1,3-Dicarbonyl 화합물의 역합성

- β-케토 에스터와 고리형 β-케토 에스터는 Claisen 축합 반응으로 합성할 수 있으므로, 이를 염두에 두고 역합성한다.
- 역합성으로 C=O기를 포함하는 두 개의 합성 단위체가 도출된다.
- 고리형 β-ketoester에서는 사슬의 말단에 에스터기가 있는 합성 단위체가 도출된다.

목표 물질 결합 끊기 합성 단위체 출발 물질

1,3-Dicarbonyl (β-Keto ester)

목표 물질 결합 끊기 합성 단위체 출발 물질

Cyclic β-ketoester

단계 2: 출발 물질 도출

- 목표 물질의 C_2-C_3를 결합 끊기를 하여 두 개의 합성 단위체를 도출하고, 이 결과로부터 두 개의 에스터 화합물을 출발 물질로 선택하였다.
- 1,3-Dicarbonyl 목표 물질의 출발 물질은 상응하는 alkyl alkanoate이다.
- 고리형 β-ketoester의 합성 출발 물질은 dialkyl alkandioate이다.

단계 3: 합성에 이용되는 반응 지식 확보

- **Claisen 축합 반응**: 에스터를 염기 촉매하에서 Clasien 축합을 하면 β-케토 에스터를 합성할 수 있다. 이 반응은 에스터의 α-H가 제거되어 음이온을 만드는 단계와 다른 에스터의 C=O기를 공격하는 단계 등의 두 단계로 이루어진다. 따라서 Claisen 축합을 위해서는 하나의 에스터는 반드시 α-H가 있어야 한다.
- **교차 Claisen 축합 반응**(mixed Claisen condensation): 두 가지 다른 에스터 화합물 간의 축합 반응이며, 사슬에 다른 치환기가 있는 뼈대 구조를 만드는 경우에 유용하게 이용된다.
- **양성자 이탈 반응**(deprotonation): Claisen 축합의 첫 단계는 염기를 이용하여 α-H를 제거하는 양성자 이탈이 포함된다.
- **Dieckmann 고리화**(Dieckmann cyclization): 두 개의 에스터기를 가진 사슬을 염기 조건에서 분자 내 축합 반응을 시키면 오- 또는 육-고리 β-케토 에스터를 생성한다.
- 반응 진행은 TLC로 확인한다.

단계 4: 목표 물질 합성

- 목표 물질에 따라 동일한 에스터 두 분자를 반응시키거나 또는 각기 다른 두 종류의 에스터 분자로(교차 Claisen 축합) 반응할 수 있다.
- 두 개의 에스터기를 가진 사슬을 염기 조건에서 분자 내 축합 반응인 Dieckmann 고리화를 이용하면 오- 또는 육-고리 β-케토 에스터를 합성할 수 있다.
- 생성물 구조는 IR, NMR 및 MS로 확인한다. β-Ketoester는 엔올화가 잘 일어나므로 구조 확인 과정에서 주의해야 한다.

Claisen 축합 반응

2 R–CH₂–C(=O)OR' (Ester) —[1. R"ONa, R"OH; 2. H_3O^+(mild)]→ R–CH₂–C(=O)–CH(R)–C(=O)OR' (1,3-Dicarbonyl (β-Ketoester))

교차 Claisen 축합 반응

Ph OR' Ester → LDA → [Ph OR'] + R OR' Ester → R OR' Ph 1,3-Dicarbonyl (β-Ketoester)

Dieckmann 고리화

RO OR → 1. EtONa, EtOH 2. H_3O^+(mild) → OR Cyclic β-ketoester

6.4 1,4-Dioxygenated 및 1,4-dicarbonyl 화합물의 합성

γ-Hydroxy ketone 및 1,4-diketone 같은 1,4-dioxygenated 계열 화합물들의 역합성에서는 OH나 C=O기가 결합된 탄소의 α-탄소가 양이온이 되는 합성 단위체가 도출된다. 그러나 이러한 단위체는 일반적이지 않으므로, 상응하는 합성 단위체를 제공할 수 있는 시약 또는 대등체를 이용하거나, 극성 반전을 통한 다른 대등체를 이용해야 한다.

■ 극성 반전의 이용

단계 1: γ-Hydroxy ketone 및 1,4-diketone의 역합성

- γ-Hydroxy ketone의 역합성에서는 엔올 음이온체와 OH가 결합된 이웃 탄소가 양이온이 되는 합성 단위체가 도출되지만, 이 양이온 단위체의 대등체는 에폭사이드이므로 이를 이용할 수 있다.
- 1,4-dicarbonyl 역시 유사한 합성 단위체가 도출되지만 α-탄소가 양이온을 띠는 카보닐 단위체의 합성 대등체로 이용할 수 있는 시약은 α-halocarbonyl 화합물이다.

γ-Hydroxy ketone ⟹ 합성 단위체 / 출발 물질

1,4-Diketone ⟹ 합성 단위체 / 출발 물질 (Br, R)

단계 2: 출발 물질 도출

- γ-Hydroxy ketone의 역합성에서 도출되는 출발 물질은 엔올화가 가능한 상응하는 카보닐 화합물(methylketone)과 에폭사이드이다.
- 1,4-dicarbonyl의 역합성에서도 엔올화될 수 있는 상응하는 카보닐 화합물(methylketone)과 α-halocarbonyl 화합물이 출발 물질로 도출된다.

단계 3: 합성에 이용되는 반응 지식 확보

- 토토머화: α-탄소가 있는 카보닐 화합물은 케토-엔올 토토머화가 일어난다.
- 에폭사이드 고리 열림 반응: 이 고리 열림 반응은 위치 선택적으로 S_N2 메커니즘으로 반응이 일어나고, 고리는 입체 특이적으로 열린다.
- 카복시이탈 반응: 1,4-diketone 합성 중간 물질에 있는 $-CO_2Et$기는 산 수용액에서 가열하면 카복시이탈 반응을 일으켜 CO_2와 EtOH로 분해된다.
- 반응 진행은 TLC로 확인한다.

단계 4: 목표 물질 합성

- 에폭사이드와 엔올 음이온의 반응은 비교적 잘 일어나지만, α-halocarbonyl 화합물과는 잘 반응하지 않는다.
- 따라서 1,4-diketone의 경우에는 상응하는 활성 메틸렌(active methylene)을 이용하는 것이 유리하다.
- 생성물 구조는 IR, NMR, MS 같은 분광기를 이용하여 밝힌다.

LDA
H_3O^+
γ-Hydroxy ketone

LDA
H_3O^+
$-CO_2$
1,4-Diketone

Ethyl 2-(2-oxocyclohexyl)acetate의 실제 합성 과정을 예로 살펴보자.

목표 분자의 역합성은 다음과 같이 두 가지 경로가 가능하다.

합성 단위체 출발 물질

경로 1)

Ethyl 2-(2-oxocyclohexyl)acetate

목표 분자

안정한 음이온 형성에 유리

경로 2)

합성 단위체 출발 물질

이 목표 분자는 4단계로 합성하는 경로 1)과 3단계로 합성하는 경로 2)가 가능하지만, 고리의 2차 탄소에서 치환 반응을 하는 것보다는 α-카보닐 음이온 중간체를 거치는 경로 1)이 더 유리하다.

경로 1)

1. EtONa/EtOH

2. mild H_3O^+

EtONa

H_3O^+ 가열

1. $SOCl_2$

2. EtOH

목표 분자

경로 2)

Br_2/AcOH

$^-CH(CO_2Et)_2$

H_3O^+ 가열

6.5 1,5-Dicarbonyl 화합물의 합성

■ Michael 반응의 이용

Michael **반응**은 α,β-unsaturated carbonyl과 엔올 음이온을 반응시켜 1,5-dicarbonyl 계열 화합물을 만드는 반응이다.

단계 1: 1,5-Dicarbonyl 화합물의 역합성

- 1,5-Dicarbonyl 분자는 Michael 반응을 염두에 두고 카보닐기 이웃의 $C_\alpha-C_\beta$ 결합에서 결합 끊기를 한다.

1,5–Dicarbonyl

Active methylene

Vinyl ketone

단계 2: 출발 물질 도출

- $CH_3C(=O)CH_2^-$는 불안정하므로 $CH_3C(=O)CH_3$를 출발 물질로 이용하기보다는, 좋은 이탈기를 가진 $CH_3C(=O)CH_2CO_2R$ 같은 활성 메틸렌(active methylene)을 출발 물질로 이용하면 유리하다.
- $CH_3C(=O)CH_2CH_2^+$의 합성 대등체는 vinyl ketone이므로 이 물질을 출발 물질로 선택한다.

단계 3: 합성에 이용되는 반응 지식 확보

- Michael 반응: 이 반응은 α,β-unsaturated carbonyl과 엔올 음이온을 반응시켜 1,5-dicarbonyl 화합물을 만드는 반응이다. 첫 단계에서 엔올 음이온이 만들어져야 하므로 α-H가 있는 카보닐 화합물을 이용해야 한다.
- 1,4-첨가 반응: 이 반응에서는 엔올 음이온과 α,β-unsaturated carbonyl이 1,4-첨가 반응을 일으켜 새로운 C–C 결합을 생성한다. 이 첨가 반응은 친전자체인 Michael 받개와 친핵체인 Michael 주개 사이의 반응이다. Michael **받개**의 일반적인 구조는 $H_2C=CH-EWG$ (EWG: 전자 끄는 기)이고, Michael **주개**는 탄소 음이온을 안정화시킬 수 있는 $EWG-CH_2-EWG$ 같은 활성 메틸렌들이다. 한편 엔아민도 Michael 받개로 유용하다.

단계 4: 목표 물질 합성

- 1,5-Dicarbonyl 화합물은 3가지 대표적인 방법으로 합성할 수 있다.
  - Vinyl ketone과 알데하이드나 케톤을 반응시키면 1,5-dicarbonyl 화합물을 합성할 수 있다.
  - Pyrrolidine을 알데하이드나 케톤과 반응시켜 상응하는 엔아민(enamine)을 만들어 vinyl ketone과 반응시키면 상응하는 1,5-dicarbonyl 화합물을 합성할 수 있다.
  - Ethyl acetoacetate와 phenyl vinyl ketone을 반응시켜 상응하는 1,5-dicarbonyl 화합물을 합성할 수 있다.
- 생성물 구조는 분광기(IR, NMR, MS)를 이용하여 확인한다.

Ketone Aldehyde + Vinyl ketone —NaOH/H_2O→ 1,5–Dicarbonyl

Ketone Aldehyde + (pyrrolidine) —HA→ [—A^-→ Enamine] + Vinyl ketone —H_3O^+→ 1,5–Dicarbonyl

Ethyl acetoacetate + Phenyl vinyl ketone —EtONa/EtOH→ Ethyl 2-acetyl-5-oxo-5-phenylpentanoate

■ Robinson 고리화 반응의 이용

Robinson 고리화는 엔올 음이온과 vinyl ketone을 Michael 반응시켜 1,5-dicarbonyl 중간체를 만들고, 고리 케톤을 생성시켜 최종 생성물을 합성하는 반응이다. 이 반응은 일종의 종속 반응(tandem reaction) 중 하나이다.

Robinson 고리화로부터 두 개의 육-원자 고리가 접합된 목표 분자 A[4,4α,5,6,7,8-hexahydronaphthalene-2(3*H*)-one]와 목표 분자 B[8α-methyl-3,4,8,8α-tetrahydronaphthalene-1,6(2*H*,7*H*)-dione] 화합물의 합성을 예를 들어 살펴보자.

단계 1: 고리 화합물의 역합성

- Robinson 고리화는 알돌 반응과 Michael 반응이 관련되므로, 이 반응들을 이용하는 결합 끊기를 시도한다.
- 1차 결합 끊기는 $C_\alpha=C_\beta$ 결합부터 한다.

Aldol 반응 Michael 반응 합성 단위체 출발 물질 목표 분자-A 출발 물질

목표 분자-B 출발 물질 출발 물질

단계 2: 출발 물질 도출

- 목표 분자 A의 합성 출발 물질로 cyclohexanone과 vinyl ketone을 선택한다.
- 목표 분자 B의 합성 출발 물질로 2-methylcyclohexan-1,3-dione과 vinyl ketone을 선택한다.

단계 3: 합성에 이용되는 반응 지식 확보

- **Robinson** 고리화: 이 반응은 첫 단계에서 Michael 반응이 진행되고, 다음 단계에서 알돌 반응에 의해 고리를 형성한다. 전체적으로는 Michael 반응 → 알돌 반응 → β-제거 반응으로 이어지는 종속 반응이 일어난다.
- **Michael** 반응: 이 반응은 α,β-unsaturated carbonyl과 엔올 음이온을 반응시켜 1,5-dicarbonyl 화합물을 만든다. 첫 단계에서 엔올 음이온이 만들어져야 하므로 α-H가 있는 카보닐 화합물을 이용해야 한다.
- 알돌 반응: 두 분자의 알데하이드가 염기 촉매로 반응하여 새로운 C–C 결합의 형성을 통해 목표 물질의 뼈대 구조인 β-hydroxycarbonyl 화합물이 만들어진다. 교차 알돌 반응에서는 위치 및 화학 선택성이 고려되어야 한다.
- 탈수 반응(dehydration): β-Hydroxycarbonyl 화합물에서 탈수 반응을 일으켜 α,β-unsaturated carbonyl 화합물을 형성한다. 이 탈수 반응은 β-제거 반응 또는 E1cB 반응에 해당한다.
- 반응 진행은 TLC로 확인한다.

단계 4: 목표 물질 합성

- Cyclohexanone과 vinyl ketone을 반응시키면 상응하는 목표 분자 A가 합성된다.
- 2-Methylcyclohexan-1,3-dione과 vinyl ketone을 반응시키면 목표 분자 B가 합성된다.

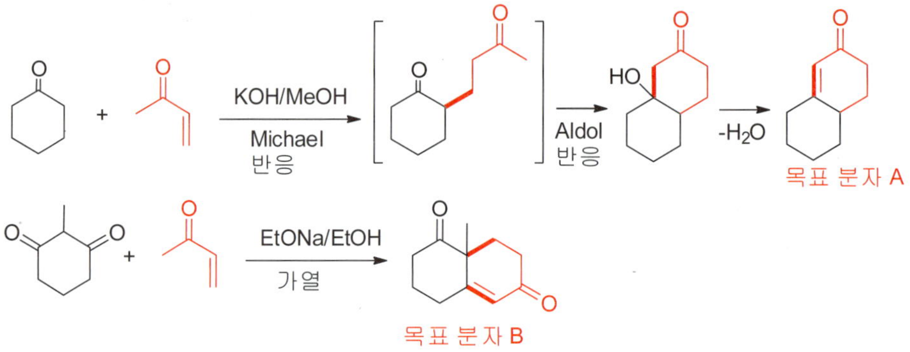

KOH/MeOH
Michael 반응
Aldol 반응
$-H_2O$
목표 분자 A

EtONa/EtOH
가열
목표 분자 B

■ α-H를 갖는 카보닐 목표 분자들의 결합 끊기 유형

α-H를 갖는 카보닐 목표 분자들의 결합 끊기 유형을 아래에 정리하였다.

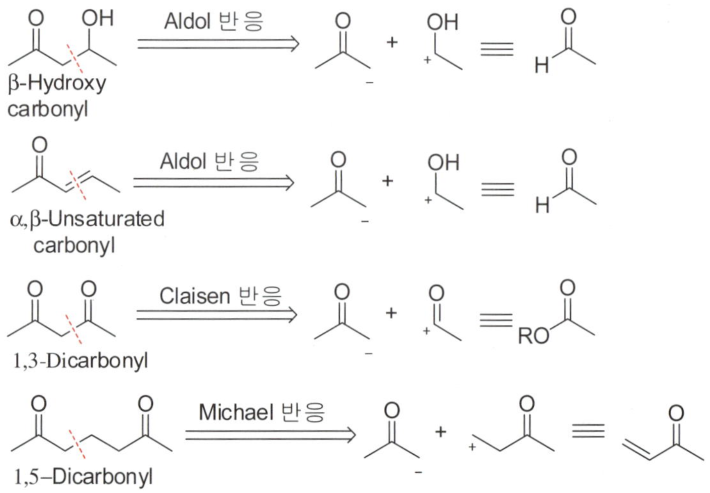

β-Hydroxy carbonyl — Aldol 반응
α,β-Unsaturated carbonyl — Aldol 반응
1,3-Dicarbonyl — Claisen 반응
1,5–Dicarbonyl — Michael 반응

6.6 1,6-Dicarbonyl 화합물의 합성

1,6-Dicarbonyl 목표 분자는 두 가지 가능한 결합 끊기 방식이 있지만, 둘 다 합리적이지 않은 합성 단위체가 도출되므로 작용기 상호 변환을 고려한 역합성이 더 유리하다.

■ 1,6-Dicarbonyl 화합물의 합성

단계 1: 1,6-Dicarbonyl 화합물의 역합성

- 1,6-Dicarbonyl 계열 목표 분자는 3가지 가능한 역합성 방식이 있다.
- 한쪽 카보닐의 $C_\alpha-C_\beta$ 결합 위치에서 결합 끊기를 할 수 있다(경로 1).

- 두 카보닐 탄소의 중간 C–C 결합 위치에서 결합 끊기를 할 수 있다(경로 2).
- 가오존 분해 반응을 염두에 둔 작용기 변환으로 상응하는 육-고리 화합물을 도출하고, Diels-Alder 반응이 가능한 C=C 결합의 이웃 결합에서 결합 끊기를 할 수 있다(경로 3).
- 가오존 분해 반응과 Diels-Alder 반응을 염두에 둔 결합 끊기로 출발 물질을 도출하는 (경로 3) 것이 더 유리하다.

합성 단위체 출발 물질
목표 분자 경로 1)
목표 분자 경로 2)
목표 분자 경로 3) Ozonolysis FGI Diels-Alder

단계 2: 출발 물질 도출

- 경로 1)의 출발 물질은 methyl ketone만 가능하고 γ-탄소 양이온의 합성 대등체는 적합하지 않다.
- 경로 2)의 출발 물질은 α,β-unsaturated ketone만 가능하고 β-탄소 음이온의 합성 대등체는 적합하지 않다.
- 1,6-Dicarbonyl 계열 목표 분자의 역합성에서 도출되는 출발 물질은 상응하는 diene 및 알켄이다.

단계 3: 합성에 이용되는 반응 지식 확보

- 가오존 분해 반응: 치환기를 가진 육-고리 알켄을 가오존 분해 반응시키면 상응하는 1,6-dicarbonyl 화합물을 얻을 수 있다.
- Diels-Alder 반응: Diels-Alder 반응은 4+2 고리화 반응이다. 다이엔과 알켄을 반응시켜 육-고리 알켄을 생성한다.
- 반응 진행 정도는 TLC나 IR로 확인한다.

단계 4: 목표 물질 합성

- 먼저 Deals-Alder 반응으로 육-고리 알켄을 합성하고 가오존 분해 반응을 통해 1,6-dicarbonyl 화합물을 합성한다.
- 생성물 구조는 분광기(UV-Vis, IR, NMR, MS) 등을 이용하여 확인한다.

Diels-Alder

1. O_3

2. Workup

목표 분자

6.7 치환 benzene의 합성

■ 친전자성 방향족 치환 반응의 이용

친전자성 방향족 치환 반응을 이용하는 치환 benzene 화합물의 역합성을 살펴보자. 치환 benzene의 반응성 및 위치 선택성은 이미 존재하는 치환기의 종류와 위치에 의존한다.

단계 1: 치환 benzene 화합물의 역합성

- Benzene 유도체의 역합성에서는 benzene 고리와 치환기 사이의 탄소 결합에서 결합 끊기를 한다.
- 다중 치환 benzene 유도체의 결합 끊기는 치환기의 지향성을 고려하여 수행한다.

목표 분자 출발 물질 합성 단위체

친전자성 방향족 치환 반응

+ ^{+}E

E = X(halogen), NO_2, SO_3H, RCO

Friedel-Crafts 알킬화

+ ^{+}R ≡ R-Cl

FGI

Friedel-Crafts 아실화

EWG

EWG = 전자 끄는 기(활성 감소기)

단계 2: 출발 물질 도출

- 치환기를 가지는 benzene 분자의 역합성에서는 기본적으로 benzene 고리가 출발 물질로 도출된다.
- Benzene 고리에 치환기를 도입하는 데 필요한 물질들도 출발 물질로 도출된다.

단계 3: 합성에 이용되는 반응 지식 확보

- 친전자성 방향족 치환 반응: Benzene의 대표적인 반응이 친전자성 치환 반응이다. 이 반응은 치환기에 의한 지향성과 반응성의 차이가 뚜렷하다. 치환기 종류에 따라 위치 선택성이 있어, 치환기의 위치 조절 및 반응 경로 선택에 좋은 정보가 된다. Benzene 유도체의 할로젠화, 나이트로화, 알킬화/아실화 및 설폰화 반응 등이 여기에 해당한다.
- Friedel-Crafts 반응: 친전자성 치환 반응이지만 Friedel-Crafts 알킬화는 생성물이 출발 물질보다 반응성이 더 커서 원치 않는 소량 생성물의 원인이 된다. 이런 위험성을 피하기 위해서는 Friedel-Crafts 아실화를 수행한 후에 환원하여 상응하는 알킬 치환 benzene 유도체를 합성하는 것이 유리하다.
- 반응 진행 정도는 TLC(경우에 따라서는 분광기를 이용한다)로 확인한다.

단계 4: 목표 물질 합성

- Benzene 유도체는 알려진 반응성과 지향성을 토대로 유용한 합성 계획을 수립하여 합성할 수 있다. 몇 가지 유용한 이치환 benzene 유도체 합성 경로를 다음에 나타내었다.
- 생성물의 구조는 분광기(UV-Vis, IR, NMR, MS)를 이용하여 확인한다.

OH → (1.NaOH, 2. EtI) → OEt → ($Cl_2/FeCl_3$) → OEt/Cl (para) + OEt/Cl (ortho) ($p:o$ = 65:35)
(EtO: 활성화기)
(EtO: o,p-지향기)

→ ($Cl_2/FeCl_3$) → Cl → (HNO_3/H_2SO_4) → Cl/NO_2 (para) + Cl/NO_2 (ortho) ($p:o$ = 70:30)
(Cl: 활성 감소기)
(Cl: o,p-지향기)

→ (CH_3COCl, $FeCl_3$) → acetophenone → ($Br_2/FeBr_3$) → Br (meta)
(RCO: 활성 감소기)
(RCO: m-지향기)

NH_2 → (H^+) → $\overset{+}{N}H_3$ → (HNO_3/H_2SO_4) → [$\overset{+}{N}H_3$ / NO_2] → NH_2 / NO_2
($^+NH_3$: 활성 감소기)
($^+NH_3$: m-지향기)

$C_6H_5NO_2$ —[H]→ $C_6H_5NH_2$ —(CH_3COCl, Pyridine)→ $C_6H_5NHCOCH_3$ —(HNO_3/H_2SO_4)→ p-$NO_2C_6H_4NHCOCH_3$ —(NaOH, H_2O)→ p-$NO_2C_6H_4NH_2$

(NH_2: 활성화기)
(NH_2: *o,p*-지향기)

(NHCOR: 활성화기)
(NHCOR: *o,p*-지향기)

표 6.1에 친전자성 방향족 치환 반응에서의 치환기에 의한 지향성 및 반응성을 요약하였다.

표 6.1 친전자성 방향족 치환 반응에서 치환기 효과 요약

구분	Ph-EDG	Ph-EWG	Ph-X
치환기 구분	EDG=전자 주는 기	EWG=전자 끄는 기	X=할로젠
반응성	활성화기	활성 감소기	활성 감소기
위치 선택성	*o-*, *p-*지향기	*m-*지향기	*o-*, *p-*지향기
치환기 예	-R, -OR, -OH, $-NH_2$ RC(=O)O-, RC(=O)NH-	$-NO_2$, -CN, $-N^+R_3$, $-SO_3H$, $-CF_3$, R(C=O)-, ROC(=O)-	-Cl, -Br, -F, -I

Benzene 유도체 합성에서 위치화학을 조절하는 예로 *o*-chlorophenol 분자의 합성 경로를 살펴보자. *o*-Chlorophenol의 OH와 Cl은 모두 *o,p*-지향기이고, OH기는 활성화기이지만 Cl은 활성 감소기이다. 따라서 OH와 Cl 중 어느 치환기를 먼저 도입해도 *o*-chlorophenol을 주 생성물로 합성하는 것은 어렵다. 이 문제를 해결하려면 두 치환기 중 하나를 도입한 후에 *p*-위치에 다른 치환기를 도입하여 필요한 치환기가 *p*-위치에 도입되지 않도록 막는다. *p*-위치를 보호한 후에 나머지 치환기를 도입하여 다시 *p*-위치의 치환기를 제거하는 것이다. 여기에 이용되는 적합한 치환기는 $-SO_3H$기이다.

Benzene에 치환된 $-SO_3H$기는 산 수용액으로 가열 처리하면 제거할 수 있다.

Phenol —(SO_3, H_2SO_4)→ p-$HOC_6H_4SO_3H$ —($Cl_2/FeCl_3$)→ 2-Cl-4-SO_3H-phenol —(HO_3^+)→ *o*-Chlorophenol

또 다른 예로 1-benzyl-3-chlorobenzene 분자의 합성 경로를 살펴보자. 이 분자의 치환기는 서로 *m*-(1,3-)-위치에 있고, benzyl기와 Cl은 둘 다 *o,p*-지향기이다. 따라서 두 치환기 중 어느 것을 먼저 도입하더라도 두 번째 치환기를 *m*-위치로 도입할 수 없다. 이런 경우는 먼저 *m*-지향기를 도입하고 나서 두 번째 치환기를 도입한다. Benzyl기로 작용기 변환을 할 수 있는 *m*-지향성 치환기는 활성 감소기인 benzoyl기이다. 즉, benzoyl기를 우선 도입하고 두 번째로 Cl을 *m*-위치에 도입한다. 마지막 과정에서 benzoyl기를 benzyl기로 환원하는 작용기 변환을 거쳐 목표 물질을 만드는 것이다.

X_2/FeX_3; 1. Mg 2. CO_2 3. H_3O^+; $SOCl_2$ pyridine; $AlCl_3$ Ph-H; $Cl_2/FeCl_3$; [H]; $Na_2Cr_2O_7$ H_2SO_4; $PhCH_3$

■ 다이아조늄 염을 이용한 치환 benzene 유도체의 합성

다이아조늄 염(diazonium salt, ArN_3^+)은 좋은 이탈기(N_2)를 가지고 있어 친핵체와 반응하여 상응하는 치환된 benzene 유도체를 생성하므로 합성적으로 매우 유용한 중간 물질이다. 다이아조늄 염은 반응 용기 속에서 aniline과 nitrous acid(HONO, $NaNO_2$와 산을 반응시켜 제조)를 반응시켜 만든다. 다이아조늄 염을 이용하여 ArCN, ArBr 및 ArCl을 생성하는 반응은 Sandmeyer 반응으로 알려져 있다. 이 반응은 메커니즘적으로 **입소 치환**(*ipso* substitution)을 하므로 다이아조늄 염을 거쳐 치환기를 도입하려면 도입 위치에 NH_2나 NO_2기를 배열시켜 원하는 위치화학을 달성할 수 있다.

$NaNO_2/HCl$ (HONO); Nu, $-N_2$

Nu (reagent) = -F (HBF_4), -Cl(CuCl), -Br(CuBr), -I(KI or CuI)
-CN(CuCN), -OH(H_2O), -H($NaBH_4$ or H_3PO_2)

단계 1: 다이아조늄 이온 중간체를 이용하는 benzene 유도체의 역합성

- 많은 benzene 유도체들을 다이아조늄 이온 중간체를 거쳐 합성할 수 있으므로 역합성도 이 방법을 이용한다.
- 작용기 변환으로 다이아조늄 염을 만들려면 중요 중간 물질로 아미노기가 필요하다.

Nu + N_2^+ FGI NH_2 FGI NO_2 FGI

목표 분자 / 다이아조늄 중간체 / 출발 물질 / 출발 물질 / 출발 물질

단계 2: 출발 물질 도출

- 다이아조늄 염을 고려한 역합성에서 얻어질 수 있는 출발 물질은 aniline 또는 nitrobenzene 일 수도 있다.
- 보다 더 궁극적으로는 benzene을 출발 물질로 이용할 수 있다. 이 경우에는 benzene으로부터 nitrobenzene을 합성하여 이용한다.

단계 3: 합성에 이용되는 반응 지식 확보

- 입소 치환 반응(*ipso* substitution): 이탈기가 결합된 자리에서 Nu의 치환이 일어나는 반응을 입소 치환 반응이라고 한다.
- 다이아조화 반응(diazotization): $-NH_2$기를 $-N_2^+$기로 전환하는 반응이다.
- 나이트로화 및 환원 반응: 출발 물질을 benzene으로 선택하면, 나이트로화 및 환원 반응을 수행해야 하고, nitrobenzene을 선택한 경우에는 환원 반응을 해야 한다.
- 반응 진행 정도는 TLC로 확인한다. 작용기를 도입하는 경우는 반응 중에 생성물의 구조를 IR로 확인하고, 치환기 위치는 NMR로 확인한다.

단계 4: 목표 물질 합성

- 다이아조늄 이온 중간체를 이용하는 단일 치환 유도체의 합성에서는 benzene, nitrobenzene 또는 aniline 등을 출발 물질로 이용할 수 있다.
- Nitrobenzene을 이용하는 경우에는 환원하여 aniline으로 변환시켜 이용한다.
- Benzene으로부터 합성할 때는 나이트로화 및 환원 반응을 통해 aniline을 합성하여 수행한다.
- 생성물의 구조는 IR, UV-Vis, NMR 및 MS로 확인한다.

Benzene (출발 물질) —HNO_3 / H_2SO_4→ Nitrobenzene (NO_2, 출발 물질) —[H]→ Aniline (NH_2, 출발 물질) —$NaNO_2/HCl$ (HONO)→ [$Ph-\overset{+}{N}\equiv N$] Cl^- —Nu / $-N_2$→ Ph–Nu (목표 분자)

Nu (reagent) = -F (HBF_4), -Cl(CuCl), -Br(CuBr), -I(KI or CuI)
-CN(CuCN), -OH(H_2O), -H($NaBH_4$ or H_3PO_2)

2-Isopropylbenzonitrile의 합성을 예로 살펴보자. 이 분자에는 *i*-propyl기와 CN기가 1,2-위치로 있다. 따라서 Friedel-Crafts 알킬화를 이용하여 *i*-propylbenzene을 합성하고, 이 분자의 4-C 위치에 SO_3H기를 먼저 도입하여 *p*-위치를 보호한다. 그렇게 하면 2-C 위치에만 NO_2기가 도입되도록 할 수 있다. *i*-Propylbenzene에 설폰화를 하고 나이트로화 반응을 시켜 1-(*i*-propyl)-2-nitrobenzene을 합성하고, NO_2기를 환원시켜 상응하는 aniline을 만들고, 다이아조늄 이온을 만들어 CN기 치환 반응을 하면 2-isopropylbenzonitrile 분자를 합성할 수 있다.

■ 친핵성 방향족 치환 반응의 이용

Benzene 같은 방향족은 benzene이 친핵체로 작용하므로 친전자성 치환 반응이 더 일반적이다. 그러나 halobenzene에 강하게 전자를 끄는 NO_2기와 같은 치환기가 *o*- 또는 *p*-위치에 존재하면 친핵성 방향족 치환 반응(nucleophilic aromatic substitution, S_NA_R)이 가능하다. 이 반응은 첨가와 제거 두 단계로 이루어진다(S_N1이나 S_N2 메커니즘이 아님).

단계 1: 친핵성 방향족 치환 반응을 이용하는 역합성

- 친핵성 방향족 치환 반응을 고려한 역합성을 하려면, 치환기를 도입하려는 위치의 *o*- 또는 *p*-위치에 전자를 끄는 기(예 NO_2)를 도입해야 한다.

단계 2: 출발 물질 도출

- 친핵성 방향족 치환 반응을 고려한 역합성에서 도출될 수 있는 출발 물질은 *o*- 또는 *p*-halonitrobenzene이다.
- 물론 halonitrobenzene으로부터 더 작은 분자 조각의 출발 물질로 halobenzene이나 benzene을 도출할 수도 있다.

단계 3: 합성에 이용되는 반응 지식 확보

- 친핵성 방향족 치환 반응(S_NA_R): 이 반응은 첨가와 제거 두 단계로 이루어지며, 치환기는 할로젠이 결합된 탄소 위치로 도입된다. 또한 이 반응이 진행되게 하려면 할로젠이 결합된 탄소의 *o*- 또는 *p*-위치에 NO_2처럼 전자를 강하게 끄는 작용기나 치환기가 있어야 한다.

- 기타 반응: S_NA_R 반응을 위해 NO_2를 도입했다면 반응 후에 이를 제거해야 하므로 추가로 환원 반응과 다이아조화 반응 등이 관련된다.
- 반응 진행 정도는 TLC로 확인한다. 작용기를 도입하는 경우는 반응 중에 생성물의 구조를 IR로 확인하고, 치환기 위치는 NMR로 확인하면 편리하다.

단계 4: 목표 물질 합성

- 친핵성 치환 반응의 출발 물질에는 전자를 강하게 끄는 치환기들이 존재해야 한다.
- 생성물의 구조는 IR, UV-Vis, NMR 및 MS로 확인한다.

X-C6H5 —(HNO_3 / H_2SO_4)→ 4-X-C6H4-NO_2 —(Nu:⁻)→ 4-Nu-C6H4-NO_2 —(H_2/Pd cat.)→ 4-Nu-C6H4-NH_2 —(1. $NaNO_2$/HCl 2. H_3PO_2)→ Nu-C6H5

친핵성 방향족 치환 반응(S_NA_R 반응)을 이용하는 1-ethyl-3-ethoxybenzene 합성 과정을 살펴보자.

이 분자는 두 개의 *o,p*-지향기가 1,3-위치로 치환되어 있다. 따라서 친전자성 치환 반응으로는 합성하기 어렵다. 그러나 1-alkyl-3-halobenzene으로부터 친핵성 방향족 에톡시화 반응을 수행하면 목표 분자를 합성할 수 있다. S_NA_R 반응을 수행하려면 NO_2 같이 전자를 강하게 끄는 치환기가 필요하므로 1-alkyl-3-halobenzene에 나이트로화하여 두 개의 NO_2기를 도입한 후에 할로젠을 RO-기로 치환하고, NO_2를 수소로 치환하여 만든다(NO_2를 환원하고 다이아조늄 이온으로 만들어 H_3PO_2로 처리한다).

1-bromo-3-ethylbenzene —(HNO_3 / H_2SO_4)→ (Br, O_2N, NO_2) —(EtONa/EtOH)→ (OEt, O_2N, NO_2) —(1. H_2/Pd cat. 2. $NaNO_2$/HCl 3. H_3PO_2)→ 1-ethyl-3-ethoxybenzene (목표 분자)

6.8 고리형 분자의 합성

■ Cyclopropane의 합성

Cyclopropane은 천연물 합성이나 의약품 합성 등에서 자주 만나게 된다. Cyclopropane은 주로 알켄에 카벤(carbene)을 첨가 반응시켜 합성하며, 이 반응을 사이클로프로페인화 반응(cyclopropanation reaction)이라고 한다. 카벤은 하나의 sp^2 혼성 오비탈에 전자 두 개를 가진 단일항(singlet)과 두 개의 sp^2 혼성 오비탈에 전자가 하나씩 있는 삼중항(triplet) 두 가지가 있으며(4.1.4절 참조), 고리화되는 메커니즘도 다르다.

카벤은 chloroform(Cl_2C: 형 **카벤**), diazomethane($:CH_2$형 **카벤**) 및 diiodomethane($IZnCH_2I$, Simmons-Smith **시약**) 등으로부터 만들어 사용한다.

단계 1: 삼-원자 고리의 역합성

- 삼-원자 고리 결합 끊기는 카벤 단위($:CR_2$)가 도출되도록 고리의 C–C 결합을 끊는다.

목표 분자 ⟹ 출발 물질 + $:CH_2$ ≡ CH_2N_2, CuCN or CH_2I_2, Zn-Cu (출발 물질)

단계 2: 출발 물질 도출

- Cyclopropane 고리를 가진 목표 분자의 역합성에서 얻어지는 출발 물질은 상응하는 알켄과 카벤 전구체들이다.

단계 3: 합성에 이용되는 반응 지식 확보

- 삼-원자 고리화 반응: 상응하는 알켄과 카벤을 반응시켜 cyclopropane 유도체를 생성한다.
- 반응 진행은 TLC로 확인한다.

단계 4: 목표 물질 합성

- 생성물의 구조에 적합한 알켄과 카벤을 이용하여 합성한다.
- 생성물의 구조는 IR, UV-Vis, NMR 및 MS로 확인한다.

$R_2C{=}CR_2 + IZnCH_2I \xrightarrow{-ZnI_2}$ cyclopropane (R_4)

cyclohexene + $:CCl_2$ → 7,7-dichlorobicyclo[4.1.0]heptane (Cl, Cl)

■ Cyclobutane의 합성

Cyclobutane은 두 개 파이 전자계를 포함하는 두 알켄을 이용하는 [2+2] 고리 첨가 반응을 이용한다. 이 반응은 광화학적으로 진행하며, 각 알켄의 입체 화학은 보전된다.

단계 1: Cyclobutane 화합물의 역합성

- 두 가지 역합성 방식이 가능하지만 주 생성물로 얻을 수 있는 경로가 유리하다.

Ph [2+2] ⟹ Ph + ‖ R
목표 분자 출발 물질
trans-를 주생성물로 생성

Ph [2+2] ⟹ Ph + R
목표 분자 출발 물질
cis-, *trans-* 혼합 생성물 생성

단계 2: 출발 물질 도출

- 역합성에서 도출되는 출발 물질은 하나의 알켄과 하나의 α,β-불포화 카보닐 화합물이다.

단계 3: 합성에 이용되는 반응 지식 확보

- [2+2] 고리화 첨가 반응: 두 개의 알켄 분자 사이에서 광화학적으로 일어나는 고리화 첨가 반응이다.
- 반응 진행 정도는 TLC로 확인한다. 필요하면 반응 중에 생성물의 구조를 IR 또는 NMR로 확인한다.

단계 4: 목표 물질 합성

- 역합성 단계에서 도출한 출발 물질을 이용하여 목표 물질을 합성한다.
- 생성물의 구조는 IR, UV-Vis, NMR 및 MS로 확인한다.

Ph + ‖ $\xrightarrow{h\nu}$ Ph R
출발 물질 목표 분자

■ Cyclopentane의 합성

알켄의 라디칼 반응으로 cyclopentane을 합성할 수 있다. 즉 alkenyl halide와 tributyltin 라디칼 ($Bu_3Sn\cdot$, Bu_3SnH와 AIBN 개시제로부터)을 반응시키면 cyclopentane 목표 분자를 만들 수 있다.

단계 1: Cyclopentane 화합물의 역합성

- 알켄의 라디칼 반응을 이용할 수 있도록 결합 끊기를 한다.

X FGI ⟹ ⟹ ≡ X
목표 분자 출발 물질

단계 2: 출발 물질 도출

- Halomethylcyclopentane의 역합성에서는 δ-haloalkene이 출발 물질로 도출된다.

단계 3: 합성에 이용되는 반응 지식 확보

- 라디칼 반응: 라디칼 반응은 개시, 전파 및 종결 세 단계로 진행된다. 라디칼 개시에는 개시제가 필요하다.
- Baldwin 규칙: 비고리 화합물로부터 고리화할 때 적용되는 일반적인 규칙이다. 이 규칙에 따르면 알켄 라디칼이 5-*exo*-trig 첨가를 일으켜 cyclopentane을 형성한다(*J. Chem. Soc. Chem. Commun*. 1976, *18*, 734.).
- 반응 진행은 TLC로 확인한다. 라디칼 반응의 경우는 반응 속도가 매우 빠르므로 주의해야 한다. 또한 반응 진행 확인을 위한 시료 채취 과정이 반응에 영향을 줄 수 있어 주의해야 한다.

단계 4: 목표 물질 합성

- 역합성에서 도출한 δ-haloalkene을 출발 물질로 사용하고 라디칼 반응을 한다.
- 생성물의 구조는 IR, UV-Vis, NMR 및 MS로 확인한다.

Br
$Bu_3SnH/AIBN$
$- BrSnBu_3$
$BrSnBu_3$
Br
목표 분자

다른 예로 1,3-Dimethylcyclopentane의 합성 경로를 살펴보자.

단계 1: 1,3-Dimethylcyclopentane의 역합성

- 알켄의 라디칼 반응을 이용할 수 있도록 결합 끊기를 한다.

FGI
X
Wittig 반응
O
X
FGI
O
O
+
$(\text{CuLi})_2$
목표 분자
출발 물질

단계 2: 출발 물질 도출

- 이 목표 분자의 역합성에서는 δ-haloalkene이 중간 출발 물질로 도출된다.

- δ-Haloalkene의 역합성에서는 α,β-unsaturated ketone과 $(MeC{=}CH_2)_2CuLi$가 출발 물질로 도출된다.

단계 3: 합성에 이용되는 반응 지식 확보

- 라디칼 반응: 라디칼 반응은 개시, 전파 및 종결 세 단계로 진행된다. 라디칼 개시에는 개시제가 필요하다.
- Baldwin 규칙: 비고리 화합물로부터 고리화할 때 적용되는 일반적인 규칙이다. 이 규칙에 따르면 알켄 라디칼이 5-*exo*-trig 첨가를 일으켜 cyclopentane을 형성한다 (*J. Chem. Soc. Chem. Commun*. 1976, *18*, 734.).
- Wittig 반응: C=O기를 직접 C=C 결합으로 변환하는 반응이다.
- 반응 진행은 TLC로 확인한다. 라디칼 반응의 경우는 반응 속도가 매우 빠르므로 주의해야 한다. 또한 반응 진행 확인을 위한 시료 채취 과정이 반응에 영향을 줄 수 있어 주의해야 한다.

단계 4: 목표 물질 합성

- 역합성에서 도출한 δ-haloalkene을 출발 물질로 사용하고 라디칼 반응을 한다.
- α,β-Unsaturated ketone과 $(MeC{=}CH_2)_2CuLi$를 출발 물질로 사용하여 δ-haloketone과 δ-haloalkene 중간체를 거쳐 라디칼 반응으로 목표 분자를 합성한다.
- 생성물의 구조는 IR, UV-Vis, NMR 및 MS로 확인한다.

H + CuLi (2) → H → 1. BH_3-THF 2. H_2O_2 → H, OH → PBr_3 → H, Br → $Ph_3P{=}CH_2$ → Br → Bu_3SnH/AIBN → 목표 분자

■ Cyclohexene의 합성

- Diels-Alder 고리화를 이용하는 방법

Cyclohexene 고리 합성의 대표적인 방법은 Diels-Alder 반응이며, 이 반응은 다이엔과 친다이엔체가 반응하므로 [4+2] **고리 첨가 반응**이라고 한다. 일반적으로 친핵체로 작용하는 다이엔에는 전자 주개 치환기가 결합되어 있으면 더 유리하고, 친다이엔체는 친전자체로 작용하므로 전자를 끄는 치환기가 결합되어 있을 때 반응성이 더 커진다. 입체 화학적으로는 친다이엔체의 입체 화학이 보전되는 특징이 있다. 또한 고리형 다

이엔체가 친다이엔체와 반응하여 **두 고리 화합물**(bicyclic compound)을 생성할 때는 **내향 생성물**(*endo* product)을 생성하는 입체 화학을 보인다.

단계 1: Cyclohexene 화합물의 역합성

- Cyclohexene 및 1,4-cyclohexadiene의 역합성은 Diels-Alder 반응을 고려한 역합성 경로가 가능하다.
- Birch 환원 같은 benzene의 부분 환원에 의한 작용기 상호 변환에 의해서도 출발 물질 도출이 가능하다.

경로 1) Cyclohexene ⟹(Diels-Alder) Diene(Nu:) + Dienophile(E^+)

목표 분자 / 출발 물질

경로 2) 1,4-Cyclohexadiene ⟹(Diels-Alder)

경로 3) EDG ⟹(Diels-Alder) EDG +

경로 4) EDG ⟹(Diels-Alder) EDG +

경로 5) EWG ⟹(Diels-Alder) + EWG

경로 6) CO_2R, CO_2R ⟹(Diels-Alder) + CO_2R, RO_2C

trans-EWG

Bicyclo[2.2.1]hept-5-ene-2,3-dicarboxylate

trans-EWG

단계 2: 출발 물질 도출

- Cyclohexene 및 cyclohexadiene의 역합성에서 도출되는 출발 물질은 각 목표 분자의 구조에 상응하는 다이엔과 친다이엔체이다.
- Cyclohexadiene의 친다이엔체는 acetylene 유도체들이며, 고리 치환기가 전자 주개기이면 이 치환기는 다이엔에 있게 되고, 전자 끌개 치환기가 있으면 전자 끄는 치환기는 acetylene 단위체에 결합되어 있게 된다.

- Bicyclohept-5-ene-2,3-dicarboxylate의 친다이엔체는 전자를 끄는 기(EWG)가 *trans*-로 배열되어 있다.

단계 3: 합성에 이용되는 반응 지식 확보

- Diels-Alder 반응: Diels-Alder 반응은 [4+2] 고리 첨가 반응이며, 친다이엔체의 입체화학이 보전되고, *s-cis-* 다이엔이 유리하며, 두 고리 화합물 생성에서는 *endo*-생성물이 주로 얻어진다.
- Birch 환원 반응: Birch 환원 반응은 benzene을 Na/ROH와 액체 ammonia로 처리하여 부분 환원시켜 1,4-cyclohexadiene을 생성하는 반응이다.
- 반응 진행 정도는 TLC로 확인한다. UV 등으로 확인이 어려우면 발색 시약을 사용한다. 필요하면 NMR을 이용하여 확인한다.

단계 4: 목표 물질 합성

- 다양한 다이엔과 친다이엔체로 cyclohexene 목표 분자를 합성할 수 있다.
- 생성물의 구조는 IR, UV-Vis, NMR 및 MS로 확인한다.

[4+2] cycloaddition

NO_2 Ph NO_2 Ph NO_2 Ph

trans-반응물 라셈 혼합물

CO_2R CO_2R CO_2R CO_2R

cis-반응물 *meso*-생성물

CO_2R CO_2R CO_2R CO_2R

OHC H CHO

endo-생성물

(*1R, 2R*)-Methoxycyclohex-3-enecarbonitrile과 ethyl 4-methylcyclohex-3-enecarboxylate 같은 물질도 이와 같은 방법으로 합성할 수 있다.

OCH_3, CN ⟹ OMe + CN —Diels-Alder→ OCH_3, CN

출발 물질

(1*R*,2*R*)-Methoxycyclohex-3-enecarbonitrile

CO_2Et ⟹ + CO_2Et —Diels-Alder→ CO_2Et

출발 물질

Ethyl 4-methylcyclohex-3-enecsrboxylate

6.9 방향족 헤테로 고리 유도체의 합성적 이용

3장에서 언급한 바와 같이 방향족 헤테로 고리 유도체를 합성 대등체로 이용하면 유리하다. 여기서 pyridazinone 유도체와 benzotriazine 유도체를 이용한 몇 가지 예를 들어 보자.

■ Urea 및 carbamate의 합성

단계 1: Carbamate/urea 화합물의 역합성

- 합성 대등체로부터 제공되는 작용기가 새롭게 형성할 것으로 예측되는 결합에서 결합 끊기를 한다.
- 아래의 경우는 합성 대등체가 PhOC=O 단위를 제공하므로 카보닐 탄소와 질소 결합을 끊었다.

$^1R^2RN-C(=O)-O-Ph$ ⟹ $R^1R^2\underline{N}$ + $^+C(=O)-O-Ph$ ≡ (Cl, Cl, O, N, N, OPh)

Carbamate

R^1,R^2 = Alkyl or aryl

R^1R^2NH
2° Amine

$^1R^2RN-C(=O)-NR^3R^4$ ⟹ $R^1R^2\underline{N}$ + $R^3R^4\underline{N}$ + $^+C(=O)-O-Ph$ ≡ (Cl, Cl, O, N, N, OPh)

Urea

R^1,R^2,R^3,R^4 = Alkyl or aryl

R^1R^2NH 2° Amine　R^3R^4NH 2° Amine

단계 2: 출발 물질 도출

- Carbamate: 역합성에 의해 하나의 2° 아민과 C(=O)OPh의 공급 물질(합성 대등체)로 2-phenoxycarbonyl-4,5-dichloropyridazin-3(2*H*)-one을 선택하였다.

- **Urea**: 역합성에 의해 두 가지의 다른 2° 아민과 C(=O)OPh의 공급 물질(합성 대등체)로 2-phenoxycarbonyl-4,5-dichloropyridazin-3(2*H*)-one을 선택하였다.

단계 3: 합성에 이용되는 반응 지식 확보

- 2-Phenoxycarbonyl-4,5-dichloropyridazin-3(2*H*)-one의 합성 방법을 알아야 한다.

PhOCOCl

Et_3N, THF, ice bath

Synlett **2009**, 2809.

- 아실 치환 반응에 대한 화학을 알아야 한다.
- 2-Phenoxycarbonylpyridazin-3(2*H*)-one은 물 같은 친핵체에 대해 민감하므로, 반응 용매나 시약 중에 수분이 존재하면, 반응 시약이 분해되어 반응이 완결되지 않는다. 따라서 수분이 존재하는가를 확인해야 한다.
- 반응 진행 정도는 TLC로 확인한다. TLC에 이탈되는 pyridazinone 유도체의 반점을 확인할 수 있다. 만일 사용하는 2-phenoxycarbonylpyridazinone에 4,5-dichloropyridazin-3(2*H*)-one이 존재하면 TLC 확인이 어려우므로 2-phenoxycarbonylpyridazinone을 반응에 사용하기 전에 TLC로 확인해야 한다.

단계 4: 목표 물질 합성

- 아민과 2-phenoxycarbonylpyridazinone을 반응시켜 상응하는 carbamate나 urea를 합성한다.
- 반응 후 처리 과정에서 이탈기인 pyridazinone을 분리 회수하여 재사용한다.
- 생성물의 구조는 IR, UV-Vis, NMR 및 MS로 확인한다.

R^1R^2NH + (2° Amine) → -Pyridazinone → $^1R^2RN$–C(=O)–O–Ph Carbamate (R^1,R^2 = Alkyl or aryl)

R^1R^2NH (2° Amine) → THF, -Pyridazinone → [Carbamate (R^1,R^2 = Alkyl or aryl)] → R^3R^4NH, THF → $^1R^2RN$–C(=O)–NR^3R^4 Urea (R^1,R^2,R^3,R^4 = Alkyl or aryl)

Synlett, **2009**, 2809

■ Benz[*d*]oxazole 및 benz[*d*]thiazole의 합성

단계 1: Benz[*d*]oxazole 및 benz[*d*]thiazole 화합물의 역합성

- 이 목표 분자들은 오-원자 고리에 산소와 질소 같은 두 가지 친핵성 원자를 가지고 있다.
- *o*-Aminophenol 및 *o*-aminothiophenol 등은 1,2-위치에 HO(또는 HS)와 NH_2기를 가지고 있어 아실기 같은 카보닐 화합물과 반응시켜 상응하는 오-원자 헤테로 고리의 합성이 가능하다. 따라서 O–C 결합과 N=CR 결합을 끊는다.

(or S) R(or Ar) O(or S) NH_2 + R(or Ar) Acyl cation OH(or SH) NH_2 Cl Cl O N N O R(or Ar)

단계 2: 출발 물질 도출

- Benz[*d*]oxazole의 합성 출발 물질로 *o*-aminophenol과 2-acyl-4,5-dichloro-pyridazin-3(2*H*)-one을 도출하였다.
- Benz[*d*]thiazole의 합성 출발 물질로 *o*-aminothiophenol과 2-acyl-4,5-dichloro-pyridazin-3(2*H*)-one을 도출하였다.

단계 3: 합성에 이용되는 반응 지식 확보

- 2-Acylpyridazin-3(2*H*)-one 유도체 합성법을 알아야 한다.

RCOCl, Et_3N / CH_2Cl_2 → COR(or Ar)

Synthesis **2003**, 560.

- 아실 치환 반응과 탈수에 의한 고리화 반응을 이해해야 한다.
- Benzene 고리에 OH와 NH_2가 함께 존재하므로, 이 작용기들의 아실화 시약에 대한 화학 선택성을 고려해야 한다.
- 2-Acylpyridazin-3(2*H*)-one은 물 같은 친핵체에 대해 민감하므로, 반응 용매나 시약 중에 수분이 존재하면 2-acylpyridazin-3(2*H*)-one이 분해되어 반응이 완결되지 않는다. 따라서 수분이 존재하는가를 확인해야 한다.

- 반응 진행 정도는 TLC로 확인한다. TLC에 이탈되는 pyridazinone 유도체의 반점이 나타난다. 사용하는 2-acylcarbonylpyridazinone에 4,5-dichloropyridazin-3(2*H*)-one이 존재하는지 TLC로 확인해야 한다.

단계 4: 목표 물질 합성

- Benz[*d*]oxazole 및 benz[*d*]thiazole은 *o*-aminophenol 또는 *o*-aminothiophenol과 상응하는 합성 대등체로부터 합성할 수 있다.
- 생성물의 구조는 IR, UV-Vis, NMR 및 MS로 확인한다.

1) toluene, reflux
2) $POCl_3$, toluene, reflux
-Pyridazinone
Benz[*d*]oxazole

toluene, r.t. or reflux
-Pyridazinone
Benz[*d*]thiazole

Synlett, **2015**, *26*, 1985.

N-Nitroamine의 합성

단계 1: *N*-Nitrodicyclohexylamine 화합물의 역합성

- 합성 대등체로부터 NO_2기를 도입할 수 있으므로 *N*−NO_2 결합에서 결합 끊기를 한다.

N-Nitrodicyclohexylamine

단계 2: 출발 물질 도출

- 역합성에 의해 dicyclohexylamine과 2-nitro-4-chloro-5-methoxypyridazin-3(2*H*)-one을 선택하였다.
- 통상적인 황산과 염산 혼합물로는 아민의 질소에 나이트로화가 가능하지 않다.

단계 3: 합성에 이용되는 반응 지식 확보

- 2-Nitropyridazin-3(2*H*)-one 유도체를 $^{+}NO_2$ 공급원으로 선택하였다. 2-nitro-4-chloro-5-methoxypyridazin-3(2*H*)-one 합성 방법을 알아야 한다.

OMe(or Cl) Cl $\xrightarrow[Ac_2O,\ r.t.]{Cu(NO_3)_2 \cdot 3H_2O}$ OMe(or Cl) Cl NO_2

J. Org. Chem. **2003**, *68*, 9113.

- *N*-Nitration에 대한 자료를 확보해야 한다. 일반적인 황산/염산 시약으로는 가능하지 않다.
- 2-Nitropyridazin-3(2*H*)-one은 물 같은 친핵체에 대해 민감하므로, 반응 용매나 시약 중에 수분이 존재하면 2-nitropyridazin-3(2*H*)-one이 분해되어 반응이 완결되지 않는다. 따라서 수분이 존재하는가를 확인해야 한다.
- 반응 진행 정도는 TLC로 확인한다. TLC에 이탈되는 pyridazinone 유도체의 반점이 나타난다. 사용하는 2-nitropyridazinone에 4,5-dichloropyridazin-3(2*H*)-one이 존재하는지 TLC로 확인하는 것이 필요하다.

단계 4: 목표 물질 합성

- Dicyclohexylamine과 2-nitro-4-chloro-5-methoxypyridazin-3(2*H*)-one을 반응시켜 목표 물질을 합성할 수 있다.
- 생성물의 구조는 IR, UV-Vis, NMR 및 MS로 확인한다.

$\xrightarrow[CH_2Cl_2]{r.t.}$

J. Org. Chem., **2003**, *68*, 9113.

N-Nitrodicyclohexylamine

■ 2-Acetyl-2-benzoylmalononitrile의 합성

이 화합물은 카보닐 화합물의 α-탄소의 사이안화를 거치거나, malononitrile에 두 번의 아실화를 하는 방식으로 합성되어야 한다.

단계 1: 2-Acetyl-2-benzoylmalononitrile의 역합성

- 이 목표 물질의 역합성은 a)와 b) 경로 두 가지가 가능하다.
- 경로 b)로 하면 아실화 과정에서 소량 생성물이 생성될 수 있어 불리하다.

a) 2-Acetyl-2-benzoylmalononitrile ⟹ 1-Phenylbutane-1,3-dione (anion) + $^{+}$CN ≡ 2-cyanopyridazin-3(2*H*)-one [Cl(OMe)]

2-Acetyl-2-benzoylmalononitrile

1-Phenylbutane-1,3-dione

b) 2-Acetyl-2-benzoylmalononitrile ⟹ Malononitrile (anion) + benzoyl cation + acetyl cation

2-Acetyl-2-benzoylmalononitrile

Malononitrile

단계 2: 출발 물질 도출

- 역합성 경로 a)에서는 1-phenylbutane-1,3-dione과 2-cyanopyridazin-3(2*H*)-one이 출발 물질이다. 일반적으로 $^{-}$CN는 KCN 또는 CuCN 등으로 쉽게 구입할 수 있으나, $^{+}$CN **화학종**은 흔하지 않다.
- 역합성 경로 b)에서는 malononitrile과 2-acetyl- 및 2-benzoylpyridazin-3(2*H*)-one이 출발 물질이다.

단계 3: 합성에 이용되는 반응 지식 확보

- 2-Cyano- 및 2-acylpyridazin-3(2*H*)-one의 제조 방법을 알아야 한다.

BrCN, Et_3N / THF, r.t.

Tetrahedron **2005**, 61, 5889.

RCOCl, Et_3N / CH_2Cl_2 → COR(or Ar)

Synthesis **2003**, 560.

- 활성 methylene의 반응성을 알아야 한다.
- 카보닐 화합물의 엔올화에 대한 이해가 필요하다.
- 2-Cyano- 또는 2-acylpyridazin-3(2*H*)-one은 물(H_2O) 같은 친핵체에 대해 민감하므로, 반응 용매나 시약에 수분이 존재하면 반응 시약이 분해되어 반응이 완결되지 않는다. 따라서 수분이 존재하는가를 확인해야 한다.
- 반응 진행 정도는 TLC로 확인한다. TLC에 이탈되는 pyridazinone 유도체의 반점이 나타난다. 사용하는 2-cyano- 및 2-acylpyridazinone에 4,5-dichloropyridazin-3(2*H*)-one이 존재하는지 TLC로 확인하는 것이 필요하다.

단계 4: 목표 물질 합성

- 생성물의 구조는 IR, UV-Vis, NMR 및 MS로 확인한다.
- 역합성 경로 a)에 따라 합성하면 다음과 같다.

Cl(OMe)
Cl
+ 2
N
O N
CN
H_2O or THF, r.t.
-Pyridazinone
O O
NC CN

Tetrahedron, **2005**, *61*, 5889.

- 역합성 경로 b)에 따른 합성 경로는 다음과 같다. 이 과정은 하나의 반응 용기에서 수행할 수도 있으나 두 단계를 거쳐야 한다. 또한 첫 단계에서 동일한 아실기가 두 개 치환되는 소량 생성물의 생성을 막을 수 없다는 단점도 있다.

NC CN + (Cl, Cl, O, N, N, COPh) base, solvent -Pyridazinone → O Ph, NC CN + (Cl, Cl, O, N, N, $COCH_3$) base, solvent -Pyridazinone → O O, NC CN

NC CN + (Cl, Cl, O, N, N, $COCH_3$) base, solvent -Pyridazinone → O CH_3, NC CN + (Cl, Cl, O, N, N, COPh) base, solvent -Pyridazinone → O O, NC CN

■ Diethyl 2,2-dichloromalonate의 합성

Diethyl 2,2-dichloromalonate의 합성은 Cl^+ 시약이 있어야 하므로, 극성 반전을 염두에 둔 역합성을 해야 한다.

단계 1: Diethyl 2,2-dichloromalonate의 역합성

- 목표 분자의 역합성은 α-탄소의 C−Cl 결합에서 결합 끊기를 한다.

Diethyl 2,2-dichloromalonate

Diethyl malonate

단계 2: 출발 물질 도출

- 역합성하면 diethyl malonate와 Cl^+가 도출된다.
- 일반적으로 염소 음이온(Cl^-) 공급 물질은 흔하지만 **염소 양이온**(Cl^+) 공급 물질은 없다. 여기서는 염소 양이온(Cl^+) 대신 $Cl^{\delta+}$로 극성 반전된 2-chloropyridazin-3(2*H*)-one을 이용하여 목적을 이룰 수가 있다.

단계 3: 합성에 이용되는 반응 지식 확보

- 활성 methylene의 반응성을 이해해야 한다.
- 2-Chloropyridazin-3(2*H*)-one의 제조법과 안정도를 알아야 한다.

NaOCl AcOH

Synthesis **2005**, 1136.
Synlett **2006**, 194

- 2-Chloropyridazin-3(2*H*)-one은 물 같은 친핵체에 대해 민감하므로, 반응 용매나 시약 중에 수분이 존재하면 반응 시약이 분해되어 반응이 완결되지 않는다. 따라서 수분이 존재하는가를 확인해야 한다.
- 반응 진행 정도는 TLC로 확인한다. TLC에서 이탈되는 pyridazinone 유도체의 반점이 나타난다. 사용하는 2-chloropyridazinone에 4,5-dichloropyridazin-3(2*H*)-one이 존재하는지 TLC로 확인하는 것이 필요하다.

단계 4: 목표 물질 합성

- Diethylmalonate와 2,4,5-trichloropyridazin-3(2*H*)-one을 반응시키면 목표 분자를 합성할 수 있다.
- 생성물의 구조는 IR, UV-Vis, NMR 및 MS로 확인한다.

EtO(C=O)CH₂(C=O)OEt (Diethyl malonate) + 2,4,5-trichloropyridazin-3(2*H*)-one —(none, base or acid / -Pyridazinone)→ EtO(C=O)CCl₂(C=O)OEt

Synthesis **2005**, 1136.

6.10 입체 화학의 조절

하나 이상의 카이랄 중심을 가지는 유기 화합물의 합성은 합성 계획 단계부터 주의해야 한다. 카이랄 중심이 없는 출발 물질의 반응이라도 생성물에서 새로운 카이랄 중심이 형성될 수도 있다. 더욱 중요한 것은, 필요로 하는 목표 분자의 순수한 거울상 이성질체를 만드는 것이다. 특히 의약품, 천연물 및 농약 등으로 이용하는 카이랄 분자 합성에서 더욱 그렇다.

■ 새로운 카이랄 탄소의 형성

- 평면 비카이랄 중간체의 이용: 출발 물질의 정사면체 탄소가 라디칼이 되면, 두 종류가 가능하다. 생성된 라디칼에 할로젠이 각기 다른 방향으로 도입되면, 배열이 다른 새로운 카이랄 탄소가 만들어진다.

R–CH₂–CH₂–R —(X_2, $h\nu$)→ [H, R, CH₂R 라디칼 + H, R, CH₂R 라디칼] → RCH(X)CH₂R + RCH(X)CH₂R (라셈 혼합물)

- C=C 및 C=O 같은 평면 sp^2-혼성 탄소의 이용: C=C 및 C=O는 평면 구조이며, 이 결합들의 반응 자리에서 첨가 반응이 일어날 때 새로운 카이랄 탄소가 만들어진다. 만일 두 개 또는 그 이상의 카이랄 중심이 생기면, 다양한 부분 입체 이성질체의 라셈 혼합물이 생긴다.

R–CH=C(CH₃)–CH₂–R —(X_2/H_2O)→ RCH(X)C(H_3C)(OH)CH₂R + RCH(X)C(HO)(CH_3)CH₂R (부분입체 이성질체 혼합물)

R–C(=O)–CH₂–R —(1. Nu^- 2. H_3O^+)→ R(HO)C(Nu)CH₂R + R(HO)C(Nu)CH₂R (라셈 혼합물)

- **탄소 양이온 중간체 이용:** 탄소 양이온도 평면 구조를 갖는 중간체이다. 비카이랄 알켄의 HX 첨가 반응은 라셈 혼합물을 생성한다.

HX

라셈 혼합물

- **비대칭 유발반응(asymmetric induction) 이용:** 비대칭 유발반응은 출발 물질이나 시약에 존재하는 카이랄 중심이 반응 중에 참여하여, 한 가지 종류의 거울상 이성질체나 부분 입체 이성질체를 생성하는 반응이다(*Chem. Rev.* 1999, *99*(5), 1191). 이 반응을 다르게는 'enantioinduction: **거울상 이성질체 유발반응**'이라고도 하며, 하나의 예로 알켄의 에폭시화를 들 수 있다.

mCPBA

mCPBA

1. PhMgBr/Et_2O 2. H^+

Erythro(20%) *Threo*(80%)

1. $LiAlH_4$/Et_2O 2. H^+

Erythro(80%) *Threo*(20%)

- **라셈화(racemization), 토토머화(tautomerization):** 입체 중심이 있는 순수한 거울상 이성질체의 반응에서, 카이랄 중심이 반응 자리여서 라셈화가 일어나는 경우를 자주 접한다. 이런 현상은 반응 중간체가 탄소 양이온, 라디칼, C=C 및 C=O처럼 평면 구조를 가지거나 토토머화에 의해 나타난다. 따라서 이러한 라셈화나 토토머화를 피하는 것이 합성 과정에서는 중요하다.

H_3O^+

라셈 혼합물

α-Glucopyranose ⇌ [ ] ⇌ (에피머화) β-Glucopyranose

L-(-)-Phenylalanine —(토토머화)→ [ ] → DL-Phenylalanine

■ 입체 중심 배열의 반전 이용법

입체 중심의 배열을 온전히 반전시켜(Walden inversion) 원하는 새로운 배열을 도입할 수 있다. S_N2 반응 메커니즘을 이용하는 것이다. 입체 중심에 OH기를 가진 경우 Mitsunobu **반응**(*Bull. Chem. Soc. Jpn*. 1967, *40*(10), 2380; *Org. React.* 1992, *42*, 335.)으로 OH 배열을 반전시킬 수 있으며 합성에서 자주 이용된다.

(*R*)-Halide —NaCN, S_N2→ (*S*)-Cyanide

(*R*)-Alcohol —Ph_3P, DEAD, $PhCO_2H$ (Mitsunobu 반응)→ (*S*)-Ester —NaOH, H_2O→ (*S*)-Alcohol

■ 불포화 결합의 첨가 반응 이용법

- 알켄 및 알카인의 첨가 반응: 알켄의 첨가 반응으로 새로운 입체 중심이 만들어지기도 한다. 첨가 반응은 메커니즘적으로 *syn*-첨가와 *anti*-첨가 두 가지 방식으로 진행되므로 이들을 고려하면 합성에서 유용하게 이용할 수 있다.
  - *syn*-**첨가**가 일어나는 반응은 OsO_4나 $KMnO_4$에 의한 diol의 합성, mCPBA에 의한 에폭사이드 형성, methylene 삽입 반응, 수소화 붕소 첨가 반응(hydroboration), 촉매 수소화 반응 및 알카인의 Lindlar 촉매 수소화 반응 등이다.

R R' OsO_4 *syn* 첨가 → [O O Os O O R R'] → HO OH R R' Dihydroxylation
라셈 혼합물

R R' mCPBA *syn* 첨가 → [R H O O O R' Ar] → O R R' Epoxidation
라셈 혼합물

R R' $:CH_2$ *syn* 첨가 → [H C H R R'] → H_2 C R R' Cyclization
라셈 혼합물

R' R R BH_3-THF *syn* 첨가 → [R' R R H–BH_2] → R' R R H BH_2 → H_2O_2 → R' R R H H OH Addition of H_2O
라셈 혼합물

R' R" R R H_2/cat. *syn* 첨가 → [R' R" R R H–H + R' R" R R H–H] → R' R" R R H H + R' R" R R H H Hydrogenation
라셈 혼합물

R—≡—R' H_2/Lindlar cat. *syn* 첨가 → R R' Hydrogenation
cis-알켄

– *anti*-**첨가**는 반응 중간체를 거쳐 대부분 S_N2 메커니즘으로 진행되는 반응들이며, 알카인을 Na/NH_3 계를 이용하여 환원하면 상응하는 *trans*-알켄을 얻을 수 있다.

R R' X_2 → [X^+ R R'] Br^- S_N2 → X Br R R' + X Br R R' *trans*-Dihalogenation
라셈 혼합물

R R' X_2/H_2O → [X^+ R R'] H_2O S_N2 → X OH R R' + X OH R R' *trans*-Halohydrin
라셈 혼합물

R R' CH_3CO_3H H_2O → [$^+$H O R R'] H_2O S_N2 → HO R' R OH + HO R' R OH *anti*-Dihydroxylation
라셈 혼합물

R—≡—R' Na/NH_3 → [R' R] → R' R Metal reduction
trans-알켄

- 카보닐기의 첨가 반응: C=O기는 불포화 결합이므로 첨가 반응을 일으켜 탄소가 sp^3 혼성으로 변환되어, 새로운 카이랄 중심이 도출될 수 있다.
  - 출발 물질에 이미 카이랄 중심이 존재하면 생성물로 부분 입체 이성질체가 생성된다. 아울러 이미 존재하는 카이랄 중심이 반응에 참여하여, 친핵체의 접근에 영향을 미쳐 '**비대칭 유발반응**(asymmetric induction)'을 일으킨다. 카보닐기 이웃에 카이랄 중심이 있는 비고리 화합물의 부분 입체(이성질체) 선택성(diastereoselectivity)은 Felkin-Ann **모형**(*J. Am. Chem. Soc.*, 1973, *95*, 6146. *Top. Curr. Chem.* 1980, *88*, 145. *Tetrahedron Lett.* 1976, *26*, 155.)과 Cram **규칙**(*J. Am. Chem. Soc.*, 1952, *74*(23), 5828.)으로 예측할 수 있다.

보는 방향 → α-카이랄 케톤
치환기 크기: L > M > S
친핵체
C=O기로부터 90°로 배열된 가장 큰 치환기의 반대 쪽에서 공격한다
Nu:
주 생성물 부분입체 이성질체

보는 방향 → α-카이랄 케톤
EWG = 전자 끌개
치환기 크기: L > S
친핵체
EWG 치환기의 반대 쪽에서 공격한다
Nu:
주 생성물 부분입체 이성질체

  - α-탄소 위치에 C=O기와 킬레이트화(chelation)가 가능한 -OH, -OR 및 $-NH_2$ 등이 존재하면 Lewis 산이나 친핵체의 반대 이온(counter ion)과 고리형 킬레이트 물질이 생성될 수 있다. 이러한 킬레이트화는 공격하는 친핵체가 입체 장애가 더 작은 쪽(킬레이트화하지 않고 치환기가 작은 쪽)으로 도입되게 한다.

보는 방향 →
치환기 크기 = L > S
Nu^-M^+
킬레이트화
주 생성물 부분입체 이성질체
C=O기로부터 90°로 배열된 가장 큰 치환기의 반대 쪽에서 공격한다

– 의자 형태로 존재하는 cyclohexanone 같은 분자의 경우는 친핵체(Nu)의 종류에 따라 도입되는 배열이 다르다. 수소 음이온(H^-) 같이 작은 친핵체는 수직 방향으로 배열되고, 알킬 음이온(R^-) 같이 부피가 큰 친핵체는 수평 방향으로 배향하게 된다. 이런 결과는 1,3-이축 방향 상호 작용에 의해 발생하는 에너지 무리를 최소화하기 위한 결과이다.

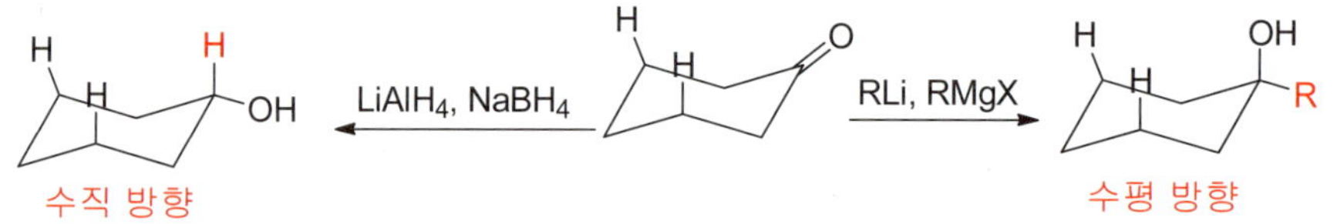

하나의 예로 (4*R*)-5,5-dimethyl-4-phenylhexan-3-one에 CH_3MgBr의 Grignard 반응을 시키면 3,5,5-trimethyl-4-phenylhexan-3-ol의 C3 배열은 (*S*)-배열일까? (*R*)-배열일까? 이 질문의 해답은 (*R*)-배열이다. α-탄소의 치환기 크기는 *t*-Bu > Ph > H 순이며, 이 카이랄 탄소에 전자를 끄는 기는 존재하지 않는다. 따라서 Newman 투영도로 관찰하면 methyl 음이온은 *t*-Bu기의 반대편인 H 쪽에서 공격하게 되므로 (3*R*)-배열이 된다. 생성물은 (3*R*,4*R*)-3,5,5-trimethyl-4-phenylhexan-3-ol이다.

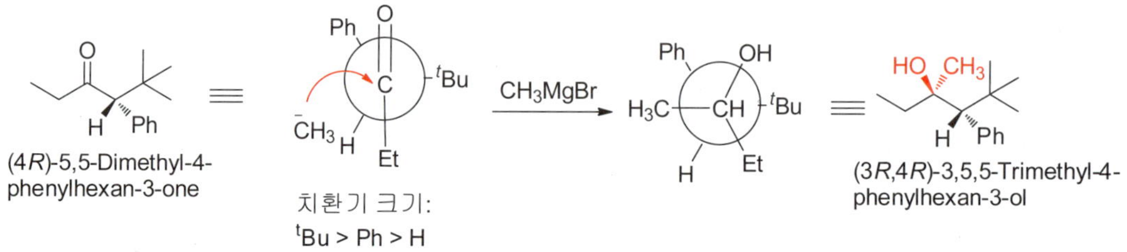

다른 예로 (*S*)-1-hydroxy-1-phenylpropan-2-one을 $LiAlH_4$로 환원시켜 상응하는 다이올 생성물을 만들 경우를 살펴보자. (*S*)-1-Hydroxy-1-phenylpropan-2-one의 α-탄소에 OH가 있으므로 여기에서 Li 양이온과 킬레이트화가 일어난다. 결국 수소 음이온은 가장 작은 치환기 H가 있는 쪽으로 도입되어 C2 배열이 (*R*)-배열을 이루게 된다. 따라서 생성물은 (1*S*,2*R*)-1-phenylpropan-1,2-diol이 된다.

■ 선구 카이랄 화합물을 이용한 비대칭 합성

선구 카이랄(prochiral) **화합물**을 비대칭 합성에 자주 이용한다. 선구 카이랄 물질은 정사면체 탄소에 있는 치환기 하나를 바꾸면 새로운 카이랄 중심이 창출되는 물질을 말한다. 이런 물질에서 선구 카이랄 탄소에 있는 수소는 i) **대칭 교환성 수소**(homotopic H), ii) **거울상 유발성 수소**(enantiotopic H) 및 iii) **부분 입체 이성질성 수소**(diastereotopic H)로 구분된다. 대칭 교환성 수소에서 치환 반응이 일어나서 생성되는 두 종류의 화합물은 같은 구조이다. 그러나 거울상 유발성 수소에서 반응이 진행되면 서로 거울상인 생성물이 생성되고, 부분 입체 이성질성 수소에서 반응이 일어나면 부분 입체 이성질체가 생성된다.

정사면체 선구 카이랄 탄소에 결합된 두 개의 수소는 반응 후에 (*R*)-배열 생성물이 형성되는 *pro-R*과 반응 후 생성물이 (*S*)-배열이 되는 *pro-S*로 구분한다.

■ 카이랄 촉매를 이용한 비대칭 합성

비대칭 합성의 중요성이 더욱 높아지면서 수율과 선택성(높은 *ee%*)이 높고 보다 친환경적인 새로운 비대칭 반응의 개발에 관심이 많다. 카이랄 촉매를 이용한 비대칭 합성의 대표적인 예로 diethyl tartarate/Ti(O^{i}Pr)$_4$/^{t}BuOOH를 이용하는 Sharpless **비대칭 에폭시화**(*J. Am. Chem. Soc.*, 1980, *102*(8), 5974)가 잘 알려져 있고, 최근에 보고된 방법(*Angew. Chem. Intl. Ed.* 2016, *55*(35), 10253)으로 H_2O_2/[Fe^{II}(L)(OTf)$_2$]를 이용한 알켄의 *cis*-dihydroxylation 등을 예로 들 수 있다.

알켄의 Sharpless 비대칭 에폭시화

(-)-DET, *Si*; (-)-DET, $Ti(O^iPr)_4$, ^tBuOOH; (+)-DET, $Ti(O^iPr)_4$, ^tBuOOH; *Re*, (+)-DET

(-)-DET *D*-(-)-Diethyl tartarate

(+)-DET *L*-(+)-Diethyl tartarate

알켄의 *cis*-dihydroxylation

H_2O_2, $[Fe^{II}(L)(OTf)_2]$, MeOH

cis-Diol 85%(99.8 *ee*%)

- 효소 촉매를 이용한 합성: 효소는 단백질이며 천연에서 분리하여 이용한다. 효소 촉매는 라셈 혼합물이더라도 하나의 이성질체만이 선택적으로 반응하므로 유용하다. 대부분의 효소 촉매는 산화, 환원 및 에스터 분해와 생성 등에 이용된다.

Dehydrogenase — 비대칭 산화 반응

Baker's yeast or dehydrogenase — 비대칭 환원 반응

Esterase — 비대칭 에스터 분해 반응

Esterase — 선택적 에스터 분해 반응

Lipase — 선택적 에스터화 반응

7장

초분자 화학

초분자 화학(supramolecular chemistry)의 시작은 **주인 분자**(host molecule)와 **손님 분자**(guest molecule) 간에 착물(complex)이 형성되게 하는 것이었다. '초분자'는 분자나 화학종들이 수소 결합, 정전기적 힘, van der Waals 힘, 소수성 효과(hydrophobic effect), π–π 스태킹(π–π stacking) 및 금속-리간드 간의 결합과 같은 비공유 결합적인 힘에 의해 질서 있게 배열된 분자 응집체(aggregate)로 정의한다(*Angew. Chem. Int. Ed. Engl.* 1988, *27*, 90).

초분자 화학은 단분자 화학과 다르기 때문에 초분자의 화학적 성질이나 현상을 설명하는 데는 다른 용어들이 필요하다. 따라서 초분자 화학에 대한 이해를 돕기 위해 필요한 용어와 기초 개념들을 부록에 실었다. 이 장에 들어가기 전에 부록에 있는 초분자 화학 용어를 충분히 익히는 것이 바람직하다.

7.1 착물의 결합 상수

착물화(complexation)에서 주인 분자가 종류가 다른 손님 분자를 구별하는 선택성은 주인 분자의 **분자 인식**(molecular recognition)을 결정하는 중요한 성질이다. 이러한 선택성은 착물의 결합 상수의 비(ratio of binding constant)로 측정한다.

착물의 결합 상수(K)는 주인-손님 분자의 착물화 과정을 평가하는 척도이며, 형성되는 착물을 정량 분석하여 측정한다. 그러나 선택성은 또한 온도에도 의존하므로, 열역학적 파라미터(ΔH, ΔS, ΔG 등)가 분자 인식 능력을 나타내는 데 더 적합하다고 볼 수도 있다.

결합 상수(K)는 실험적으로 측정한다. 일반식으로 표현하면 아래와 같다.

$$a \cdot H + b \cdot G \rightleftharpoons C$$

$$K = \frac{[C]}{[H]^a [G]^b} \qquad [H]_i = [H] + a[C] \qquad [G]_i = [G] + b[C]$$

H: 주인 분자 G: 손님 분자 C: 착물

$[H]_i$ = 주인 분자 초기 총 농도

$[G]_i$ = 손님 분자 초기 총 농도

위 식들을 대입하여 정리하면 다음과 같다.

$$K = \frac{[C]}{([H]_i - a[C])^a \times ([G]_i - b[C])^b}$$

이 식에서 a와 b 그리고 [C]를 측정하여 K값을 계산한다. UV/Vis 분광기를 이용하여 K를 계산하는 방법들이 알려져 있다(*Analytical Methods in Supramolecular Chemistry*, C. A. Schalley (Ed.) Wiley-VCH, 2012, p27).

7.2 초분자의 기능

초분자는 도구와 촉매의 기능을 가지고 있어 다양한 분자 장치와 기계로 활용될 수 있어 응용성이 폭넓게 연구되고 있다.

■ 초분자 촉매 작용

잘 정의된 **동공**(cavity)을 갖는 거대 분자를 설계하여 합성한 초분자는 궁극적으로 **촉매 작용**(catalysis)을 한다. 새로운 초분자를 설계하고 합성하는 것은 주인-손님 화학과 **내포 화학**(inclusion chemistry)의 새로운 장을 여는 것이다. 예를 들어, **입체성이 다른 자리 초분자 세겹-층 촉매**(allosteric supramolecular triple-layer catalyst)인 ε-caprolactone으로부터 polycaprolactone의 합성을 촉진하는 논문과(*Science*, 2010, *330*, 66), 상보적인 구조를 이루는 두 분자의 수소 결합으로 형성된 초분자가 Diels-Alder 반응을 촉진한다는 보고들이 있다(*J. Am. Chem. Soc*. 1998, *120*, 3650.).

■ 센서와 분자체로서 초분자

- 초분자는 **발색단**(chromophore), **형광 발색단**(fluorophore) 및 **산화 환원-활성 기능성**(redox-active functionality) 같은 기능을 가진다. 이러한 기능성을 이용한 음이온(*J. Am. Chem. Soc.* 1997, *119*, 11864.) 및 휘발성 유기 화합물의 검출(*Langmuir* 2000, *16*, 3964.) 등이 보고되어 있다.
- 초분자는 선형 운동, 회전 운동, 스위치 및 포획 등의 다양한 기능을 스위치(switch)나 센싱(sensing) 같은 전기 거동으로 변환할 수 있어 다양한 **분자 기계장치**(molecular machinery 또는 molecular machine)에 이용될 수 있다(*Acc. Chem. Res.*, 1998, *3*(7), 405). 이들의 응용 분야는 분자 스위치, 분자 모터, 분자 프로펠러, 분자 셔틀(molecular shuttle), 분자 센서(molecular sensor) 등 다양하다.

7.3 초분자 화합물의 합성 방법

초분자의 합성은 금속을 중심 원자로 사용하고, 리간드를 이용하여 배위 화학적으로 원하는 크기와 모양의 초분자 구조를 형성하는 것이다. 배위 화학적으로 초분자 구조를 만드는 데 다음과 같은 세 가지 방법을 이용할 수 있다.

- **방향성-결합 접근법**: 중심 금속의 결합 방향성을 이용하는 방법이다.
- **대칭-상호 작용 접근법**: 대칭 상호 작용을 이용하는 방법이다.
- **약한-결합 접근법**: 배위 착물의 약한 금속 결합을 이용하는 방법이다.

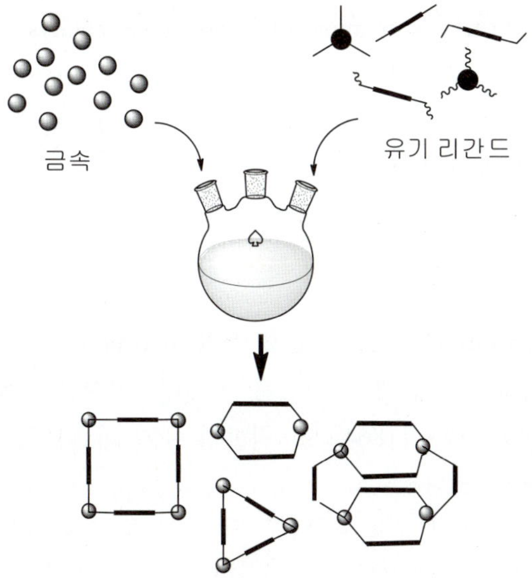

그림 7.1 초분자 합성 개념도

구조가 잘 설계된 리간드와 결합에 적합한 금속으로부터 간단한 초분자(착물)를 합성하는 것은 어렵지 않다. 그러나 거대한 대칭 구조를 이루는 초분자들을 합성하려면, 이에 요구되는 기본적인 엔트로피 및 엔탈피 단가 등을 주의 깊게 고려해야 한다. 게다가 자연에 있는 단백질이나 DNA 및 RNA 분자들 같이 약한 상호 작용으로 초분자를 만드는 것은 초분자의 응용 면에서는 매우 중요하다. 여기서는 배위 화학을 통해 초분자를 합성하는 몇 가지 방법들을 살펴보자.

■ 방향성-결합 접근법

방향성-결합 접근법(directing-bonding approach)은 **분자 라이브러리 접근법**(molecular library approach)이라고도 하며, 가장 일반적인 초분자 합성 방법이다. 방향성-결합 접근법으로 구축할 수 있는 초분자 유형은 이핵 거대 고리(dinuclear macrocycle, 그림 7.2 A), **분자 삼각형**(molecular triangle, 그림 7.2 B), **분자 사각형**(molecular square, 그림 7.2 C), **분자 직사각형**(molecular rectangle 또는 tetranuclear metallocyclophane, 그림 7.2 D) 및 **분자 바구니**(molecular cage)(*J. Am. Chem. Soc.* 1995, *117*, 1649.; 1999, *121*, 10239., *Chem. Commun.* 2000, 1509.) 등이다.

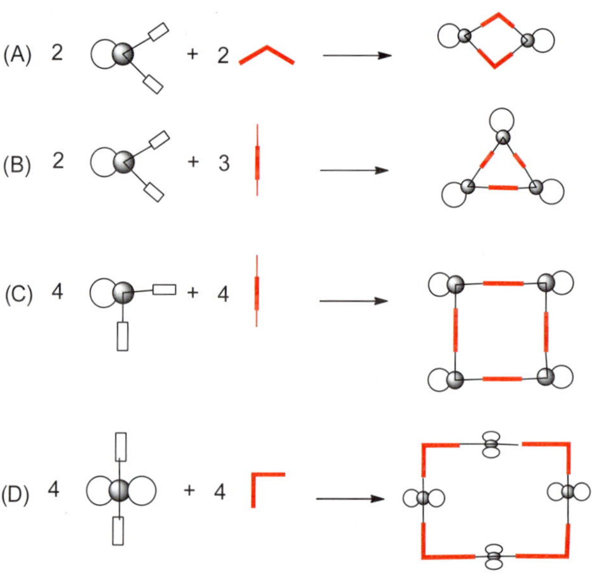

그림 7.2 **방향성-결합 접근법을 이용한 거대 분자 구축의 예시.** (A) **이핵 거대 고리**(*J. Am. Chem. Soc.* **1993**, *115*, 1574.; **1996**, *118*, 899.; **1995**, *117*, 4175.; **1998**, *120*, 611.), (B) **분자 삼각형**(*Chem. Commun.* **1996,** 1535., *Tetrahedron Lett.* **1998**, *39*, 873.; **1999**, *40*, 531., *Angew. Chem. Int. Ed.* **1999**, *38*, 669.; **1998**, *37,* 119., *J. Am. Chem. Soc.* **2000**, *122*, 8956.; **2000**, *122*, 1381., *Inorg. Chem.* **1998**, *37*, 2933.), (C) **분자 사각형**(*Chem. Soc. Rev.* **1998**, *27*, 417., *Chem. Rev.* **2000**, *100*, 853.), (D) **분자 직사각형**(*J. Am. Chem. Soc.* **1998**, *120*, 12149.; **1998**, *120*, 12982., *Angew. Chem. Int. Ed.* **2000**, *39*, 2891.).

방향성-결합 접근법을 이용하여 초분자를 합성하려면 다음 두 가지 조건이 필요하다.

- 필요로 하는 초분자 생성물이 만들어질 수 있는 결합각과 대칭성에 적합한 단단한 전구체를 선택할 수 있어야 한다.
- 필요한 초분자가 만들어질 수 있는 전구체들의 비(ratio)가 충족되어야 한다.

이 방법은 금속과 리간드의 선택에 따라 다양한 크기와 모양의 착물을 만들 수 있다는 장점이 있다. 반면에 사용하는 리간드가 금속과 단단한 결합을 하므로, 분자 스위치처럼 유연성이 요구되는 초분자 합성은 어렵다. 최종적으로 형성되는 초분자에서 중심 금속이 배위 결합적으로 불활성이므로, 금속을 기준으로 하는 크기 및 모양이 선택적인 촉매 작용에 불리하다는 단점들이 있다.

방향성-결합 접근법으로 초분자를 합성한 예로 다음에 제시한 초분자 A와 B를 들 수 있다[*J. Am. Chem. Soc.* 1993, *115*, 1574(초분자 A) 및 *Angew. Chem. Intl. Ed.*, 1998, *37*, 119(초분자 B)].

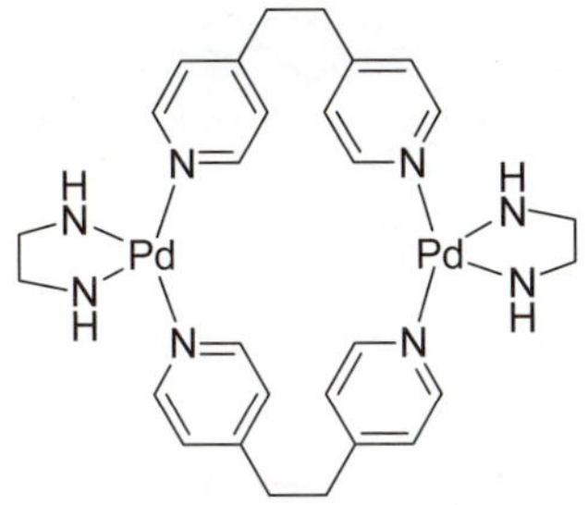

(A)

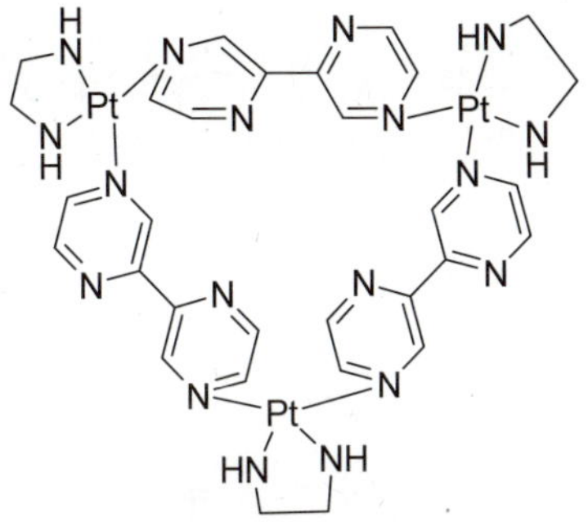

(B)

■ 대칭-상호 작용 접근법

대칭-상호 작용 접근법(symmetry-interaction approach)은 대칭성이 우수한 배위 뭉치 화합물(coordination cluster compound)의 구축 방법으로 개발되었다. 이 방법은 Lehn(*Chem. Eur. J.* 1999, *5*, 113.), Saalfrank(*Angew. Chem. Int. Ed.* 1997, *36*, 2482.) 및 Raymond(*J. Chem. Soc. Dalton Trans.* 1999, 1185.) 등에 의해서 널리 응용되었다.

대칭-상호 작용 접근법으로 만들어지는 통상적인 초분자의 종류는 **킬레이트 리간드**(chelate ligand, 그림 7.3 A), **삼중 나선형**(triple helicate, 그림 7.3 B), **나선형 화합물**(helicate compound, 그림 7.3 C), **정사면체형**(tetrahedral)(그림 7.3 D) 및 **아다만탄형**(adamantoid, 그림 7.3 E) 등이다.

대칭-상호 작용 접근법으로 다양한 모양의 초분자 구조를 만들 수 있지만, 이 방법을 적용하려면 다음의 몇 가지를 고려해야 한다.

- 금속 원자의 기하 구조
- 리간드의 배향
- 리간드와 리간드 간의 상호 작용

아울러 이 방법의 제한점은 조밀한 구조의 생성물이 얻어진다는 것이다.

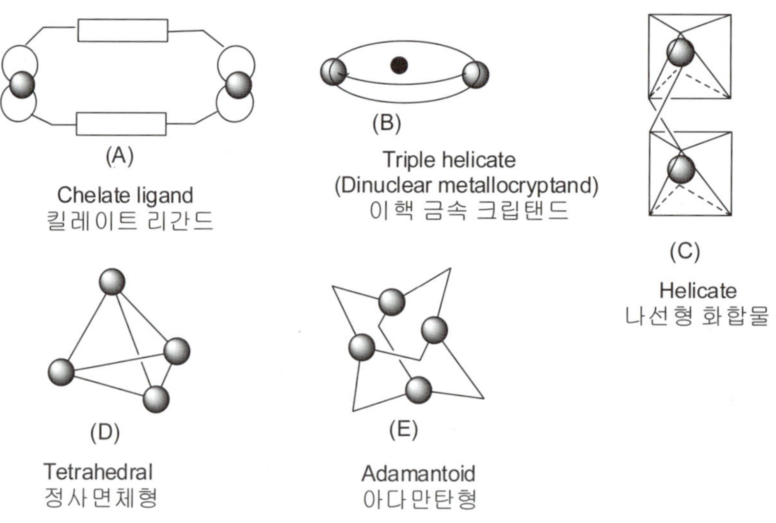

그림 7.3 대칭-상호 작용 접근법으로 만들어지는 이핵 및 사핵 구조

■ 약한-결합 접근법

약한-결합을 포함하는 착물(그림 7.4 A)은 전이 금속 중심과 유연성이 있는 **반치환성 리간드**(hemilabile ligand)로 만든 초분자이다. 여기에는 강한 뼈대 구조의 결합(실선)과 다른 리간드로 쉽게 치환될 수 있는 약한 결합(점선)이 포함되어 있다. 이 약한 배위 결합을 이용하여 초분자를 합성하는 방법이 **약한-결합 접근법**(weak-link approach)이다. 중간체 구조 A는 매우 높은 수율로 얻어지며, 혼합물로부터 분리도 가능하다. 중간체 A가 쉽게 형성되는 것은 다음과 같은 이유 때문이다.

- 안정한 오- 또는 육-원자 킬레이트 고리가 형성된다.
- 두 자리 리간드의 킬레이트 효과로 이핵 구조를 만들기 때문이다.
- π–π 상호 작용 등이 관여하기 때문이다.

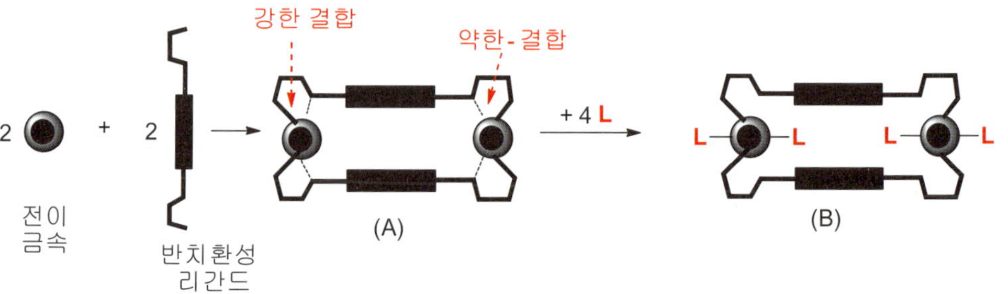

그림 7.4 약한-결합을 포함하는 착물 A와 리간드와 완전히 결합한 착물 B

이 약한-결합 접근법에서 특히 중요한 점은 반치환성 리간드를 사용한다는 것이다(*Inorg. Chem,* 1979, *18* (10), 2658.). 반치환성 리간드란 최소한 두 개의 다른 결합 형태를 가지는 여러 자리 킬레이트이다. 첫 번째 결합은 중심 금속과 강하게 결합하고, 두 번째 결합은 약하다. 따라서 이 약한 두 번째 결합은 보조 리간드(ancillary ligand)나 용매 분자(예 DMSO, CH_3CN 등)가 치환될 수 있다. 강한 결합을 형성하는 전형적인 기에는 강한 주개 원자인 P가 포함되며(예 phosphine), 금속과 약한 결합을 형성하는 기들에는 O, N, S 및 Se 등의 약한 주개 원자들이 포함되어 있다.

약한-결합 접근법은 다음과 같은 몇 가지 장점이 있다.

- 정교한 2-D 및 3-D 초분자 구조를 만들 수 있다.
- 초분자의 유연성이 커서 응용성이 넓다.
- 리간드 치환 반응이 가능하다.
- 생성물의 전자적, 입체적 성질을 조절할 수 있다.

약한-결합 접근법으로 만들 수 있는 초분자 유형은 다음과 같다.

- 이핵 거대 고리(dinuclear macrocycle: *Science*, 2010, *330*, 66.; *Angew. Chem. Int. Ed*. 1998, *37*, 465.; *J. Am. Chem. Soc*. 1999, *121*, 6316.; *Organic metallics* 2001, *20*, 2052.).
- 삼층 금속 사이클로판(three-tiered metallocyclophane: *Angew. Chem. Int. Ed*. 1998, *37*, 465.; *J. Am. Chem. Soc*. 1999, *121*, 6316.).
- 분자 실린더(molecular cylinder: *J. Am Chem. Soc*. 1998, *120*, 1183.).

7.4 초분자 합성에 이용되는 리간드

초분자의 합성은 과정이나 방법 및 유의 사항 면에서 또한 통상적인 유기 분자의 합성과 큰 차이가 없다. 다만 공유 결합의 분해와 형성만을 다루는 유기 분자 합성과의 차이는 단지 두 가지뿐이다. 하나는 목적에 적합한 리간드와 금속을 선택해야 한다는 것이고, 다른 하나는 자기 조립에 적절한 반응 조건을 찾는 것이다. 따라서 초분자 합성에서도 목적에 적합하도록 잘 설계된 초분자를 합성하기 위해서는 적절한 합성 설계가 필요하다. 목적에 적합한 구조와 기능을 가질 수 있는 **초분자 집합체**(supramolecular assembly)가 형성되려면, 적합한 유기 리간드, 즉 목적에 합당한 리간드(초분자 합성 단위체: supramolecular synthon)가 필요하다. 초분자 집합체를 만드는 데 이용되는 리간드 유형으로 i) 비고리 여러 자리 리간드(또는 포단드, podand), ii) 크라운 에터(crown ether), iii) 올가미 달린 에터(lariat ether), iv) 사이클로트라이베라트릴렌(cyclotriveratrylene), v) 레조시나렌(resorcinarene), vi) 칼릭스아렌(calixarene) 및 vii) 주머니형 리간드(또는 cryptand) 등이 주로 이용된다.

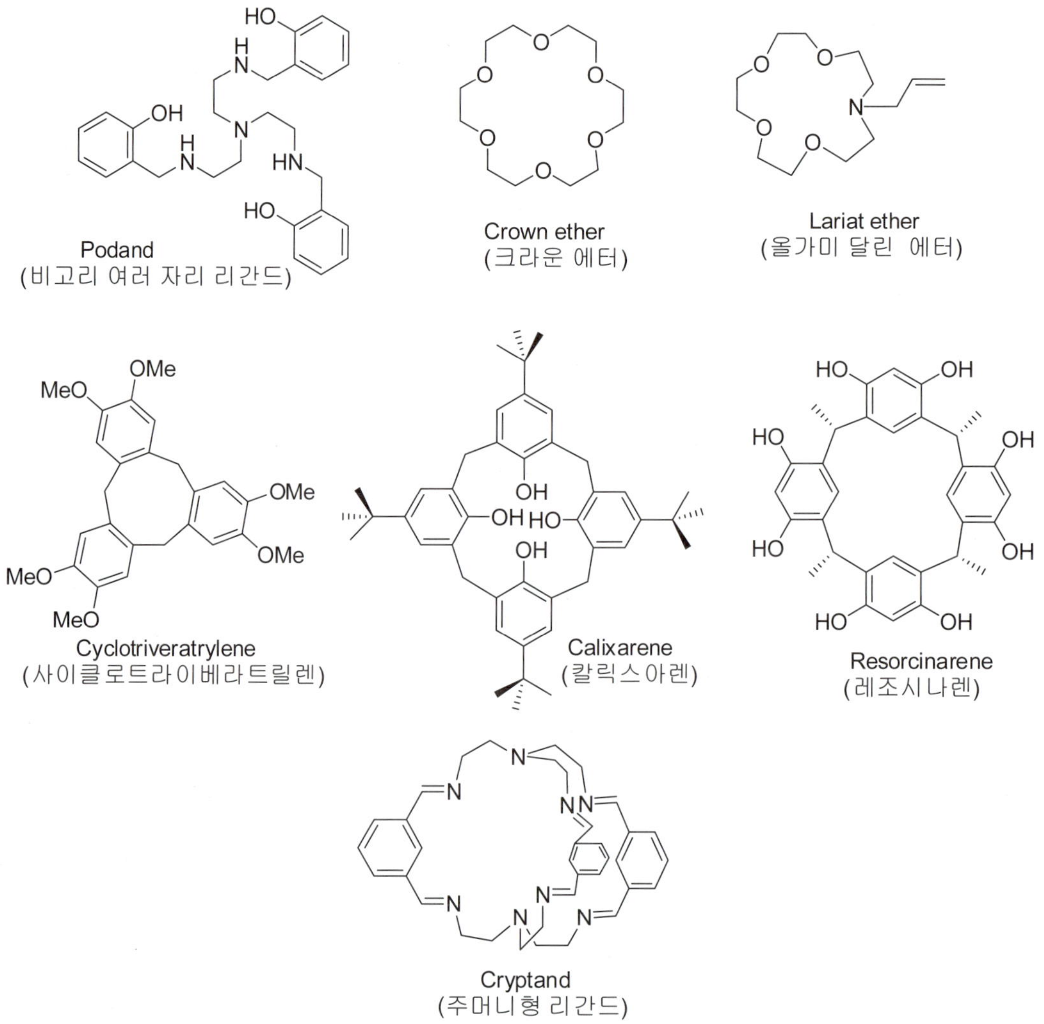

Podand
(비고리 여러 자리 리간드)

Crown ether
(크라운 에터)

Lariat ether
(올가미 달린 에터)

Cyclotriveratrylene
(사이클로트라이베라트릴렌)

Calixarene
(칼릭스아렌)

Resorcinarene
(레조시나렌)

Cryptand
(주머니형 리간드)

그림 7.5 **초분자 합성에 이용되는 리간드의 유형**

이들 초분자 합성에 이용되는 리간드는 형태에 따라 다음과 같이 구분할 수 있다.

■ 선형 분자(linear molecule)

선형 분자의 리간드는 유연한 분자, 경직된 분자 및 유연한 세 가닥 분자의 세 부류로 구분된다.

- 유연한 분자(flexible molecule): Polyethylene glycol 및 1,9-bis(8-quinolinyloxy)-3,6-dioxanonane (합성법: *A practical guide to supramolecular chemistry*, D. J. Cragg, John Wiley & Sons, Ltd 2005, p16) 같은 작용기화된 polyether 등이다.
- 경직된 분자(rigid molecule): 아민 작용기와 C=O기를 가지는 화합물을 반응시켜, C=N기를 가지는 이민(imine) 화합물을 형성한다. C=N기로 연결된 두 구조 단위는 결합의 자유 회전이 제한되어 경직성을 띤다.

  예 *N,N'*-(4,4'-Methylenebiphenyl)bis(salicylidene)imine(합성법: *A practical guide to supramolecular chemistry*, D. J. Cragg, John Wiley & Sons, Ltd 2005, p19).
- 유연한 세 가닥 분자(flexible tripod molecule): 중심 원자에서 세 가닥의 유기 구조를 가지는 분자이다.

  예 Tris(2-aminoethyl)amine(통상 *tren*이라고 한다) 및 N^1,N^1,N^1-tris(2-(2-aminoethylimino) methyl)phenol(합성법: *A practical guide to supramolecular chemistry*, D. J. Cragg, John Wiley & Sons, Ltd 2005, p21).

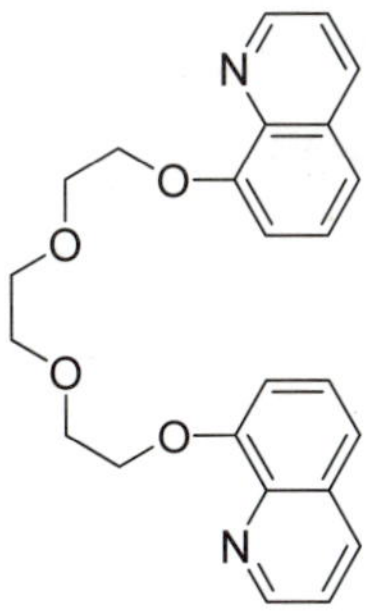

N,N'-(4,4'-Methylenebiphenyl)bis(salicylidene)imine
(경직된 선형 분자: Schiff 염기)

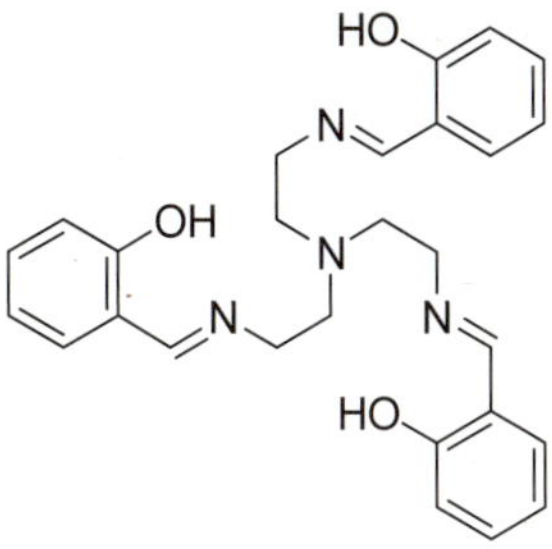

1,9-Bis(8-quinolinyloxy)-3,6-dioxanonane
(유연한 선형 분자)

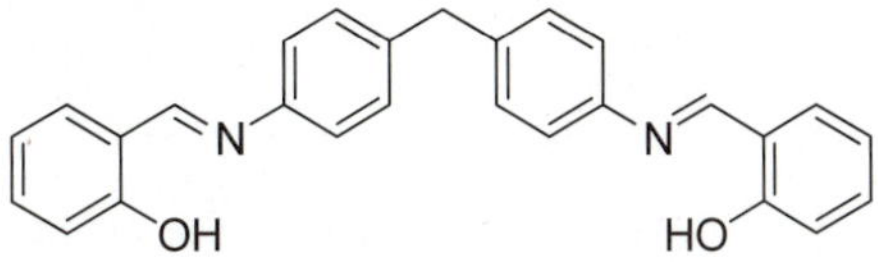

N^1,N^1,N^1-Tris(2-(2-aminoethylimino)methyl)phenol
(유연한 세 가닥 분자: Schiff 염기)

그림 7.6 선형 분자 리간드의 예

■ 고리형 분자 합성 단위체(cyclic molecular synthon)

초분자 집합체를 만드는 데 이용되는 유기 리간드 중에는 고리형 분자도 있다. 이러한 고리형 분자는 porphyrin처럼 자연에서 얻거나 인위적으로 설계하여 합성된 것들이다.

- Porphyrin: 평면 거대 고리형(planar macrocycle)으로 자연의 엽록소와 헴(heme)에서 발견되는 거대 고리이다.
  예 Tetraphenylporphyrin(*Chem. Commun.* 2000, 1087.; *Angew. Chem. Int. Ed.* 2000, *39*, 3616.; *J. Org. Chem.* 1967, *32*, 476) (합성법: *A practical guide to supramolecular chemistry*, D. J. Cragg, John Wiley & Sons, Ltd 2005, p36).

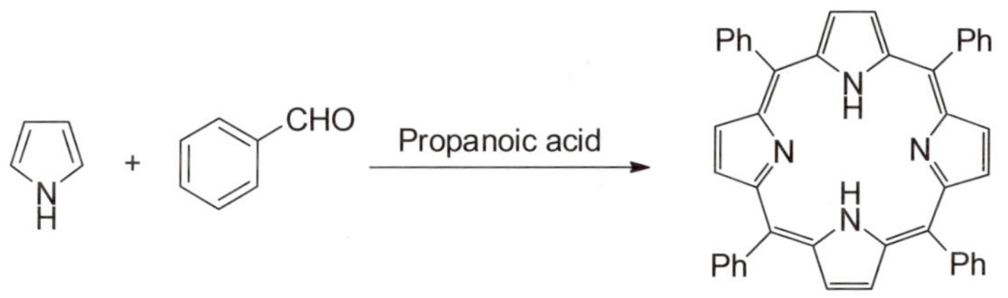

Propanoic acid

Ph Ph Ph Ph

Tetraphenylporphyrin

- Phthalocyanine: 이 분자는 인공적으로 합성한 평면 거대 고리 분자이다(*Adv. Inorg. Chem. Radiochem.* 1965, *7*. 27.).
  예 Copper phthalocyanine(합성법: *A practical guide to supramolecular chemistry*, D. J. Cragg, John Wiley & Sons, Ltd 2005, p42).

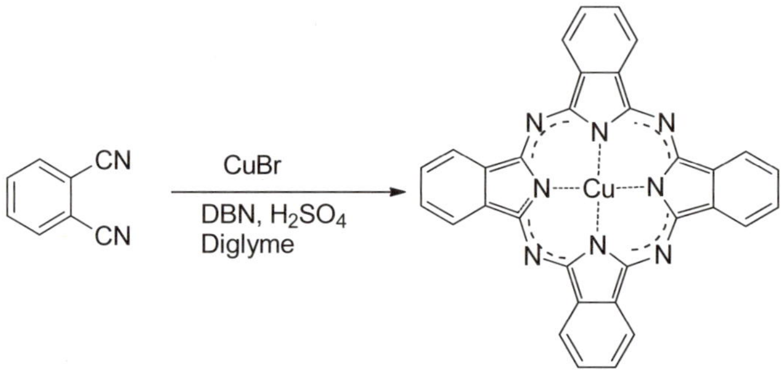

CuBr

DBN, H_2SO_4
Diglyme

Copper phthalocyanine

- 고리형 tetralactam: 락탐 고리형이며 Schiff 염기 형태는 아니다. 이 tetralactam(*Justus Kiebigs Ann. Chem.*, 1967, 891.) 고리 분자는 플루오린 음이온(F^-)과 결합한다고 보고 되었다(*Eur. J. Org. Chem.*, 2001, 4031).
  예 Tetralactam(합성법: *A practical guide to supramolecular chemistry*, D. J. Cragg, John Wiley & Sons, Ltd 2005, p42).

2 Dimethyl 2,6-pyridine-dicarboxylate + 2 Ethylenediamine $\xrightarrow{MeOH}$ Tetralactam

- **Crown ether 및 azacrown ether:** 크라운 에터는 우연히 만들어진 고리 분자이지만, 유용한 초분자 합성 리간드이다(*J. Am. Chem. Soc.*, 1967, *89*, 7017.). 크라운 에터 고리는 그 유용성 때문에 고리 헤테로 원자를 azacrown ether처럼 변형하거나, 작용기를 가진 분자들로 변형하여 이용하기도 한다(*Tetrahedron Lett.* 1972, *13*, 1793).

  예 18-Crown-6 ether(합성법: *A practical guide to supramolecular chemistry*, D. J. Cragg, John Wiley & Sons, Ltd 2005, p45), aza-18-crown-6 ether(합성법: *A practical guide to supramolecular chemistry*, D. J. Cragg, John Wiley & Sons, Ltd 2005, p50), *N*-allylaza-15-crown-5 ether(합성법: *A practical guide to supramolecular chemistry*, D. J. Cragg, John Wiley & Sons, Ltd 2005, p53).

$\xrightarrow[\text{dioxane}]{KO^tBu}$ 18-Crown-6 ether

$\xrightarrow[\text{dioxane}]{KO^tBu}$ Aza-18-crown-6 ether

Aza-15-crown-5 ether $\xrightarrow{BrCH_2CH{=}CH_2}$ *N*-Allylaza-15-crown-5 ether

- **Cyclodextrin:** Cyclodextrin은 고리 형태의 당(sugar)이므로 수용성 거대 고리 중 하나이며, 의약 화학 및 생물학적 이용도가 크다(*Chem. Rev.*, 1998, vol.*98*, 전체). 특히 cyclodextrin은 공업적으로도 중요하다.

예 β-Cyclodextrin monotosylate(합성법: *A practical guide to supramolecular chemistry*, D. J. Cragg, John Wiley & Sons, Ltd 2005, p59).

OTs

$NaOH/H_2O$

β-Cyclodextrin monotosylate

- Catenane 및 rotaxane: Catenane은 하나의 고리 분자를 다른 고리 분자가 관통해 있는 형태의 **매듭형 고리**(knot cycle)이며, 1960년에 Wasserman이 처음 보고하였다(*J. Am. Chem. Soc.*, 1960, *82*, 4433.). Rotaxane은 하나의 거대 고리에 선형 분자 하나가 꿰어져 있는 형태이며, catenane의 일종으로 분류한다. Catenane이나 rotaxane은 결합으로 연결된 구조가 아니라, 단지 구조적으로만 연결된 화학종이다. 그림 7.7에 [2]catenane과 [2]rotaxane의 구조를 나타내었다.

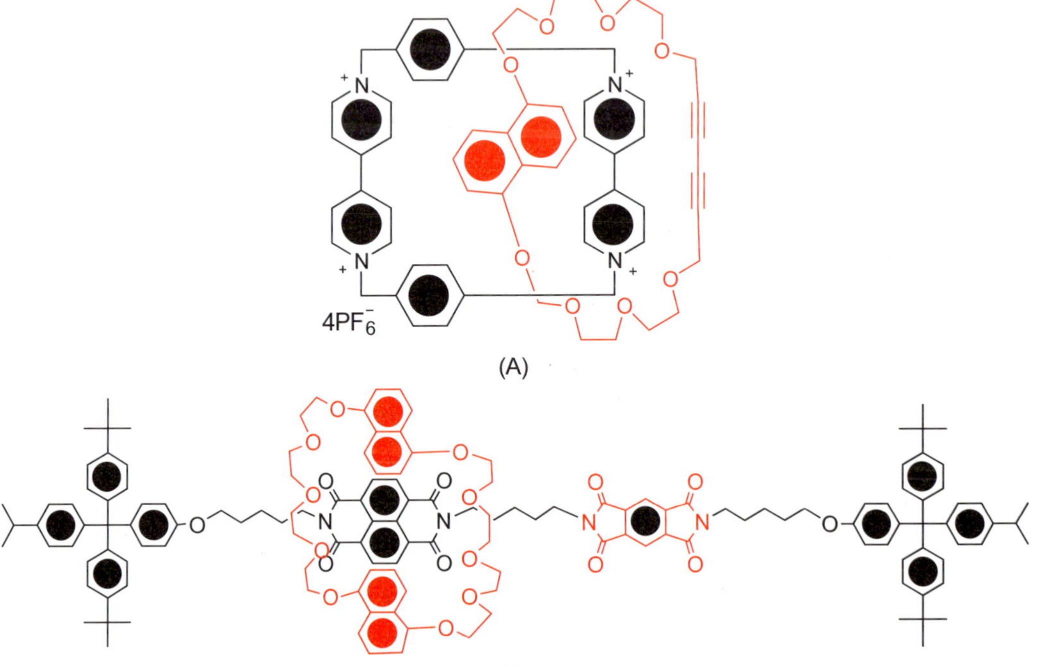

그림 7.7 (A) [2]Catenane과 (B) [2]rotaxane의 예(*Pure & Appl. Chem.*, **2008**, *80*, 485.)

■ 바구니/새장 및 잔 형태 분자(basket/cage and chalice molecule)

Phenol이나 phenol 유도체를 formaldehyde와 축합 반응시키면, 초분자 화학에 이용할 수 있는 단단한 거대 고리 리간드를 만들 수 있다. 대표적인 화합물이 calixarene이며, 이 분자는 초분자 합성에 이용하는 기본적인 리간드 중 하나이다.

- Calixarene: Calixarene은 methylene에 의해 phenol 단위가 연결되어 거대 고리를 만든 화학종이다. Calixarene의 명명은 calix[n]arene으로 부르며, 여기서 괄호 안 숫자 'n'은 고리를 이루는 phenol 단위의 수를 나타낸다. 이 거대 고리 계열의 초분자적 거동과 생체 모방적인 거동은 일찍이 1955년에 보고되었다(Antitubercular effect of calix[4]arene: *Br. J. Pharmacol.*, 1955, *10*, 73.). Calix[4]arene은 그림 7.8과 같은 4가지 이형태체(conformer)를 가진다.

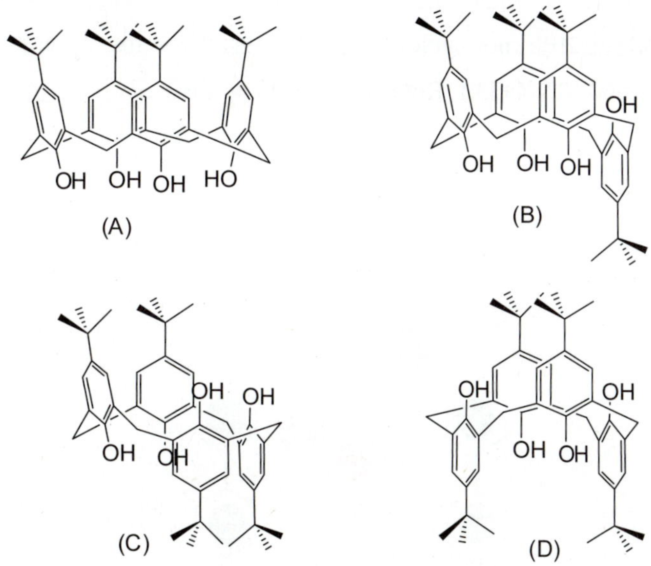

그림 7.8 Calix[4]arene의 이형태체. (A) *Cone*, (B) *Partial cone*, (C) *1,2-Alternate*, (D) *1,3-Alternate*

Calixarene은 일반적으로 phenol 유도체와 paraformaldehyde를 염기 조건에서 반응시켜 합성하거나, 2,6-bis(hydroxymethyl)-4-substituted phenol을 탈수 반응시켜 합성한다.

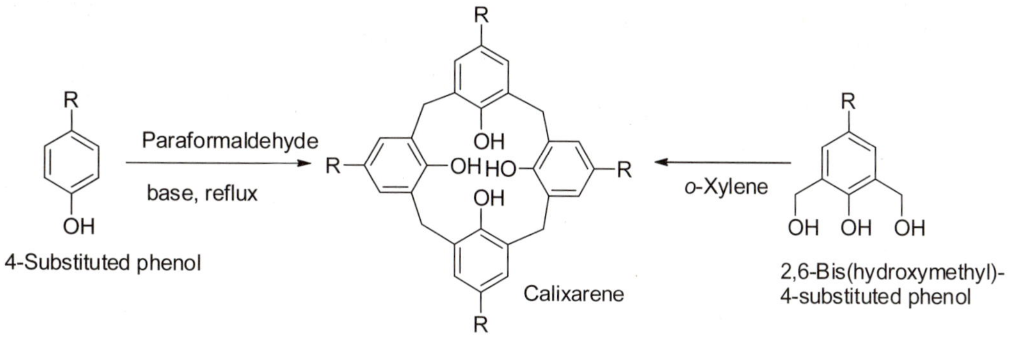

- Calixarene의 작용기화: Calixarene의 거대 고리의 방향족에는 알킬기나 OH기가 포함되어 있다. 보다 더 유용한 초분자 합성 단위체로 변형하기 위한 작용기화는 대부분이 두 치환기를 대상으로 한다. -OH기의 변형은 쉽고 다양하게 할 수 있다.
  - 대표적으로 4-*tert*-butylcalixarene에 2-chloroacetamide를 반응시켜 아마이드 구조 단위를 도입할 수 있다(합성법: *A practical guide to supramolecular chemistry*, D. J. Cragg, John Wiley & Sons, Ltd 2005, p78).
  - 또 다르게는 4-*tert*-butyl기를 제거하고, 다른 작용기를 도입하는 것이다. 방향족 고리의 알킬기 제거는 *retro*-Friedel-Crafts 반응(*A practical guide to supramolecular chemistry*, D. J. Cragg, John Wiley & Sons, Ltd 2005, p83.)을 이용한다. 이 과정에서 생성된 calixarene을 설폰화하면 상응하는 4-sulfonatocalix[4]arene(합성법: *A practical guide to supramolecular chemistry*, D. J. Cragg, John Wiley & Sons, Ltd 2005, p84.)이 생성된다.

- Oxacalixarene: Oxacalixarene은 homooxacalixarene이라고도 하며, 하나 또는 그 이상의 $-CH_2OCH_2-$(ethereal bridge) 단위가 phenol 단위를 서로 연결시키고 있다. 1962년 oxacalix[3]arene이 처음 보고되었다(*Kunststoffe*, 1962, *52*, 19.) Oxacalix[3]arene은 2,6-bis(hydroxymethyl)-4-substituted phenol(합성법: *A practical guide to supramolecular chemistry*, D. J. Cragg, John Wiley & Sons, Ltd 2005, p88.)로부터 합성한다. Oxacalix[3]arene의 예는 다음과 같다.

  예 4-*tert*-Butyloxacalix[3]arene(합성법: *A practical guide to supramolecular chemistry*, D. J. Cragg, John Wiley & Sons, Ltd 2005, p89.), 4-phenyloxacalix[3]arene(합성법: *A practical guide to supramolecular chemistry*, D. J. Cragg, John Wiley & Sons, Ltd 2005, p90.)

4-Substituted phenol → (H_2CO, NaOH / AcOH) → 2,6-Bis(hydroxymethyl)-4-substituted phenol → (toluene) → 4-Substituted oxacalixarene

- Calixarene의 변형체

Calixarene의 동공(cavity)의 깊이를 더 깊게 하거나, 기능성을 더 높일 수 있도록 다양한 calixarene의 변형체를 설계하고 만들 수 있다. 예로 azacalix[3]arene, cyclotriveratrylene, cyclophane 및 cryptand 등이 있다.

– Azacalix[3]arene: Azacalix[3]arene은 homoazacalix[3]arene이라고도 하며, oxacalix[3]arene의 에터 산소(C–O–C) 대신 질소(C–N–C)가 결합된 분자이다. Azacalix[3]arene은 2,6-bis(hydroxymethyl)phenol과 상응하는 아민을 반응시켜 만든다(*Tetrahedron Lett*. 1992, *33*, 5775.).

예 4-Methyl-(*N*-benzyl)azacalix[3]arene(*J. Org. Chem*., 2000, *65*, 8297.) (합성법: *A practical guide to supramolecular chemistry*, D. J. Cragg, John Wiley & Sons, Ltd 2005, p101.)

2,6-Bis(hydroxymethyl)-4-substituted phenol + benzylamine → (H^+ / toluene) → 4-Methyl-(*N*-benzyl)-azacalix[3]arene

– Cyclotriveratrylene: Cyclotriveratrylene은 대표적인 바구니형 리간드 분자이다(*Tetrahedron*, 1987, *43*, 5725., *Green Chem.* 2000, *2*, 123). 이 분자는 veratrole을 formaldehyde와 산 촉매 조건에서 반응시켜 만든다(합성법: *A practical guide to supramolecular chemistry*, D. J. Cragg, John Wiley & Sons, Ltd 2005, p71.).

Veratrole —(Formaldehyde, H_2SO_4)→ Cyclotriveratrylene

– Cyclophane: Cyclophane은 방향족 고리의 1,4-위치가 짧은 알킬기 사슬로 연결된 거대 고리의 한 종류이며, calixarene의 변형체이다. Cyclophane의 명명은 [2,2] metacyclophane으로 명명하며, [2,2]는 각각의 다리 원자 수이고, 'meta-'는 방향족 고리의 치환 위치를 나타낸다. [4]Resorcinarene(*Ber. Dtsch. Chem. Ges.*, 1872, *5*, 25.; *J. Am. Chem. Soc.*, 1980, *102*, 6046.; *J. Org. Chem.* 1980,*45*, 4498.)이나 pyrogallol[4]arene(*J. Am. Chem. Soc.*, 1940, *62*, 2512.) 등도 cyclophane의 유사체이다.

예 [4]Resorcinarene, *C*-methyl[4]resorcinarene(합성법: *A practical guide to supramolecular chemistry*, D. J. Cragg, John Wiley & Sons, Ltd 2005, p106.) 및 *C*-heptylpyrogallol[4]arene(합성법: *A practical guide to supramolecular chemistry*, D. J. Cragg, John Wiley & Sons, Ltd 2005, p106.)

R'CHO, H^+; R = H, CH_3

[4]Resorcinarene

RCHO, H^+

R = $-(CH_2)_6CH_3$

Pyrogallol[4]arene

- **Cryptand(주머니형 리간드)**: 질소나 황을 포함하는 리간드들은 대부분의 금속과 쉽게 착물을 형성한다. 따라서 주로 양이온 또는 음이온 착물 형성에 의한 초분자 합성 리간드로 유용하다. 이런 리간드는 초분자에 이용할 수 있는 적당한 전자 밀도와 편극도를 가지며, 고리 크기를 간편하게 조절할 수 있다는 장점이 있다. 예로 *tren*-cryptand(합성법: *A practical guide to supramolecular chemistry*, D. J. Cragg, John Wiley & Sons, Ltd 2005, p113.)를 들 수 있다.

N[1],*N*[1]-Bis(2-aminoethyl)ethane-1,2-diamine + Isophthalaldehyde —MeOH→ *tren*-Cryptand (주머니형 리간드)

KBH_4

환원형 *tren*-Cryptand

7.5 초분자 집합체의 확인 방법

초분자의 확인에는 여러 가지 방법들이 이용된다. 특히 초분자 집합체의 상호 작용은 계(system)의 물리적 상태(고체, 액체, 용액 또는 기체)에 크게 의존할 뿐 아니라, 관찰 목적 또한 다양하므로 연구 목적에 적합한 여러 가지 방법들이 이용된다.

■ 초분자 확인법

대표적인 방법들을 소개하면 다음과 같다. 고체 시료는 주로 X-선 단결정학(X-ray crystallo-graphy) 및 고체 NMR을 이용한다. 용액 시료는 NMR 및 광학 분광법(UV-Vis, Raman spectroscopy 등) 등이 이용되고, 용도에 따라 MS 및 GC도 연구에 이용된다.

- X-선 단결정학(X-ray crystallography): X-선 단결정학은 초분자의 3차원 구조를 정확히 알 수 있는 가장 좋은 방법이다. 다만 단결정(single crystal)을 이용하므로 순수한 단결정의 확보가 성공 여부를 결정한다.
- UV-Vis 분광법: UV-Vis 분광법은 시료 용액의 흡광도를 측정하여 Job **도표**(Job plot)를 그리면 금속과 리간드의 비(ratio)를 알 수 있어 자주 이용한다. 아울러 착물의 결합 상수(K) 값도 결정할 수 있다(*Analytical Methods in Supramolecular Chemistry*, C. A. Schalley (Ed.) Wiley-VCH, 2012, p27)(Benesi-Hildebrand 법: *J. Am. Chem. Soc.*, 1949, *71*, 2703.)
- NMR 법: NMR 법에서는 리간드에 존재하는 관측 대상 핵(^{1}H, ^{13}C, ^{15}N 등)의 화학적 이동값 변동을 통해 초분자 집합체 형성이나 거동을 관찰하는 데 이용하며, 결합 상수(K)의 결정에도 자주 이용된다(*Tetrahedron*, 2000, *56*, 6151., *Coordination Chem. Rev.*, 2008, *252*, 2314.).

위와 같은 방법들을 이용하여 합성한 초분자를 확인하는 방법의 예로 *Chem. Commun.*, 2009, 4557의 논문의 해당 부분을 발췌하여 다음에 나타내었다. 이 논문은 약한-결합 접근법(weak-link approach, WLA)을 이용하여 초분자를 합성하고, 이를 UV-Vis, NMR, MS 및 X-선 단결정학 방법으로 구조를 확인한 논문이다(원문을 발췌한 것이므로 Scheme 및 Fig의 번호는 원문의 번호를 그대로 나타내었다).

『

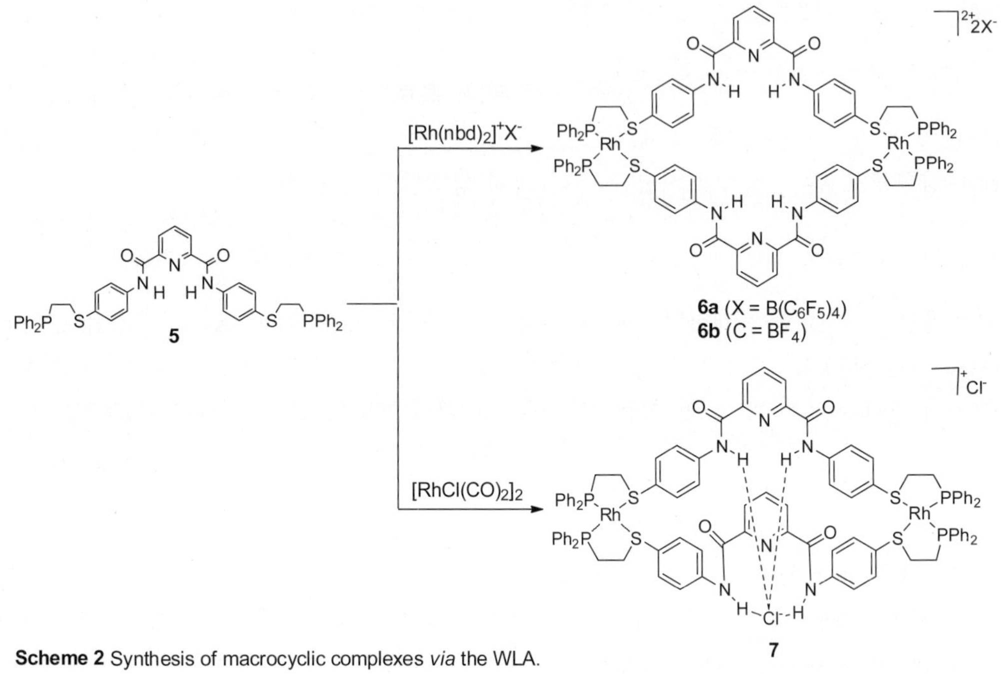

Scheme 2 Synthesis of macrocyclic complexes *via* the WLA.

』

『

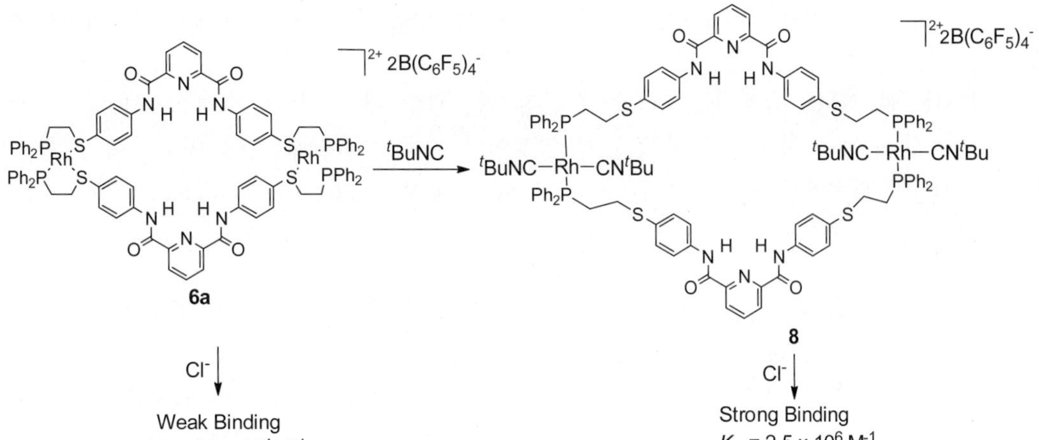

Scheme 3 Binding affinity of Cl^- in closed and open states.

』

이 논문에서 저자들은 UV-Vis 분광기를 이용하여 화합물 **6**과 **8**의 Cl^- 이온에 대한 결합 상수를 측정하였고, 또한 ^1H NMR을 이용한 화합물 **8**과 Cl^-와의 착물화에 대한 Job plot을 만들었다.

『Determination of the binding constant. The binding constants of **6a** and **8** for Cl^-, repectively, were determined by UV-Vis spectroscopy in CH_2Cl_2(303 nm for **6a** and 312 nm for **8**), employing the titration methodology (Figure S-1 and S-2). $(^nBu)_4NCl$ was used as the Cl^- source. The concentration of the complex was 5×10^{-4} M^{-1}. The data were modeled with the nonlinear curve-fitting program Dynafit (Because the experiments were carried out by UV-vis spectroscopy and the binding constants were based upon small changes in absorbance, there could be significant error associated with these values. However, there is no doubt that the association constant of complex **8** is larger that for complex **6a**).』

『

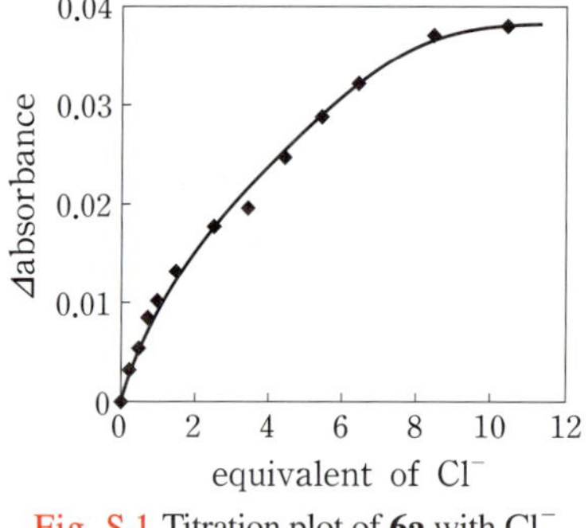

Fig. S-1 Titration plot of **6a** with Cl^-

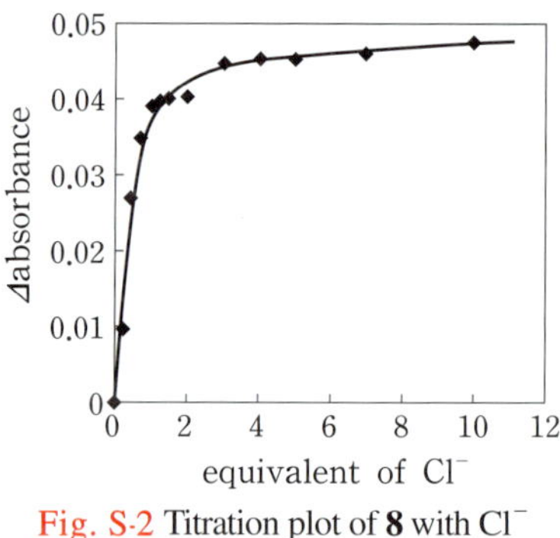

Fig. S-2 Titration plot of **8** with Cl^-

』

『The Job plot for a determination of stoichiometry. Figure S-3 Shows a Job plot which is based upon ^1H NMR chemical shift data for the amide N-H signal in CD_2Cl_2 for macrocycle **8** complexing Cl^- ([8]+[$(^nBu)_4NCl$)]=10 mM).

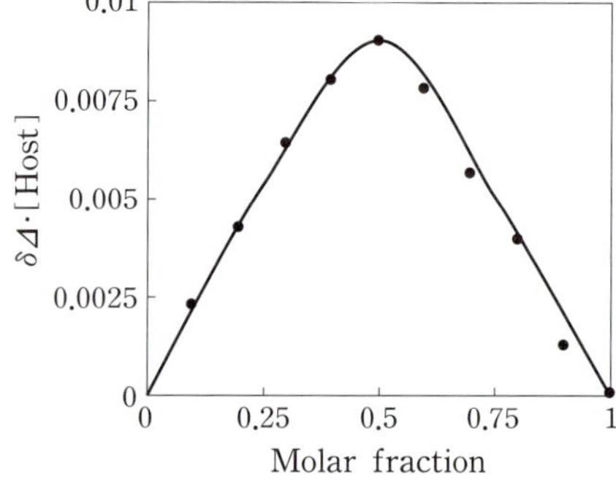

Fig. S-3 Job plot for complexation of **8** with Cl^-

』

한편, 저자들은 ^1H NMR을 이용하여 리간드와 이온종간의 상호 작용을 리간드에 있는 5개 H의 화학적 이동값의 변화로부터 관찰하였다.

『

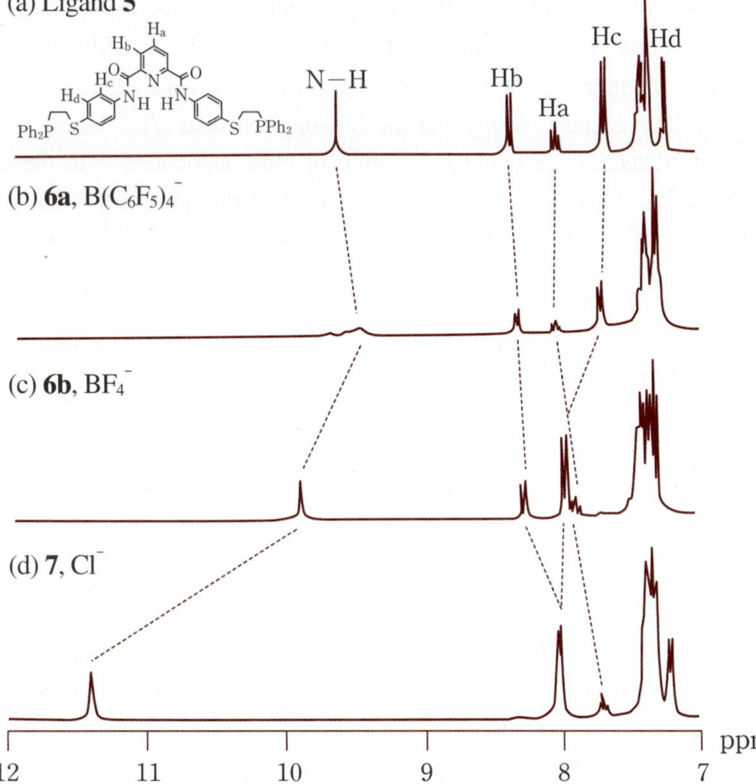

Fig. 1 The aromatic and amide regions of the ^{1}H NMR spectra for **5**, **6a**, **b** and **7** in CD_2Cl_2 (300 MHz, 23°C, 10 mM), respectively.

』

아울러 이 논문의 저자들은 착물의 정확한 3차원 구조를 밝히기 위해 화합물 **6a**와 **7**의 X-선 결정 구조를 얻었다.

『X-ray crystallography. Crystals of **6a** and **7** were mounted on fiber loops and cooled to 100 K. In both cases the centrosymmetric space group option was selected based on the results of the refinement. The structures were solved by direct methods, refined with anisotropic thermal parameters, and contained idealized hydrogen atoms, except for the fractional and disordered CH_2Cl_2 molecule in **6a** and **7**. All software is contained in the SMART, SAINT and SHELXTL software libraries of the Bruker XRD corporation. Disordered CH_2Cl_2, the recrystallization solvents, was rendered using SQUEEZE. Found 623e/uc. Calculated for 16 CH_2Cl_2, 672e/uc. Solvent is included in the fomula and intensive properties.

Fig. 2 ORTEP drawing of complex **6a** with thermal ellipsoids drawn at 50% probability. Solvent molecules, counter anions and hydrogen atoms except for amide protons have been omitted for clarity. Selected bond distances (Å) and angles (°): Rh(1)−P(1)=2.2449(8), Rh(1)−P(2)=2.2437(8), Rh(1)−S(1)=2.3385(8), Rh(1)−S(2)=2.3394(7), P(1)−Rh(1)−P(2)*=97.34(3), P(1)−Rh(1)−S(1)=85.78(3), P(1)−Rh(1)−S(2)*=172.63(3), P(2)*−Rh(1)−S(1)=175.06(3), P(2)*−Rh(1)−S(2)*=85.34(3), S(1)−Rh(1)−S(2)*=92.02(3).

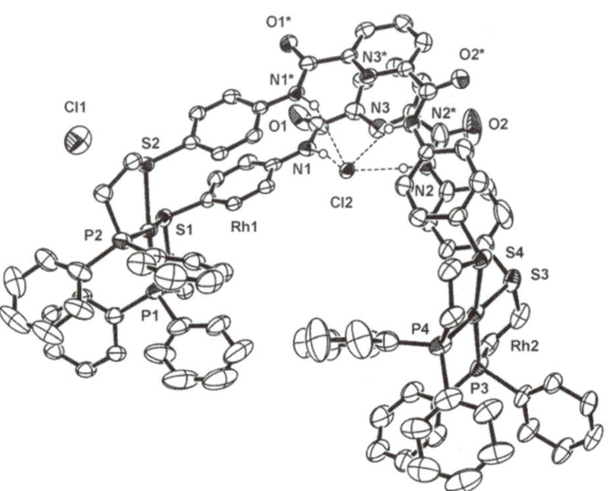

Fig. 3 ORTEP drawing of complex **7** with thermal ellipsoids drawn at 50% probability. Solvent molecules and hydrogen atoms except for amide protons have been omitted for clarity. Selected bond distances (Å) and angles (°): Rh(1)−P(1)=2.240(2), Rh(1)−P(2)=2.240(2), Rh(1)−S(1)=2.364(2), Rh(1)−S(2)=2.356(2), Rh(2)−P(3)=2.245(2), Rh(2)−P(4)=2.247(2), Rh(2)−S(3)=2.362(2), Rh(2)−S(4)=2.3414(2), N(1)−Cl(2)=3.404(4), N(1)*−Cl(2)=3.265(4), N(2)−Cl(2)=3.277(6), N(2)*−Cl(2)=3.292(2), P(1)−Rh(1)−P(2)=96.40(6), P(1)−Rh(1)−S(1)=85.77(6), P(1)−Rh(1)−S(2)=176.78(5), P(2)−Rh(1)−S(1)=168.80(5), P(2)−Rh(1)−S(2)=85.58(5), S(1)−Rh(1)−S(2)=92.77(5), P(3)−Rh(2)−P(4)=97.94(5), P(3)−Rh(2)−S(3)=85.48(5), P(3)−Rh(2)−S(4)=171.00(5), P(4)−Rh(2)−S(3)=175.67(5), P(4)−Rh(2)−S(4)=85.36(5), S(3)−Rh(2)−S(4)=90.87(5).

』

8장

유기 합성의 기초 기술

유기 합성을 잘하려면 유기 화학의 기초 지식과 이미 보고된 많은 문헌을 통해 다양한 반응 정보를 확보해야 한다. 아울러 합성 과정에서 실제로 이용되는 여러 가지 실험 기술에 익숙해져야 한다. 이 장에서는 합성 실험에 필요한 지식과 장치들을 설명한다.

8.1 실험실 안전

유기 화학 연구실에서는 가연성 물질, 독성 물질 및 폭발성 물질들을 자주 다룬다. 따라서 실험실 안전은 아무리 강조해도 지나치지 않다. 심각한 사고나 사고 횟수를 줄이기 위해서는 다음과 같은 기초적인 규칙을 지켜야 한다.

■ 실험실 안전 수칙

- 실험실에서는 위험으로부터 보호받을 수 있는 복장을 한다. 실험복과 보안경을 반드시 착용한다.
- 실험실에 화학물질 화재용 소화기, 모래 또는 석면 포 등을 항상 비치한다.
- 가연성 용매는 안전한 곳에 격리 저장한다.
  - 가연성 용매는 햇빛이 없고 통풍이 잘되며, 온도가 낮은 곳에 저장한다.
  - 실험실에 많은 양의 용매를 저장하지 말고, 필요한 만큼만 저장한다.
  - 가연성 물질은 햇빛을 피하고, 불이나 가열 장치(가열 망태기, 가열 판, 전기 교반용 모터, 수증기 중탕 등) 및 전기 스위치로부터 멀리 둔다.
  - Carbon disulfide는 수증기 중탕에서 발화될 수 있고, diethyl ether는 햇빛에 노출되면 폭발할 수 있다.
- 폭발 물질이 포함된 반응은 안전 방패를 설치하고 수행한다.
- 독성 기체가 포함되거나 발생하는 반응은 후드 속에서 수행하고, 기체 포집 장치를 사용한다.
- 기체가 담긴 통은 안전한 실린더 지지대를 사용하여 보관한다.
- 실험실에서는 음식물이나 음료수를 먹지 말라. 물론 담배는 절대 피우지 말아야 한다.
- 실험실에서 뛰거나 밀치거나 장난하지 말라. 작은 몸짓이 큰 사고를 유발한다.
- 실험실과 실험대는 항상 깨끗하게 정리한다.
- 실험실을 떠날 때는 실험실 청소 상태, 가스 잠금 장치, 진공 장치, 수도와 전기 등을 점검하고 퇴실하기 전에 손을 깨끗이 씻는다.

■ 화합물 취급 시의 안전 수칙

- 모든 화합물 용기에는 라벨을 부착하라. 오래되어 부식된 라벨은 즉시 교체한다.
- 이름이나 성분을 모르는 시약은 절대 사용하지 않는다.
- 모든 화합물은 유독하다고 생각한다.

- 사용하기 전에 시약 병의 라벨을 주의해서 읽어라. 필요하면 문헌에서 사용상 유의 사항도 읽고 참고한다.
- 시약 냄새를 맡거나, 맛을 보거나, 손으로 직접 만져보지 않는다.
- 시약 병에서 한번 꺼낸 시약은 다시 넣지 말라. 항상 필요한 만큼만 사용한다.
- 휘발성 물질과 끓는점이 낮은 유기 용매는 후드에서 다룬다.
- 깨끗하고 건조된 시약 스푼이나 피펫을 사용한다. 오염된 것을 사용하면 남은 시약이 오염될 수 있다.
- 실험실 습도가 높으면, 수분에 민감한 시약의 사용이나 반응을 피한다.
- 휘발성인 시약과 발화점이 낮은 시약은 가열 판이나 버너 같은 열원에서 멀리 둔다.
- 진한 산(acid)을 희석할 때는 물을 교반하면서 산을 천천히 가한다. 산에 물을 부으면 위험하다.

■ 유리 기구 사용 시의 안전 수칙

- 유리 기구는 사용 전에 깨지거나 금이 간 곳이 있는가를 반드시 확인하라. 조금이라도 흠이 있으면 사용하지 않는다. 작은 흠집이 큰 사고의 원인이 된다.
- 고무 마개나 호스로부터 유리관을 제거하거나 끼울 때는 반드시 수건으로 감싸고 하라. 사고 시 피부 보호에 도움이 된다.
- 깨진 유리 기구는 항상 정해진 곳에 구분하여 버린다.

■ 사고 응급 처치 방법

- 화재가 발생한 때: 버너나 전열기의 열원을 모두 끄고, 인화성 물질은 멀리 옮기고, 화학 화재용 소화기, 모래 또는 석면 포 등으로 소화 작업을 한다. 유기 용매에 화재가 났을 때는 물을 사용하면 안 된다.
- 의복에 불이 붙었을 때: 당황하지 말고 석면 포나 다른 실험복을 덮어 불을 끈다. 유기 용매에 의한 불이 아니면 물을 부어 꺼도 된다.
- 가열기나 불에 의해 화상을 입었을 때: 즉시 오염되지 않은 찬물로 씻는다. 계속해서 15분 내지 20분간 찬물로 씻고, 심한 경우에는 즉시 의사의 처치를 받도록 한다.
- 시약에 의해 화상을 입었을 때: 즉시 다량의 깨끗한 물로 씻는다. 산에 의한 화상일 때는 묽은 sodium bicarbonate($NaHCO_3$) 용액으로, 염기성 시약에 의한 화상일 경우는 묽은 acetic acid(CH_3COOH) 용액으로 씻은 후 반드시 의사의 치료를 받도록 한다.
- 눈에 시약이 들어갔을 때: 즉시 깨끗한 물로 여러 번 씻고, 반드시 의사의 치료를 받는다.
- 유독한 기체를 흡입했을 때: 즉시 통풍이 잘되는 곳으로 옮기고, 편안한 자세로 깊은 호흡을 반복한다. 노출이 심하거나 유독 물질인 경우에는 즉시 의사의 치료를 받아야 한다.

8.2 화합물의 성질 및 반응 정보의 확보와 활용

반응을 수행하여 최고의 효율로 목표 물질을 합성하는 데는 사용하는 화합물의 물리적, 화학적 성질 및 이전에 수행된 관련 반응 등에 대한 정보와 지식을 확보하는 것이 중요하다. 여기서는 이런 정보와 지식을 얻을 수 있는 문헌을 간단하게 소개한다.

- 화합물의 물리적, 화학적 성질에 관련된 정보는 다음에서 얻을 수 있다.
  - 판매 회사 시약 목록 책자: 물리적 성질, 분자식, 구조식, 안정성 및 기타 부수적 정보가 실려 있다.
  - 판매 회사 인터넷 사이트: 물리적 성질, 분자식, 구조식, 안정성 및 기타 부수적 정보가 실려 있다. 경우에 따라서는 시약 목록 책자에서보다 더 많은 정보를 얻을 수 있다.
  - *Merck Index*(Merck & Co): 화합물의 구조식, 분자량, 물리적 성질, 반응성 및 이름 반응(name reaction) 등이 관련 문헌과 함께 실려 있다.
  - *CRC Handbook of Chemistry and Physics*(CRC press): 방대한 양의 유기 화합물에 대한 수학적, 물리적 및 화학적인 자료들이 표로 실려 있다.
  - *Dictionary of Organic Compounds*(Oxford University Press): 많은 화합물의 구조식, 분자량, 녹는점, 끓는점, 재결정 용매, 용도 및 참고 문헌이 실려 있다.
  - *Wikipedia*: 인터넷 사전으로 많은 화합물의 구조식, 성질 및 관련 반응과 문헌 등에 대한 정보가 실려 있다.

■ 반응과 관련된 참고 문헌은 다음에서 얻을 수 있다.

- *Chemical Abstract*(ACS): 미국 화학회에서 주간으로 발간하며, 모든 특허 및 학술지 등의 내용을 요약한 반응 사전과 같다. 저자, 주제, 화학식 및 특허별로 색인이 되어 있어 유용하다.
- *Beilstein's Handbuch der Organischen Chemie*(Springer Verlag): 많은 유기 화합물의 특성과 제조 방법들을 싣고 있다.
- *Reagent for Organic Synthesis*(John Wiley & Sons): 유기 화학에서 사용되는 1000개 이상의 화합물에 대한 성질, 제조 및 용도에 대해 서술되어 있다.
- *Organic Synthesis Collective Volume*(John Wiley & Sons): 특수한 화합물들의 검증된 제조 방법을 자세히 수록하고 있다.
- *Organic Chemical Portal*: 유기 화학자에게 관심 있는 최근 학술지 정보를 제공하는 인터넷 사이트이다. 유기 반응, 유기 화학의 하이라이트(highlight), 요약문, 화학 물질, 화학 장치, 화학 관련 서적, 화학 물질 공급처 등에 대한 정보를 제공한다.

8.3 반응의 규모, 용기 및 종류

합성 방법 개발을 위한 연구 반응은 탐구 반응(exploratory reaction)이므로 대부분 100 mg ~ 수 mg 단위의 소규모 반응을 하지만, 대량 합성의 경우에는 두 단계로 수행하게 된다. 첫 단계는 반응 최적 조건을 찾기 위한 '탐구 반응'을 하고, 두 번째 단계에서는 탐구 반응에서 선택한 반응 최적 조건으로 '**대용량 반응**(preparative reaction)'을 해야 한다.

탐구 반응에서 대용량 반응으로 전환하려면, 단계별로 수행하는 것이 유리하다. 즉 반응 규모를 mg 단위에서 g 단위를 거쳐 kg 단위로 늘려서(mg → g → kg) 반응을 수행한다. 각 단위별 반응에서 도출되는 반응 중이나 반응 후 처리상의 문제점(예 교반, 여과, 반응 온도, 시료 첨가 방법, 냉각 및 가열 등)을 도출하여 각 단계별로 새로운 최적 반응 조건을 확립해야 한다. 산업화 과정에서는 이런 문제 해결이 필수적이다.

■ 탐구 반응 방법

- 반응 용매의 양: 반응 용매는 반응 물질의 용해도를 고려하여 적절한 양을 사용하여야 한다. 탐구 반응은 mg 단위이므로 반응 용매가 적어서 농도가 진하면 반응 속도가 빠르고, 농도가 묽으면 반응 진행 속도가 느려지므로 유의해야 한다.
- 플라스크 종류와 크기: 플라스크는 갈아 맞춘 연결관(tapered ground joint)이 있는, 이구 또는 삼구 플라스크를 사용한다. 반응 용기로 플라스크를 이용하는 경우는 반응 혼합물의 양과 반응의 종류에 적합한 크기의 용기를 사용해야 한다. 기체가 발생하지 않으며 실온 이하에서 수행하는 반응의 경우에는 반응 혼합물이 플라스크의 절반을 넘지 않는 크기의 반응 용기를 선택하라. 기체가 발생하거나 심하게 환류(reflux)를 해야 하는 경우는 더 큰 반응 용기를 사용하라.

  실험실에서 사용하는 유리 기구 중 플라스크나 연결관 등은 서로 잘 맞도록 다듬어지고 규격화된 것을 사용한다. 유리 기구의 규격은 ST (Standard Taper의 약기호), SJ (Spherical Joint) 및 PS (Product Standard) 등으로 표시한다(그림 8.1).

  - ST는 플라스크 입구, 마개 및 연결관의 규격 표시에 사용한다.
  - SJ는 구형 입구로 된 플라스크 및 구형 연결관의 규격을 나타낼 때 사용한다.
  - PS 기호는 테플론(teflon)으로 만든 마개나 플러그의 규격 표시에 사용한다.

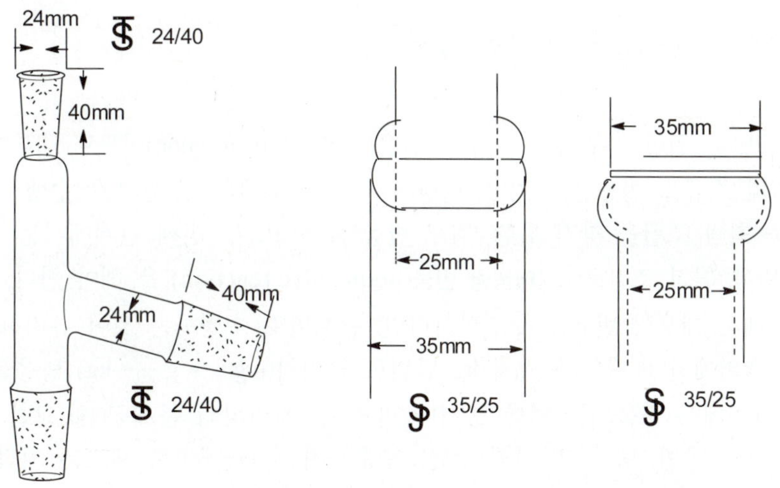

그림 8.1 유리 기구 규격 표시의 기호와 예

- 교반: 반응 혼합물은 가능한 한 잘 섞이도록 저어 주어야 한다. 반응 혼합물이 완전한 액체인 탐구 반응에서는 주로 자석 교반기를 이용하면 편리하다. 반응 혼합물이 혼탁하거나 양이 많은 탐구 반응 및 대용량 반응의 교반에서는 전기 교반기(electric stirrer, mechanical stirrer 또는 overhead stirrer)를 이용한다.

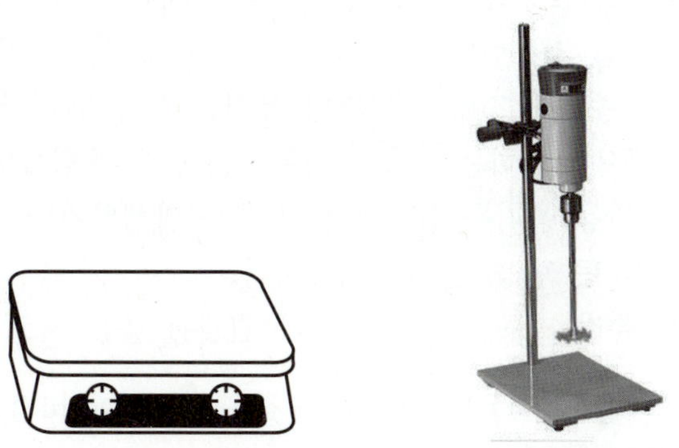

자석 가열 교반기(Magnetic hot-plate) 전기 교반기(electric stirrer)

그림 8.2 자석 가열 교반기와 전기 교반기

- 반응물의 가열: 흡열 반응에서는 가열하여 반응 온도를 올려야 한다. 실험실에서는 가열 장치로 자석 가열 교반기를 주로 이용한다. 다르게는 **가열 망태기**(heating mantle)나 **가열 중탕**(heating bath)을 이용하기도 한다. 가열 중탕은 유리로 만들어진 용기를 사용하거나, 그림 8.3과 같은 제품화된 중탕용 용기를 사용한다. 표 8.1에 가열하려는 온도에 따른 중탕용 물질들을 나타내었다.

주의

가열 반응의 경우에는 중탕용 물질의 온도가 표 8.1에 나타낸 온도라고 해도, 실제 반응 플라스크 속의 온도는 다르다. 따라서 반응을 수행할 때는 반드시 반응 혼합물이 들어 있는 플라스크 내부의 온도를 측정하여 반응 온도로 기록해야 한다.

가열 망태기

가열 중탕

그림 8.3 가열 망태기와 가열 중탕

표 8.1 온도별 가열 중탕용 물질

온도 범위	중탕에 사용하는 물질
~100 °C	물
20~200 °C	Glycerol, Di-*n*-butyl phthalate
~200 °C	의약용 paraffin
40~200 °C	D.C. 550 Silicon fluid
260 °C 이상	Orthophosphoric acid(85 %)/Metaphosphoric acid= 4:1(*v/v*)
340 °C 이상	Orthophosphoric acid(85 %)/Metaphosphoric acid= 2:1(*v/v*)
60~500 °C	Fisher bath wax

- 반응물의 냉각: 발열 반응은 반응 중에 반응 용액을 냉각시켜야 한다. **냉–중탕**(cooling bath)법에서는 얼음이나 드라이아이스 및 액체 질소를 이용하면 편리하다. 염/얼음 중탕법은 −3~−55 °C까지, **드라이아이스 중탕법**은 −72~−100 °C, 그리고 액체 질소를 이용하면 −196 °C까지 간편하게 냉각시킬 수 있다. 냉-중탕의 자세한 내용은 *J. Chem. Eng. Data*, 1966, *11*, 124를 참고하라.

주의

냉각 반응의 경우에는 냉각용 물질의 온도가 표 8.2에 나타낸 온도라고 해도, 실제 반응 플라스크 속의 온도는 다르다. 따라서 반응을 수행할 때는 반드시 반응 혼합물이 들어 있는 플라스크 내부의 온도를 측정하여 반응 온도로 기록해야 한다.

표 8.2 냉각 온도와 냉-중탕에 사용하는 물질

평형 온도	냉-중탕에 사용하는 물질
0 °C	얼음
−3 °C	얼음(100 g)/potassium nitrate(12 g)
−10.7 °C	얼음(100 g)/potassium chloride(24.5 g)
−15.8 °C	얼음(100 g)/ammonium chloride(23 g)
−21.2 °C	얼음(100 g)/sodium chloride(30.7 g)
−28 °C	얼음(100 g)/sodium bromide(67 g)
−33.6 °C	얼음(100 g)/magnesium chloride · $6H_2O$(84 g)
−36.5 °C	얼음(100 g)/potassium carbonate(65 g)
−54.9 °C	얼음(100 g)/calcium chloride(72.5 g)
~ −20 °C	얼음/MeOH
−33 °C	$NH_3(l)$
−40 °C ~ −50 °C	얼음(3.5~4 part)/$CaCl_2 \cdot 6H_2O$(5 part)
−72 °C	$CO_2(s)$/EtOH
−77 °C	$CO_2(s)/CHCl_3$ 또는 acetone
−78 °C	$CO_2(s)$ 분말
−100 °C	$CO_2(s)/Et_2O$
−196 °C	$N_2(l)$

- 일정한 반응 온도 유지 기술: 허용되는 오차 범위로 온도를 조절하는 것은 어렵지 않다. 그러나 탐구 반응에서는 특정 온도에서만 수행하는 반응이 필요한 경우도 있다. 이런 경우는 이중 플라스크를 이용하면 편리하다. 외부 플라스크와 내부 플라스크 사이에 필요한 온도에서 끓는 용매(순수 및 혼합)를 넣고 환류하면서, 내부 플라스크에서 반응을 수행하면 동일한 온도에서 긴 시간 반응을 수행할 수 있다. 이 경우에 필요하면 내부 플라스크의 온도를 직접 측정하는 것도 좋다. 실제 문헌에 나타난 끓는점과 환류 시 내부 플라스크의 온도가 다를 수도 있다. 예를 들어 온도 조절용 용매로 acetone을 사용하면 acetone의 끓는점 55 °C로 내부 반응 플라스크 온도를 유지할 수 있다. 이중 플라스크는 쉽게 제작할 수 있다(그림 8.4). 몇 가지 유기 용매의 환류 조건에서의 중탕(bath) 온도를 표 8.3에 나타내었다.

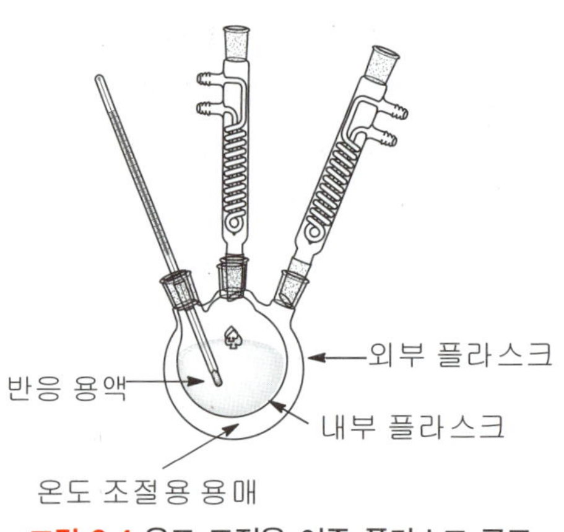

그림 8.4 온도 조절용 이중 플라스크 구조

표 8.3 몇 가지 유기 용매의 환류 조건에서의 중탕 온도

유기 용매	환류 조건에서의 중탕 온도 (°C)	유기 용매	환류 조건에서의 중탕 온도 (°C)
Acetone	55	Bromobenzene	155
Methanol	65	*o*-Dichlorobenzene	180
Carbon tetrachloride	75	Ethylene glycol	200
Tetrachloroethylene	85	Nitrobenzene	210
Water	100	Methyl salicylate	220
Toluene	110	Biphenyl	250
Chlorobenzene	130	Benzophenone	305
Xylene	140		

- 대용량 반응: **대용량 반응**은 실험실에서 선택한 탐구 반응 조건을 대용량 생산에서도 사용할 수 있도록 문제점을 해결하고 조정하여야 하므로, 실험실에서도 일정 규모의 대용량 실험이 필요하다. 단계별로 살펴보면 연구실 규모(bench scale)의 실험을 시험 공장 규모(pilot plant scale)로 확장시켜 수행하고, 문제 해결이 완료되면 실제 규모(demonstration scale)로 확장하는 방법을 확립해야 한다. 예를 들어 약품 생산의 경우 연구실 규모는 대략 최대 1~20 kg 또는 이보다 더 적은 양을 시험 생산하고, 시험 공장 규모는 20~100 kg 정도로 시행한다(이 양은 공장 시설 규모에 따라 달라질 수 있다).

연구실 규모 실험도 초기 탐구 반응은 mg 단위로 수행하지만 최적 조건이 선택되면, 수 g 단위 → 수백 g 단위 → 수 kg 규모로 확장하여 문제점을 도출하고 해결함으로써 kg 단위 공정 방법을 확립해야 한다. 이와 같이 단계별로 문제점을 해결해야 하는 이유는 반응 규모가 증가하면, 그에 따라서 많은 성질 - 즉 크기 성질(extensive property)인 에너지, 엔탈피, 엔트로피, Gibbs 에너지, 질량(mol), 부피, 열용량 등 - 이 변하므로 결과적으로는 반응 속도, 화학 평형, 물질의 성질, 열역학, 유체 운동론 등이 변한다.

그뿐만 아니라 반응물의 첨가, 교반, 여과, 증류, 운반 및 폐기물 등에서 많은 문제점들이 발생하기 때문이다.

대용량 반응에 의한 생성물의 제조 공정을 효율적으로 관리하기 위해 현장에서는 반응 흐름도와 장치들을 도표로 만든 PFD(process flow diagram)와 이 PFD를 기본으로 해서 각 공정을 구성하는 단위 조작기기의 구성과 흐름을 상세히 나타낸 P&ID(piping and instrumentation diagram)를 작성하여 이용한다.

■ 특수 장치를 필요로 하는 반응

- 가압 반응: 많은 반응에서 가압 조건이 요구된다. **가압 반응**은 밀폐된 관(sealed tube)이나 가압 반응 용기에서 수행한다. 반응 용기는 유리나 알루미늄(안에는 유리관이 들어 있음) 등으로 만들어 사용한다. 오늘날에는 크기와 종류가 다양한 가압 반응기가 개발되어 있다(그림 8.5).

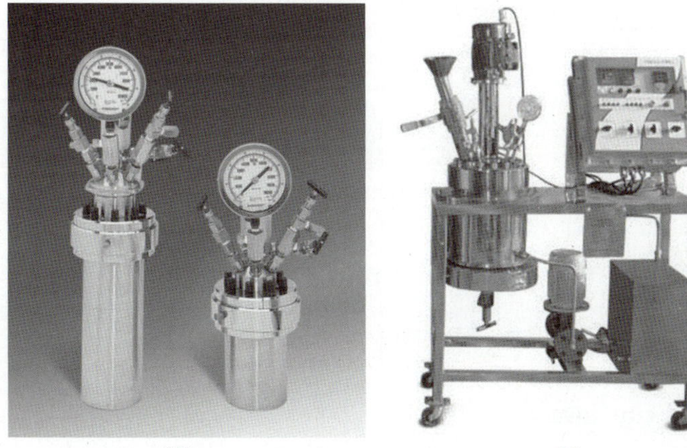
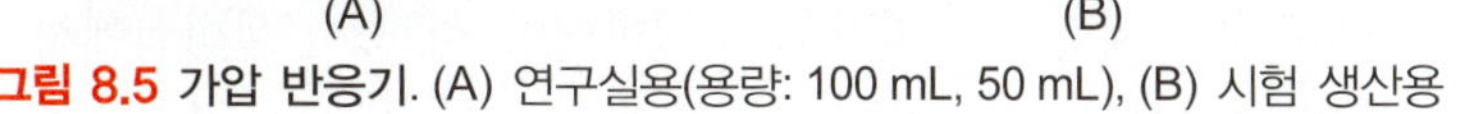

그림 8.5 가압 반응기. (A) 연구실용(용량: 100 mL, 50 mL), (B) 시험 생산용

- 열분해 반응: **열분해**(pyrolysis) **반응**은 물질을 높은 온도로 가열하여 분해 반응을 일으키는 것이다. 열분해는 일반적으로 430 ℃ 이상의 온도에서 수행된다. 다양한 열분해 기구가 고안되어 있다. 열분해 관의 종류에 따라 사용하는 온도 범위도 다르다. Pyrex(SiO_2 80.6 %, B_2O_3 12.6 %, 기타)는 600 ℃까지, Vycor(SiO_2 96 %, B_2O_3 4 %)는 1200 ℃까지, Quartz(SiO_2)는 1300 ℃까지 사용할 수 있다.
- 광화학 반응: **광화학 반응**(photochemical reaction)은 화합물과 빛의 작용에 의해 일어난다. 광 반응이 일어나려면 두 가지 법칙에 적합해야 한다. 첫째는 빛이 화합물에 흡수되어야 하고(Grotthuss-Draper Law), 두 번째는 화합물에 흡수된 광자가 하나의 분자만 활성화시켜야 한다(photoequivalance law, Albert Einstein). 광 반응에 이용되는 빛은 UV(100~400 nm), Vis(400~750 nm), IR(750~2500 nm) 영역 등이며, 광원으로는 수은-증기 등, 레이저, LED 등이 활용된다. 파장이 여러 개인 빛은 필터를 사용하여

필요한 빛만을 선택해 사용한다. 광 반응에서 사용하는 반응 용기는 Pyrex(차단 파장: < 275 nm), Corex(차단 파장: < 260 nm), Vycor(차단 파장: < 220 nm) 및 Quartz(차단 파장: < 170 nm) 등이 이용된다.

- 고희석 반응: **고희석 반응**(high-dilution reaction)은 과량의 용매 중에서 교반하면서 반응 시약을 소량씩 연속 첨가하여 특정 화합물이 우세하게 생성되도록 조절하는 반응 방법이다. 고희석 반응은 첨가 속도가 반응의 임계 조건이므로, 반응물 첨가 속도 조절에 따라 성공 여부가 결정된다. 고희석 반응은 주로 초분자 및 나노 과학 분야에서 거대 고리의 합성이나, 고분자 화학의 거대 분자 중합에 이용된다. 일반적인 실험실 반응 장치를 그림 8.6에 나타내었다.

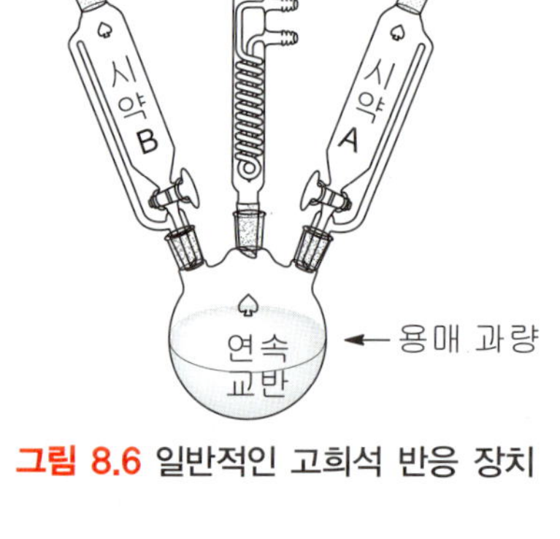
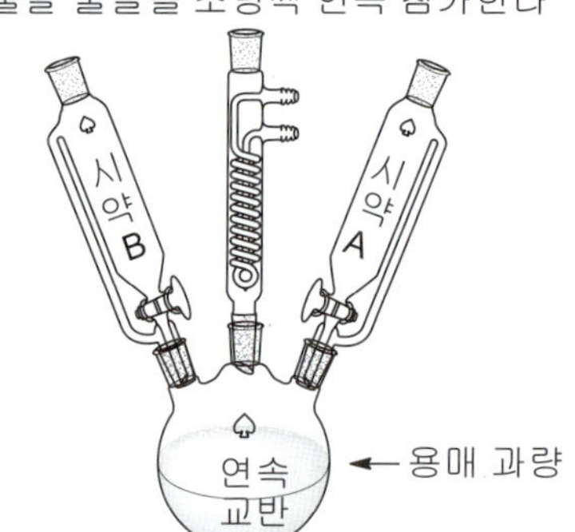

그림 8.6 일반적인 고희석 반응 장치

- Dean-Stark 관을 이용한 수분 제거법: 산 촉매에 의한 카복실산과 알코올의 반응으로 에스터를 제조하는 반응에서는 물이 생성되며, 이 반응은 가역 반응이다. 따라서 생성되는 물을 제거하지 않으면 일정 시간이 지난 후에 반응은 평형을 이루고 더 이상 진행되지 않는다. 따라서 생성되는 물을 제거하여 평형이 생성물(에스터) 쪽으로 치우치도록 유도해야 한다. 이런 실험에서는 반응 플라스크에 Dean-Stark **관**(그림 8.15 참고)을 설치하여 반응을 종료시킬 때까지 수분을 제거함으로써 평형을 정방향으로 유도할 수 있다. Dean-Stark 관을 설치하고 반응 혼합물을 환류시키면, **불변 끓음 증류**(azeotropic distillation)를 통해 생성되는 수분을 반응 플라스크로부터 제거할 수 있다. 뿐만 아니라 분리되는 물의 양을 보면 반응 진행 여부도 가늠해 볼 수 있다.
- Soxhlet 장치를 이용한 반응: Soxhlet **장치**(그림 8.7)는 고체 혼합물 속에서 용매를 환류시켜 필요한 성분을 추출하는 데 이용하는 장치이다. 이 장치를 생성물과 출발 물질의 격리가 필요하거나, 생성물의 추가 반응을 피해야 하는 반응 등에 이용하면 편리하고 안전하다. 그런 반응의 예로 Grignard 반응을 들 수 있다.

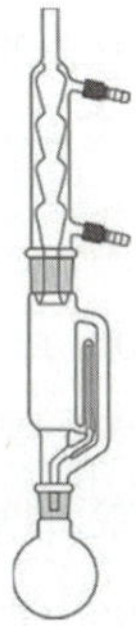

그림 8.7 Soxhlet 장치

- 마이크로파 합성법: 화합물에 마이크로파를 쪼이면 분자가 들뜬다. 이런 마이크로파 에너지를 이용하는 합성 반응을 **마이크로파 합성법**(microwave synthesis)이라고 한다. 탐구 반응을 수행하기에는 좋은 기구들이 시판되고 있다. 열에 의한 분자 활성 방식과는 달라서 반응도 차이가 있다. 가열 반응에서 진행되지 않던 반응도 마이크로파 조건에서 반응이 진행되기도 하고, 그 반대인 경우도 있어 합성적으로는 흥미롭다. 최근에는 산업용도 개발되어 있어 대량 합성에도 이용된다. 관련 종설 논문을 참고하면 도움이 된다(*Angew. Chem. Int. Ed.* 2004, *43*, 6250). 아래는 두 반응물에 마이크로파(MW)만을 쪼여 에스터를 성공적으로 만드는 반응의 예이다.

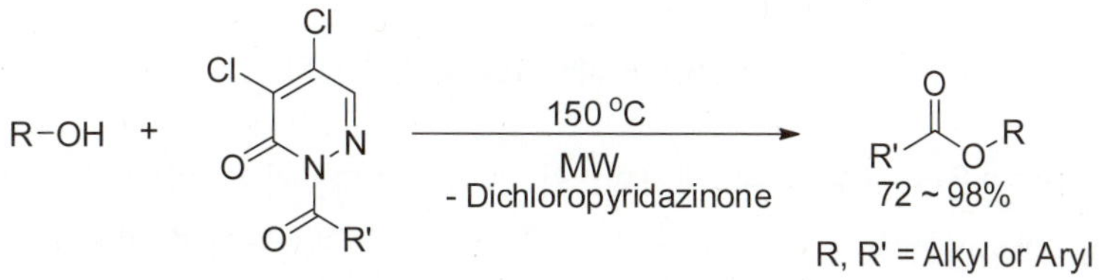

Tetrahedron, **2013**, *69*, 3234.

- 초음파 합성법: 용액에 초음파를 쪼이면 초음파에 의해 공동 현상(cavitation)이 나타난다. 공동 현상의 결과로 액체상의 분자간 인력 등이 파괴되어 반응을 매개하거나 활성화시킬 수 있는 물리적 또는 화학적 효과가 나타난다. 이를 이용하는 합성 방법을 **초음파 합성법**(ultrasound synthesis)이라고 한다(*Chem. Soc. Rev.* 1997, *26*, 443). 따라서 물리적 및 화학적 효과에 따라 흥미로운 결과를 나타낸다. 예로 2-iodonitrobenzene의 Ullmann 반응의 경우를 보자. 동일한 수율로 생성물을 합성하는 데 가열 반응에서는 많은 양의 Cu와 긴 반응 시간을 필요로 하지만, 초음파 합성에서는 훨씬 적은 양의 Cu와 짧은 반응 시간이 소요된다(*Practical Sonochemistry, A users guide to applications in chemistry and chemical engineering*, Ellis Horwood Publishers, Chichester, 1991.).

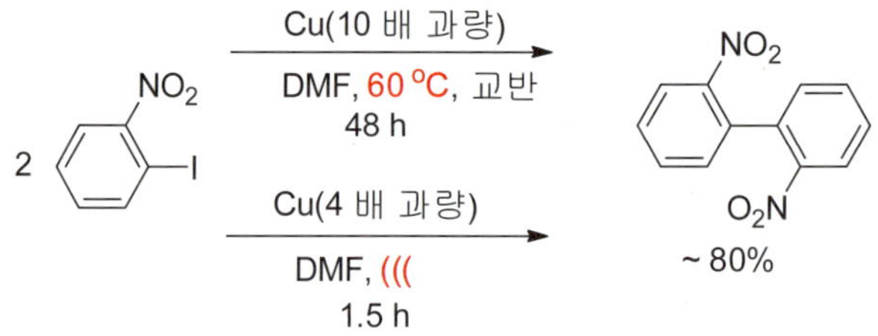

Ultrasonics, **1987**, *25*(1), 45.

전통적인 반응과는 다르게 초음파 반응에서는 중간체의 분해와 촉매 표면에서의 생성물이 이탈되는 과정을 돕는 것으로 이해되고 있다. 또 다른 예로 교반 반응과 초음파 반응이 각기 다른 생성물을 생성하는 경우로 Kornblum–Russell 반응의 경우를 보자. 4-Nitrobenzylbromide와 2-lithio-2-nitropropane의 반응의 경우 통상적인 교반 조건에서는 S_N2 반응을 하여 4-nitrobenzaldehyde를 생성하고, 초음파 반응에서는 S_N1 반응을 하여 dinitro 생성물을 형성한다(*Tetrahedron Lett.*, 1991, *32*, 4709).

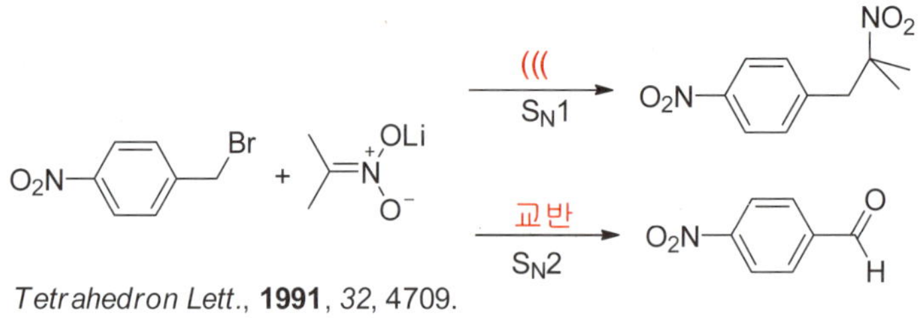

Tetrahedron Lett., **1991**, *32*, 4709.

실험실에서는 통상적인 초음파 세척기를 이용하거나 실험용 초음파 탐침(probe)을 이용하여 반응을 수행한다.

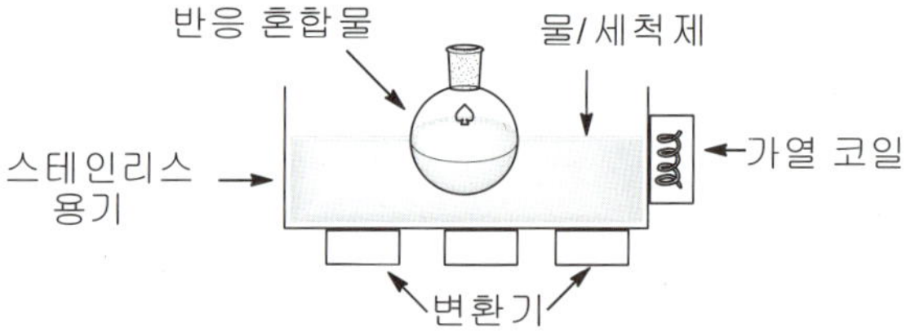

그림 8.8 초음파 합성에서 이용하는 초음파 세척기 얼개 그림

- 흐름 합성: **흐름 합성**(flow synthesis)은 다단계 합성을 한번씩 나누어서 수행하는 회분식 공정(batch process) 대신, 반응 시약을 관 내부에서 연속적으로 흘려 반응을 종결하는 합성 방식이다.
  - **회분식 합성**(batch synthesis)은 시약의 농도와 부피비에 따라 화학량론적으로 영향

을 받지만, 흐름 합성은 시약의 농도(화학량론적이다)와 반응물의 흐르는 속도에 의존한다.

- 흐름 합성은 열이나 물질의 전달 및 시료의 혼합이 용이하고, 재생성(reproducibility)이 높고, 고온/저온 및 고압 반응이 용이하다.
- 관을 통해 반응하므로 안정성도 확보되고 자동화 합성도 가능하다는 장점들을 가지고 있다.
- 흐름 합성에서는 관 내부에서 반응이 일어나는 시간을 체류 시간(residence time, T)으로 나타낸다. $T = V / q$ (V: 계의 부피, q: 계의 흐름 속도)이며, $q(mL/m) = dV / dT$이다.

흐름 합성의 많은 장점 때문에, 특히 의약품 제조 공정에 관한 연구에 관심이 높다. *Angew. Chem. Intl. Ed.* 2016, *55*, 2531에 게재된 암 치료제인 Gleevec의 흐름 합성을 예로 들었다.

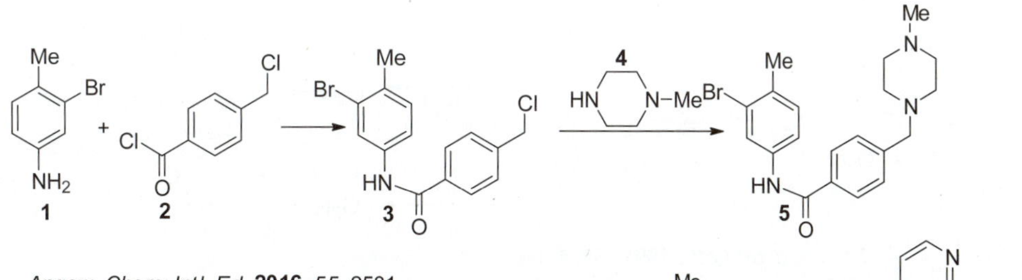

Angew. Chem. Intl. Ed. **2016**, *55*, 2531.

7 = (tetrahydrofuran)–n-C_8H_{17}

1(1.1equiv) in 2-MeTHF 20μL/min

2(1.0equiv) in 2-MeTHF 20μL/min

KOH(10 equiv) in H_2O 20 μL/min

3: 150 μL, t_R = 2.5 min, room temp

4(3.0 equiv) in H_2O 20μL/min

125 μL, t_R = 15.6 min, 120°C

5

6.HCl(1.0 equiv) in H_2O 20μL/min

7(5 mol%) in 30% DMSO in 2-MeTHF 20μL/min

1.8mL, t_R = 15 min, 120°C

8

H_2O 40μL/min

54% Overall yield

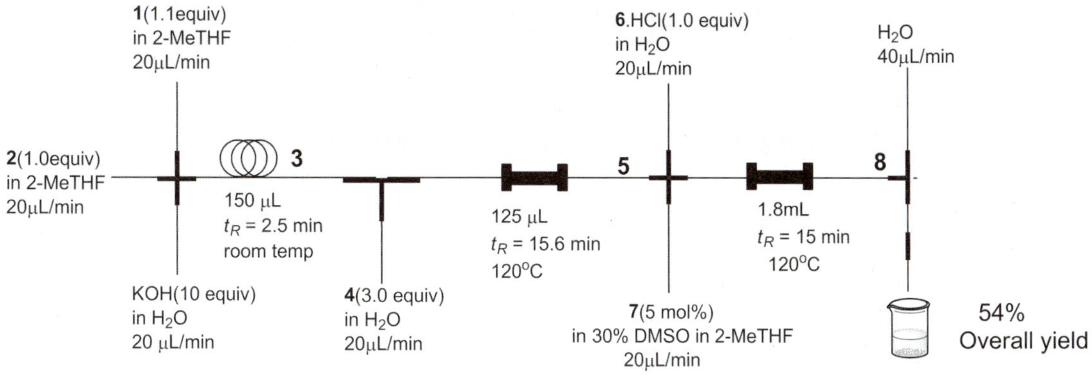

그림 8.9 Gleevec의 흐름 합성 경로도(*Angew. Chem. Intl. Ed.* **2016**, 55, 2531.)

8.4 반응 시약의 순도, 첨가 방법 및 기체의 포집

합성에 성공하려면 순수한 반응 시약 적당량을 적절한 시간에 첨가해야 한다. 따라서 사용하는 시약의 순도와 첨가 방법을 고려하는 것은 중요하다.

■ 반응 시약 순도 및 첨가 방법

- 반응 시약의 순도: 유기 합성에서 사용하는 반응 시약은 가능한 한 순수한 것을 사용해야 한다. 출발 물질 시약이 순수하지 않으면, 반응 후 다양한 생성물이 생성되므로 확인과 분리가 어렵다. 따라서 출발 물질의 순도를 확인하는 것은 합성자의 좋은 습관이다. 액체나 고체 시약의 순도는 문헌의 끓는점 또는 녹는점과 비교 확인하거나, 간단히 TLC를 통해 확인한다. 필요한 경우 IR 및 NMR로 확인하기도 한다. 그러기 위해서는 공급회사로부터 구입하는 시료의 분광학 자료와 분석 자료를 제공받는 것도 중요하다.
- 액체 시약의 첨가 방법: 반응 혼합물에 액체 시약을 첨가하는 방법은 비교적 쉽다. 액체 시약을 반응 혼합물에 첨가할 때는 흔히 피펫(pipet), 자동 피펫(automatic pipet), 실험용 주사기(syringe) 및 **적하용 깔때기**(dropping funnel)를 사용하게 되는데, 이 깔때기의 마개와 코크는 테플론(teflon)으로 만든 것이 이상적이다. 테플론 제품은 잘 굳지 않으며, 그리스 등을 바르지 않고도 사용할 수 있어 편리하다.
- 고체 시료의 첨가 방법: 고체 상태의 시약은 반응 전의 실험 준비 과정에서는 액체나 기체보다 용이하나, 실제로 반응 혼합물에 고체 시약을 첨가하는 것은 쉽지 않다. 보통 실험실에서 고체 시약을 첨가할 때는 시약 수저(micro-spoon 혹은 spatula)로 일정량씩 떠서 첨가하기도 하지만, 반응이 가압 또는 감압하에서 진행되거나 혹은 반응 혼합물을 공기로부터 보호하여야 할 경우에는 적당한 용매(주로 반응 용매에 녹인다)에 녹여서 일정하게 한 방울씩 첨가한다. 또는 고체 그대로를 첨가해야 하는 경우에는 필요에 따라 그림 8.10과 8.11 같은 장치를 사용한다.
- 기체 시료의 첨가 방법: 기체 시약을 사용할 경우에는 특별히 조심해야 한다. 화기를 멀리하며, 압력 변화에 의한 폭발 등에 미리 대비하고, 사용 전에 금이 간 유리 기구 등이 있는가를 점검해야 한다. 또 유독 기체를 사용할 경우 유색 기체는 육안 식별이 가능하나, 무색 기체는 육안 식별이 불가능하므로 각별한 주의를 기울여야 한다. 기체 시약은 반응 플라스크에서 직접 만들어 사용하기도 하지만, 시판되는 기체 시약은 대부분 상업용 실린더를 이용한다. 이때 주의할 것은 기체의 종류마다 사용하는 압력 계기가 다름에 주의해야 한다.

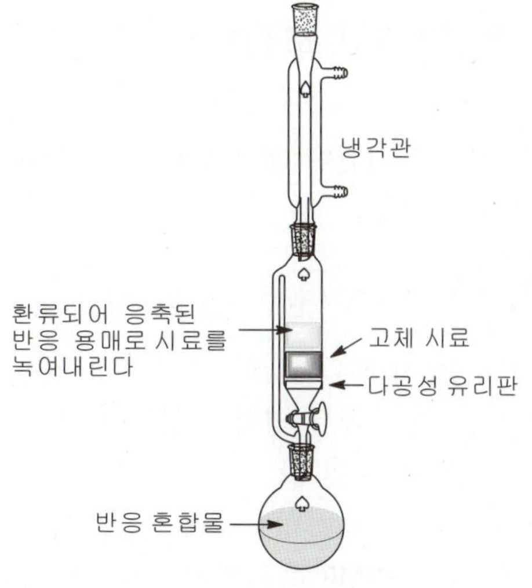

그림 8.10 연속 추출에 의한 고체 시료 첨가 장치

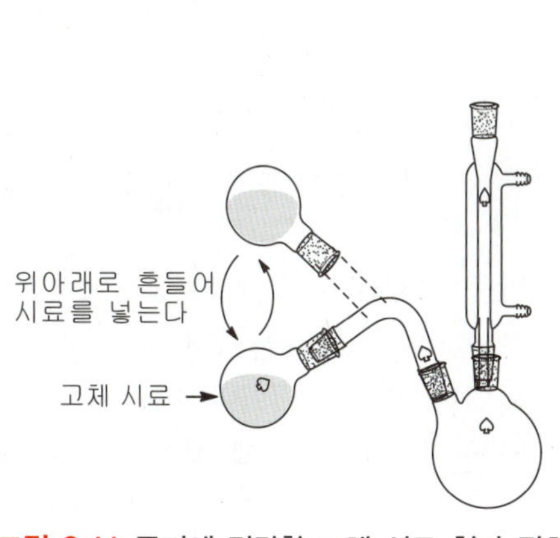

그림 8.11 공기에 민감한 고체 시료 첨가 장치

■ 발생 기체 포집

반응 중에 생기는 기체의 처리는 액체나 고체 폐기물보다 더욱 어렵다. 실험 중 발생하는 기체는 중화되거나 안전한 화합물로 변환시킬 수 있는 물질을 녹인 수용액에 포집하여 처리한다. 기체를 포집하는 데 필요한 기구들이 고안되어 있으며, 이들을 사용하면 편리하다. 실험 중 발생하는 유독한 기체를 수돗물로 씻어 버리는 것은 환경 오염의 원인이 되므로 금지해야 한다.

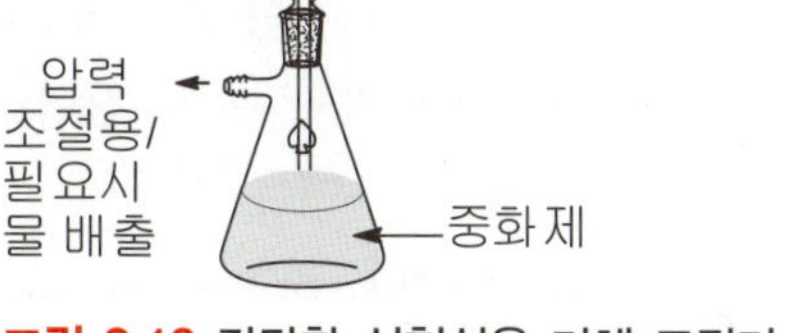

그림 8.12 간단한 실험실용 기체 포집기

8.5 화합물의 건조 및 탈색

실험에 사용하는 시약을 건조하거나 실험 후 얻은 생성물의 건조는 매우 중요한 실험 기술 중의 하나이다. 용매나 시료의 불충분한 건조는 실험의 실패 원인이 될 수 있으므로 특별히 주의해야 한다. 또한 충분히 건조하지 않은 생성물을 분석하면 부정확한 자료를 얻게 되므로, 녹는점, 끓는점, 원소 분석 및 분광학적 분석 등을 이용하는 물질의 확인이 불가능한 경우가 많다.

실험에 사용하는 원료나 최종 생성물은 때때로 다량 또는 소량의 수분을 함유하고 있으므로 이를 제거해야 한다. 건조 방법에는 가열 증발, 감압 증발, 원심 분리, 압축, 흡착, 추출 등과 같은 물리적 방법과 건조제를 사용하는 화학적 방법이 있으나, 물리적 방법으로는 만족할 만큼 건조시킬 수 없는 경우가 많으므로 화학적 건조 방법을 많이 이용한다.

건조제의 구비 조건은 건조하려고 하는 시약과의 반응성이 없어야 하고, 흡수력 및 흡수 용량이 커야 하며, 흡수 속도가 빠른 것이 좋다.

■ 건조제의 구분

- 가역적으로 물과 화합하는 건조제: 가역적으로 물과 화합하는 건조제의 예로 무수 $CuSO_4$를 생각해 보자. 압력계가 달린 용기에 $CuSO_4$(무수)를 넣고 물을 천천히 흡수시키면서 25 °C에서 측정한 증기압은 다음과 같다.

$$CuSO_4 + H_2O \rightleftharpoons CuSO_4 \cdot H_2O \quad 0.8\ mmHg\ (25\ ^\circ C에서)$$
$$CuSO_4 \cdot H_2O + 2H_2O \rightleftharpoons CuSO_4 \cdot 3H_2O \quad 5.6\ mmHg$$
$$CuSO_4 \cdot 3H_2O + 2H_2O \rightleftharpoons CuSO_4 \cdot 5H_2O \quad 7.8\ mmHg$$

이와 같이 가역적으로 물과 화합하는 건조제는 높은 온도의 건조기에서 일정 시간 건조시켜 재생시킬 수도 있다.

- 비가역적으로 물과 화학적인 반응을 하는 건조제: 비가역적으로 물과 화학적인 반응을 하는 건조제의 예로 P_2O_5와 Na 금속 등이 있다. 이런 건조제는 한번 사용하고 나면 다시 재생시킬 수가 없으며, 물과 폭발적으로 반응하므로 주의하여 사용해야 한다.

$$P_2O_5 + 3\,H_2O \rightarrow 2\,H_3PO_4\ (발열)$$
$$2\,Na + 2\,H_2O \rightarrow 2\,NaOH + H_2\ (발열)$$

■ 고체 시료 건조

- 건조기를 이용한 건조: 고체 물질은 건조기(desiccator)나 수증기 건조기(steam dryer) 또는 공기 건조기(air dryer) 등을 사용하여 건조시킨다. 그러나 보통 건조기를 많이 이용한다. 건조기의 건조 속도를 빠르게 하기 위해 진공 건조기(vacuum desiccator)가 사용되며 용도에 따라 여러 가지 형태들이 고안되어 있다.

그림 8.13 일반적인 진공 건조기

- 건조기용 건조제: 건조기를 이용할 경우에는 밑바닥에 여러 가지의 건조제(drying agent)를 넣는데, 건조하려는 물질의 성질에 따라 적절한 건조제를 사용해야 한다(표 8.4 참고). *conc*-H_2SO_4, P_2O_5, KOH 등의 흡수력은 거의 비슷하지만, *conc*-H_2SO_4를 사용할 때는 순도에 따라 수증기압이 다르기 때문에(예 20 °C에서 95 % H_2SO_4: 0 mmHg, 75 % H_2SO_4: 0.28 mmHg, 50 % H_2SO_4: 6.2 mmHg) 가끔 교체해야 한다. *conc*-H_2SO_4의 건조 능력 유효 여부를 예측하려면, H_2SO_4 1 L에 $BaSO_4$ 18 g을 용해시켜 흡수량이 많아졌을 때 $BaSO_4$의 침전이 생기는 것으로부터 건조 능력 정도를 알 수 있다.

표 8.4 진공 건조기에 사용하는 건조제의 종류

성질	구분	건조제
중성 물질	중성 건조제	$CaCl_2$, $ZnCl_2$, CaO, $BaCl_2$
산성 물질	산성 건조제	*conc*-H_2SO_4, P_2O_5
염기성 물질	염기성 건조제	NaOH, KOH, Sodium lime

- 소량 건조 장치: 소량의 고체 시료(분석용 시료 등)를 실험실에서 감압 건조시킬 때는 그림 8.14와 같은 건조 장치(drying pistol, vacuum drying apparatus)를 사용한다. 장치 중앙의 시료와 건조제가 들어 있는 부분을 특별히 'drying pistol'이라고 하며, 초자 기구 판매회사에서 구입할 수 있다.

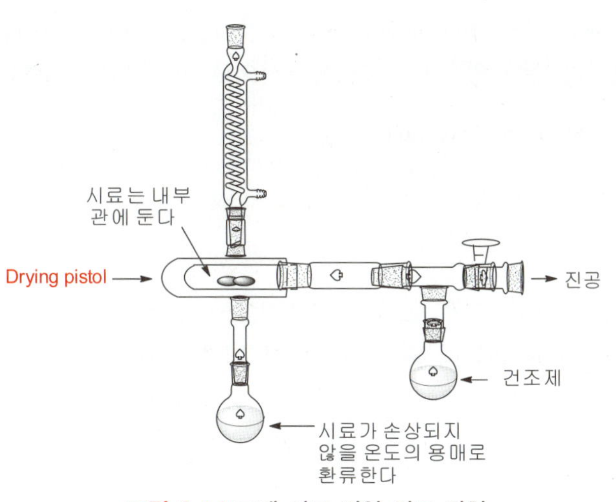

그림 8.14 고체 시료 감압 건조 장치

또 다량의 수분이 함유된 고체나 젤(gel)이 benzene, toluene 등에 반응성이 없고, 섞이지 않으며, 불용성이면 H_2O-benzene(또는 toluene)의 **불변 끓음 증류**(azeotropic distillation: 두 용액이 특정한 성분비를 이루면 두 물질이 함께 끓음으로 두 성분이 동시에 증류되는 현상)를 이용하여 물을 제거할 수 있다. 이 방법은 고체 시료의 수분을 거의 완벽하게 제거할 수 있어 효과적이다. 이때 Dean-Stark 관(그림 8.15 참고)을 이용한다.

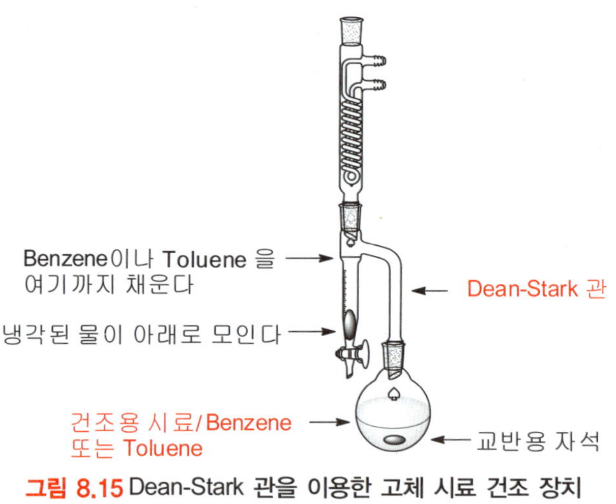

그림 8.15 Dean-Stark 관을 이용한 고체 시료 건조 장치

■ 건조제를 이용한 액체 화합물의 건조

액체 화합물은 수분이 많을 때는 불변 끓음 혼합물을 이용한 증류를 이용하여 건조시키지만, 수분의 양이 적을 때는 건조제를 사용한다. 건조제의 건조 능력은 건조 조건하에서 건조제의 수화 생성물과 평형 상태에서 존재하는 물의 양에 관계된다. 즉 건조 능력은 건조제의 주어진 무게에 의하여 수화 또는 화학 반응으로 제거될 수 있는 물의 양에 관계된다. 표 8.5에 유기 화합물 건조에 이용되는 건조제의 종류를 나타내었다.

표 8.5 유기 화합물 건조에 이용되는 건조제의 종류

건조 대상 화합물	건조제
알코올	Potassium carbonate(anhydrous), Magnesium sulfate(anhydrous), Calcium sulfate(anhydrous), Quicklime
할로젠화 알킬, 할로젠화 아릴	Calcium chloride(anhydrous), Sodium sulfate(anhydrous), Magnesium sulfate(anhydrous), Calcium sulfate(anhydrous), Phosphorus pentoxide
포화 탄화수소, 방향족 탄화수소, 에터	Calcium chloride(anhydrous); Calcium sulfate(anhydrous); Metallic sodium; Phosphorus pentoxide
알데하이드, 케톤	Sodium sulfate(anhydrous), Magnesium sulfate(anhydrous), Calcium sulfate(anhydrous), Potassium carbonate(anhydrous)
유기 염기, 유기산	Potassium hydroxide(solid), Sodium hydroxide(solid), Quicklime oxide, Sodium sulfate(anhydrous), Magnesium sulfate(anhydrous), Calcium sulfate(anhydrous)

- 무수 $CaCl_2$: 기체, 액체, 고체에 모두 사용할 수 있고, 이미 사용한 것이나 $CaCl_2{\cdot}6H_2O$, $CaCl_2{\cdot}4H_2O$ 등은 260 °C에서 약 1시간 가량 건조시켜 재사용할 수도 있다.

  $CaCl_2$는 NH_3와 반응하여 $CaCl_2{\cdot}8NH_3$를 만들고, ethyl alcohol과는 $CaCl_2{\cdot}6C_2H_5OH$를, glycerol과는 $CaCl_2{\cdot}3C_3H_5(OH)_3$, acetone과는 $CaCl_2{\cdot}2(CH_3)_2CO$ 같은 첨가 화합물을 생성하며, phenol, 지방산, 아민과도 반응하므로 이들의 건조에는 사용하지 못한다.

- 무수 $MgSO_4$: 물 분자 7개와 수화물을 형성하기 때문에 건조 능력이 우수하고, 유기 용매에 대해 불용성, 불활성이기 때문에 대부분의 유기 화합물 건조에 사용할 수 있다.

$$MgSO_4 \cdot 7H_2O \rightarrow MgSO_4 \cdot H_2O \rightarrow MgSO_4$$

- 무수 Na_2SO_4: 탈수 작용이 완만하여 마지막까지 남은 미량의 수분은 제거할 수 없지만, 흡수력이 커서(32.4 °C 이하에서 $Na_2SO_4 \cdot 10H_2O$) 다량의 물을 제거하는 초기 단계에 사용하면 유용하다. 그러나 32.4 °C 이상에서는 결정수가 손실되므로 사용할 수 없다.
- 무수 $CaSO_4$: $CaSO_4 \cdot 2H_2O$ 또는 $2CaSO_4 \cdot H_2O$를 230~240 °C로 한 시간 동안 건조시키면 무수물을 얻는다. Drierite(R) 라는 상품명으로 시판되기도 하는데 흡수력의 크기는 $CaSO_4$ 무게의 10 %까지이므로 흡수 용량이 적다.

주의

Drierite는 Magnesium perchlorate인 Dehydrite와 혼동하지 말아야 한다. 또 Desicchlora는 barium perchlorate [$Ba(ClO_4)_2$]로 기체 건조제이다. 만일 이들 건조제에 액상 또는 고체상의 유기물을 직접 투입하면 폭발하므로 주의해야 한다.

- 무수 K_2CO_3: 탈수 능력이나 탈수량이 중간 정도이며, 나이트릴(nitrile), 케톤(ketone), 에터(ether), 알코올 등의 건조에 사용할 수 있으나, 산과 phenol 그리고 다른 산성 물질에는 사용할 수 없다.
- KOH, NaOH: 흡수성은 크지만 아민, pyridine 등의 건조에만 사용한다. 알코올 등의 유기 용매에 용해되고 반응성이 크므로 사용에 제한이 많으며, KOH가 NaOH보다 탈수 능력이 크다.
- Calcium oxide: Calcium oxide(CaO)는 주로 분자량이 작은 알코올의 건조에 사용한다. 사용하기 전에 700~900 °C로 전기로에서 가열하면 효율이 증가된다. 높은 염기성 때문에 산이나 염기에 예민한 화합물에는 사용할 수 없다.
- Aluminum oxide: 상품화된 활성 알루미나는 aluminum hydroxide로부터 만들며, 자체 무게의 15~20 %의 물을 흡수한다. 175 °C로 7시간 가열하면 재생시킬 수가 있으며, 주로 건조기의 건조제로 사용한다.
- Boric anhydride: 강력하고 효율이 좋은 건조제이며, 전체 무게의 25 %의 물을 흡수한다. Formic acid의 건조제로 사용한다.
- Phosphorus pentoxide: 건조제 중 흡수력이 가장 우수하고 수분과의 반응이 매우 빠르지만 가격이 비싸다. 탄화수소, 에터, 할로젠화 알킬 또는 할로젠화 아릴, 나이트릴 등에 사용할 수 있으나 알코올, 산, 아민, 케톤 등에는 사용할 수 없다.
- Na 금속: Na 금속은 탈수 능력이 강해서 흔적 정도로 존재하는 수분 제거에 이용한다. Na 금속이 물에 접하면 격렬하게 반응하고, 물이 많으면 폭발한다. 따라서 항상

예비 건조를 실시한 후에 사용해야 한다.

- Na 금속의 취급법: Na 금속은 수분이 없는 benzene, toluene 또는 석유 속에 넣어 보관하고, 필요에 따라 핀셋으로 꺼내어 칼로 표면에 묻은 불순물을 제거하고 사용한다(주의: 손으로 직접 Na 금속을 만지지 말라. 심각한 피부 손상을 입는다). 보관용 용매가 든 용기에 넣고 평량하여야 하며, 사용 후 폐기물은 물에 버리지 말고 반드시 보관용 용매가 들어 있는 병에 모아 재생하거나 폐기 처리해야 한다.
- Na 금속의 간편한 친환경적 폐기 방법(*Inorg. Chem.* 2001, *40*, 6855.): Na 금속은 물과 격렬하게 반응하고, 공기 중에 오래 방치하면 sodium peroxide를 형성하므로 위험하다. 지금까지 사용 후 남은 Na 금속을 안전하게 처리하는 방법은 2-propanol을 가하여 분해시키는 것이었으나, 알코올에 물의 양이 많거나 너무 적은 양의 알코올을 사용하거나 또는 알코올을 너무 빠르게 가하면 종종 사고가 발생한다.

  안전하고 경제적인 Na 금속 분해 방법은 다음과 같다. 세라믹 화분의 절반을 고운 마른 모래로 채우고, 그 위에 남은 Na 금속을 놓고 다시 마른 모래를 덮는다. 그 화분을 커다란 도자기 그릇 위에 놓고 이 도자기에 물을 넣으면 모세관 현상에 의해 물이 모래로 빨려들어 가게 되는데, 그 상태로 1~2일 두면 Na는 모두 NaOH로 되고 수소가 발생한다. Na 금속이 모두 제거되면 Na 덩어리만큼의 구멍이 생긴다. 생성되는 NaOH는 SiO_2와 반응하여 소량의 sodium silicate를 형성하여, 하얗게 모래 알갱이의 표면을 덮는다. 매우 경제적이고 환경친화적이며 안전하다.

- 실리카겔, $SiO_2{\cdot}nH_2O$: P_2O_5보다는 약하지만 다른 건조제보다 우수하며, 건조기에 넣고 150~180°C로 가열하면 간단히 재생할 수 있다. 기계 등에 넣는 것은 보통 $CoCl_3$를 침투시킨 청색 젤을 10~20 % 혼합한 것으로 변색으로부터 흡수력의 퇴화 여부를 알 수 있도록 만든 것이다.

■ 기체 시료의 건조

기체 시료는 흡수제를 충진한 장치 내로 기체를 통과시켜 건조한다. 물론 이러한 경우에는 반응성을 충분히 검토한 후 건조제를 선택해야 한다. 유독한 기체 건조용으로는 Dehydrite($Mg(ClO_4)_2.3H_2O$)가 있으며, H_2, Cl_2, O_2, HCl, H_2S, 포화 또는 불포화 탄화수소의 건조에 사용한다. Desicchlora는 $Ba(ClO_4)_2$이고, Dehydrite보다 흡수력이 강하다.

■ 탈색

실험실에서는 종종 생성물이 소량의 불순물에 의해서 착색되어 있는 경우가 많다. 이런 경우에는 여러 가지 방법에 의하여 **탈색**(decolorization)시켜야 한다. 탈색 방법으로는 증류, 승화, 재결정 등이 이용되며, 어느 방법을 사용하느냐 하는 것은 화합물의 종류, 경험 및 실험 결과에 따라 결정하게 된다. 순수한 화합물의 색상은 선명하고 아름답다.

보통 유기 실험실에서 탈색제로 활성탄을 가장 많이 사용하지만, 이 외에도 규조토, 활석, 경석, 산성 백토 등을 사용하기도 한다.

착색된 용액을 탈색할 때는, 유색 불순물 외에 정제 물질도 다소 흡착되므로 가능한 한 적은 양의 탈색제로 처리하는 것이 좋다. 탈색제의 양은 불순물의 함유량에 의존하지만, 대부분 탈색시키려는 물질 무게의 1~2 %면 충분하다. 그러나 이 양으로 충분하지 못하면, 한번에 많은 양을 사용하는 것보다 1~2 %의 깨끗한 탈색제를 반복 사용하는 것이 좋다. 활성탄으로 탈색할 경우 지나치게 가열된 용액에 활성탄을 가하면 폭발적으로 끓게 되므로 주의해야 하며, 여과 시 활성탄이 빠져나가 또 다른 불순물로 존재할 수도 있으므로 주의한다. 액체의 탈색은 용이한 편이지만, 고체는 적당한 용매에 녹인 후 처리해야 한다.

활성탄은 만드는 재질이나 용매의 종류에 따라 탈색 능력이 달라지기도 하므로 용매의 선택에 주의해야 한다. 활성탄의 탈색 능력은 용매에 따라 다음과 같이 증가한다.

$$H_2O > EtOH > MeOH > CH_3COOEt > CH_3COCH_3 > CHCl_3$$

탈색 과정에서 용액의 온도는 70~80 °C가 적당하고, 끓는점이 낮거나 발화점이 낮은 것들은 활성탄을 가해 약 24시간 정도 상온에서 방치한 후 여과하면 된다.

8.6 반응 용매

반응에서 용매는 두 가지 기본적인 기능을 가진다. 즉 반응을 균일 조건에서 일어나게 만들고, 반응 온도의 조절을 용이하게 한다. 뿐만 아니라 반응 용매는 반응 메커니즘에도 영향을 미치며, 교반과 온도 조절 및 진행 정도 확인 같은 반응 중 조작과 여과 등의 반응 후 처리에도 관련된다. 따라서 반응의 성공과 실패는 용매의 선택에 달려 있다.

■ 반응 매체로서의 용매

- 반응 용매의 선택 기준: 용매는 다음과 같은 기준으로 선택하면 좋다.
  - 반응 온도 범위에서 화학적으로나 열역학적으로 안정하여, 반응 시약과 반응하지 않아야(용매화 반응은 예외) 한다.
  - 반응 메커니즘에 적합한 용매인가?
  - 반응 물질의 용해도는 어떠한가? 출발 물질이 잘 녹아서 균일 혼합물을 만드는 용매가 좋다. 경우에 따라서는 생성물은 녹지 않는 것이 유리할 수도 있다.
  - 가격이 저렴한가?
  - 반응 후 생성물의 분리 및 정제가 용이한가?
  - 용매 회수가 가능하며, 재사용할 수 있는가?
  - 친환경적인 용매인가? 독성이 없거나 적고, 환경 오염을 최소화할 수 있어야 한다.

중요한 유기 반응에 이용할 수 있는 유기 용매를 표 8.6에 나타내었다.

표 8.6 중요한 유기 반응에 이용되는 반응 용매

반응 용매 \ 반응 종류	A	B	C	D	E	F	G	H	I	J	K	L	M	N	O	P	Q
Acetic acid	•		•	•	•	•		•					•	•	•	•	•
Acetone		•			•					•							
Acetonitrile		•							•	•							
Benzene			•		•		•	•	•	•		•				•	
t-Butanol	•		•						•								
Carbon disulfide												•					
Trichloromethane			•	•	•					•					•		
Cyclohexane							•										
Dichloromethane			•	•					•	•		•		•			
Diethyl ether					•		•	•	•	•	•						
Di-*n*-butyl ether											•						
1,2-Dichloroethane				•						•		•					
1,2-Dichlorobenzene										•		•	•	•			
1,2-Dimethoxyethane							•	•	•								
DMF		•				•			•							•	
DMSO		•						•	•								
1,4-Dioxane			•		•	•	•			•					•		
Ethanol	•					•		•	•	•						•	•
Ethyl acetate			•	•		•											
HMPT		•							•								
Methanol	•			•		•		•	•	•							•
Nitrobenzene			•									•	•	•	•		
Nitromethane		•										•					
Petroleum ether						•						•			•		
Pyridine			•					•									•
Sulfuric acid			•											•	•	•	
Tetrachloroethene										•							
Tetrachloromethane				•	•								•	•	•		
THF						•	•	•	•	•	•						
Tetramethylene sulfone		•	•									•					
Toluene							•	•	•	•							
Trichloroethene										•		•					
Water	•		•			•		•		•						•	•

반응 종류: A=S_N1, B=S_N2, C=산화 반응, D=가오존 분해 반응, E=에폭시화, F=촉매 수소화, G=금속 수소 환원, H=알돌 반응, I=Wittig 반응, J=Diels-Alder 반응, K= Grignard 반응, L=Friedel-Crafts 반응, M=할로젠화, N=나이트로화, O=설폰화, P=다이아조화, Q=다이아조 짝지음 반응

- 액체 암모니아 제조 방법: 액체 암모니아[$NH_3(l)$]는 아주 좋은 비수용성 이온화 용매여서 금속 반응에서 용매로 자주 사용된다. 상업용 암모니아 기체를 그림 8.16과 같은 장치로 모아 반응시키거나, 높은 온도에서 반응시킬 때는 압력에 견딜 수 있는 금속 반응 용기(그림 8.5의 가압 반응기 A)를 사용한다.

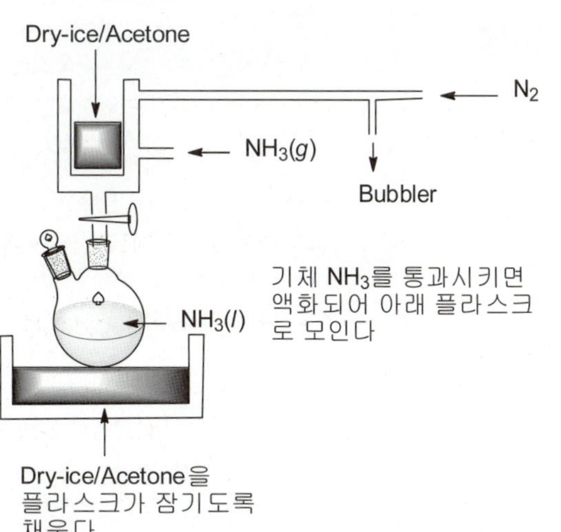

그림 8.16 실험실용 액체 암모니아 제조 장치

- 자주 사용하는 유기 용매의 물리적 상수: 아울러 표 8.7에는 유기 반응에서 자주 사용되는 용매를 구분하여 나타내었다.

표 8.7 자주 사용되는 유기 반응 용매의 물리적 상수와 정제 방법 문헌

용매	끓는점 (bp, °C)	녹는점 (mp, °C)	유전 상수 (25 °C)	정제법 참고 문헌
양성자성, 극성 용매				
Ammonia	-33.4	−77.7	22.4	*Purification of Lab. Chemicals*, 7th ed. Elsevier, 2013, p557.
Methanol	65	−97.8	32.6	*J. Am. Chem. Soc.*, 1951, *73*, 1739. *Pure & Appl. Chem.* 1985, *57*, 855.
Ethanol	78.5	−117.3	24.3	*J. Am. Chem. Soc.*, 1941, *63*, 3079. *Pure & Appl. Chem.* 1985, *57*, 855.
2,2,2-Trifluoroethanol	77	−44	8.55	–
i-Propanol	82	−90	17.9	–
t-Butyl alcohol	82.3	25.5	11.5	*J. Am. Chem. Soc.*, 1941, *63*, 3079. *Purification of Lab. Chemicals*, 7th ed. Elsevier, 2013, p124.
Water	100.0	0.0	78.5	–
1-Butanol	117	−89.5	17.1	*J. Am. Chem. Soc.*, 1929, *51*, 3312, 3330. *Purification of Lab. Chemicals*, 7th ed. Elsevier, 2013, p173.

(계속)

용매	끓는점 (bp, °C)	녹는점 (mp, °C)	유전 상수 (25 °C)	정제법 참고 문헌
Acetic acid	118.5	16.6	6.2	*J. Am. Chem. Soc.*, 1931, *53*, 2881. *Purification of Lab. Chemicals*, 7th ed. Elsevier, 2013, p105.
Methyl cellosolve[a]	125	−85.1	–	*Purification of Lab. Chemicals*, 7th ed. Elsevier, 2013, p177.
Methyl carbitol[b]	193	< −84	–	–
Ethylene glycol	198	−13.2	37	*J. Am. Chem. Soc.*, 1931, *53*, 2115. *Purification of Lab. Chemicals*, 7th ed. Elsevier, 2013, p161.
Diethylene glycol	245	−10.5	–	*Purification of Lab. Chemicals*, 7th ed. Elsevier, 2013 p143. *J. Am. Chem. Soc.*, 1951, *73*, 4341.
Formamide	211	3	111	*Purification of Lab. Chemicals*, 7th ed. Elsevier, 2013, p165.
Diethylamine	56	−50	3.6	*Purification of Lab. Chemicals*, 7th ed. Elsevier, 2013, p142.
비양성자성, 극성 용매				
Acetonitrile	80.0	−45.7	38	*J. Am. Chem. Soc.*, 1986,*108, 2257*. *Purification of Lab. Chemicals*, 7th ed. Elsevier, 2013, p107.
Acetone	56	−95	20.7	*Purification of Lab. Chemicals*, 7th ed. Elsevier, 2013, p105.
Pyridine	115.5	−42	12.3	*Angew. Chem.* 1956, *68*, 61. *Purification of Lab. Chemicals*, 7th ed. Elsevier, 2013, p478.
Triethyl amine	90	−115	2.42	*Purification of Lab. Chemicals*, 7th ed. Elsevier, 2013, p212.
Nitromethane	101	−28	35.87	*Purification of Lab. Chemicals*, 7th ed. Elsevier, 2013, p190.
Nitrobenzene	211	6	34.8	–
Ethyl acetate	77	−84	6.02	–
Ethyl benzoate	213	−35	6.0	–
Dimethylformamide	153	−61	36.7	*Microchem. J.* 1963, *7*, 194. *Purification of Lab. Chemicals*, 7th ed. Elsevier, 2013, p150.
Dimethylsulfoxide	189	18.5	45	*J. Org. Chem.* 1963, *28*, 3376.
Quinoline	237.1	−15.9	9.0	*Chem. Zentr.*, 1955, *1378*. *Purification of Lab. Chemicals*, 7th ed. Elsevier, 2013, p482.
Sulfolane[c]	285	28	–	*Purification of Lab. Chemicals*, 7th ed. Elsevier, 2013, p485. *Pure & Appl. Chem.* 1977, *49*, 211.
Hexamethylphosphoramide	235	7	30	–

(계속)

용매	끓는점 (bp, °C)	녹는점 (mp, °C)	유전 상수 (25 °C)	정제법 참고 문헌
에터				
Diethyl ether	34.6	−116.2	4.3	*Purification of Lab. Chemicals*, 7th ed. Elsevier, 2013, p203.
Tetrahydrofuran	65	−65	7.9	*Angew. Chem.* 1951, *63*, 122.
Anisole	154	−3	4.33	*Purification of Lab. Chemicals*, 7th ed. Elsevier, 2013, p269.
Monoglyme[d]	83	−58		*Purification of Lab. Chemicals*, 7th ed. Elsevier, 2013, p147.
1,4-Dioxane	101	11.8	2.2	*J. Am. Chem. Soc.*, 1933, *55*, 21. *Purification of Lab. Chemicals*, 7th ed. Elsevier, 2013, p434.
Diglyme[e]	161.5	−68	–	*Reagents for Org. Synth. John Wiley & Sons, 1967. Purification of Lab. Chemicals*, 7th ed. Elsevier, 2013, p146.
Triglyme[f]	216	−45	–	–
Tetraglyme[g]	275	−27	–	–
할로젠화 용매				
Methylene chloride	41	−97	9.1	*J. Am. Chem. Soc.*, 1926, *48*, 562.
Chloroform	61.2	−63.5	4.8	*J. Am. Chem. Soc.*, 1931, *53*, 1744. *Lab. Tech. in Org. Chem.* I.K. International Pvt. Ltd. 2005, p189.
Carbon tetrachloride	76.8	−23.0	2.2	*J. Am. Chem. Soc.*, 1937, 59, 2726.
Tetrachloroethylene	121.2	−22.4	2.6	*Chem. Zentr.* 1931, *236*.
Chlorobenzene	131.7	−45.6	5.6	*J. Am. Chem. Soc.*, 1937, 59, 2726.
o-Dichlorobenzene	181	−17	9.93	*Purification of Lab. Chemicals*, 7th ed. Elsevier, 2013, p312.
탄화수소 용매				
Pentane	36	−129.7	1.8	*Ber.* 1926, *59*, 523.
Benzene	80.1	5.5	2.3	*Purification of Lab. Chemicals*, 7th ed. Elsevier, 2013, p272.
Cyclohexane	81	6.5	2.0	*J. Am. Chem. Soc.*, 1951, 73, 5406. *Purification of Lab. Chemicals*, 7th ed. Elsevier, 2013, p229.
Toluene	110.6	−95	2.4	*Purification of Lab. Chemicals*, 7th ed. Elsevier, 2013, p386.
p-Xylene	138	14	2.3	*Purification of Lab. Chemicals*, 7th ed. Elsevier, 2013, p396.
Decalin(isomer mixture)	185~195	−124	2.0	*Z. Phys.* 1940, *116*, 716. *Purification of Lab. Chemicals*, 7th ed. Elsevier, 2013, p241.
Biphenyl	255.3	69.2	2.5	*Anal. Chem.* 1957, *29*, 361.

[a]Ethylene glycol monomethyl ether. [b]Diethylene glycol monomethyl ether. [c]Tetramethylene sulfone. [d]Ethylene glycol dimethyl ether. [e]Diethylene glycol dimethyl ether. [f]Triethylene glycol dimethyl ether. [g]Tetraethylene glycol dimethyl ether.

■ 실험실 온도에서 혼합되지 않는 용매와 혼합되는 용매

합성에서 반응이 효과적으로 진행되게 하려면 사용하는 용매들이 반응물을 잘 녹여야 하며, 혼합 용매를 사용하는 경우에는 용매가 서로 잘 혼합되어 균일 혼합물로 되어야 한다. 아울러 생성물 분리 과정에서는 어떤 용매들이 서로 잘 혼합되거나 혼합되지 않는지를 아는 것 또한 유용하다. 표 8.8과 표 8.9에 실험실 온도에서 잘 혼합되는 용매와 혼합되지 않는 용매들을 나타내었다.

표 8.8 실험실 온도에서 서로 혼합되지 않는 용매

용매	혼합되지 않는 용매
Water	Aniline, Benzene, Benzyl alcohol, carbon disulfide, Carbon tetrachloride, Cyclohexane, Cyclohexanol, Cyclohexanone, Ethyl acetate, Diethyl ether, Isoamyl alcohol, Methyl ethyl ketone, Nitromethane, Toluene, Tributylphosphate
Acetonitrile	*n*-Hexane, *n*-Heptane, *iso*-Octane, Cyclohexane
Benzene	Water, Brine, 수용액류
Butanol	Water, Brine, 수용액류
Carbon tetrachloride	Ethanolamine, Ethylene glycol, Formamide, Water, Brine
Chloroform	Glycerol, Ethylene glycol, Water, 수용액류
Cyclohexane	ROH, DMF, DMSO, Glycerol, Pyridine
DMF	Cyclohexane, *n*-Pentane, Petroleum ether, Xylene
DMSO	Cyclohexane, Ethyl ether, *n*-Pentane, Petroleum ether, Xylene
Ethyl acetate	Petroleum ether, 수용액류
Diethyl ether	Ethanolamine, DMSO, Ethylene glycol, Glycerol, Water, 수용액류
Ethanol	Carbon disulfide, Cyclohexane, Petroleum ether
Glycerol	Benzene, Ether, Chloroform, Carbon tetrachloride, Carbon disulfide, Petroleum ether
Methanol	Carbon disulfide, Cyclohexane, *n*-Hexane, *n*-Heptane, Petroleum ether
Phenol	Cyclohexane, Petroleum ether
Toluene	Water, Brine, 수용액류
Xylene	DMF, DMSO, Glycerol, Water, Brine, 수용액류

표 8.9 실험실 온도에서 잘 혼합되는 용매

용매	혼합되는 용매
Water	Acetic acid, Acetone, Ethanol, Methanol, Pyridine
Acetic acid	Chloroform, Ethanol, Acetonitrile, Water, Petroleum ether
Acetone	Benzene, Butyl acetate, Carbon tetrachloride, Chloroform, Cyclohexane, Ethanol, Ethyl acetate, Methyl acetate, Acetonitrile, Petroleum ether, Water
Ammonia	Ethanol, Methanol, Pyridine

(계속)

용매	혼합되는 용매
Aniline	Acetone, Benzene, Carbon tetrachloride, Diethyl ether, *n*-Heptane, Methanol, Acetonitrile, Nitrobenzene
Benzene	Acetone, Butyl alcohol, Carbon tetrachloride, Chloroform, Cyclohexane, Ethanol, Acetonitrile, Pyridine
Carbon disulfide	Petroleum ether
Carbon tetrachloride	Cyclohexane
Chloroform	Acetic acid, Acetone, Benzene, Ethanol, Ethyl acetate, *n*-Hexane, Methanol, pyridine
Cyclohexane	Acetone, Benzene, Carbon tetrachloride, Ethanol, Diethyl ether
Diethyl ether	Acetone, Cyclohexane, Ethanol, Methanol, Dimethoxymethane, Acetonitrile, *n*-Pentane, Petroleum ether
1,4-Dioxane	Benzene, Carbon tetrachloride, Chloroform, Ethanol, Diethyl ether, Pyridine, Water, Petroleum ether
DMF	Benzene, Ethanol, Ether
DMSO	Acetone, Benzene, Chloroform, Ethanol, Diethyl ether, Water
Ethanol	Acetic acid, Acetone, Benzene, Chloroform, Cyclohexane, Dioxane, Diethyl ether, Petroleum ether, Toluene, Water, Xylene
Ethyl acetate	Acetic acid, Acetone, Butyl alcohol, Chloroform, Methanol
Glycerol	Ethanol, Methanol, Water
n-Hexane	Benzene, Chloroform, Ethanol
Methanol	Chloroform, Diethyl ether, Glycerol, Water
Methyl ethyl ketone	Acetic acid, Benzene, Ethanol, Methanol
Petroleum ether	Acetic acid, Acetone, Benzene, Carbon disulfide, Diethyl ether
Toluene	Ethanol, Diethyl ether, Pyridine
Xylene	Ethanol, Benzene

8.7 교반

경우에 따라서는 반응물의 **교반**(stirring)이 반응의 진행 정도에 많은 영향을 미친다. 균일 혼합물의 효과적인 교반은 반응이 잘 진행되게 한다. 규모가 작은 탐구 반응의 경우는 일반적으로 자석 교반기를 사용한다. 그러나 규모가 커지면 자석 교반기를 사용할 수 없게 되고, 이런 경우는 전동 모터로 돌리는 젓개(유리 또는 금속)를 사용한다.

8.8 반응 진행 확인법

반응 진행 정도를 확인(monitoring)하는 것은 최적 반응 조건을 확립하는 데 필수적인 과정이다. 유기 반응에서 이용되는 모니터링 방법들은 TLC, GC 및 HPLC 같은 크로마토그래피 이용법과, IR, NMR 및 MS 등의 분광기 이용법들이 있다. 이들 중에서 가장 간편하고 쉬운 방법은 TLC 이용법이지만, 이 방법으로는 반응 중에 생성되는 화학종들의 구조식에 대한 정보를 정확히 알기는 어렵다.

반응 진행 정도의 확인은 TLC 법처럼 별다른 시료 처리 과정 없이 직접, 즉시 수행할 수 있는 방법이 가장 좋지만, 얻을 수 있는 정보의 종류나 한계에 따라 다른 기기를 이용해야 한다. 기기를 이용하는 방법을 적용하려면, 실험 전에 시료의 전처리 방법을 확립해야 한다. 오늘날에는 전처리 없이 반응 용기에서 직접 시료를 채취하여 분석하는 다양한 방법들이 기기 제조 회사들을 중심으로 많이 개발되고 있다.

■ 반응 진행 정도 확인 방법 선택 기준

반응 관찰에 이용하려는 방법의 선택에 다음을 기초로 하면 도움이 된다. 이때 반응 진행에 대해 얻고자 하는 정보가 무엇인가를 파악하여 확인 방법을 선택한다.

- TLC 법: 반응 진행 정도를 빠르고 손쉽게 확인하려면 TLC 법을 이용한다. TLC 방법으로 수행하지 못하는 경우는 다른 기기를 이용한다.
- IR 법: 출발 물질의 특정 작용기가 변환되는 반응에 이용할 수 있다.
- GC 법: 끓는점이 낮은(400 ℃ 이하) 물질을 분리하고, 이들의 함량비를 시간에 따라 관찰하는 경우에 유용하다. 산업 현장에서는 반응 진행 과정을 확인하는 데 GC를 가장 많이 이용한다.
- HPLC 법: 유기물, 고분자, 생체 물질 등 다양한 화합물을 분리 정량할 수 있다. 생성물이나 출발 물질의 비를 시간에 따라 관찰하는 경우에 유용하다.
- NMR 법: 관찰하려는 물질들의 특정 H 신호가 뚜렷하게 차이가 날 때, 반응 진행과 반응 물질의 구조 변화 등의 관찰과 정량에 이용할 수 있다.
- MS, GC-MS 법: 물질의 질량 정보로 반응 진행 과정을 관찰하려면 MS나 GC-MS를 이용한다.

■ TLC 이용법

반응 진행 정도를 확인하는 가장 빠르고 간편한 방법은 TLC를 이용하는 방법이다. 이런 편리성 때문에 유기 반응을 연구하는 실험실에서는 이 방법을 일상적으로 이용한다. TLC를 이용하려면 반응 시작 이전에 전개 용매의 최적화가 필수적으로 수반된다. 전개 용매 최적화에는 정해진 규칙은 없지만 다음과 같은 일반적인 방식으로 전개 용매를 선택하면 도움이 된다.

i) 극성 물질 전개 용매: EtOAc(100 %) 또는 MeOH(5 %) /CH_2Cl_2
ii) 일반 물질 전개 용매: EtOAc(10~50 %)/*n*-hexane
iii) 비극성 물질 전개 용매: EtOAc(5 %)/*n*-hexane, ether(5 %)/*n*-hexane 또는 *n*-hexane(100 %)

- TLC 이용법 실행 단계:
  1. 적당한 전개 용매를 선택하고, TLC 판(2~3 cm × 6~7 cm)을 준비한다.
  2. 준비된 TLC 판 아래(밑에서부터 0.5 cm 위)에 연필로 선을 긋고, 제한 반응물을 점적(spotting)하여 용매를 건조시킨다. 필요하면 헤어 드라이를 사용하여 건조하되, 이 조건에서 반응 물질이 분해되는지 확인하라. 주의할 것은 반응 물질이 여러 개이면 그 중에서 중요한 제한 시약(limiting agent)을 표지 물질로 선택한다.
  3. 선택한 전개 용매를 전개 병에 넣고, 전개시켜 출발 물질의 반점 위치(R_f)를 확인한다. 전개 병에 용매를 넣을 때는 TLC 판의 시료 반점이 잠기지 않을 만큼의 양을 넣어야 한다.
  4. 새로운 TLC 판을 준비하여 출발 물질(1), 출발 물질과 반응 혼합물의 혼합 반점(co-spot)(2) 그리고 반응 혼합물(3)을 점적한다. 출발 물질과 반응 혼합물의 혼합 반점은 출발 물질을 점적하여 건조시키고, 그 위에 혼합물을 다시 점적하여 건조시킨다.
  5. 시료를 점적한 TLC 판을 전개 병에 넣고, 용매가 TLC 판 윗부분이 0.5 cm 정도 남을 때까지 전개시킨다. 전개된 TLC 판을 꺼내어 용매를 건조시킨다.
  6. UV 등을 이용하거나 발색 시약(표 8.10)을 뿌려, 전개시켜 건조한 TLC 판의 반점을 확인한다. 출발 물질과 다른 물질의 반점이 나타나면 그 물질이 생성물이다. 경우에 따라서는 생성물이 하나 이상일 수도 있고, 중간체가 나타나기도 한다.

- TLC 반점 판독용 발색 시약: UV 등으로 확인 불가능한 반점의 확인이나 TLC 판의 영구적 보관을 위해 발색 시약을 사용한다. TLC를 이용한 반응 진행 정도 확인에서 유용하게 이용되는 육안법(visual method) 시약들을 표 8.10에 나타내었다.

표 8.10 TLC 반점 육안 판독을 위한 발색 시약 및 제조법

발색 시약	대상 물질	반점 색깔	시약 제조법 및 발색 조건
Iodine	대부분 화합물	갈색(방치하면 사라짐)	1) I_2가 들어 있는 밀폐 용기에 방치하면 갈색으로 발색. 2) I_2(1 %)/ methanol 용액을 뿌린다.
H_2SO_4	대부분 화합물	검은색 및 기타	50 % 황산 용액을 뿌리고 150 °C까지 가열
Molybdate	대부분 화합물	진한 청색	$(NH_4)_6Mo_7O_{24}$(5 %)/$Ce(SO_4)_2$(0.2 %)/H_2SO_5(5 %) 혼합 용액 뿌리고 150 °C까지 가열
Vanillin	대부분 화합물	여러 색	Vanillin(0.5g)/H_2SO_4(0.5 mL)/EtOH(9 mL)를 뿌림

(계속)

발색 시약	대상 물질	반점 색깔	시약 제조법 및 발색 조건
Ammonia	Phenol	여러 색	NH_3 기체가 들어 있는 밀폐 용기에 둔다.
$FeCl_3$	Phenol, Enol	여러 색	$FeCl_3$(1 %) 수용액을 뿌린다.
2,4-DNP	알데하이드, 케톤	적색, 노란색	2,4-dinitrophenylhydrazine(0.5 %)/2 M HCl 용액을 뿌린다.
HCl	방향족산, 아민	여러 색	HCl 증기가 있는 밀폐 용기에 둔다.
Ninhydrin	아미노산, 아민	청색	Ninhydrin(0.3 %)/*n*-butanol(or EtOH 100 mL)/ AcOH (3 %) 용액 뿌리고 125 ℃까지 가열(10분간)
$PdCl_2$	S 및 Se 화합물	적색, 노란색	$PdCl_2$(0.5 %)/*conc*-HCl(몇 방울)
Anisaldehyde	탄수화물	청색(다양함)	0.5 mL anisaldehyde(in 0.5 mL *conc*-H_2SO_4)/ EtOH(95 %)/AcOH 용액(몇 방울) 뿌리고 100~110 ℃로 가열(20~30분)

TLC 반응 확인법의 예

생성물 수가 다른 반응에 대한 TLC 확인법의 예를 들어 보자. 반응 진행의 확인에서는 혼합 반점(co-spot) 방법이 중요하다. 혼합 반점의 전개 결과를 관찰하면, 보다 정확하게 생성물과 반응물의 반점을 구분할 수 있어 진행 정도를 확인하기 쉽다.

- 생성물이 두 개인 반응: A + B → C + D 또는 A → B + C 형 반응
  분해 반응, 혼합 생성물이 생성되는 치환 반응 및 제거 반응 등이 대표적인 예이다.

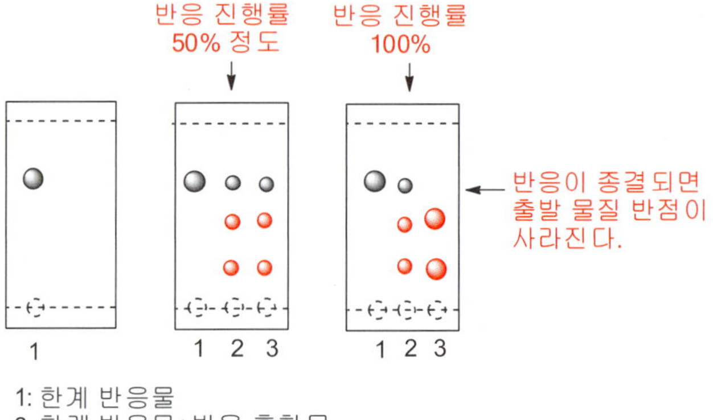

그림 8.17 두 개의 생성물이 생성되는 반응 진행을 확인하는 TLC 크로마토그램

- 생성물이 한 개인 반응: A → B 또는 A + B → C 형 반응
  첨가 반응 및 고리화 반응 등이 대표적이다.

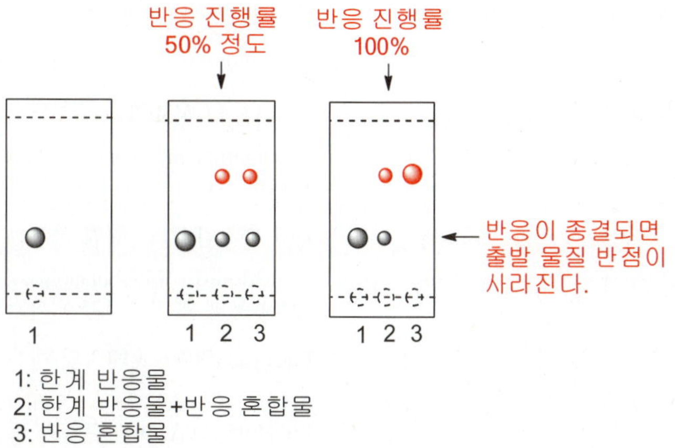

반응 진행률
50% 정도
반응 진행률
100%
반응이 종결되면
출발 물질 반점이
사라진다.
1
1 2 3
1 2 3
1: 한계 반응물
2: 한계 반응물+반응 혼합물
3: 반응 혼합물

그림 8.18 한 개의 생성물이 생성되는 반응 진행을 확인하는 TLC 크로마토그램

■ GC 및 HPLC 이용법

기체 크로마토그래피(GC) 및 고성능 액체 크로마토그래피(HPLC)도 유기 반응 진행 정도를 확인하는 데 유용하다.

- GC를 이용한 반응 진행 정도 확인: 그림 8.19에 celestolide(4-acetyl-6-*tert*-butyl-1,1-dimethylindan)의 지방족 C−H의 산화성 불소화(fluorination) 반응에서 PhIO(iodosobenzene)의 양에 따른 반응 진행 정도를 GC로 확인한 예를 나타내었다(*Nature Protocols* 2013, *8*, 2348).

F
2 equiv. PhIO
4 equiv. PhIO
6 equiv. PhIO
시간
16.00
16.20
16.40
16.60
16.80

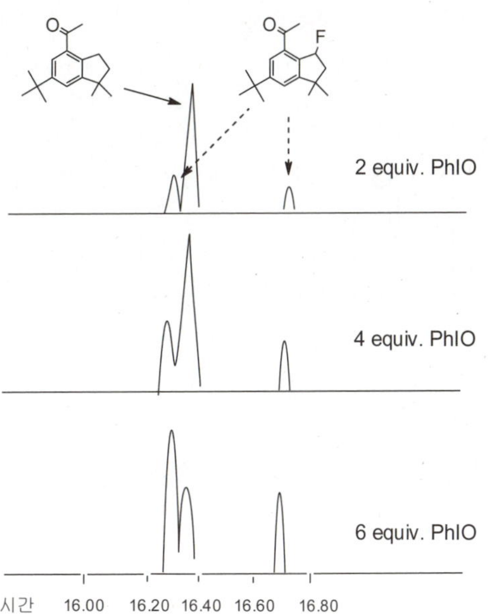

그림 8.19 Celestolide(4-acetyl-6-tert-butyl-1,1-dimethylindan) 불소화 반응 진행 확인에 이용된 GC 크로마토그램의 예(*Nature Protocols* **2013**, *8*, 2348).

- HPLC를 이용한 반응 진행 정도 확인의 예: TiO_2/UV 계를 이용한 수용액 상에서 paracetamol[*N*-(*p*-hydroxyphenyl)acetamide]의 분해 반응 진행을 HPLC로 확인한 예를 그림 8.20에 나타내었다(*J. Braz. Chem. Soc.* 2008, *19*, 81.). 그림 8.20의 크로마토그램 (a)는 paracetamol 자체이고, (b)와 (c)는 반응 진행 후 60분과 160분의 크로마토그램이다. 시간이 경과하면서 더 많은 양의 paracetamol이 분해된 것을 보여 준다.

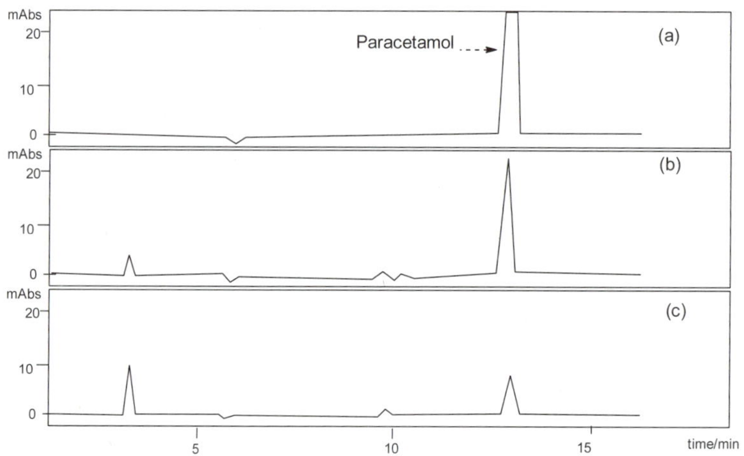

그림 8.20 Paracetamol[*N*-(*p*-hydroxyphenyl)acetamide]의 **분해 반응 진행을** HPLC(205 nm**로 고정한** UV **검출기)로 확인한 크로마토그램.** (a) Paracetamol(1.0 x 10^{-4} $molL^{-1}$) 수용액, (b) TiO_2/UV에 60 min. 노출 후 크로마토그램, (c) TiO_2/UV에 160 min. 노출 후 크로마토그램. 새로운 피크는 paracetamol(t_R=12.40 min)보다 더 짧은 시간에 나타난다.

■ IR 이용법

유기 반응 진행의 관찰 단계에서 특별히 특정 작용기의 변환 등을 관찰하는 데 IR 분광기가 이용된다. 경우에 따라서는 진행 정도뿐만 아니라, 중간체 생성 여부나 종류 등의 정보를 얻을 수도 있다. 그러나 합성 도중 시료를 채취하여 분리하여야 하므로, 실험 전에 시료 처리 방법을 확립해야 한다. 최근 들어 실시간으로 분리하지 않고 반응을 관찰하기 위한 장치와 방법들이 개발되어 있다.

- IR을 이용하여 반응 메커니즘과 중간체를 확인한 예: 한 가지 예로 *o*-di(cyanomethyl)benzene으로부터 용매 없이 Thorpe 반응을 일으켜 2-amino-1*H*-indene-3-carbonitrile을 합성하는 과정의 IR 스펙트럼을 보자(그림 8.21). 반응 20분 후의 스펙트럼에서 세 개의 C≡N 흡수 띠(2250, 2189, 2143 cm^{-1})가 나타났다가 3시간 후에 얻은 스펙트럼에서는 생성물의 C≡N(2189 cm^{-1}) 흡수 띠만 나타난다. 이 결과로 반응 중간체가 사이아노이민(cyanoimine) 화합물임을 예측할 수 있다(*Green Chem.* 2002, *4*, 68.).

CN = 2250 cm⁻¹ → KO^{t}Bu → CN = 2143cm⁻¹ → CN = 2189cm⁻¹

o-Di(cyanomethyl)benzene → 2-Amino-1*H*-indene-3-carbonitrile

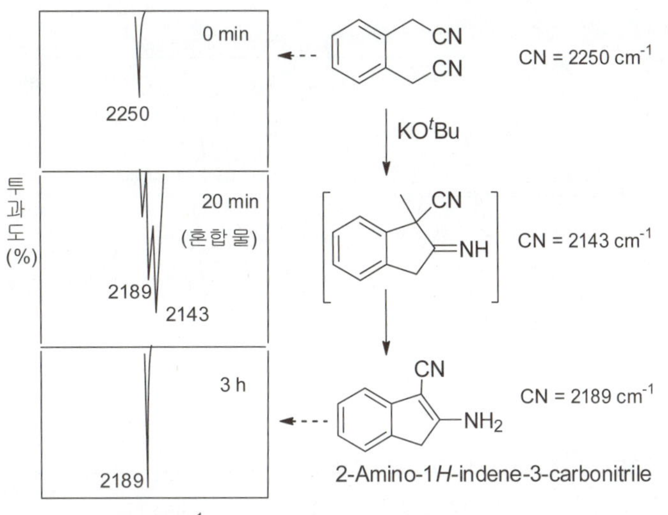

그림 8.21 *o*-Di(cyanomethyl)benzene으로부터 2-amino-1*H*-indene-3-carbonitrile을 합성하는 과정의 부분 IR 스펙트럼(*Green Chem.* 2002, *4*, 68.)

■ NMR 이용법

^{1}H NMR도 유기 반응의 진행 과정이나 메커니즘을 관찰하는 데 유용한 수단이다. 특히 ^{1}H NMR은 정량이 가능하므로 진행 과정뿐만 아니라, 혼합 생성물의 정량도 가능하다는 장점이 있다. NMR을 이용하는 방법은 소모되는 출발 물질과 생성되는 생성물의 신호 변화를 관찰하는 것이다. 따라서 두 물질 간의 신호의 차이를 알아야 하고, 이 신호들을 농도/시간으로 관찰하는 것이다.

- NMR을 이용한 반응 관찰의 예: 그림 8.22는 4-bromobenzoic acid와 *p*-tolylmethaneamine의 축합 반응을 관찰한 스펙트럼이다(*Green Chem.*, 2009, *11*, 911.). 스펙트럼 (a)는 출발 물질과 반응 매개 물질인 F-DCT를 혼합하여 찍은 스펙트럼이고, 스펙트럼 (b)는 예상되는 중간 물질을 합성하여 찍은 것이다. 스펙트럼 (c)는 생성물이 반응 혼합물 속에 있는 상태로 찍었고, 스펙트럼 (d)는 순수한 생성물 스펙트럼이다. 이 자료로 반응의 중간 물질도 확인할 수 있다.

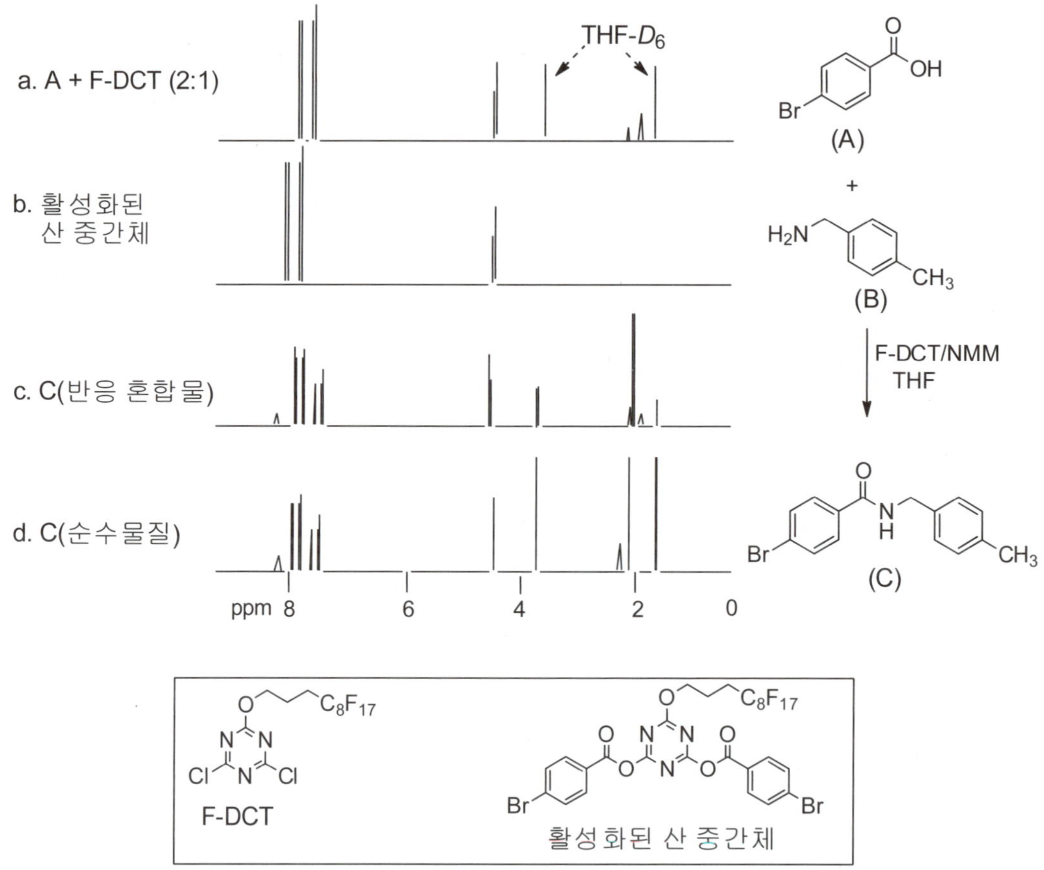

그림 8.22 **아마이드 커플링 반응을 모니터링한 ¹H NMR(in THF-d_6) 스펙트럼.** (a) F-DCT(1.0 equiv) and *p*-bromobenzoic acid(2.0 equiv) in THF-d_6; (b) form activated acid **1** after addition of NMM; (c) form amide **2** after addition of amine; (d) product **2** after F-SPE(*Green Chem.*, **2009**, *11*, 911.)

■ MS 이용법

질량 분석기(MS)는 미지 시료에 대한 분자량의 정보를 제공한다. 따라서 유기 반응의 진행 과정 확인에 이용할 수 있다. MS의 응용성이 크게 확장된 것은 분리 기능을 가진 GC와 질량의 정보를 제공하는 MS의 기능이 합쳐진 GC-MS가 개발되었기 때문이다.

- GC-MS를 이용한 반응 진행 확인 예: 그림 8.23에 살충제 혼합물을 GS-MS/MS로 분리 동정한 결과를 나타내었다(*J. Braz. Chem. Soc.*, 2015, *26*, 2077.). 반응 진행을 확인하는 방법도 그림과 같이 GC로 분리된 크로마토그램에서 선택된 피크 부분을 MS로 질량을 분석한다.

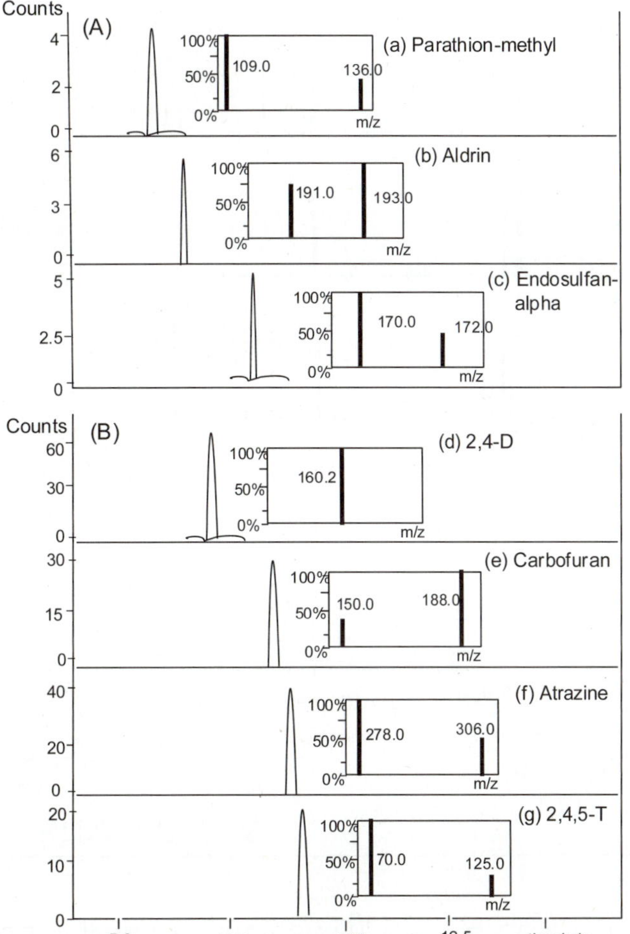

그림 8.23 SRM(selected reaction monitoring) 및 살충제 표준 혼합물(100 μg L^{-1})의 크로마토그램. (A) Legend: (a) parathion-methyl; (b) aldrin; (c) endosulfan-alpha and by LC-MS/MS in (B) Legend: (d) 2,4-D; (e) carbofuran; (f) atrazine and (g) 2,4,5-T. (*J. Braz. Chem.* Soc., 2015, 26, 2077.)

8.9 분리 및 정제 기술

유기 합성에서 순수한 생성물 시료를 확보하는 것은 매우 중요하다. 생성물의 구조 확인을 위해서도 중요하고, 의약품이나 전자 재료 물질의 경우는 효능과 효과 면에서 순도가 더욱 중요하다. 혼합물의 분리 기술로는 여과, 재결정, 추출, 증류, 승화 및 크로마토그래피 등이 이용된다.

8.9.1 여과

액체-고체 혼합물의 분리 기술인 **여과**(filtration)는 실험실에서 가장 많이 수행하게 되는 기술의 하나이다. 여과하려는 물질의 성질이 다양하므로 경우에 따라 적합한 여과 방법을 선택하여야 하며, 또 필요에 따라서는 가열하거나 냉각해야 할 경우도 있다. 여과 방법에는 대기압하에서 여과하는 **상압 여과법**(gravity filtration)과 대기압보다 낮은 압력에서 여과하는 **감압 여과법**(reduced pressure filtration)이 있다.

가장 간단한 상압 여과법은 깔때기와 여과지를 이용하는 것이다. 이 방법을 이용할 경우 여과 속도를 증진시키기 위해서 보통 그림 8.24와 같이 접은 홈 있는 **여과지**(fluted filter paper)를 사용한다.

그림 8.24 홈 있는 여과지 접는 법

그러나 여과지는 강산 및 강염기 등에 약하고, 감압 여과를 할 때는 여과지가 상할 우려가 있기 때문에 여과지를 사용한 여과는 제한적이다. 이런 경우에는 **소결 유리 거르개**(sintered glass funnel)을 이용하면 편리하다. 소결 유리 거르개를 사용하면 상당한 감압하에서도 여과할 수 있으며, 보온 여과 및 냉각 여과 등도 손쉽게 수행할 수 있다. 대부분의 유기 실험실에서는 소결 유리 거르개를 사용한다.

감압 여과를 할 때는 그림 8.25와 같은 여과 플라스크와 아스피레이터(aspirator)나 진공 펌프(vacuum pump)를 이용하여 여과한다.

그림 8.25 감압 여과 장치. (a) 유리 기구로 된 여과 장치, (b) 감압용 전기식 아스피레이터, (c) 수도꼭지에 연결하여 사용하는 감압용 아스피레이터

8.9.2 재결정

재결정(recrystallization)은 고체 시료의 정제나 분석용 시료 제조에서 중요한 기술이다. 재결정은 혼합된 두 화합물(혹은 그 이상)의 용해도 차이를 이용하는 방법으로, 적당한 재결정 용매를 찾는 것은 곧 재결정의 성공 여부를 결정하게 된다. 재결정 기술은 다분히 실험자의 경험에 의존하는 경우가 많으며, 섬세한 재결정 기술은 유능한 유기 화학자가 갖추어야 할 중요한 자격 요건이다.

상온에서 고체 상태인 화합물들의 분리 및 정제는 통상 재결정 방법을 이용한다. 실험실에서 분리 및 정제를 요하는 고체 생성물은 대부분 순수하지 않은 상태로 반응 용액 중에 있게 된다. 반응 종료 후에 생성된 고체 생성물은 여과를 통해 간단히 분리할 수 있지만 많은 경우 얻어진 고체 생성물을 다음 단계에 사용하기 위해서는 재결정을 통해 순수하게 해야 한다. 한편, 생성물이 용액에 녹아 있는 경우는 용매를 증발시켜 생성된 고체상 잔류물을 얻어 내거나, 또는 간단히 농축하거나 생성물이 녹지 않는 용매를 첨가하여 생성물을 침전시켜 얻는다. 이 방법으로 얻어지는 생성물은 혼합물이므로 정제해야 한다.

결정화는 상대적인 용해도에 의존한다. 몇 가지 예외가 있지만 한 용매에서 화합물의 용해도는 온도에 따라 증가한다. 어떤 유기 용매에서 고체 유기 물질의 용해도는 고체 물질의 녹는점에 가까울 때 가장 빠르게 증가하고, 유사한 성질의 용매에 잘 녹는다. 뜨거운 용매에서 적당한 용해도를 갖는 화합물은 냉각시켜 완전히 결정화할 수가 있다. 그러나 상온이나 얼음 중탕 온도에서 용해도가 큰 화합물의 경우에는 용매를 증발시켜 얼마간 제거한 후에, 결정화시키려는 물질에 따라 용해도가 작은 제2의 용매를 가하여 결정을 얻어낸다. 보통 ethanol/H_2O, ether/hexane 혼합 용매가 이러한 목적에 자주 쓰인다. 고체 유기물의 용해도는 용매나 용질의 상대적인 극성이나 또는 결정 격자 에너지의 함수이다.

-OH, $-NH_2$, - $CONH_2$ 같이 수소 결합을 할 수 있는 극성 작용기가 있는 화합물은 benzene이나 hexane 같은 탄화수소에서보다 물이나 알코올 같은 극성 용매에 더 잘 녹는다. 다시 말해서 극성 화합물은 극성 용매에, 비극성 화합물은 비극성 용매에서 더 큰 용해도 값을 갖는다. 그러나 화합물의 모양에 관계 없이, 녹는점에 의해 나타나는 것처럼 결정이 안정할수록 그만큼 잘 녹지 않는다. 이 예로써 nitrobenzoic acid의 이성질체들을 들 수 있다. 이 이성질체들에서 *p*-이성질체는 다른 것들보다 더 안정한 격자(lattice)를 만들 수 있는 대칭적 구조를 갖고 있다. 따라서 녹는점이 훨씬 더 높고, 그에 따라서 용해도는 주어진 용매에서 그만큼 낮다(표 8.11 참조). 용액 속에서 격자가 성장하는 과정이 매우 선택적이기 때문에 두 상에서 상이한 분자들의 분포에 의존하는 증류, 추출 또는 크로마토그래피와 재결정의 분리 메커니즘은 다르다.

표 8.11 Nitrobenzoic acid 유도체의 녹는점 및 용해도

성질		Nitrobenzoic acid		
		ortho	meta	para
구조		COOH, NO_2 (ortho)	COOH, NO_2 (meta)	COOH, NO_2 (para)
mp(℃)		147	141	242
Solubility (g/100 mL)	EtOH	28	33	2.2
	Diethyl Ether	21	25	0.9

■ 재결정 용매 찾기

어떤 유기 화합물의 재결정 용매를 찾는 것은 쉽지 않다. 이런 경우 사용할 수 있는 기술이 '점적판(spot-plate) 방법'이다. 유리로 된 점적판의 각 우물(well)에 1~2 mg의 불순한 시료를 넣고 3~4방울의 선택한 서로 다른 용매를 가하여 잘 저어준다(1~2분간). 각 우물의 용해도를(상온에서의) 관찰하여 기록한다. 이 과정에서 선택하는 용매는 극성에서 비극성까지, 또는 끓는점이 높은 것에서 낮은 것까지 등으로 선택 배열하는 것이 좋다. 필요하면 후드 속에서 낮은 온도로 조절된 가열판을 사용하여 서서히 가열하면서 높은 온도에서의 용해도를 관찰하고, 서서히 냉각시키면서 결정 여부를 관찰하여 재결정에 적당한 용매를 선택한다. 실제로 이 방법은 매우 효과적이고, 시간이나 경제적인 측면에서 크게 도움이 된다.

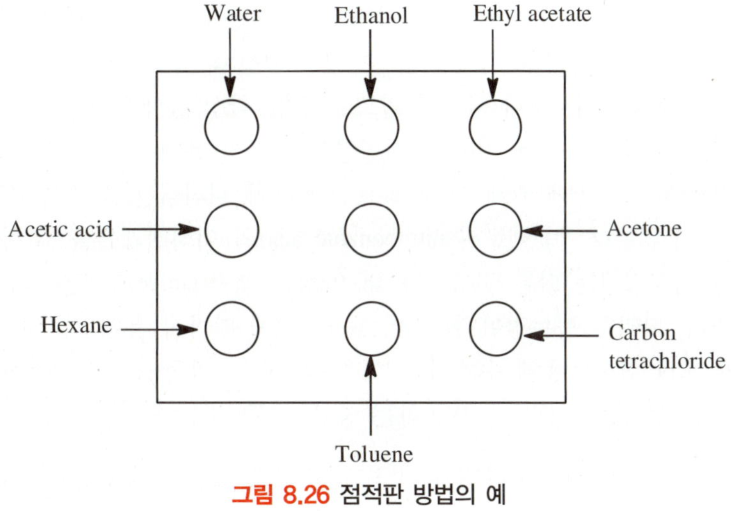

그림 8.26 점적판 방법의 예

■ 재결정 용매 선택의 예

표 8.12는 몇몇 화합물들에 대해 점적판 방법을 이용하여 재결정 용매를 선택하기 위해 얻은 결과표이다. 여덟 개의 용매를 사용하여 acetanilide, 2-chlorobenzoic acid 및 tribenzylamine의 재결정 용매를 선정한 예이다. 해당 용매에 녹지 않으면 (−)로, 녹으면 (+)로 표시하였다. 이상적인 재결정 용매는 차가운 용액에서는 용해도가 낮고, 뜨거운 용액에서는 잘 녹는 용매이다.

표 8.12에서 테두리가 진한 음영 사각형(▭)으로 표시된 용매가 각 물질의 재결정에 적당한 용매이다. 따라서 acetanilide와 2-chlorobenzoic acid는 물이, tribenzylamine은 ethanol이나 methanol이 좋은 재결정 용매가 될 수 있음을 알 수 있다.

표 8.12 점적판 방법으로 재결정 용매를 선택한 결과표

화합물	용매의 종류								선택한 용매	결정 형태
	1 C/H	2 C/H	3 C/H	4 C/H	5 C/H	6 C/H	7 C/H	8 C/H		
Acetanilide	−/+	M^+/	+/	+/	−/−	−/−	−/−	+/−	1	침상
2-Cholrobenzoic acid	−/+	E^+/	−/−	+/	−/−	−/−	−/−	+/−	1	침상
Tribenzylamine	−/−	E^-/+	+/	+/	+/	+/	+/	+/−	2	판상

C/H = Cold/Hot, (−) = 불용, (+) = 용해
용매: 1 = Water 2 = Ethanol(E) 또는 Methanol(M) 3 = Ethyl acetate 4 = Acetone
5 = Carbon tetrachloride 6 = Toluene 7 = Hexane 8 = Glacial acetic acid

■ 재결정 용매의 선택 기준

재결정 용매는 다음의 기준에 따라 선택하는 것이 좋다.

- 재결정 용매는 정제하려는 화합물과 반응하지 않아야 한다.
- 정제하려는 화합물이 뜨거운 용액에서는 잘 녹고, 찬 용액에서는 잘 녹지 않는 재결정 용매를 선택한다.
- 불순물이 찬 용액에서 잘 녹거나, 또는 재결정하려는 물질이 녹는 뜨거운 용액에서도 불순물을 잘 녹이지 않는 용매가 이상적이다.
- 재결정 용매의 끓는점은 50~120 ℃ 범위가 좋다.
- 선택한 재결정 용매의 끓는 온도에서 시료가 안정한지를 확인해야 한다.
- 재결정 용매의 끓는점은 정제하려는 시료의 녹는점보다 낮은 것이 좋다.
- 여러 가지 용매가 가능할 경우에는 친환경적이고, 가격이 저렴한 용매를 선택한다.

■ 재결정 시료와 용매 양의 예측

재결정 용매를 선택하고 나면, 해당 시료를 재결정하는 데 필요한 용매의 양과 주어진 시료의 양으로부터 재결정 후에 얻을 수 있는 양은 어느 정도인가를 용해도를 이용하여 예측하는 것도 중요하다. Benzoic acid와 salicylic acid를 예로 들어 보자.

표 8.13 Benzoic acid와 salicylic acid의 물에 대한 용해도

성질		Benzoic acid	Salicylic acid
구조		CO_2H (benzene ring)	CO_2H, OH (benzene ring)
Solubility in Water	20 ℃(S^C)	0.29	0.22
(g/100 mL)	~100 ℃(S^H)	6.80	6.67

S^C: 찬 물에서의 용해도, S^H: 뜨거운 물에서의 용해도

만일 benzoic acid 10 g을 끓는 물에 녹일 때, 필요한 물의 양(V_{hot})은 뜨거운 물속에서의 용해도(S^H)를 이용하여 다음과 같이 계산할 수 있다.

$$V_{hot} = m / S^H = 10\text{ g} / (6.8\text{ g}/100\text{ mL}) = 147\text{ mL}$$

이 benzoic acid 용액을 20 ℃로 냉각시켜 결정으로 얻을 수 있는 benzoic acid의 양($m_{회수}$)은 냉각시킨 용액 속에 남아 있는 양($m_{용액}$)을 알면 계산할 수 있다. 즉, 147 mL의 물로 10 g의 benzoic acid를 재결정하여 9.57 g을 회수할 수 있다.

$$(m_{용액}) = V_{hot} \times S^C = 147\text{ mL} \times 0.29\text{ g}/100\text{ mL} = 0.43\text{ g}$$

$$m_{회수} = m - m_{용액} = (10 - 0.43)\text{ g} = 9.57\text{ g}$$

- **재결정 단계**: 재결정은 일반적으로 다음과 같은 단계로 수행하면 편리하다.
  - 단계 1: 적당한 용매에 시료를 용해시켜 포화 용액을 만든다. 끓는점을 넘지 않게 가열해도 된다. 탈색이 필요한 경우에는 이 단계에서 탈색 처리한다(8.5절 참고).
  - 단계 2: 뜨거운 포화 용액을 걸러서 녹지 않은 잔류물을 제거한다.
  - 단계 3: 용액을 방치시켜 결정이 생성되도록 서서히 냉각한다. 지나친 냉각은 불순물이 함께 결정화되므로 재결정 실패의 원인이 되기도 한다.
  - 단계 4: 생성된 결정을 여과하여 분리한다.
  - 단계 5: 분리된 결정을 소량의 깨끗한 찬 용매로 씻는다. 결정의 표면에 불순물이 남아 있을 수 있다.
  - 단계 6: 충분히 건조시킨다. 결정 표면에 용매 분자가 흡착되어 있을 수 있다.

표 8.14 일반적으로 사용되는 재결정 용매

용매	끓는점(°C)	용매	끓는점(°C)
Acetic acid	118	2-Ethoxyethanol(cellosolve)	135
Acetone	56	Ethyl benzoate	98(19 mm)
Acetylacetone	139	Ethylene glycol	68(4 mm)
Acetonitrile	82	Formamide	110(10 mm)
Benzene	80	Glycerol	126(11 mm)
Benzyl alcohol	93(10 mm)	Isoamyl alcohol	131
n-Butanol	118	Methanol	64.5
Butyl acetate	126.5	Methyl ethyl ketone(MEK)	80
n-Butyl ether	142	Methyl isobutyl ketone(MIK)	116
-Butyrolactone	206	Nitrobenzene	210
Carbon tetrachloride	77	Nitromethane	101
Chlorobenzene	132	Pyridine	115.5
Chloroform	61	Tetrahydrofuran	64~66
Cyclohexane	81	Toluene	110
Dichloromethane	41	Trimethylene glycol	59(11 mm)
Diethyl ether	34.5	Water	100
DMF	76(39 mm)	*o*-Xylene	143~145
1,4-Dioxane	101	*m*-Xylene	138~139
Ethanol	78	*p*-Xylene	138

8.9.3 추출

추출(extraction)이란 혼합물로부터 어떤 한 물질을 용매로 용해시켜 분리해 내는 방법이다. 분리해 내기 전 혼합물은 액체일 수도 있고, 고체일 수도 있으며, 또 여러 가지 기술 및 기구가 필요할 때도 있다. 유기 실험실에서 얻어지는 생성물은 용액이거나 또는 현탁

(suspension) 상태로 있을 수도 있다. 추출은 두 용매에서 추출하려는 물질의 용해도에 의한 일종의 평형 과정에 의해 지배된다. 이때 용해도의 비를 소위 **분포 계수**(distribution coefficient; K_d)라 하며, 주어진 온도에서 용질 화합물과 두 용매에 대해 특정값을 갖는 평형 상수이다. 예를 들어 용질 A의 물과 toluene에서의 분포 계수는 다음과 같다.

$$A_{water} \overset{K_{t/w}}{\rightleftharpoons} A_{toluene}$$

$$K_{t/w} = \frac{\text{Toluene에서의 A의 농도}}{\text{물에서의 A의 농도}}$$

또는 다음과 같이 나타낼 수도 있다.

$$K_{w/t} = \frac{\text{물에서의 A의 농도}}{\text{Toluene에서의 A의 농도}}$$

$$K_{t/w} = (K_{w/t})^{-1}$$

예를 들어, A와 B 화합물 각 1 g을 100 mL 수용액에 녹였다. 화합물 A와 B의 물과 ethyl ether 속에서의 용해도는 다음과 같다.

화합물	용해도(H_2O)	용해도(Ether)
A	10 g/100 mL	1 g/100 mL
B	2 g/100 mL	10 g/100 mL

용해도로부터 얻은 A의 분포 계수는 $K_A = (A_{ether}/A_{water}) = 0.1$이고, B의 분포 계수는 $K_B = (B_{ether}/B_{water}) = 0.5$이다. 만일 앞서 제조한 화합물 A와 B의 수용액을 ether 100 mL와 섞어 흔들었다면, ether로 옮겨간 각 성분의 양 x_A와 x_B는 다음과 같이 계산할 수 있다.

화합물 A	화합물 B
$K_A = (x_A/100)/((1-x_A)/100) = 0.1$	$K_B = (x_B/100)/((1-x_B)/100) = 0.5$
$x_A = 0.091$ g (ether 속에)	$x_B = 0.833$ g (H_2O 속에)
$1-x_A = 0.909$ g (H_2O 속에)	$1-x_B = 0.167$ g (ether 속에)

만일 위와 같은 화합물 A와 B의 수용액을 동일한 양의 ether로 25 mL씩 4번 추출했을 경우는 다음 표 8.15와 같이 계산한다.

표 8.15 화합물 A와 B의 추출 횟수에 대한 분포량 계산

추출 횟수	화합물 A	화합물 B
1차	$(x_A/25)/[(1-x_A)/100]=0.1$ $x_A = 0.0244$ g (ether 속에) 0.975 g (H_2O 속에)	$(x_B/25)/[(1-x_B)/100]=0.5$ $x_B = 0.556$ g (ether 속에) 0.444 g (H_2O 속에)
2차	$(x_A/25)/[(0.9756-x_A)/100]=0.1$ $x_A = 0.0238$ g (ether 속에) 0.9518 g (H_2O 속에)	$(x_B/25)/[(0.444-x_B)/100]=0.5$ $x_B = 0.247$ g (ether 속에) 0.197 g (H_2O 속에)
3차	$x_A = 0.0232$ g (ether 속에)	$x_B = 0.109$ g (ether 속에)
4차	$x_A = 0.0226$ g (ether 속에)	$x_B = 0.049$ g (ether 속에)

결국 100 mL의 ether를 4번에 나누어서 추출한 A와 B의 양은 각각 0.094 g과 0.961 g이고, 100 mL를 한 번에 사용하여 추출한 경우(A = 0.091 g; B = 0.833 g)보다 추출 효과가 더 우수하다.

■ 역류 추출법

만일 한 용액 속에 있는 두 화합물의 분포 계수가 거의 같다면 위에서 언급한 것과 같은 간단한 추출로 충분한 효과를 볼 수 없다. 이런 경우에는 **역류 추출법**(counter-current extraction) 기술을 이용한다(그림 8.27). 예로 각각 50 mL의 H_2O가 들어 있는 10개의 분별 깔때기를 생각하자.

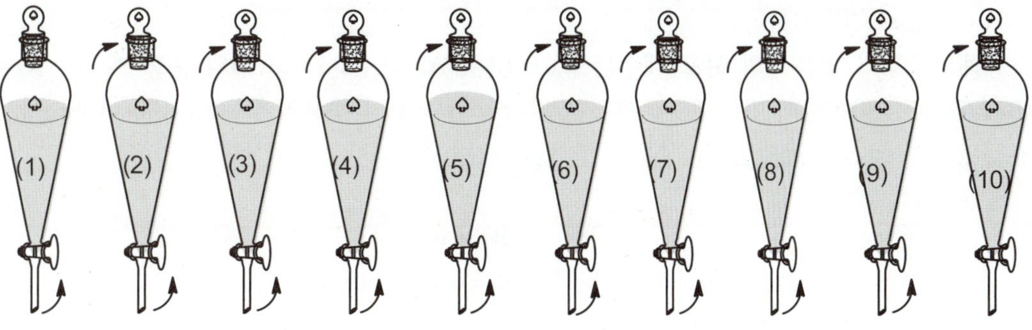

그림 8.27 역류 추출법

분리하려는 혼합물은 A와 B 각각 1 g씩을 50 mL $CHCl_3$에 녹인 것이다. 이때 A와 B의 분포 계수는 각각 1.5와 2.0이다. 이 용액을 처음 분별 깔때기에 넣고 흔들었을 때 각 화합물의 분포는 다음과 같다.

화합물 A	용매	화합물 B
0.33 g	$CHCl_3$	0.67 g
0.67 g	H_2O	0.33 g

처음 분별 깔때기에서 분리한 $CHCl_3$ 층을 두 번째 분별 깔때기에 옮기고, 다시 처음 분별 깔때기에 50 mL $CHCl_3$를 가한 후에 분별 깔때기를 흔든다. 이때의 분포는 다음과 같다.

분별 깔때기	화합물 A	화합물 B
	$CHCl_3/H_2O$	$CHCl_3/H_2O$
1	0.22 g/0.44 g	0.22 g/0.11 g
2	0.11 g/0.22 g	0.44 g/0.22 g

이와 같은 조작을 8번 반복한다. 매번 유기 층은 다음 분별 깔때기로 옮기고 처음 것에 깨끗한 50 mL의 $CHCl_3$를 가하고 흔든다. 결국 마지막에는 10개의 모든 분별 깔때기에 각각 50 mL의 $CHCl_3$와 수용액이 있게 될 것이다. 그렇게 하면 각 분별 깔때기에서 물 층에 있는 A의 농도는 유기 층에 있는 것의 2배가 되고, B는 이와 반대이다. 같은 방법으로 계속해서 추출을 한다. 즉 10번째 분별 깔때기로부터 $CHCl_3$ 층을 제거하고 증발시켜 얻은 것을 분획 1이라 하고, 1~9에 남아 있는 $CHCl_3$를 9 → 10, 8 → 9,⋯⋯, 1 → 2로 각각 옮기고, 1번 분별 깔때기에 50 mL의 $CHCl_3$를 가한다. 흔들어서 얻은 10번째 분별 깔때기의 $CHCl_3$를 분리 증발시켜 얻은 것을 분획 2라 하자. 이와 같은 방법으로 계속하여 얻은 분획 30까지에서 A와 B의 양에 대한 그림은 그림 8.29와 같다. 분획 1~7에서는 90 % 순수한 B 0.75 g을 얻고, 14~30에서는 98 % 순수한 A 0.74 g을 얻는다.

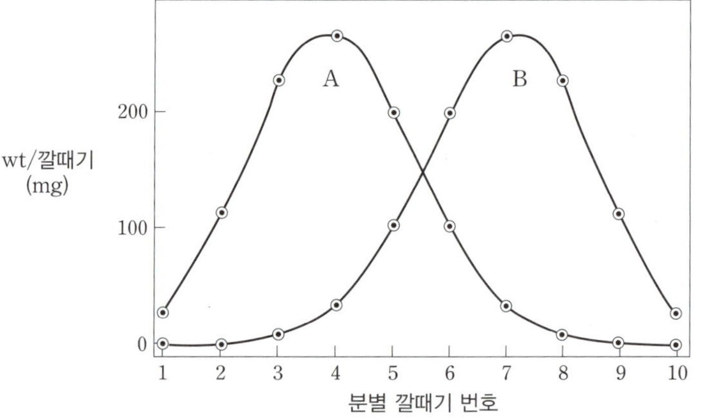

그림 8.28 그림 8.27의 초기 성분 분포

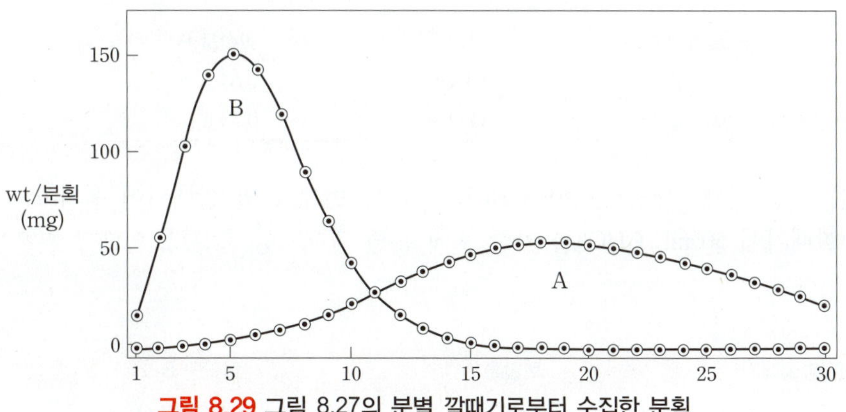

그림 8.29 그림 8.27의 분별 깔때기로부터 수집한 분획

■ 분별 깔때기 사용법 및 주의점

추출에 사용하는 기구로 **분별 깔때기**(separatory funnel)가 쓰인다. 분별 깔때기를 잘못 사용하면 폭발하기도 한다. 더욱이 추출하려고 용매를 가했을 때 열이 발생되는 경우는 더욱 조심해야 한다. 이때는 열을 냉각시킨 후 마개를 막아 오른손으로 잡고 왼손으로 아래에 있는 마개를 잡아 먼저 거꾸로 세운 다음, 콕을 열어 내부 압력이 대기압으로 되도록 해주고, 다시 콕을 막고 몇 번 흔든 후 콕을 열어 압력을 조절한다. 이와 같은 조작을 3~4회 반복하고 바로 세워 위의 마개를 열고 분리한다. 수용액에서 추출할 경우, 유기 용매에는 항상 수분이 있으므로 분리된 분획을 건조제로 처리하여 건조해야 한다.

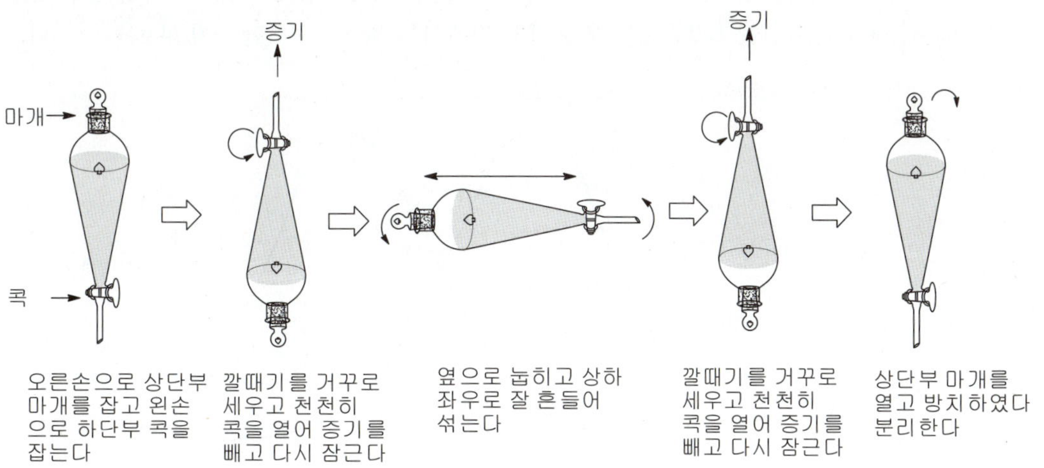

그림 8.30 분별 깔때기의 사용법

8.9.4 증류

증류(distillation)는 액체를 기화시켜 얻고자 하는 물질의 기체를 응축시킴으로써 보다 순수한 액체로 얻는 과정이며, 증류에서는 플라스크 잔류물보다 증류액이 더 중요하다. 증발(evaporation)이라고 하는 말은 일반적으로 실험실에서 잔류물이 더 중요한 경우에 쓰는 용어이며, **환류**(reflux)는 기화된 화합물이 냉각관에서 응축되어 끓고 있는 플라스크로 되돌아가는 경우를 의미한다. 이러한 환류는 용매 속에서 가열 반응을 하는 경우에 보편적으로 이용하는 기술이다. 유기 화학 실험실에서 주로 이용하는 증류법에는 **단순 증류법**(simple distillation), **분별 증류법**(fractional distillation) **진공 증류법**(vacuum distillation) 및 **수증기 증류법**(steam distillation) 등이 있다. 그림 8.31에 반응에 이용하는 환류 장치와 여러 증류 장치들을 나타내었다. 유기 실험실에서의 진공 증류는 특별한 경우가 아니면 대부분 잘 고안된 **회전식 감압 증발기**(rotary evaporator)를 이용하면 편리하다.

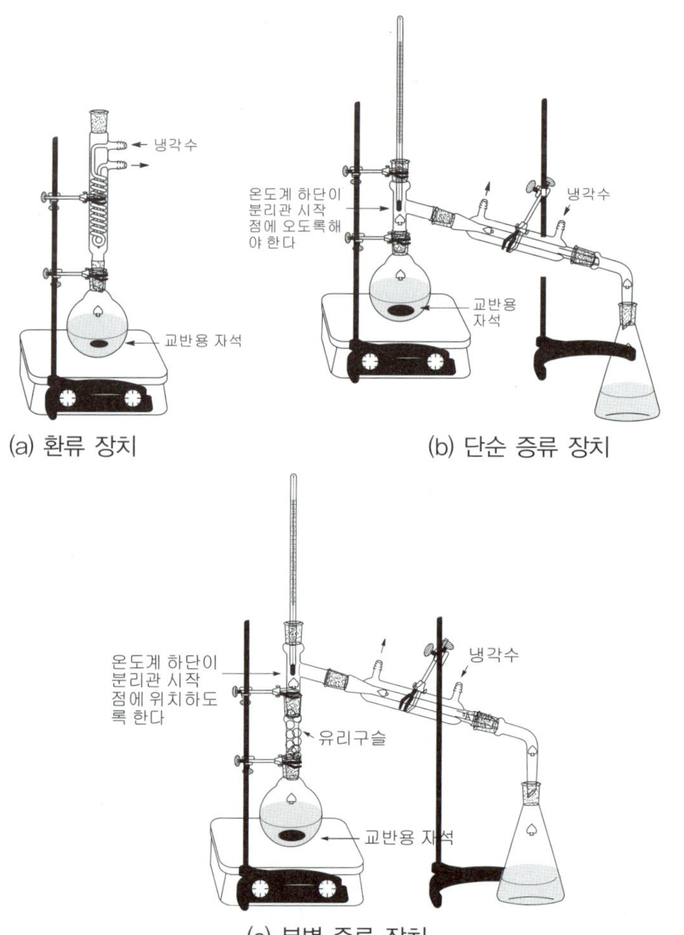

그림 8.31 환류 장치, 여러 가지 증류 장치 및 회전식 감압 증발기(계속)

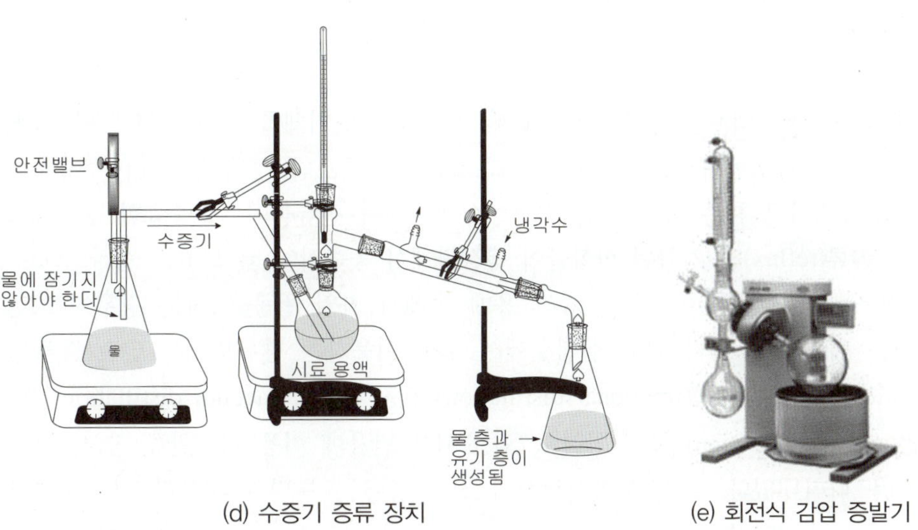

(d) 수증기 증류 장치 (e) 회전식 감압 증발기

그림 8.31 환류 장치, 여러 가지 증류 장치 및 회전식 감압 증발기

8.9.5 승화

고체 화합물 중 어떤 물질은 가열하면 액체 상태를 거치지 않고 기체로 되었다가, 다시 냉각하면 고체로 응고되는 것이 있다. 이런 현상을 승화라고 하며, 고체 화합물의 정제에 이용할 수 있다. 특히 고순도를 요구하는 전자 재료의 정제에서 승화 정제법이 더욱 유용하다. **승화**(sublimation)는 끓는점 아래에서 기화하기 때문에 증류와는 다르다.

고체의 증기압과 온도와의 관계는 다음과 같다.

$$\ln\left(\frac{P_2S}{P_1S}\right) = \frac{S}{R}\left(\frac{1}{T_1} - \frac{1}{T_2}\right)$$

• P_1, P_2: 절대 온도 T_1, T_2에서 고체 증기압, S: 분자 승화열, R: 기체 상수

증류에서는 온도를 높이면, 끓는점에서의 기화와 증발이 촉진된다. 그러나 승화에서는 표면에서만 기화되므로 가한 열 전부가 쓰이지 않으며, 지나치게 가열하면 용기 내 온도가 상승하여 분해되므로 가열에 주의해야 한다. 승화에 의해 순수하게 물질을 얻으려면 낮은 온도에서 수행해야 한다. 이런 경우는 오랜 시간이 필요하게 된다. 따라서 분해 온도보다 20~30 ℃ 아래에서 승화시키는 것이 보통이다. 승화를 촉진시키기 위해 감압 조건에서 하거나 또는 비활성 기체를 통과시켜 증기와 물질 간 평형을 파괴하기도 한다. 실험실에서 사용할 수 있는 간단한 감압 승화 장치를 그림 8.32에 나타내었다. 승화에 사용하는 다양한 장치들이 시판되고 있다.

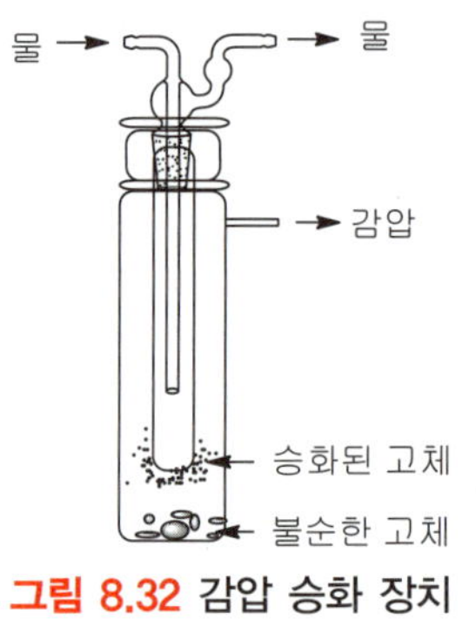

그림 8.32 감압 승화 장치

8.9.6 크로마토그래피

■ 분리용 TLC

얇은 막 크로마토그래피(TLC)는 액체상 크로마토그래피(liquid phase chromatography)의 일종이며, 미량의 시료를 손쉽게 빠른 시간 내에 분리할 수 있는 분리 방법이다. 시료 반점의 확인은 발색 시약으로 발색시키거나 UV 등을 사용하여 확인한다. 그러나 분리 목적으로 TLC를 이용하는 경우는 발색 시약은 사용하지 못한다. 오늘날 대부분의 연구실에서는 알루미늄 판, 유리판 및 플라스틱 판에 균일하게 흡착제를 입힌 상품화된 분리용 TLC 판(20 × 20 cm)을 구입하여 사용한다. 이러한 상품화된 TLC 판은 보관이나 절단이 용이하므로 편리하다.

분석용 TLC에서의 흡착제 두께는 약 0.25 mm 정도이며, 분리용 TLC(prep-TLC라고도 함)의 층 두께는 제조 회사에 따라 다르지만 대략 500~2000 μm 정도이다. 분리용 TLC 판 하나로 대략 100~200 mg 정도를 분리할 수 있다. 분리용 TLC 판에 연필로 연하게 선을 긋고, 여기에 스포이트나 피펫을 이용하여 시료를 반복해서 점적한다. 이때 한번 점적한 후에 용매를 충분히 건조하고 다시 점적한다. 가능한 한 넓게 퍼지지 않고 선의 폭이 고르게 점적해야 한다. 선의 폭이 고르지 않으면 좋은 결과를 얻을 수 없다. 선택된 전개 용매로 전개한 후에 각 성분의 띠를 확인하고 연필로 표시한다. 표시된 부분을 긁어 내어 잘 녹는 용매로 추출한다.

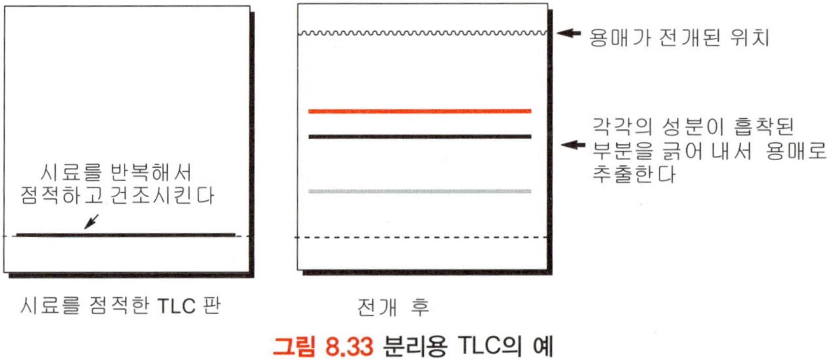

그림 8.33 분리용 TLC의 예

■ 이차원 TLC

복잡한 혼합물의 경우에는 단일 전개 용매나 한 가지 혼합 용매만으로 분리가 어려울 때가 있다. 이런 복잡한 혼합물 분리에는 **이차원** TLC(bi- or two-dimensional TLC; 2D-TLC)를 이용한다. 시료를 정사각형 TLC 판의 한 쪽 구석에 점적하고, 먼저 선택한 용매로 한 번 전개(1차원 전개)시킨다. TLC판을 꺼내어 건조시키고, 다시 다른 용매로 전개(2차원 전개)시킨다. 이때 두 번째 전개는 첫 번째 전개 방향에 대해 수직으로 전개시킨다(그림 8.34). 이러한 2D-TLC는 구조적으로 유사한 혼합물의 분리에 유용하다. 특히 단백질 가수 분해로 얻는 아미노산 혼합물들의 분리에 유용하다.

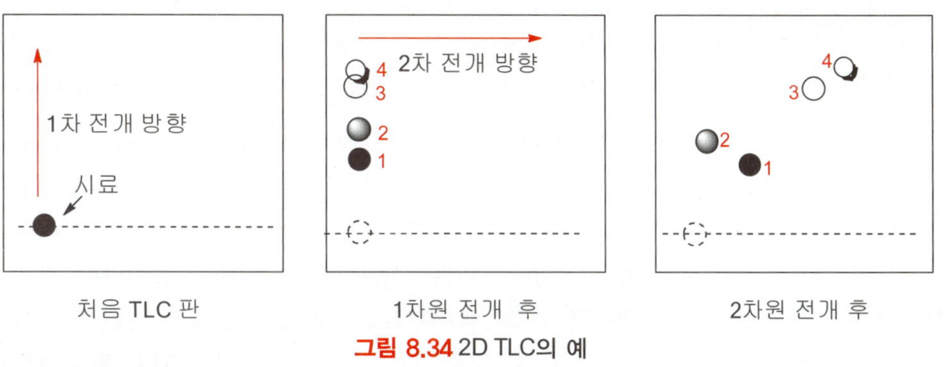

그림 8.34 2D TLC의 예

■ 관 크로마토그래피

관 크로마토그래피(column chromatography)는 화합물 정제와 분리에 이용하는 가장 일반적인 방법이다. 간편하고 비교적 쉬운 방법이지만, 최고의 분리 효율을 위해서는 적합한 크기의 컬럼, 정지상과 시료의 이상적인 비율, 그리고 분리에 적합한 용매(용리액: eluent)를 사용해야 한다. 이와 같은 관 크로마토그래피 수행에서 필요로 하는 요인들을 결정하려면, 우선 해당 시료의 TLC를 수행하여 얻어진 분리 결과(R_f값)를 이용하는 것이 좋다(참고: *Chemistry Views, Education, Tips and Tricks for the Lab*). 이 방법이 정량적이지는 않지만 유익하다.

관 크로마토그래피를 이용하는 분리가 실험실에서 자주 이용되므로, 효율적인 관 크로마토그래피 분리를 위한 시료와 정지상(충진제)의 비율, 분리관의 크기, 용매의 선택 및 충진제 충진 방법 등에 대해 자세히 살펴보자.

- 시료와 정지상의 비율 선택

적절한 분리관의 선택보다 중요한 것은, 분리하려는 시료에 대해 얼만큼의 정지상(실리카겔)을 사용해야 하는가를 결정하는 것이다. 실제로 시료와 실리카겔의 비를 정확히 결정하기는 어렵다. 그러나 TLC(2 × 7 cm) 상의 시료 반점 분리 형태를 바탕으로 표 8.16과 같이 결정하면 도움이 된다.

표 8.16 관 크로마토그래피에서 시료와 정지상 비율의 선택 기준

TLC 반점의 거리	TLC 반점 분리 형태	시료(g): 실리카겔(g)
최소 1.5 cm 이상	반점 간 분리 거리가 커서 분리가 쉬울 때	1:20
0.5 ~1.5 cm	반점 간 분리 거리가 중간 정도일 때	1:50
0.5 cm 미만	반점 간 거리가 가까워 분리가 어려울 때	1:100 이상

- 분리관 크기의 선택

분리관 크로마토그래피를 이용한 시료 분리의 시작은 적당한 크기(길이와 반경)의 관을 선정하는 것부터이다. 이론적으로는 반경이 넓고 얇은 실리카겔 관의 분리 효율이나, 동일한 양의 실리카겔이 들어 있는 가늘고 두꺼운 관의 분리 효율은 동일하다(그림 8.35). 그러나 대부분의 실험자들은 본인의 직관이나 습관대로 분리관을 선택한다. 표 8.17과 같은 지침이 분리관 크기의 선택에 도움이 된다. TLC(2×7 cm)로부터 얻은 시료 반점의 R_f값의 차이가 $R_f > 0.2$인 것과 $R_f = \sim0.1$인 것으로 구분하고, 이를 기준으로 제시된 실리카겔의 양으로 분리관의 1/2 내지는 1/3을 채울 수 있는 크기를 선택한다. 나머지 공간은 전개 용매를 채울 수 있도록 비워 두어야 한다.

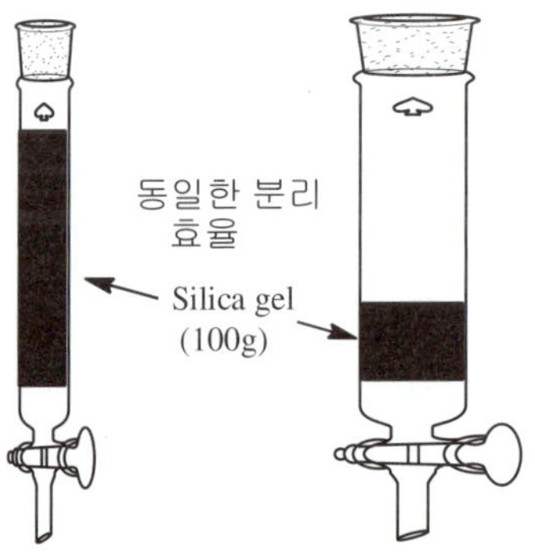

그림 8.35 동일한 양의 정지상(실리카겔)이 채워진 관의 이론적인 분리 효율은 동일하다.

표 8.17 관 크로마토그래피의 분리관 크기 선택 지침(실리카겔의 양)

관의 반경	10 mm	20 mm	30 mm	40 mm	50 mm
$R_f > 0.2$	100 mg	0.5 g	1 g	1.5 g	2.5 g
$R_f \sim 0.1$	40 mg	150 mg	350 mg	1.5 g	1 g

- 분리를 위한 용매의 선택

관 크로마토그래피(특히 속성 크로마토그래피, flash chromatography)에서 가장 중요하고 어려운 것이 용리액의 선택이다. 유기 실험실에서는 단일 용매를 사용하기도 하지만 대부분 비극성 용매와 극성 용매를 섞어서 사용한다. 경우에 따라서는 세 가지 성분을 혼합하여 사용하기도 한다. 많은 연구자들은 연구자 본인이 다루는 화합물의 종류에 따라 경험적으로 선호하는 컬럼 분리용 용매를 사용한다. 그러나 초보자나

새로운 화합물 연구를 시작하는 경우에는 표 8.18과 같은 방식에 따라 분리용 용매를 선택하면 유용하다.

표 8.18 관 크로마토그래피 분리용 용매의 선택 방법

용매 극성 구분	단일 성분 용매	이성분 용매	다른 종류의 용매
비극성	Hydrocarbon류 (petroleum ether, *n*-pentane, *n*-hexane)	Ether/hydrocarbon류	*n*-Butanol/acetic acid/water
중간 극성	Ether, Dichloromethane	*n*-Hexane/ethyl acetate *n*-Hexane/dichloromethane	2-Methyl-1-propanol/acetic acid/water
가장 극성	Ethyl acetate	Dichloromethane/methanol	1-Propanol/NH_4OH(aq)/water

표 8.18에서 단일 성분 용매로 가장 자주 사용되는 비극성 용매는 *n*-hexane이고, 극성이 중간 정도인 것은 dichloromethane이며, 극성이 큰 것은 ethyl acetate이다. 이성분 용매 중에는 *n*-hexane에 ethyl acetate를 섞거나 dichloromethane을 혼합한 용매가 가장 선호된다. 두 성분 이상의 용매를 섞어 용매를 만들 경우에는 시료가 잘 녹지 않는 용매 중 하나를 선택하고, 잘 녹는 용매를 소량씩 첨가하여 분리가 잘되는 비율로 조절한다. 분리 정도는 TLC(2×7 cm)를 이용하여 관찰한다.

분리용 용매의 선택에서 TLC(2×7 cm)를 이용하는 방법은 다음과 같이 하면 편리하다.

(1) 먼저 사용하려는 몇 가지 용매를 선택하고 TLC로 전개한다.
예를 들어, 두 가지 성분 시료에 대해 세 가지 용매로부터 얻어진 TLC 크로마토그램은 그림 8.36 중 하나일 것이다.

(2) 전개 용매 중에서 가장 분리가 잘된 용매를 선택한다. 그림 8.36의 용매 C가 가장 유리하다.

(3) 시료의 R_f값이 작지만 시료 반점이 조금씩이라도 차이가 난 용매를 선택한다. 그림 8.36의 용매 A의 경우가 여기에 해당한다. 용매 A에서는 얼마간의 분리 이동을 관찰되고 R_f값이 작으므로, 동일한 용매로 2차 및 3차로 전개해 볼 필요가 있다. 1차로 전개한 TLC 판을 건조시켜 동일 용매(용매 A)로 두 번 내지 세 번 전개하여 그림 8.37과 같은 크로마토그램을 얻었다면, 관 크로마토그래피로 두 성분을 효율적으로 분리할 수 있다. 즉, 두 성분이 전개할 때마다 조금씩 분리되어 이동했기 때문이다. 경우에 따라서는 전개 속도가 느린 용매 A가, 빠르게 이동하는 용매 C보다 분리에 유리한 경우도 있다.

(4) 시료 반점의 R_f 값이 큰 용매는 시료 분리에 불리하다. 즉, 그림 8.36의 용매 B는 분리하려는 두 성분이 너무 빨리 이동하므로 컬럼 내에서 충분히 분리되지 않아 분리하는 데 실패하게 될 것이다. 만일 그림 8.36의 A나 C와 같은 분리 양상을 보이는 용매를 찾지 못했다면, 용매 B에다 시료의 용해도가 나쁜 용매를 조금씩 추가하여 새로운 전개 용매를 찾아야 한다.

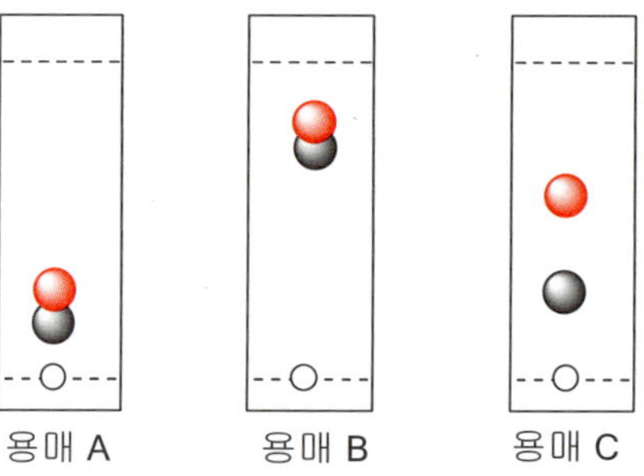

그림 8.36 세 가지 용매로 전개한 미지 분리 시료의 TLC 크로마토그램 예

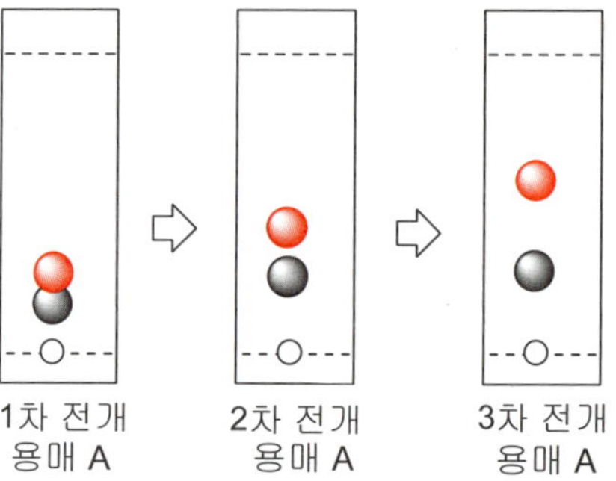

그림 8.37 용매 A로 세 번 전개시킨 TLC 크로마토그램 예

컬럼 전개 용매 선택을 위한 TLC의 경우에는 분리 시료의 흡착량에 주의해야 한다. 지나치게 많은 시료를 흡착시키면, 전개 후에 얻어지는 반점이 일그러지거나 타원형 반점이 되어 구분하기 어렵게 된다. 가능한 한 두 반점이 균형 잡힌 원형이 되도록 하는 것이 바람직하다.

전개 용매 선택에서 다음과 같은 점도 고려해야 된다.

i) 분리 시료와 반응하지 않는가?
ii) 가격이 저렴하고 친환경적 물질인가?
iii) 끓는점은 낮은가?
iv) 용매 제거 조건에서 시료가 변하지 않는가?

가끔은 TLC 판 위에서 전개 용매와 반응하거나 분해되어 결과를 사실대로 관찰하기 어려운 경우를 만난다.

- 컬럼의 충진법

컬럼에 정지상을 충진하는 방법은 두 가지가 있다. 하나는 실리카겔을 건조된 상태로 관에 충진하는 **건식법**(dry method)이고, 다른 하나는 적당한 용매에 풀어 곤죽(slurry)으로 만들어 충진하는 **습식법**(wet method)이다.

- 건식법: 용매가 들어 있지 않는 컬럼관에 건조된 실리카겔을 직접 채워 충진하고 나서 전개 용매를 채우는 방법이다. 이 방법은 간단한 듯 하지만, 충진제를 고체 상태의 분말로 채우고 나서 용매를 흘리므로, 컬럼 안의 정지상에 공기 방울이 남아서 시료 분리 중에 터널 효과로 분리 효능이 나빠지는 단점이 있다. 이런 문제를 해결하려면, 시료를 흡착시키기 전에 컬럼의 상부에서 압축 공기나 질소 기체를 불어 넣어 컬럼 속의 공기를 제거하고, 충분한 양의 전개 용매를 흘려서 공기를 제거해야 한다.

  건식법에 의한 충진 순서는 다음과 같다.

  (1) 선택한 관을 고정시킨다.
  (2) 관의 아래를(콕의 윗부분) 솜으로 잘 막고, 소량의 모래로 덮는다.
  (3) 준비한 실리카겔 분말을 깔때기를 이용해 소량씩 붓는다. 가끔씩 관을 두드려서 고르게 충진되도록 한다. 같은 방식으로 필요한 만큼 충진한다.
  (4) 실리카겔 분말의 충진이 끝나면, 전개 용매를 조심스럽게 흘린다. 전개 용매가 휘발성이 큰 용매와 혼합된 용액이라면, 우선 단일 용매로 충분히 흘려 공기를 제거한 후에 분리용 혼합 용매로 충분히 흘린다. 충진제 속의 공기가 남아 있으면 분리 효능이 떨어진다.
  (5) 충진제 상단 표면에 시료를 조심해서 흡착시키고, 분리용 용매를 흘려 0.5 cm 정도 시료 흡착 띠를 이동시킨다.
  (6) 충진제 상층 표면에 1~2 cm 정도의 용매를 남기고, 모래를 용매 위까지 채운다.
  (7) 컬럼 상단에 분리용 용매를 채워 시료가 분리되어 나올 때까지 분리한다.
  (8) 분리되는 분획을 TLC로 확인하여 같은 성분 분획을 모아 용매를 제거하고 시료를 얻는다. 분획을 모으는 데 상품화된 자동 분획 수집기(fraction collector)를 이용하면 편리하다.

- 습식법: 정지상인 실리카겔을 분리용 용매로 곤죽(실리카겔 + 용매)을 만들어 컬럼에 충진하는 방법이다. 습식법으로 충진하려면, 우선 충진제와 용매를 충진하기에 적합하도록 다소 묽은 곤죽을 만든다. 너무 걸쭉하면 충진하기도 불편하고, 컬럼 내에 실리카겔이 효과적으로 충진되지 않는다.

  습식법에서 사용하는 정지상 곤죽을 만드는 데 사용하는 용매는 분리용 용매를 사용하는 것이 이상적이다. 그러나 용매가 비싸거나 혼합 용매여서 증발로 인한 혼합 비율에 영향을 주는 경우는, 저렴하고 편리한 용매로 충진한 다음 분리용 용매를 충분히 흘려 충진에 사용한 용매를 충분히 제거한 후에 시료를 흡착시켜 분리하면 된다.

  습식법에 의한 충진 순서는 다음과 같다.

  (1) 선택한 관을 고정시킨다.

(2) 관의 아래를(콕의 윗부분) 솜으로 잘 막고, 소량의 모래로 덮는다.

(3) 컬럼에 적당량(초기에는 관의 절반 정도)의 용매를 넣고, 정지상 곤죽을 소량씩 나누어서 관에 부어 충진한다. 정지상 곤죽을 부어 충진할 때는 관의 아래 콕을 열어 용매가 흘러 나가도록 해야 한다. 이때 용매 흘림 속도가 너무 빠르면, 정지상이 지나치게 촘촘하게 충진되어 전체 분리 시간이 길어지게 된다. 첫 번째 투입한 정지상 곤죽의 실리카겔이 아래로 충진되고, 용매가 처음 수준에 다다르면 두 번째로 정지상 곤죽을 투입한다. 같은 방식으로 필요한 만큼의 정지상을 채운다.

(4) 마지막 충진이 끝나면 용매를 흘려 정지상 표면이 노출되었을 때 즉시 관의 아래 콕을 막고 시료를 흡착시킨다. 시료를 흡착시킨 후에 소량의 분리 용매를 흘려 시료 흡착 띠가 정지상으로부터 0.5 cm 정도 이동하면 용매 흘림을 멈추고, 정지상 표면에 깨끗한 모래를 1~1.5 cm 정도 채워 표면이 처음처럼 고르게 유지되도록 한다. 이때 모래가 적게 채워지거나 채우지 않은 경우는 용매를 첨가하는 중에 충진제 표면이 일그러져 분리 효율이 떨어진다.

(5) 컬럼 상단에 분리용 용매를 채워 시료가 분리되어 나올 때까지 분리한다.

(6) 분리되는 분획을 TLC로 확인하여 같은 성분 분획을 모아 용매를 제거하고 시료를 얻는다. 분획을 모으는 데 상품화된 자동 분획 수집기(fraction collector)를 이용하면 편리하다.

- 전개 용매 흘림 방법

관 크로마토그래피에서 분리용 용매를 흘리는 방식은 i) **중력장 흐름법**(gravity flow)과 ii) **빠른 흐름법**(faster flow)이 있다.

– 중력장 흐름법은 중력장 안에서 자연스럽게 흘리는 방법이며, 시간적으로는 다소 느리다.

– 빠른 흐름법은 전개 용매를 중력장 속도보다는 더 빠르게 흘려 분리하는 방법으로, N_2 및 Ar 기체를 주로 사용한다. 빠른 흐름법은 시간적으로 유리하지만 속도 조절에 실패하면 혼합물을 효과적으로 분리할 수 없어 주의해야 한다.

■ GC 및 HPLC를 이용한 분리

GC나 HPLC를 이용한 혼합물의 분리는 관 크로마토그래피 방법보다 정확도나 반복성이 더 우수하다. GC를 이용한 혼합물 분리는 분리된 후에 기체 상태로 배출되므로 정량적으로 회수하기 어렵다. 따라서 불가피한 경우를 제외하고는 혼합물의 분리에 GC를 일반적으로 이용하지는 않는다. 반면에 HPLC는 시료가 액체상으로 분리되고 회수되므로 자주 이용한다. 분리용 HPLC도 개발되어 있어 제조 회사로부터 관련된 정보를 얻어 이용하면 편리하다.

부록

부록 A 실험 노트 관리 방법 및 연구 개요 작성법

A.1 실험 노트 관리 방법

"연구 노트를 왜 보관해야 하는가? 잘 기록된 연구 노트가 훌륭한 논문과 결과를 만들기 때문이다."

연구실의 연구 노트는 과학자에게는 가장 가치 있는 것 중 하나이다. 연구 노트는 실험과 관찰로 얻어지는 모든 지식과 심지어는 연구자의 정신까지 모든 것이 영구히 기록되어 남는 것이기 때문이다. 인류 역사를 바꾸고 노벨상을 받는 훌륭한 한편의 논문도 바로 이 실험 노트의 기록을 근거로 작성된다. 때로는 논문 투고 시에 노트 원본 제출을 요구하기도 한다. 따라서 연구실의 실험 노트를 보면 실험하는 사람의 학문수준, 성격, 성실도, 실험 설계 능력 등 모든 것을 알 수 있다.

■ 연구 노트 종류와 분량

- 연구 노트는 종이 노트와 전자 노트로 구분된다. 상황과 형편에 따라 선택하여 사용하면 된다. 보존성이나 편리성 및 안전성을 추구한다면 종이로 된 연구 노트를 추천한다.
- 종이로 된 연구 노트는 영구 보관이 가능한 커버와 종이를 사용해야 한다.
- 종이로 된 연구 노트의 속지는 400~500쪽 정도 분량이 적당하고, 각 장마다 페이지 일련 번호가 인쇄된 것을 사용하는 것이 좋다.
- 연구 노트의 속지는 연구실의 용도에 적당하도록 엷은 색으로 줄을 치거나 칸을 인쇄하여 사용하면 좋다.
- 잘 만들어진 이런 용도의 노트를 시판한다.

■ 연구 노트는 어떻게 정리하는가?

- 실제 결과를 기록한다.
  결과를 조작하거나 연구 노트를 개인 일기로 사용하지 않는다. (날짜, 시간, 온도, 습도, 기압, 시약의 양, 색깔의 변화, 실험 관련 생각, 문헌, 장치, 계산 방법 및 내용, 사용한 장비, 기타 아이디어 등 모든 것을 기록한다.)
- 데이터와 정보는 노트에 즉시 기록한다. 각 페이지에 기록할 때마다 날짜를 기입하고 서명한다.
- 복사가 잘되는 영구적인 검정색 잉크를 사용한다. 연필이나 수성 펜은 사용하지 않는다.
- 명료하게 쓰고 이상한 약어는 사용하지 않는다.
- 기록상 오류가 있으면, 두 줄로 그어 표시하고 정확한 내용을 다시 기록한다. 수정액

으로 지우거나 칼로 긁지 않는다. 잘못 기재한 페이지를 떼어 내거나 찢지 않고 그대로 둔다.

- 보조 자료나 기록이 있으면 노트의 해당 부분에 부착한다. 크기나 부피가 커서 부착하기 어려울 때는 별도 자료로 보관하고 노트에 해당 내용을 정확히 기록해 둔다.
- 연구 기록은 발표될 때까지 비밀이 유지되어야 한다. 기업에 고용된 경우나 보안이 유지되어야 하는 연구가 더욱 그렇다.
- 노트를 다 쓰거나 과제가 완성되면 노트에 색인을 하고 정리를 해야 한다. 그리고 지시를 내린 부서의 관리자나 지도 교수에게 노트와 자료 보관 사항을 재검 받아야 한다.
- 노트는 항상 청결하게 보관 관리하여야 한다. 시약이나 물에 젖으면 안 된다.
- 처음 장에는 노트 작성 상 유의사항을 기록하고, 다음 약 10페이지 정도는 사용하는 시약의 물성 취급상 주의점, 분자량 등을 기록하기 위해 여유로 비워 두고 실험 내용은 그 다음 장부터 기록하는 것이 좋다.

■ 연구 노트 관리 및 번호 부여

- 노트 관리자는 연구 노트 관리 장부를 운영한다.
- 관리 장부 번호와 연구자 노트 번호가 동일해야 한다.
  - 노트 제공 시 관리자가 직접 장부에 기록하고 배부한다.
- 새로운 연구자에게 노트 사용법(규칙) 및 사용 후 처리 방법 등을 숙지시켜야 한다.
  - 노트 앞에 사용법 및 처리 지침을 부착하는 것이 좋다.
- 연구 노트 번호는 노트 관리나 연구 결과물(생성물) 관리가 용이하도록 구성하여 부여하는 것이 좋다.
  - 전체 번호를 소속기관이나 연구실을 나타내는 부분과 노트 일렬 기호 부분으로 하는 것이 바람직하다. 가능한 한 간단한 구분 기호로 구성되는 것이 편리하다.
  - 구분 기호나 노트 일렬 기호는 숫자보다는 알파벳 같은 기호나 문자가 좋다.
  - 해당 연구 노트에 기록된 모든 연구 생산품(생성물, 자료 등)에는 이 노트 번호를 기록하여 보관하면 연구 관리에 효율적이다.

연구 노트 번호 부여 예

(예1) 대학 연구실: [교수 연구실 기호] - [연구 과제 기호] - [연구 노트 번호]
HGD - SACA - AA, HGD - SACA - AB, HGD - SACA - AC…
- 홍길동(Hong, Gil Dong) 교수
- 연구 과제: 스마트-항암제(Smart-Anti Cancer Agent: SACA) 개발 연구

(예2) 회사 및 연구 기관: [기관 기호(회사, 연구 기관)] - [과제 기호, 번호] - [연구자 기호] - [연구자 일련번호]
XX Chem - CS - HGD - 11 또는 IC/CS - HGD - 11
- XX Chemicals, Cation Surfactants 과제, Hong Gil Dong(연구자), 11번째 노트를 의미한다.
- 과제 기호와 연구자 기호는 편의성에 따라 순서를 바꿀 수도 있다.

A.2 연구 개요서 작성법

연구를 체계적이고도 빠르게 수행할 수 있는 방법 중 하나는 처음 연구를 시작할 때부터 연구 개요서(Research Outline)를 작성하는 것이다. 이것을 관련자(부서 관리자, 지도 교수)와 토론에 사용하면 효율적이다. 대부분의 연구실에서는 이런 연구 개요서를 작성하여 수시로 토론하고 발전시킨다. 모든 공동 연구자가 동의하는 최종 연구 개요서는 최종 보고서나 논문 작성의 기초가 된다. 연구 개요서는 연구 목적이나 상황에 따라 다양하게 변형하여 이용하기도 한다. 여기서는 합성 화학 연구실에서 가장 많이 활용하는 형태의 연구 개요서 작성 방법을 간단히 소개한다.

■ 연구 개요서 작성 시 구성 요소

1. 과제명(Title)

처음 연구를 시작하는 시점부터 나름의 과제명을 기록한다. 이 과제명은 연구 결과에 따라 달라지기도 한다. 경우에 따라서는 연구실만 아는 약어를 사용할 수 있다.

2. 저자(Authors)

연구에 참여하는 사람의 이름을 쓴다. 학교의 경우 초기에는 연구진행자 본인과 지도 교수만이 기록되겠지만, 연구 도중에 도움을 받은 공동 연구자의 이름이 추가된다.

이런 기록이 최종 연구 논문 작성에 저자 이름 순서를 결정하는 데 기준이 된다. 누구나 많은 기여도를 인정받고 싶어 한다.

3. 초록(Abstract)

초록은 최종적으로는 연구가 종료되어 논문이나 보고서를 작성할 시기에 쓰지만, 중간 보고서를 제출하는 경우에도 그때까지의 결과를 요약하는 데 이용하면 편리하다.

4. 논문의 서론(Introduction)

논문의 서론에는 다음과 같은 내용들을 서술한다. 물론 관련 참고 문헌도 자세히 기록해야 한다.

- 연구 동기와 가설은 무엇인가?
- 이 연구가 왜 중요한가?
- 연구의 역사: 누가, 언제, 무엇을 어떻게 연구하였는가?
- 이 분야에서 아직 해결되지 않은 내용은 무엇인가?
- 이 연구의 목적은 무엇인가? 즉, 무엇을 해결하거나 얻고자 하는가?

5. 결과 및 고찰(Results and Discussion)

결과 및 고찰에는 연구 도중 수행한 모든 활동 내용과 연구 자료 및 사용한 기계 등에 대한 자료가 서술되어야 한다.

- 어떤 결과를 얻었는가?
- 합성이라면 화합물을 어떻게 합성하였는가? 구조는 어떻게 밝혔는가?
- 어떤 기계로, 어떤 정보를, 어떻게 얻었는가?
- 얻은 결과를 어떻게, 어떤 이론으로 해석하였는가?

6. 결론(Conclusions)

결론은 연구의 꽃이다.

- 이 연구로 무엇을 얻었는가?
- 기존 연구들과의 차이는 무엇인가?
- 서론에서 제시한 가설을 증명할 수 있고, 또 다른 결과를 예측 가능한가?
- 이 연구의 한계는 무엇인가?
- 이 결과를 응용할 수 있는 범위와 내용은 무엇인가?

7. 실험(Experimental section)

연구에서 수행한 모든 실험 방법, 사용한 기계, 획득한 자료 원본, 자료의 해석 및 계산 등 실험적으로 수행한 모든 것을 기록하고 확보하여 보존하여야 한다.

8. 참고 문헌(References)

앞의 서술적 근거로 제시되는 모든 참고 문헌이 기록되어야 한다. 불필요하거나 잘못 인용된 문헌은 연구의 신뢰도를 떨어지게 한다.

부록 B 유기 합성 용어 해설

B.1 합성 화학의 용어 해설

합성 화학이 발전하면서 발생한 다양한 관련 학술 용어들이 있다. 처음 합성 화학을 접하는 이들에게는 이런 관련 용어에 대한 정확한 이해가 필요하다. 여기서는 학습자에게 도움을 주기 위해 이 책의 전반에 걸쳐 자주 나타나는 합성 용어들을 간단히 설명하였다. 다만, 비대칭 합성과 관련된 용어와 초분자 화학과 관련된 용어는 분리해서 설명한다. 용어는 가나다 순으로 정리하였다.

- 결합 끊기(bond disconnection): 목표 물질에 있는 특정한 결합을 임의로 끊어, 두 개 또는 그 이상의 합성 단위체를 도출하는 과정이며, 역합성 분석 단계에서 주로 사용되는 방법이다(그림 B.1 참조). 결합 끊기는 실제 반응의 정확히 역반응에 해당하도록 수행된다. 결합 분리, 결합 분해 및 결합 끊음 등으로 부르기도 하지만 우리말 표기로는 '결합 끊기'가 적합하다고 생각된다.
- 극성 반전(umpolung 또는 polarity inversion): 합성에서 어떤 작용기의 극성을 그의 반대 극성으로 변환하는 것을 말한다. 예를 들어, 실제 분자에서는 카보닐 탄소가 δ^+($^{\delta+}C=O$)이나 목표 분자의 결합 분리에서는 카보닐 탄소가 음이온($^-C=O$)으로 나타나므로 이런 결합 끊기는 극성 반전을 염두에 두고 수행한 것이다.

극성 반전 + E^+

합성 단위체

- 다성분 반응(multicomponent reaction, MCR): 3개 이상의 출발 물질을 동시에 하나의 용기에서 반응시켜 생성물을 얻는 반응이다.

TMSCl(6 eq) DMF, r.t.

Y=O, S

Synthesis, **2007**, 417.

- 단계-경제적(step-economic) 반응 조건: 요구하는 목표 물질을 최소의 효율적인 단계로 합성하는 것을 말한다. 합성 단계가 최소화되면 폐기물의 최소화, 에너지 및 시간의 절약 등의 많은 유익이 있다(*J. Org. Chem.* 2007, *72*, 4293-4305.; *Chem. Soc. Rev.* 2009, *38*, 3010-3021).

- 레트론(retron): 변환하여 합성 전구체나 출발 물질로 이용할 수 있는 '목표 분자 내의 최소 구조 단위'를 말한다(그림 B.1 참조).
- 목표 분자(물질)(target molecule or material): 합성자가 최종적으로 합성하려고 계획하는 분자(물질)이다.

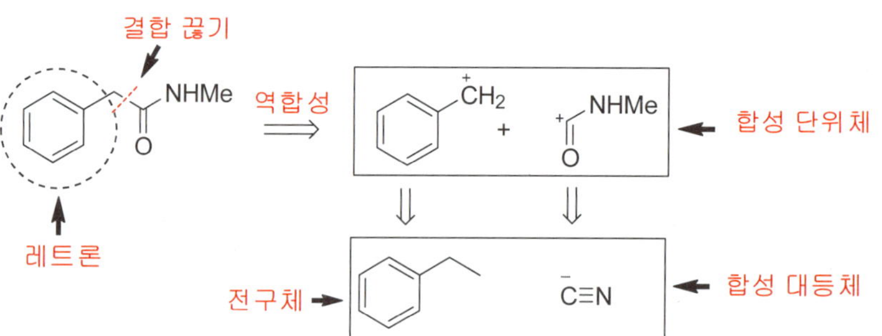

그림 B.1 결합 끊기, 역합성, 레트론, 합성 단위체, 전구체 및 합성 대등체 개념도

- 반응 조건의 최적화(optimization): 역합성을 바탕으로 도출된 출발 물질을 선택하여, 다양한 조건(온도, 용매, 시간, 촉매 등)에서 요구하는 물질을 순수하게 최고의 수율로 얻을 수 있는 반응 조건을 확립하는 것이다.
- 비대칭 합성(asymmetric synthesis): 최종 생성물로 하나의 거울상 이성질체만이 생성되거나 또는 어느 하나의 거울상 이성질체가 더 우세하게 합성되는 방법을 말한다.
- 분할(resolution): 라셈 혼합물을 화학적 방법이나 크로마토그래피법 또는 효소를 이용하여 순수한 입체 이성질체로 분리하는 과정을 말한다.
- 번갈이 극성(alternating polarity): 역합성을 위한 결합 끊기 과정에서 결합을 끊는 자리를 찾기 위해, 목표 분자에 존재하는 작용기를 기준으로 하여 각 원자가 가질 것으로 생각되는 형식 전하를 (+)와 (−) 극성으로 할당하여 결합 끊기하는 것을 말한다. 다르게는 잠재 극성(latent polarity)이라고도 한다. 이 개념에 따르면, 이웃한 양이온을 안정화시킬 수 있는 작용기(E 부류라고 함)와 결합된 탄소가 모두 (+)로 표시되는 조화 양상(consonant pattern)과, E 부류 작용기 두 개가 포함된 분자에서 하나의 탄소는 (+)이지만 다른 탄소가 (−)로 할당되는 부조화 양상(dissonant pattern)이 있다.
- 변환(transform): 목표 물질의 레트론을 결합 끊기를 하여 전구체를 도출하는 과정을 말한다. 변환 방법은 많지만 크게 작용기 상호 변환(functional group interconversion, FGI), 작용기 첨가 반응(functional group addition, FGA) 및 작용기 제거(functional group removal, FGR)로 구분한다. 변환은 통상적으로 역합성으로 혼용되며, 정확히 합성 반응의 역반응이다.

- 선별 실험(screening test): 동일한 반응 계에 대해 다양한 반응 조건에서 실험하여, 가장 적합한 조건을 찾아 내는 실험법을 말한다. 이런 선별 실험은 합성 방법론 연구에서는 매우 기초적이며 일상적으로 이루어진다.
- 선형 합성(linear synthesis): 출발 물질로부터 한 단계씩 합성 중간체를 만들어서 최종 목표 물질을 합성하는 방식이다.
- 수렴 합성(convergent synthesis): 몇 가지의 중요한 중간 물질(key intermediate)을 먼저 합성하고, 합성된 이들 중간 물질들을 반응시켜 최종 목표 물질을 합성하는 방식이다.
- 원자-경제적(atom-economic) 반응 조건: 반응에 사용한 출발 물질의 원자 총량과 생성물의 원자 총량이 동일한 반응을 말한다. 따라서 어떤 반응의 원자-경제성은 다음과 같이 나타낸다(*Science*, 1991, *254*, 1471-1477; *Chem. Soc. Rev*. 2009, *38*, 3010-3021).

$$\text{원자 경제성(\%)} = \frac{\text{생성물의 분자량}}{\text{사용된 모든 출발 물질의 분자량}} \times 100$$

- 이상적 합성(ideal synthesis): "독성이 적고 가격이 저렴하여 손쉽게 구입할 수 있는 출발 물질로부터 안전한 최소량의 용매와 시약을 사용하여 가장 간단한 단계로 부산물 없이 최고의 수율로 생성물을 얻어 내는 것"을 말한다. 한편, 이상적 합성에서 추구하는 효율적 합성의 반응 기준에는 친환경적이며, 원자 경제적이고, 산화 환원 및 합성 단계가 경제적이면서 지속 가능한 반응 조건들이 포함된다. 화학자들은 이런 이상적 합성의 구현을 위해 다양한 방법들을 개발하였다. 다성분 반응, 연속 반응 및 종속 반응 등이 그 예들이다.
- 입체 선택성 반응(stereoselective reaction): 다른 입체 이성질체에 대해 하나의 입체 이성질체만 생성되거나 현저하게 더 많이 생성되는 반응을 말한다.
- 입체 특이성 반응(stereospecific reaction): 입체화학적으로 다른 두 반응물이 반응하여 입체적으로 다른 생성물을 생성하는 반응을 말한다.
- 입체 단위체(chiron): 입체 중심을 가지고 있는 합성 단위체를 말한다.
- 역합성 분석(retrosynthetic analysis 또는 retrosynthesis): 하나의 분자를 출발 물질이 도출되도록 마음 속으로 결합을 끊어(결합 끊기) 보는 경로이며, 이는 유기물 합성 계획 과정에 유용하게 이용되는 문제 해결 기술 중 하나이다. 즉, 간단한 분자로부터 복잡한 목표 분자(물질)를 어떻게 합성할 것인가를 찾아가는 방법이다. 구조와 구조 사이는 이중 화살표($\Longrightarrow$)로 표시한다.
- 연속 반응(cascade reaction): 동일 반응 용기에서 별도 시약의 첨가나 반응 조건의 변화 및 중간체의 분리 없이 여러 결합 형성 반응이 연속해서 진행되는 반응이다. 종속 반응(tandem reaction) 또는 도미노 반응(domino reaction)으로 부르기도 한다. 다음 예는 친핵성 연속 반응(nucleophilic cascade)을 거쳐 (–)-chloramphenicol을 합성한 예이다.

1) NaH, Cl_2CHCN
2) $BF_3.Et_2O$

(*R*)-(4-nitrophenyl)((*S*)-oxiran-2-yl)methanol

hydrolysis

71%

(-)-Chloramphenicol

Tetrahedron, **2006**, *62*, 1619.

- 위치 선택성 반응(regioselective reaction): 두 개 이상의 반응 자리를 가지는 화합물에서 어느 하나의 특정 위치에서만 반응이 진행되는 반응을 말한다.
- 작용기 상호 변환(functional group interconversion, FGI): 하나의 작용기를 치환 반응, 첨가 반응, 제거 반응, 산화 반응 및 환원 반응들을 이용하여 또 다른 작용기로 변환하는 것이다.
- 전구체(precursor): 역합성에 의해 합성 단위체(synthon)로부터 도출된 출발 물질로 사용될 수 있는 화학종을 말한다.
- 전합성(total synthesis): 구입이 가능한 간단한 분자로부터 천연물 같이 복잡한 큰 분자를 여러 단계를 거쳐 합성하는 경우 이들 전체 과정을 말한다.
- 준합성(semi-synthesis): 천연물을 간단한 화학 반응으로 처리하여 요구하는 물질을 합성하는 합성 방식이 준합성이다.
- 종속 반응(tandem reaction): 앞 단계의 반응으로 생성된 생성물이 후속 반응의 출발 물질로 사용되어 별도 시약의 첨가나 중간체 분리 및 반응 조건 변화 없이 여러 개의 결합이 형성되어 생성물이 생성되는 형태의 반응이다. 여러 단계가 계속해서 진행될 수도 있다. 연속 반응 및 도미노 반응으로 혼용하기도 한다. 다음은 Knoevenegel 반응과 Aldol 축합에 의한 [4+2] 고리화를 이용한 종속 반응으로 (+)-hexahydrocannabol을 합성한 예이다.

100°C Knoevenegel

[4+2]

1) LDA, PhSeBr
2) MCPBA

(+)-Hexahydrocannabol

Angwe. Chem. Int. Ed. Engl. **1982**, *21*, 221.

- 지속 가능성(sustainability) 반응 조건: "인류의 요구를 충족하기 위해 미래 세대의 능력을 손상시키지 않고 현재 사회의 경제, 사회, 환경의 요구를 지속적으로 충족시킬 수 있는 정책과 전략(방법)"을 말한다. 이상적 합성에서도 이에 부합되는 반응 조건을 추구한다. 친환경적 반응 조건과 혼용되기도 하지만, 구체적인 정의로 보면 지속 가능성은 보다 포괄적 원리를 내포한다.
(http://www.acs.org/content/acs/en/sustainability/understandingsustainability.html 참고).
- 친환경적 반응 조건: 친환경적 반응 조건(green 또는 eco-friendly reaction condition)이란 '녹색 화학의 12원칙'에 부합되는 반응 조건들을 말한다.

녹색 화학(green chemistry)의 12원칙

1. 폐기물이 발생하지 않도록 한다.
2. 원자 경제성을 최대화한다.
3. 가능한 한 위험성이 더 적은 공정을 설계하고 사용한다.
4. 보다 더 안전한 화합물로 설계한다.
5. 안전한 용매를 사용한다.
6. 에너지를 효율적으로 사용한다.
7. 재생 가능한 재료를 사용한다.
8. 유도체화를 최소화한다.
9. 촉매 반응을 이용한다.
10. 생성물이나 부산물이 생분해 가능하게 한다.
11. 오염을 실시간으로 감시할 수 있게 한다.
12. 물질과 공정에서 화재 및 폭발 등의 사고 가능성을 최소화한다.

- 합성 단위체(synthon): 역합성에서 도출된 중간 물질이나 화학종을 말하며, 이온 또는 라디칼일 수도 있다. 이전에는 흔히 신톤이라 불렀다(그림 B.1 참조).
- 합성 대등체(synthetic equivalent): 합성 단위체로부터 유도된 화학종의 구조 단위를 가지는 실제 화합물을 말한다. 예 $RC{\equiv}CCH_2^-$ 음이온의 합성 대등체는 $RC{\equiv}CCH_2MgX$이다(그림 B.1 참조).
- 합성 나무(synthetic tree): 목표 물질로부터 유도되는 가능한 한 모든 결합 끊기와 합성 단위체들의 조합으로 나타낸 목표 물질의 합성 도표를 말한다.
- 화학 선택성 반응(chemoselective reaction): 두 가지 이상의 작용기를 가지는 반응물에서 하나의 특정 작용기와만 선택적으로 반응하는 반응을 말한다.
- 카이랄 보조제(chiral auxiliary): 어떤 순수한 거울상 이성질체에 새로운 입체 중심을 도입하기 위해 사용되는 부가물을 말한다. 이 보조제는 반응 후에 제거하여 다시 사용하기도 한다.
- 흐름 합성(flow synthesis): 한번씩 나누어 합성하는 회분식 공정(batch process: 回分式) 대신, 반응물이 연속적으로 흐르는 상태에서 여러 단계의 반응을 수행하는 합성 공정이다. 흐름 합성은 잘 설계된 규모가 큰 산업적 생산 설비를 주로 이용하지만, 최근 들어 실험실에서 소형 반응기들을 이용하여 시도하기도 한다. 흐름 합성에서 반응의 화학량론은 시약의 농도와 흐름 속도비로 정의한다(8.3절 참고).

B.2 비대칭 합성의 용어 해설

- 거울상 이성질 선택성 합성(enantioselective synthesis): 새로운 입체 중심 생성을 위해 화학량론적 양의 카이랄 시약을 이용하는 방법이며, 카이랄 시약을 화학량론적으로 사용하지 않는 반응은 촉매 합성(catalytic synthesis)에 해당한다.
- 카이랄성(chirality): sp^3 혼성 탄소가 4개의 다른 치환기를 가지는 탄소를 카이랄 중심(chiral center) 또는 카이랄 탄소(chiral carbon)라고 한다. 이 카이랄 탄소를 포함하고 있는 이성질체들은 서로 포개지지 않으며(nonsuperimposable), 편광을 서로 다른 방향으로 회전시키는 성질, 즉 광학 활성(optical property)을 나타낸다.
- 비카이랄(achiral): 카이랄성을 보이지 않는 분자에 붙이는 수식어이다. 즉 이성질체들이 서로 포개질 수 있는(superimposable) 분자들이 여기에 해당한다.
- 메소(meso): 카이랄 중심은 있으나 분자 내 대칭면에 의해 카이랄성을 나타내지 않는 분자에 붙이는 수식어이다.
- 부분 입체 이성질체(diastereomer): 분자 내에 카이랄 중심이 있으나 서로 거울상 관계는 아닌 이성질체들을 말한다.

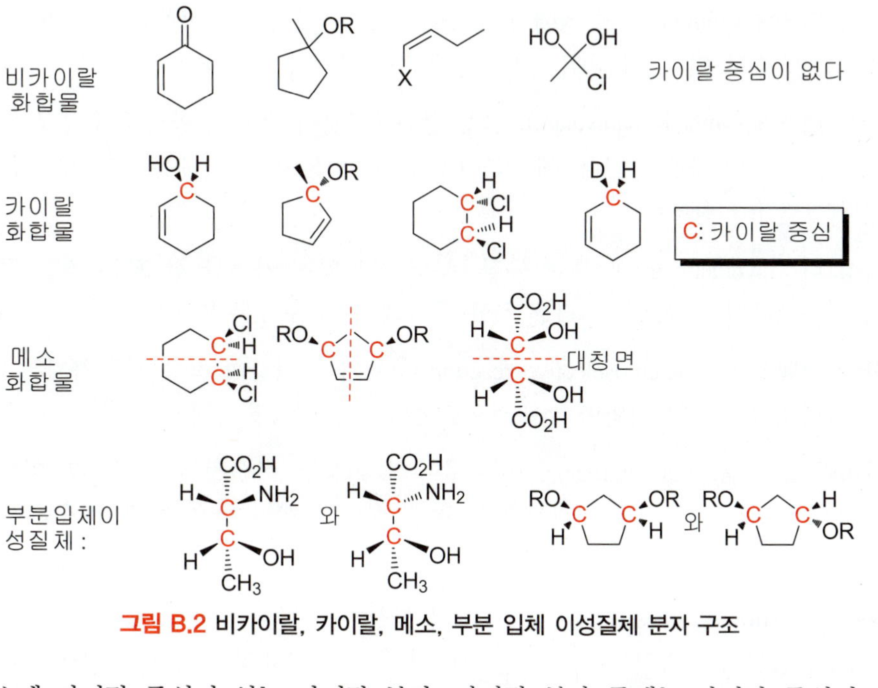

그림 B.2 비카이랄, 카이랄, 메소, 부분 입체 이성질체 분자 구조

- 탄소에 카이랄 중심이 없는 카이랄 분자: 카이랄 분자 중에는 카이랄 중심이 없지만 카이랄성을 나타내는 분자들이 있다. 이런 분자들이 카이랄성을 나타내는 원인은 C−C 결합의 회전 장애나 분자 평면 및 위상(topology) 때문이며, Tröger 염기 같이 질소(N) 같은 헤테로 원자가 카이랄 중심이 되는 경우도 있다.

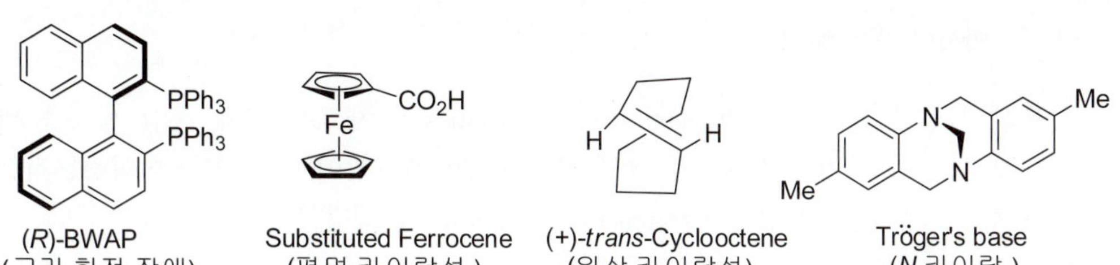

- 선구 카이랄성(prochirality): 비 카이랄성 분자에 한 번의 반응만으로 카이랄 중심을 도입할 수 있는 특성을 말한다. 그런 반응 자리 원자를 선구 카이랄 원자(prochiral atom)라고 한다. 또 선구 카이랄성 중심(탄소)에 있는 두 개의 동일한 원자나 치환기를 구별하기 위해, 반응 후에 *R*-배열이 되게 하는 원자를 *R*-선구 카이랄 원자(pro-*R* atom), *S*-배열이 되게 하는 원자를 *S*-선구 카이랄 원자(pro-*S* atom)라고 구분한다.

선구 카이랄 탄소

카이랄 탄소

R-선구 카이랄 S-선구 카이랄

R-배열 S-배열

- 대칭 교환 자리 원자(homotopic atom): 한 탄소에 결합된 두 원자(예 수소) 중 어느 원자가 반응하여도 동일한 생성물을 생성하게 되는 자리의 원자를 말한다.

(I) (II)

화합물 (I)과 (II)는 동일 화합물

대칭성 교환 자리 수소

- 거울상성 자리 원자(enantiotopic atom): 한 탄소에 결합된 두 원자(예 수소)가 반응하여 서로 거울상 생성물을 생성하는 반응 자리 원자를 말한다.

거울상성 자리 수소

R-배열 S-배열

두 화합물은 거울상 이성질체이다

- 부분 입체 이성질성 자리 원자(diastereotopic atom): 한 탄소에 결합된 두 원자(예 수소)가 반응하여 서로 부분 입체 이성질체 생성물을 생성하는 반응 자리 원자를 말한다.

부분입체 이성질성 자리 수소

R,R-배열 R,S-배열

두 화합물은 부분입체 이성질체이다

- *Re*- 및 *Si*-선구 카이랄 면(*Re*- & *Si*-prochiral face): sp^2 혼성 원자 결합(C=C, C=O 등)의 평면에서 일어나는 반응은 반응물의 반응 면의 방향에 따라 다른 카이랄 물질을 생성할 수 있다. 이런 면을 선구 카이랄 면(prochiral face)이라고 하며, 어느 면으로 반응하는가에 따라 생성물이 다르다. 첨가 반응 후에 생성물의 입체 중심 치환기 우선 순위가 시계 방향으로 감소하게 되는 반응 면을 *Re*('Ray'라고 발음한다)-면이라고 한다. 반대로 반시계 방향으로 감소하게 되는 반응 면을 *Si*('Sigh'라고 발음한다)-면이라고 한다.

Re-면
우선 순위 시계 방향으로 감소
우선 순위 반시계 방향으로 감소
Si-면

- 카이랄 집단(chiral pool): 카이랄 중심을 포함하고 있는 출발 물질 분자 집단을 말하며, 주로 아미노산이나 당과 같은 천연물질이 많이 이용된다.

B.3 초분자 화학의 용어 해설

초분자 화학은 단분자 화학과 다르기 때문에 초분자의 화학적 성질이나 현상을 설명하는 데는 다른 용어들이 필요하다. 따라서 초분자 화학에서 필요한 용어나 기초 개념들을 이해하는 것은 중요하다.

■ 분자 인식

분자 인식(molecular recognition)은 분자의 구조적인 상보성(complementarity)에 기인한다. 분자 인식이 없다면, 초분자 화학에서 중요한 주형 효과(template effect), 자기 조립(self-assembly) 및 자기 복제(self-replication)도 불가능하다. 그렇다면 주어진 기질에 대해 어떤 것이 가장 좋은 수용체(receptor)인가? Fischer의 자물쇠-열쇠 이론(lock-and-key theory)에 따르면, 분자 인식에는 분자 간의 구조적 상보성(complementarity)이 가장 중요하다. 주인 분자의 결합 자리에 대한 손님 분자의 상보성이 좋을수록 더 유리하다. 주인 분자와 손님 분자의 선택적인 결합은 손님 분자 표면의 전하 분포, 주인 분자의 공동(cavity) 및 공간 배열 등이 얼마나 잘 조화를 이루는가에 달려 있다. 분자 인식에 관여하는 결합이나 힘의 형태는 다음과 같다.

- 수소 결합(hydrogen bond)
- 소수성 상호 작용(hydrophobic interaction)
- 이온 결합(ionic bond)
- van der Waals 힘(van der Waals force)
- π 전자 상호 작용(π electron interaction)

분자 인식의 초기 연구는 주로 양이온 인식에 대해 이루어졌다. 그런 이유로 초분자 화학의 기초 개념들이 양이온 인식으로부터 유도되었다. 최근 들어 초분자 분야에서는 중성 손님 분자에 적합한 주인 분자의 설계와 합성 및 음이온 인식에 관한 연구 등에 관심이 높아지고 있다.

■ 킬레이트 효과

두 분자가 하나의 착물을 이루는 것은 엔트로피적으로는 우호적이지 않다. 이러한 불리함을 극복하려면 다른 전략이 필요하다. 예를 들어 한 주인 분자에 하나 이상의 결합 자리를 가지게 하는 것이다. 두 개의 결합 자리를 갖는 주인 분자에서, 첫 번째 결합의 형성 단계에서 두 분자의 결합 엔트로피 단가를 보상하여 두 번째 결합이 쉽게 일어나게 한다. 이를 킬레이트 효과(chelate effect)라고 한다. 한 가지 예로, 두 자리 킬레이트(bidentate chelate)를 들 수 있다. 두 자리 킬레이트에서 고리가 형성될 때, 킬레이트 효과는 고리 크기에 의존하며 오-원자 고리가 유리하다.

■ 협동성과 다원자가

하나 이상의 결합 자리를 가지는 주인 분자의 분자 인식에서는 **협동성**(cooperativity)과 **다원자가**(multivalency) 현상이 나타날 수 있다. 예를 들어 어떤 주인 분자의 결합 자리 A에서의 주인-손님 분자 결합이, 주인 분자 결합 자리 B에서 일어나는 결합 형성에 영향을 미친다는 것이다.

- **(+)-협동성**: 첫 번째 결합에 의해 두 번째 손님 분자의 결합 세기가 증가하게 되는 경우이다.
- **(−)-협동성**: 첫 번째 결합에 의해 두 번째 손님 분자의 결합 세기가 감소하게 되는 경우이다.
- **다원자가 현상**: 킬레이트 효과와 관련이 있으며, 하나 이상의 반응 자리를 가지는 주인 분자와 손님 분자의 결합에서 발생하는 독특한 열역학적 양상이다. 이 용어는 주인-손님 분자 착물에서만 쓰인다.

■ 자기 조립

자기 조립(self-assembly)은 자체 배열(self-organization)이라고도 한다. 자기 조립이란 조립 요건에 충족하면 스스로 적합한 착물을 형성하는 형태이다. 자기 조립의 요구 조건을 간단히 정리하면 다음과 같다.

- 쌓는 토막이 유동성이 있어야 한다.
- 각 성분이 기하 구조적으로나 전자적으로 적당한 위치와 결합 자리를 제공할 수 있어야 한다.
- 다른 성분간의 결합이 가역적으로 형성되어야 한다.

■ 주형 효과

착물 형성에 도움이 되는 주형이 존재하면, 그렇지 않은 경우보다 착물 형성이 더 용이하다. 이런 효과를 **주형 효과(template effect)**라고 한다. 주형 효과는 속도론적이며, 또한 선택성이 있어 부 반응이 적게 일어난다. 예를 들어 18-crown-6는 K^+와 쉽게, 그리고 선택적으로 착물을 형성한다.

■ 자기 복제

이미 형성된 초분자가 촉매 역할을 할 수 있으므로, 이러한 촉매 작용이 에너지 장벽을 낮추어 자기 복제(self-replication)를 가능하게 한다.

부록 C 작용기 변환과 관련된 이름 반응

합성에서 유용한 작용기 변환 관련 이름 반응(Name reaction)을 표로 정리하였다.

표 C.1 1° 알코올 변환과 관련된 이름 반응

출발 물질	반응 시약 (적색: 주 반응 시약)	생성물	이름 반응 (참고 문헌)*
$R-CH_2-CH_2CH_2CH_2-OH$	NOCl	$R-C(=N-OH)-CH_2CH_2CH_2-OH$ γ-Hydroxyoxime	Barton nitrile ester reaction (*JACS*, 1960, *82*, 2640; *JACS*, 1961, *83*, 4076; *SANR*, p42)
R^1CH_2OH	CS_2, NaH then MeI or YC(=S)X, NaH Y=SMe, OPh, OMe, imidazoyl X=Cl, imidazoyl	R^1CH_2H Alkane	Barton-McCombie radical dioxy-genation (*JCS Perkin Trans. 1*, 1975, 1574; *JCS Chem. Commun.*, 1979, 1175; *SANR*, p46)
R^1CH_2OH	NCS, MeSMe	R^1CHO Aldehyde	Corey-Kim oxidation (*JACS*, 1972, *94*, 7586; *LAC*, 1971, *747*, 151; *SANR*, p106;)
R^1CH_2OH	*Dess-Martin* periodinane(DMP)	R^1CHO Aldehyde	Dess-Martin oxidation (*JOC*, 1983, *48*, 4155; *J. Prakt. Chem./Chem.-Ztg.* 1996, *338*, 588; *SANR*, p136)
R^1CH_2OH	*N*-Methylmorpholine *N*-oxide, $(n\text{-}Pr)_4N^+RuO_4^-$	R^1CHO Aldehyde	Ley oxidation (*TMC*, 1985, *10*, 98; *JCS Chem. Commun.*, 1987, 1625; *SANR*, p 262;)
R^1CH_2OH	$CH_3C(=O)CH_3$, $Al(i\text{-}PrO)_3$	R^1CHO, *i*-PrOH Aldehyde	Oppenauer oxidation (*Org. React.*, 1951, *6*, 207; *SANR*, p320; *COS*(eds. Trost, etc), *7*, 305, Pergamon Oxford, 1991)
R^1CH_2OH R^1=H, alkyl, aryl, alkenyl, alkynyl	RN=C=NR, DMSO or $(CH_3CO)_2O$, DMSO	R^1CHO Aldehyde	Pfitzner-Moffatt oxidation (*JACS*, 1963, *85*, 3027; *JACS*, 1965, *87*, 5661 & 5670; *SANR*, p346)
R^1CH_2OH R^1=H, alkyl, aryl, alkenyl, alkynyl	TFAA or $(COCl)_2$, DMSO/Et_3N	R^1CHO Aldehyde	Swern oxidation (*TL*, 1974, *15*, 1503; *JOC*, 1975, *40*, 2758; *JOC*, 1976, *41*, 957; *SANR*, p 450)
R^1CH_2OH	CS_2/NaH then MeI or YC(=S)X, NaH(Y=SMe, OPh, imidazoyl; X=Cl, imidazoyl)	R^1CH_2H Alkane	Barton-McCombie radical deoxygenation (*JCS Perkin Trans. 1*, 1975, 1574; *J CS Chem. Commun.*, 1979, 1175; *SANR*, p46)
$R^1CH_2CH_2OH$	1) CS_2/KOH or NaOH or NaH 2) CH_3I	$R^1CH=CH_2$ Alkene	Chugaev elimination (*Ber.* 1989, *31*, 1775; *Ber.* 1899 *2*, 3332; *Chem. Rev.*, 1960, *60*, 431, *SANR*, p82)

★ 문헌 약기호는 부록 338쪽에 있는 참고 문헌 약어표를 참고할 것

(계속)

출발 물질	반응 시약 (적색: 주 반응 시약)	생성물	이름 반응 (참고 문헌)*
R^1–OH	RNH_2/R'N=NR'/PR"$_3$	R^1–NR_2 Amine	Mitsunobu reaction (*BCS*, 1967, *40*, 2380; *Synthesis*, 1981, 1-28; *SANR*, p 294)
R^1–OH	HN_3/R'N=NR'/DPPA/PR"$_3$	R^1–N_3 Azide	
R^1–OH	RCO_2H/R'N=NR'/PR"$_3$	R^1–O–C(=O)–R Ester	
R^1–OH	RO(or S)H/R'N=NR'/PR"$_3$	R^1–O(or S)R Ether(or sulfide)	
R^1–OH R^1= Alkyl, allyl, benzyl or aryl	Base/RX	Ether	Williamson ether synthesis (*Chem. Rev*. 1934, *14*, 385; *Synthesis,* 1995, 115; *SANR*, p 484)
R^1–OH R^1= Alkyl, alkenyl, or aryl	H_2O/CrO_3 or $Cr_2O_7^{2-}/H^+$	R^1–C(=O)–OH Carboxylic acid	Jones oxidation (*JCS*, 1946, 39; *OPPI*. 1988, *20*, 533; *SANR*, p 228)
R^1–OH	$Et_3N^+SO_2N^-CO_2Me$ (Burgess reagent)	R^1–NH_2 Amine	Burgess dehydration (*JACS*, 1970, *92*, 5224; *JOC*, 1973, *38*, 26; *SANR*, p72)
R^1–OH	RCN/H^+ or Lewis acid	R–C(=O)–NH–R^1 *N*-Alkylamide	Ritter reaction (*JACS*, 1948, *70*, 4045 & 4048; *Synthesis*, 1979, 274 & 2000, 1709; *SANR*, p382)
HO–C(=O)–$(CH_2)_n$–OH	2,2'-Dipyridyl disulfide/PPh_3	Lactone	Corey-Nicolaou macrolactonization (*JACS*, 1974, *96*, 5614 & 1975, *97*, 653; *ACIE*, 1977, *16*, 585; *SANR*, p108)
HO–C(=O)–$(CH_2)_n$–OH	DCC or EDCI/DMAP/DMAP-HCl	Lactone	Keck macrolactonization (*JOC*, 1985, *50*, 2394; *TCC*, 1992, *161*, 107; *SANR*, p238)
HO–C(=O)–$(CH_2)_n$–OH	2,4,6-Trichlorobenzoyl chloride/NR_3	Lactone	Yamaguchi macrolactonization (*BCS*, 1979, *52*, 1989; *Tetrahedron*, 1980, *36*, 2409; *SANR*, p500)
R^1–OH	RCOX/Base(inorganic)/H_2O	R^1–O–C(=O)–R Ester	Schotten-Baumann reaction (*Org. React*. 1946, 307; *RCR*, 1978, *47*, 1084; *SANR*, p 398)
R^1-ONa	Y-Ph-Cl(Br, I or OTf)/$Pd(OAc)_2$ or $Pd_2(dba)_3$/base	Y-Ph-O-R^1 Aryl ether	Buchwald-Hartwig cross coupling (*Chem. Lett*., 1983, *927; JACS*, 1994, *116*, 7901; *SANR*, p70)

★ 문헌 약기호는 부록 338쪽에 있는 참고 문헌 약어표를 참고할 것

표 C.2 2° 알코올 변환과 관련된 이름 반응

출발 물질	반응 시약 (적색: 주 반응 시약)	생성물	이름 반응 (참고 문헌)*
R^2 R^1 OH	$CH_3C(=O)CH_3$, Al(*i*-PrO)$_3$	R^2 R^1 O Ketone	Oppenauer oxidation (*Org. React.*, 1951, *6*, 207; *Synthesis*, 1994, 1007; *SANR*, p320)
R^2 R^1 OH	NCS, MeSMe	R^2 R^1 O Ketone	Corey-Kim oxidation (*JACS*, 1972, *94*, 7586; *LAC*, 1971, *747*, 151; *SANR*, p106;)
R^2 R^1 OH	*Dess-Martin* periodinane(DMP)	R^2 R^1 O Ketone	Dess-Martin oxidation (*JOC*, 1983, *48*, 4155; *OPPI*, 1997, *29*, 409; *SANR*, p136)
R^2 R^1 OH	*N*-Methylmorpholine *N*-oxide, $(n\text{-}Pr)_4N^+RuO_4^-$	R^2 R^1 O Ketone	Ley oxidation (*TMC*, 1985, *10*, 98; *JCS Chem. Commun.*, 1987, 1625; *SANR*, p 262;)
R^2 R^1 OH R^1, R^2=H, alkyl, aryl, alkenyl, alkynyl	TFAA or $(COCl)_2$, DMSO/Et_3N	R^2 R^1 O Ketone	Swern oxidation (*TL*, 1974, *15*, 1503; *JOC*, 1975, *40*, 2758; *JOC*, 1976, *41*, 957; *SANR*, p450)
R^2 R^1 OH	CS_2/NaH then MeI or YC(=S)X, NaH(Y=SMe, OPh, imidazoyl; X=Cl, imidazoyl)	R^2 R^1 H Alkane	Barton-McCombie radical deoxygenation (*JCS Perkin Trans. 1*, 1975, 1574; *JCS Chem. Commun.*, 1979, 1175; *SANR*, p46)
R^1 OH R^2 H	1) CS_2/KOH or NaOH or NaH 2) CH_3I	R^1 R^3 R^2 H Alkene	Chugaev elimination (*Ber.*, 1899, *32*, 3332; *Chem. Rev.*, 1960, *60*, 431; *SANR*, p 82)
R^2 R^1 OH	RNH_2/R'N=NR'/PR''$_3$	R^2 R^1 NR_2 Amine	Mitsunobu reaction (*BCS*, 1967, *40*, 2380; *Synthesis*, 1981, 1-28; *SANR*, p 294)
R^2 R^1 OH	HN_3/R'N=NR'/DPPA/PR''$_3$	R^2 R^1 N_3 Azide	
R^2 R^1 OH	RCO_2H/R'N=NR'/PR''$_3$	R^2 O R^1 O R Ester	
R^2 R^1 OH	RO(or S)H/R'N=NR'/PR''$_3$	R^2 R^1 O(or S)R Ether (or sulfide)	

★ 문헌 약기호는 부록 338쪽에 있는 참고 문헌 약어표를 참고할 것

(계속)

출발 물질	반응 시약 (적색: 주 반응 시약)	생성물	이름 반응 (참고 문헌)*
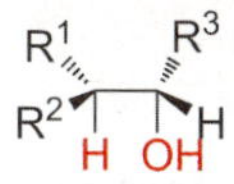	$Et_3N^+SO_2N^-CO_2Me$ (Burgess reagent)	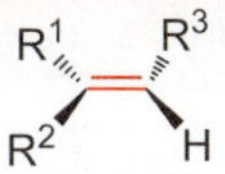 Alkene(Syn elimination)	Burgess dehydration (*JACS*, 1970, *92*, 5224; *JOC*, 1973, *38*, 26; *SANR*, p72)
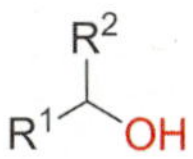	Base/RX	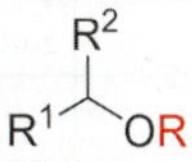 Ether	Williamson ether synthesis (*Chem. Rev*. 1934, *14*, 385; *Synthesis*, 1995, 115; *SANR*, p484)
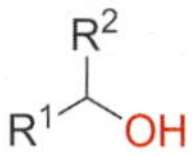	H_2O/CrO_3 or $Cr_2O_7^{2-}/H^+$	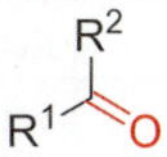 Ketone	Jones oxidation (*JCS*, 1946, 39; *OPPI*, 1988, *20*, 533; *SANR*, p 228)
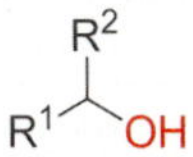 R^1, R^2=H, alkyl, aryl, alkenyl, alkynyl	RCOX/Base(inorganic)/H_2O	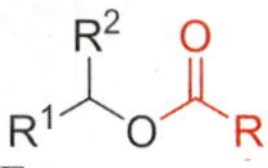 Ester	Schotten-Baumann reaction (*Org. React*. 1946, 307; *RCR*, 1978, *47*, 1084; *SANR*, p 398)
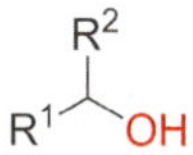	RCN/H^+ or Lewis acid	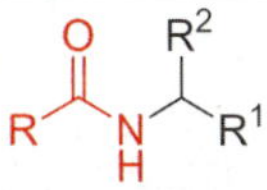 *N*-Alkylamide	Ritter reaction (*JACS*, 1948, *70*, 4045 & 4048; *Synthesis*, 1979, 274 & 2000, 1709; *SANR*, p382)
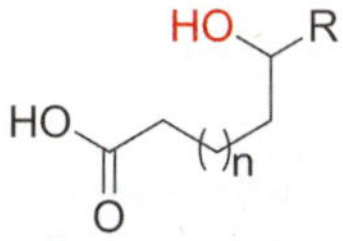 ω-Hydroxy acid	2,2'-Dipyridyl disulfide/PPh_3	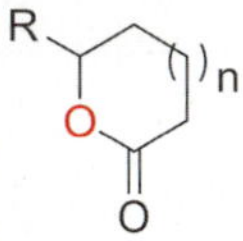 Lactone	Corey-Nicolaou macrolactonization (*JACS*, 1974, *96*, 5614 & 1975, *97*, 653; *ACIE*, 1977, *16*, 585; *SANR*, p 108)
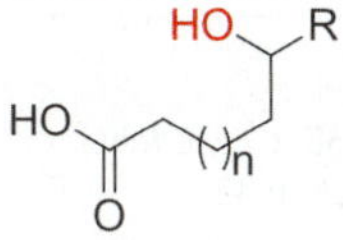 ω-Hydroxy acid	DCC or EDCI/DMAP/ DMAP-HCl	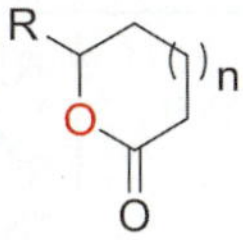 Lactone	Keck macrolactonization (*JOC*, 1985, *50*, 2394; *TCC*, 1992, *161*, 107; *SANR*, p238)
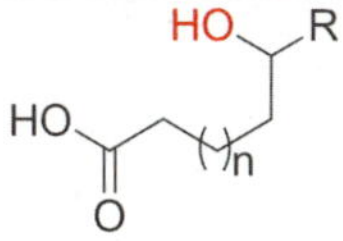 ω-Hydroxy acid	2,4,6-Trichlorobenzoyl chloride/NR_3	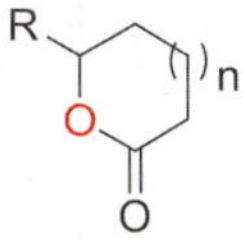 Lactone	Yamaguchi macrolactonization (*BCS*, 1979, *52*, 1989; *Tetrahedron*, 1980, *36*, 2409; *SANR*, p500)
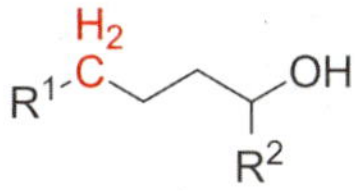	NOCl/pyridine	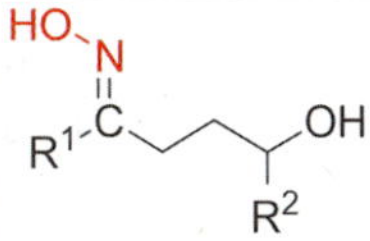 γ-Hydroxyoxime	Barton nitrile ester reaction (*JACS*, 1960, *82*, 2640; *JACS*, 1961, *83*, 4076; *SANR*, p42)
R^1R^2CH-ONa	Y-Ph-Cl(Br, I or OTf)/ $Pd(OAc)_2$ or $Pd_2(dba)_3$/base	Y-Ph-O-CHR^2R^1 Aryl ether	Buchwald-Hartwig cross coupling (*Chem. Lett*., 1983, 927; *JACS*, 1994, *116*, 7901; *SANR*, p70)

★ 문헌 약기호는 부록 338쪽에 있는 참고 문헌 약어표를 참고할 것

표 C.3 3° 알코올 변환과 관련된 이름 반응

출발 물질	반응 시약 (적색: 주 반응 시약)	생성물	이름 반응 (참고 문헌)*
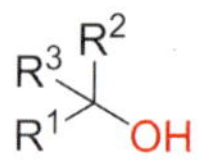	CS_2/NaH then MeI or YC(=S)X, NaH(Y=SMe, OPh, imidazoyl; X=Cl, imidazoyl)	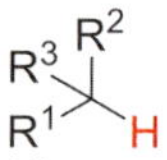 Alkane	Barton-McCombie radical deoxygenation (*JCS Perkin Trans. 1*, 1975, 1574; *JCS Chem. Commun.*, 1979, 1175; *SANR*, p46)
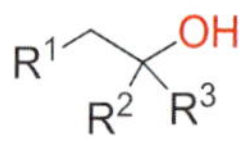	1) CS_2/KOH or NaOH or NaH 2) CH_3I	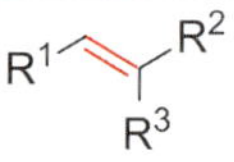 Alkene	Chugaev elimination (*Ber.* 1989, *31*, 1775; *Ber.* 1899 2, 3332; *Chem. Rev.*, 1960, *60*, 431, *SANR*, p 82)
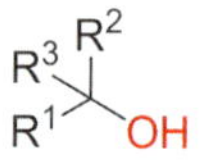	Base/RX	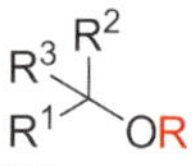 Ether	Williamson ether synthesis (*Chem. Rev*. 1934, *14*, 385; *Synthesis*, 1995, 115; *SANR*, p484)
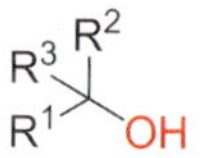	RCOX/Base(inorganic)/H_2O	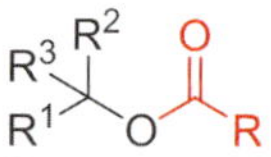 Ester	Schotten-Baumann reaction (*Org. React*. 1946, 307; *RCR*, 1978, *47*, 1084; *SANR*, p 398)
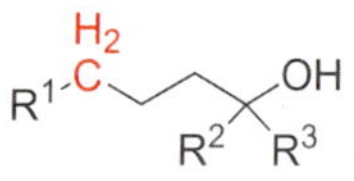	NOCl/pyridine	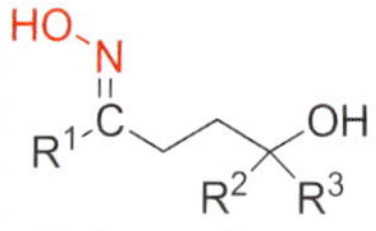 γ-Hydroxyoxime	Barton nitrile ester reaction (*JACS*, 1960, *82*, 2640; *JACS*, 1961, *83*, 4076; *SANR*, p42)
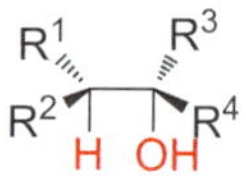	$Et_3N^+SO_2N^-CO_2Me$ (Burgess reagent)	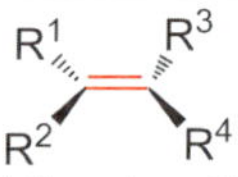 Alkene(*syn* elimination)	Burgess dehydration (*JACS*, 1970, *92*, 5224; *JOC*, 1973, *38*, 26; *SANR*, p72)
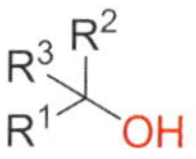	RCN/H^+ or Lewis acid	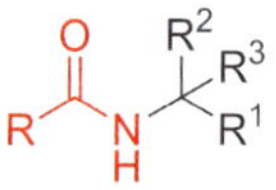 *N*-Alkylamide	Ritter reaction (*JACS*, 1948, *70*, 4045 & 4048; *Synthesis*, 1979, 274 & 2000, 1709; *SANR*, p382)
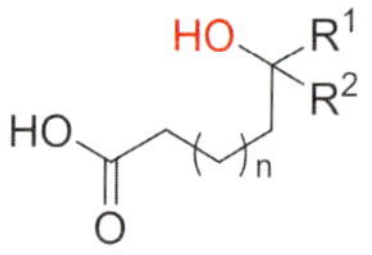	2,2'-Dipyridyl disulfide/PPh_3	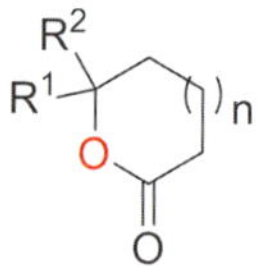 Lactone	Corey-Nicolaou macrolactonization (*JACS*, 1974, *96*, 5614 & 1975, *97*, 653; *ACIE*, 1977, *16*, 585; *SANR*, p 108)
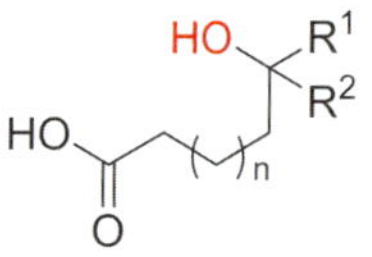	2,4,6-Trichlorobenzoyl chloride/NR_3	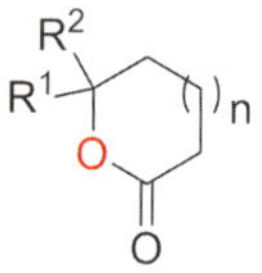 Lactone	Yamaguchi macrolactonization (*BCS*, 1979, *52*, 1989; *Tetrahedron*, 1980, *36*, 2409; *SANR*, p500)

★ 문헌 약기호는 부록 338쪽에 있는 참고 문헌 약어표를 참고할 것

(계속)

출발 물질	반응 시약 (적색: 주 반응 시약)	생성물	이름 반응 (참고 문헌)*
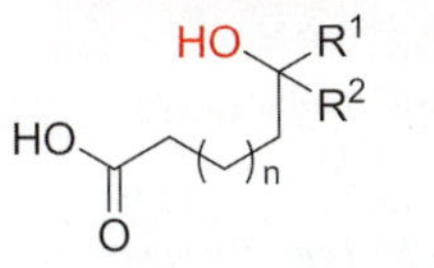	DCC or EDCI/DMAP/ DMAP-HCl	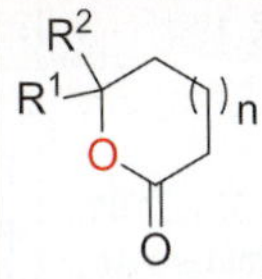 Lactone	Keck macrolactonization (*JOC*, 1985, *50*, 2394; *TCC*, 1992, *161*, 107; *SANR*, p238)
$R^3R^2R^1C$-ONa	Y-Ph-Cl(Br, I or OTf)/ $Pd(OAc)_2$ or $Pd_2(dba)_3$/base	Y-Ph-O-$CR^1R^2R^3$ Aryl ether	Buchwald-Hartwig cross coupling (*Chem. Lett.*, 1983, 927; *JACS*, 1994, *116*, 7901; *SANR*, p70)

★ 문헌 약기호는 부록 338쪽에 있는 참고 문헌 약어표를 참고할 것

표 C.4 알켄올(alkenol), 알카인올(alkynol) 및 엔올 에터(enol ether) 변환과 관련된 이름 반응

출발 물질	반응 시약 (적색: 주 반응 시약)	생성물	이름 반응 (참고 문헌)*
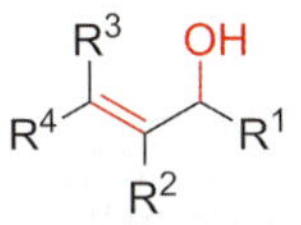	$H_3CC(OMe)_2NMe_2$	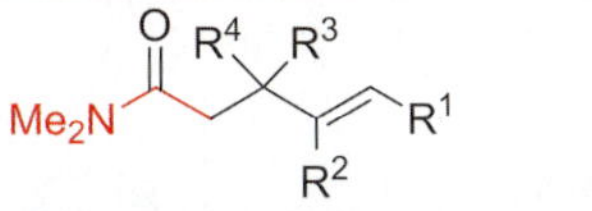 γ,δ-Unsaturated amide	Eschenmoser-Claisen rearrangement (*Helv. Chim. Acta* 1964, *47*, 2425 & 1969, *52*, 1030; *Chem. Rev.* 1988, *88*, 1423; *SANR*, p156)
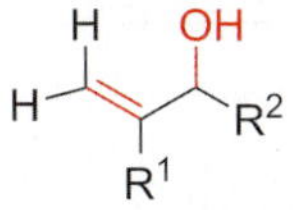	$H_3CC(OR)_3$	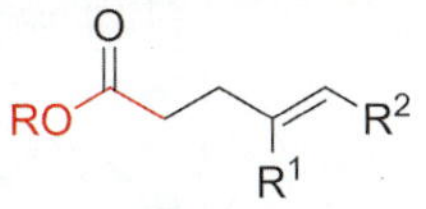 γ,δ-Unsaturated ester	Johnson-Claisen rearrangement (*JACS*, 1970, *92*, 741; *Synthesis*, 1977, 589; *SANR*, p226)
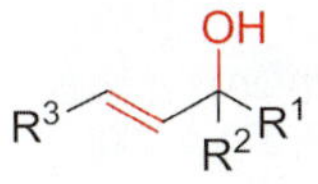	CCl_3CN/NaOR(cat)	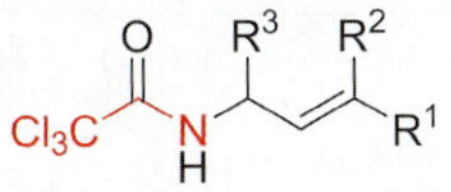 Allylic trichloroacetamide	Overman rearrangement (*JACS*, 1974, *96*, 597 & 1976, *98*, 2901; *SANR*, p322)
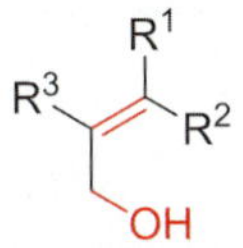	*tert*-butyl hydroperoxide/ $Ti(i\text{-}OPr)_4$	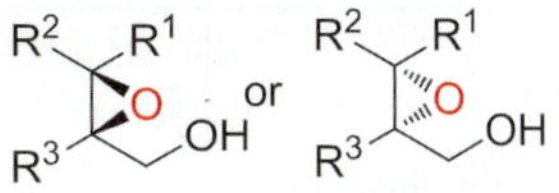 Enantio pure epoxy alcohol	Sharpless asymmetric epoxidation (*JACS*, 1980, *102*, 5974; *Chem. Ind.* 1985, *22*, 295; *SANR*, p 408)
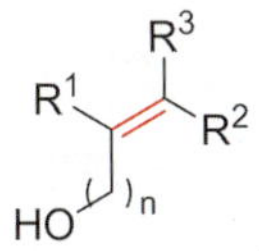	H_2/BINAP-Ru(III) (O_2CR_2)(catalytic)	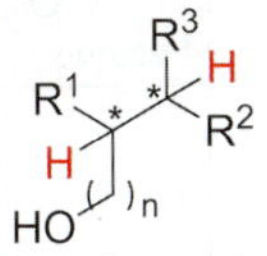 Enantio-enriched alcohol	Noyori asymmetric hydrogenation (*JACS, 1980, 102, 7932 & 1986, 108,7117; SANR*, p 316)
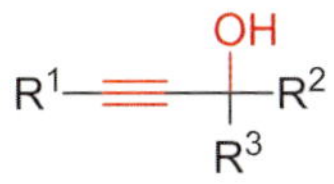	H^+ or Lewis acid	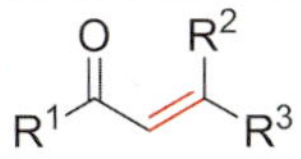 α,β-Unsaturated aldehyde or ketone	Meyer-Schuster & Rupe rearrangement (*Chem. Rev.*, 1971, *71*, 429; *Synthesis*, 1981, 473; *SANR*, p284)

★ 문헌 약기호는 부록 338쪽에 있는 참고 문헌 약어표를 참고할 것

(계속)

출발 물질	반응 시약 (적색: 주 반응 시약)	생성물	이름 반응 (참고 문헌)*
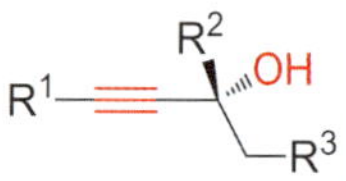	1)$Co_2(CO)_8$/H^+ or Lewis acid 2)Nuc-H(electron rich aromatics, alkene, ROH, RSH, etc.)	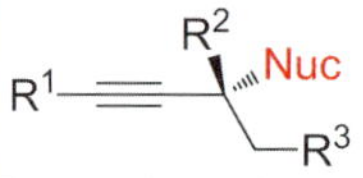 Propagyl-substituted compound	Nicholas reaction (*TL*, 1971, *37*, 3475; *ACR*, 1987, *20*, 207; *SANR*, p314)
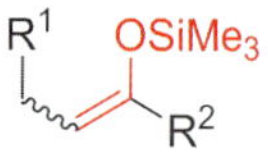	$Pd(OAc)_2$(0.5 equiv)/*p*-benzoquinone/CH_3CN	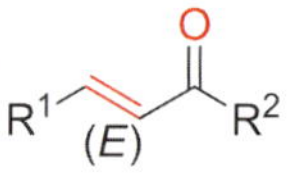 (*E*)-Enone	Saegusa oxidation (*JOC*, 1978, *43*, 1011; *J. Prakt. Chem.*, 1972, *314*, 170; *SANR*, p390)
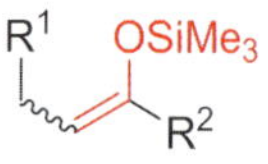	1) *m*CPBA(1 equiv) 2) H_3O^+ or OH^-	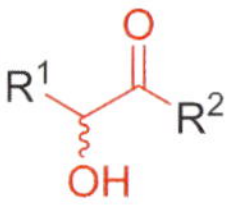 α-Hydroxyketone	Rubottom oxidation (*JOMC*, 1974, *77*, C19; *TL*, 1974, 4319; *SANR*, p388)
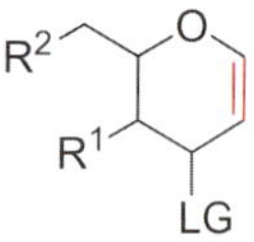	NuH/Lewis acid	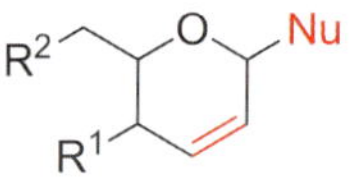 2,3-Unsaturated glycol	Ferrier reaction (*JCS Abstracts*, 1962, 3667 & 1964, 5443; *Chem. Rev.*, 1993, *93*, 2779; *SANR*, p168)
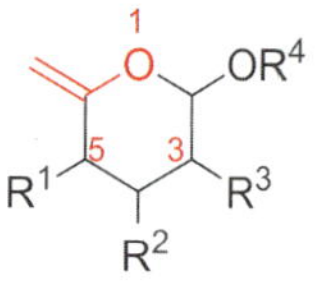	H_2O/organic solvent/ Lewis acid	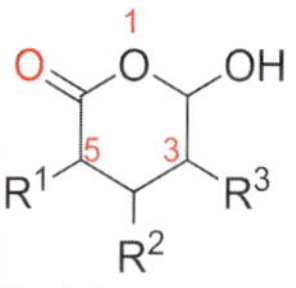 Cyclohexanone	

★ 문헌 약기호는 부록 338쪽에 있는 참고 문헌 약어표를 참고할 것

표 C.5 알데하이드 및 케톤의 변환과 관련된 이름 반응

출발 물질	반응 시약 (적색: 주 반응 시약)	생성물	이름 반응 (참고 문헌)*
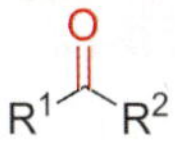 $R^1C(=O)R^2$	$R^3CHX(EWG)$/base R^3= Alkyl, aryl X=Cl, Br, I EWG=CO_2R, CN, SO_2R	 α,β-Epoxy ester	Darzens glycidic ester condensation (*Chem. Rev.*, 1955, *55*, 283; *JOC*, 1969, *34*, 3600; *SANR*, p128)
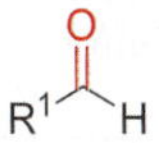 $R^1C(=O)H$	$(R^2CH_2CO)_2O$/base	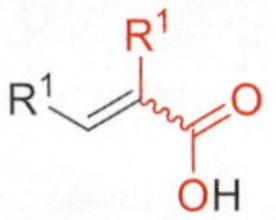 α,β-Unsaturated carboxylic acid	Perkin reaction (*JCS*, 1868, *21*, 181; *COS*, 2, 395; *SANR*, p 338)
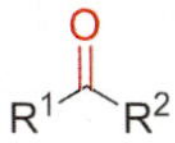 $R^1C(=O)R^2$	R^3NHR^4/HCN (R^3NHR^4= 1° or 2° amine)	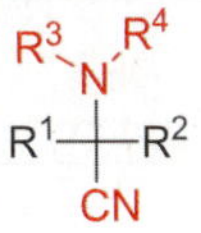 α-Aminonitrile	Strecker reaction (*LAC*, 1850, *75*, 27 & 1854, *91*, 349; *Chem Rev.*, 1946, *38*, 501;*SANR*, p 446)
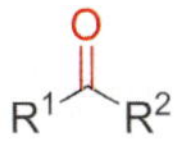 $R^1C(=O)R^2$	$R^3CH_2NO_2$/base	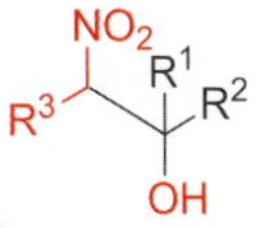 β-Nitro alcohol	Henry reaction (*Chem. Rev.*, 1943, *32*, 373 & 1986, *86*, 751; *ACR*, 1985, *18*, 284; *SANR*, p 202)
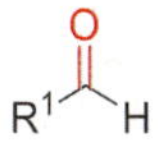 $R^1C(=O)H$	$R^2R^3C{=}CR^4C(=O)R^5$/ nucleophilic catalyst	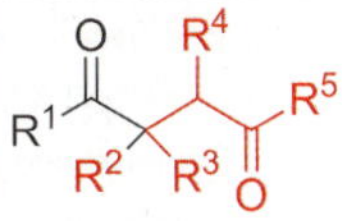 γ-Diketone	Stetter reaction (*Angew. Chem.*, 1973, *85*, 89 & 1976, *88*, 695; *ACR*, 2004, *37*, 534; *SANR*, p 432)
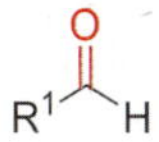 $R^1C(=O)H$	$R^2R^3C{=}CR^4C(=O)OR^5$/ nucleophilic catalyst	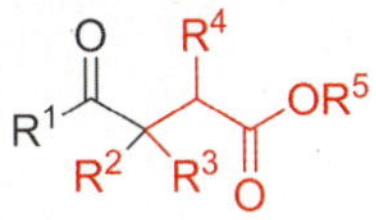 γ-Oxo-ester	
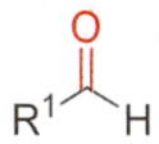 $R^1C(=O)H$	$R^2R^3C{=}CR^4CN$/ nucleophilic catalyst	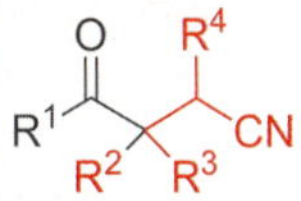 γ-Oxo-nitrile	
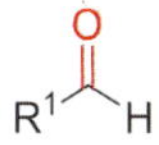 $R^1C(=O)H$ (2 mole)	$R^3CH{=}CR^4C(=O)CR^4CHR^3$/ nucleophilic catalyst	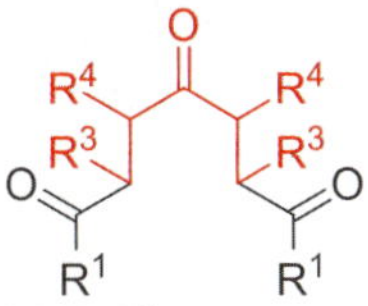 1,4,7-Triketone	
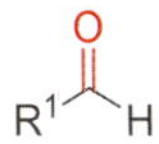 $R^1C(=O)H$	$R^2R^3C{=}CR^4R^5/H^+$ or Lewis acid	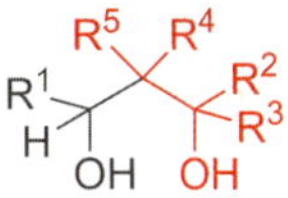 1,3-Diol	Prins reaction (*JCS*, 1899, *76*, 298; *Chem. Rev.*, 1952, *51*, 505; *SANR*, p 364)

★ 문헌 약기호는 부록 338쪽에 있는 참고 문헌 약어표를 참고할 것

(계속)

출발 물질	반응 시약 (적색: 주 반응 시약)	생성물	이름 반응 (참고 문헌)*
$R^1C(=O)H$(or X)	$RhCl(PPh_3)_3$	R-H(or X) Alkane or halide	Tsuji-Wilkinson decarbonylation (*TL*, 1965, 3969 & 4560; *JACS*, 1968, *90*, 99; *SANR*, p 460)
$R^1C(=O)R^2$	Low-valent 'Ti' $TiCl_3$ or $TiCl_4$/reducing agent(Li, Na, Mg, Zn, $LiAlH_4$, Zn-Cu)	$R^1(R^2)C{=}C(R^1)R^2$ + $R^1(R^2)C{=}C(R^2)R^1$ Isomeric alkene	McMurry coupling (*JCS Chem. Commun*, 1972, 370; *JACS*, 1972, *94*, 6538; *SANR*, p 276)
$R^1C(=O)(CH_2)_nC(=O)R^2$	Low-valent 'Ti' $TiCl_3$ or $TiCl_4$/reducing agent(Li, Na, Mg, Zn, $LiAlH_4$, Zn-Cu)	$R^1C{=}CR^2$ (ring, $(CH_2)_n$) Cyclic alkene	
$R^1C(=O)R^2$	$R^3R^4CHX/(R^5)_3P$/base	$R^1(R^2)C{=}C(R^3)R^4$ Olefin	Wittig reaction (*Ann*, 1953, *580*, 44; *Chem. Ber.*, 1954, *97*, 1318 & 1955, *98*, 1654; *Chem. Rev.*, 1974, *74*, 87; *SANR*, p 486)
$R^1C(=O)H$	1)$R^2CHP^+(R^3)_3X^-$/PhLi 2)PhLi/LiX 3)HCl 4)KO*t*Bu	$R^2(H)C{=}C(H)R^1$ (*E*)-Alkene	Wittig reaction-Schlosser modification (*ACIE*, 1966, *5*, 126; *Ann chem.*, 1967, *708*. 1; *Chem. Rev.*, 1989, *89*, 863; *SANR*, p 488)
$R^1C(=O)R^2$	$R^3CH_2P(=O)(OR^4)_2$/KH or KHMDS/ 18-Crown-6 ether	$R^2(R^1)C{=}C(R^3)H$ Alkene	Horner-Wadsworth-Emmons olefination (*TL*, 1983, *24*, 4405; *COS*, 1991, *1*, 729; *SANR*, p 214)
$R^1C(=O)R^2$	$R^3CH_2SO_2Ph/M^+Base^-$	$R^2(R^1)C{=}C(R^3)H$ (*E*)-Alkene	Julia-Lythgoe olefination (*TL*, 1973, 4833; *PAC*, 1985, *57*, 763; *ACIE*, 1998, *37*, 453; *SANR*, p 230)
$R^1C(=O)R^2$	$R^3CH^-Si(R^4)$/Acid or $Base^-$	$R^2(R^1)C{=}C(R^3)H$ + $R^2(R^1)C{=}C(H)R^3$ (*E*-/*Z*-)-Alkene	Peterson olefination (*JACS*, 1947, *69*, 1551; *JOC*, 1962, *27*, 3647; *SANR*, p 344)
$R^1C(=O)H$	R^2CHI_2 or $CHX_3/CrCl_2$	$R^1CH{=}CHR^2$ (*E*)-Alkene (major)	Takai-Utimoto olefination (*JACS*, 1986, *108*, 7408 & 1987, *109*, 951; *SANR*, p 452)
$R^1C(=O)R^2$	2 $AlMe_3$/Titanocene dichloride	$R^2(R^1)C{=}CH_2$ Alkene	Tebbe olefination (*JACS*, 1976, *98*, 5399 & 1978, *100*, 3611; *SANR*, p 454)
$R^1C(=O)H$	$R^3OC(=O)CH_2C(R^4)(R^5)C(=O)OR^3$ /base	$R^1(R^2)C{=}C(C(=O)OR^3)C(R^4)(R^5)C(=O)OH$ Alkyliden succinic acid monoalkyl ester	Stobbe condensation (*Org. React.* 1951, VI, 1; *OPPI*, 2002, *34*, 337; *SANR*, p 442)

★ 문헌 약기호는 부록 338쪽에 있는 참고 문헌 약어표를 참고할 것

(계속)

출발 물질	반응 시약 (적색: 주 반응 시약)	생성물	이름 반응 (참고 문헌)*
$R^1C(=O)H$	$(R^2CH_2CO)_2O$/base	$R^1CH=C(R^2)C(=O)OH$ α,β-Unsaturated carboxylic acid	Perkin reaction (*JCS*, 1868, *21*, 181 & 1877, *31*, 388; *Org. React.* 1942, *1*, 210; *SANR*, p 338)
$R^1C(=O)R^2$	$R^3C(=O)CH_2C(=O)R^4$ or $R^5CH_2R^6$/ catalyst	$R^1R^2C=C(C(=O)R^3)(C(=O)R^4)$ or $R^1R^2C=CR^5R^6$ α,β-Unsaturated dicarbonyl or related compound	Knoevenagel condensation (*Ber.*, 1894, *27*, 2345 & 1896, *29*, 171; *COS*, 1991, *2*, 341; *SANR*, p242)
$R^1C(=O)H$	1)CBr_4(2 eq)/Ph_3P(4 eq) 2)*n*-BuLi/hydrolysis	$R^1C\equiv CH$ Terminal alkyne	Corey-Fuchs alkyne synthesis (*TL*, 1972, 3769; *Synthesis*, 2000, 185; *SANR*, p104)
$R^1C(=O)R^2$	$HC(=N_2)P(=O)(OR^3)_2$/ *n*-BuLi or KO^{t}Bu	$R^1C\equiv CR^2$ Internal or Terminal alkyne	Seyferth-Gilbert homologation (*JACS*, 1967, *89*, 4811; *TL*, 1970, 2493; *JOC*, 1971, *36*, 1379; *SANR*, p402)
$R^1C(=O)R^2$	$R^3CH=CHC(=O)X$ /R_3N or R_3P X=NH_2, NR_2, OR	$R^3CH=C(C(=O)X)C(OH)R^1R^2$ Allylic alcohol	Baylis-Hillman reaction (*BCS*, 1968, *41*, 2815; *Tetrahedron*, 1996, *52*, 8001; *SANR*, p 48)
$R^1C(=O)R^2$	$R^3COOH/R^4N\equiv C$	$R^3C(=O)OC(R^1R^2)C(=O)NHR^4$ α-Acyloxycarboxamide	Passerini multicomponent reaction (*ACIE*, 1962, *1*, 8; *COS*, 1991, *2*, 1083; *SANR*, p330)
$R^1C(=O)R^2$	$H_2O/R^3N\equiv C/H^+$ or Brönsted acid	$HOC(R^1R^2)C(=O)NHR^3$ α-Hydroxycarboxamide	
$R^1C(=O)R^2$	$HN_3/R^3N\equiv C/H^+$ or Brönsted acid	1-R^3-tetrazol-5-yl–$C(OH)R^1R^2$ α-Hydroxyalkyltetrazole	
$R^1C(=O)R^2$	$R^3NH_2/R^4N\equiv C/HN_3$	1-R^4-tetrazol-5-yl–$C(R^1R^2)NHR^3$ Tetrazole derivative	Ugi multicomponent reaction (*Angew. Chem.*, 1959, *71*, 386 & 1960, *72*, 267 & 1962, 74, 9; *SANR*, p 462)
$R^1C(=O)R^2$	$R^3NH_2/R^4N\equiv C/HN=C=O$	R^1, R^2, R^3, R^4, N, NH, =O Hydantoinimide	

★ 문헌 약기호는 부록 338쪽에 있는 참고 문헌 약어표를 참고할 것

(계속)

출발 물질	반응 시약 (적색: 주 반응 시약)	생성물	이름 반응 (참고 문헌)*
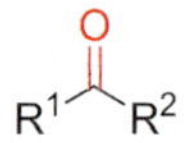 Aldehyde, ketone	$R^3NH_2/R^4N{\equiv}C/R^5CO_2H$	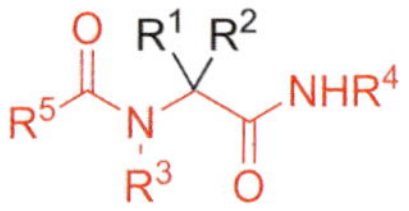 α-Acylaminocarboxamide	Ugi multicomponent reaction (*Angew. Chem.*, 1959, *71*, 386 & 1960, *72*, 267 & 1962, 74, 9; *SANR*, p 462)
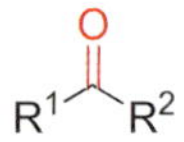	$R^3NH_2/R^4N{\equiv}C/OH_2$ or H_2S or H_2Se	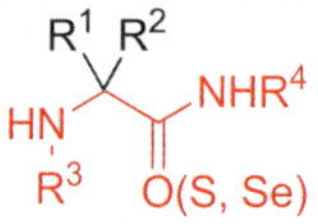 α-Aminocarboxamide	
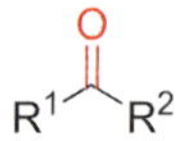	$R^3NH_2/R^4N{\equiv}C/CO_2/R^5OH$	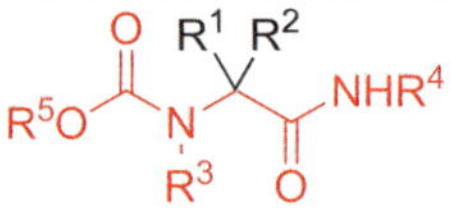 α-Acyloxyaminocarboxamide	
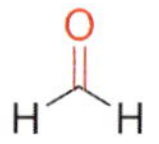	R^1R^2NH/HCO_2H	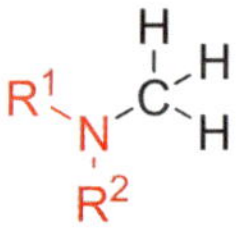 *N*-Methylated amine	Eschweiler-Clarke methylation (*Ber.* 1905, *38*, 880; *JACS*, 1933, *55*, 4571; *Chem. Rev.*, 1969, *69*, 673; *SANR*, p 160)
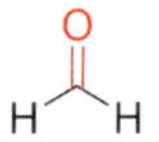	$R^2NHCH(R^1)(CH_2)_nCH_2CH{=}C(R^3R^4)/HCO_2H/H_2O$	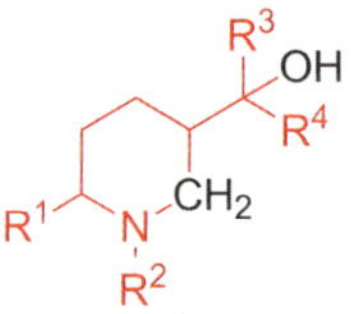 Cyclic 2°, 3° amine	
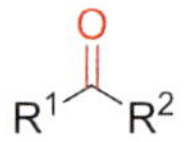	R^3R^4NH/reducing agent	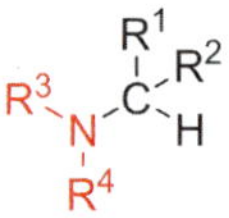 *N*-Alkylated amine	Leuckart-Wallach reaction (*HCA*, 1968, *51*, 1461; *JOC*, 2000, *65*, 1366; *SANR*, p 160)
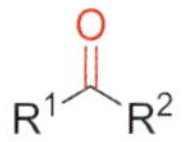	$R^3R^4NH/R^5B(OH)_2$	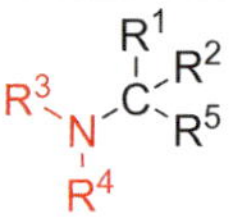 Allylic or benzylic amine	Petasis boronic acid-Mannich reaction (*TL*, 1993, *34*, 583; *ACIE*, 1997, *36*, 1700; *SANR*, p340)
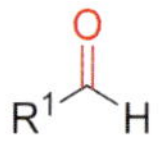	CrO_3 or $Cr_2O_7^{2-}$/acid/H_2O	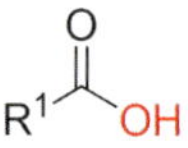 Carboxylic acid	Jones oxidation (*JCS*, 1946, 39; *OPPI*, 1988, *20*, 533; *SANR*, p 228)
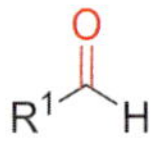	$R^2CHO/NaOH/H_2O$	 Carboxylic acid salt/1° Alcohol	Cannizzaro reaction (*Ann.*, 1853, *88*, 129; *Org. React.*, 1944, *2*, 94; *SANR*, p 74)

★ 문헌 약기호는 부록 338쪽에 있는 참고 문헌 약어표를 참고할 것

(계속)

출발 물질	반응 시약 (적색: 주 반응 시약)	생성물	이름 반응 (참고 문헌)*
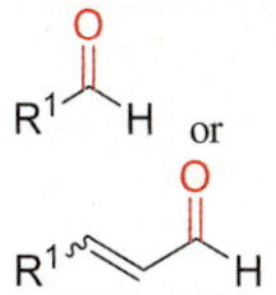 or	$NaClO_2/NaH_2PO_4/H_2O$	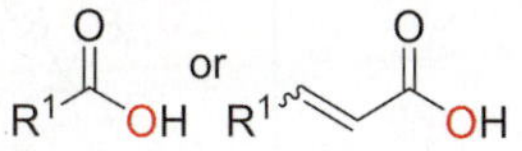 or Carboxylic acid or α,β-Unsaturated acid	Pinnick oxidation (*Acta Chim. Scandinavia*(1947-1973), 1973, *27*, 888; *SANR*,: p 354)
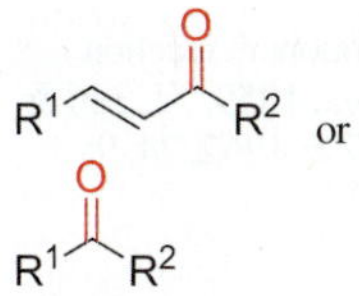 or	$(CH_3)_3SX$/NaH or $(CH_3)_3S^+OX^-$/NaH	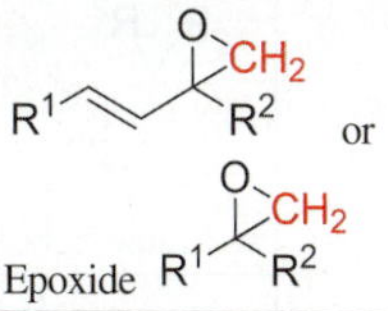 or Epoxide	Corey-Chaykovsky epoxidation (*JACS*, 1962, *84*, 867 & 1965, *87*, 1353; *SANR*, p102)
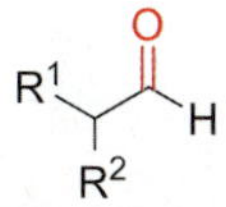	catalyst	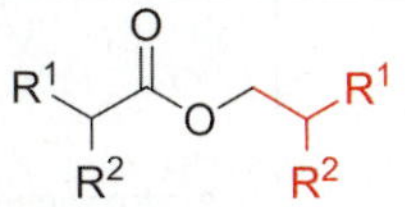 Ester	Tishchenko reaction (*Ber.*, 1887, *20*, 646; *J. Russ, Phy. Chem. Soc.*, 1906, *38*, 355; *SANR*, p 456)
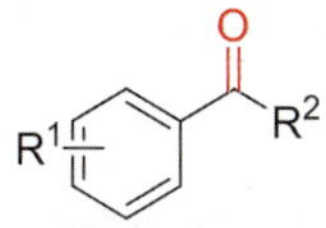	1)H_2O_2/NaOH or RCO_3H or H_2O_2(30%)-urea 2)hydrolysis	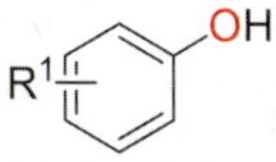 Substituted phenol	Dakin oxidation (*Am. Chem. J.*, 1909, *42*, 477; *Chem. Rev.*, 1949, *45*, 385; *SANR*, p 118)
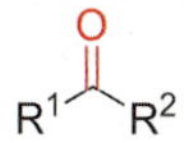	$R^3CH=CHCHR^4SiMe_3$/Lewis acid	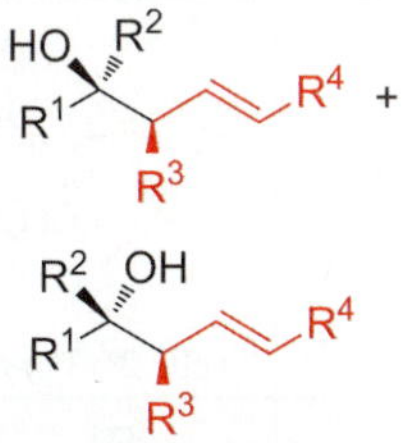 + *syn-/anti*-homoallylic alcohol	Sakurai allylation (*Chem. Lett.*, 1976, 941; *TL*, 1976, *1295; SANR*, p392)
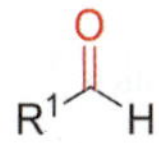	Chiral nonracemic allylboronic ester/4Å molecular sieves	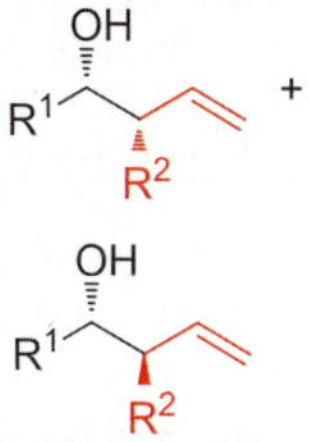 + *syn-/anti*-homoallylic alcohol	Roush asymmetric allylation (*ACIE*, 1978, *17*, 768; *JACS*, 1985, *107*, 8186; *SANR*, p386)
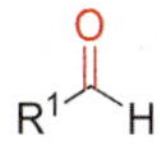	$CH=CR^2CH_2SnBu_3$/catalyst	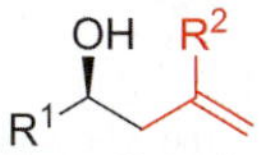 Homoallylic alcohol	Keck asymmetric allylation (*TL*, 1993, *34*, 7827; *JOC*, 1993, *58*, 6543; *SANR*, p236)
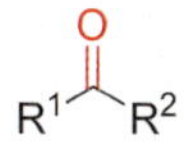	R^3N_3/PPh_3	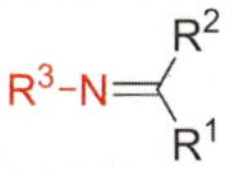 Schiff base	Aza-Wittig reaction (*HCA*, 1919, *2*, 635; *OPPI*, 1992, *24*, 209; *SANR*, p24)

★ 문헌 약기호는 부록 338쪽에 있는 참고 문헌 약어표를 참고할 것

(계속)

출발 물질	반응 시약 (적색: 주 반응 시약)	생성물	이름 반응 (참고 문헌)*
$R^1C(=O)H$	HN_3/acid(cat.)/H_2O	$R^1-C\equiv N$ Nitrile	Schmidt reaction (*Angew. Chem*, 1923, *36*, 511; *Ber*, 1924, *57B*, 704; *Org. Rect.*, 1946, 307; *SANR*, p396)
$R^1C(=O)R^2$	R^3N_3/H^+ or Lewis acid	$R^1C(=O)N(R^2)R^3$ Amide/Lactam	
$R^1C(=O)R^2$	1)$R^3CH_2NO_2$/Base, 2) Dehydration	$R^1R^2C=C(R^3)NO_2$ Nitroalkene	Henry reaction (*Chem. Rev.*, 1943, *32*, 373; *OPPI*, 1987, *19*, 283; *SANR*, p202)
$R^1C(=O)R^2$	1)$R^3CH_2NO_2$/Base, 2) Oxidation	$R^2C(=O)CH(NO_2)R^3$ α-Nitroketone(if $R^1 = H$)	
$R^1C(=O)R^2$	1)$R^3CH_2NO_2$/Base, 2) Reduction	$R^1R^2C(OH)CH(NH_2)R^3$ β-Aminoalcohol	
$R^1C(=O)H$	R^2CHO /NaOH/H_2O or Lewis acid	$R^1COONa + R^2CH_2OH$ Carboxylate + Alcohol	Cannizzaro reaction (*Ann.*, 1853, *88*, 129; *Org. React.*, 1944, *2*, 94; *SANR*, p 74)
$R^1C(=O)R^2$	*i*-PrOH/Al(*i*-PrO)$_3$/heat	$R^1R^2CHOH + CH_3COCH_3$ 1°/2° Alcohol + Acetone	Meerwein-Ponndorf-Verley reduction (*COS*, 1991, *8*, 79; *ACR*, 1988, *21*, 414; *SANR*, p280)
$R^1C(=O)R^2$	R^3X/Mg, Sm, Zn or Li, *etc.*	$R^1R^2R^3COH$ 1°,2° or 3° Alcohol	Barbier coupling reaction (*Synthesis,* 1977, 18; *Chem. Rev.*, 1993, *93*, 2023; *SANR*, p38)
N-acyl oxazolidinone ($R^1CH_2C(=O)$-N, 4-isopropyl oxazolidin-2-one)	1)Bu_2BOTf/DIPEA/DCM 2)R^2CHO/DCM -78°C to rt	oxazolidinone-N-C(=O)CH(R^1)CH(OH)R^2 *syn* Aldol	Evans aldol reaction (*JACS*, 1981, *103*, 2127; *PAC*, 1981, *53*, 1109; *SANR*, p162)
N-acyl oxazolidinone ($R^1CH_2C(=O)$-N, 4-Me-5-Ph oxazolidin-2-one)	1)Bu_2BOTf/DIPEA/DCM 2)R^2CHO/DCM -78°C to rt	oxazolidinone-N-C(=O)CH(R^1)CH(OH)R^2 (Ph, Me) *syn* Aldol	

★ 문헌 약기호는 부록 338쪽에 있는 참고 문헌 약어표를 참고할 것

(계속)

출발 물질	반응 시약 (적색: 주 반응 시약)	생성물	이름 반응 (참고 문헌)*
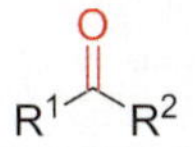 $R^1C(=O)R^2$	R^3MgX	$R^1R^2R^3COH$ 1°,2° or 3° Alcohol	Grignard reaction (*C. R. Acd. Sci.*, 1900, 1322; *Org. React.*, 1954, *8*, 28; *SANR*,: p188)
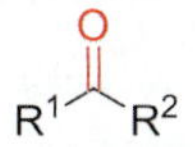 $R^1C(=O)R^2$	R_1X/ $CrCl_2$(2 equiv)/aprotic solvent	$R^1R^2R^3COH$ Allylic or homoallylic alcohol	Nozaki-Hiyama-Kishi reaction (*JACS*, 1977, *99*, 3179; *TL*, 1977, 3829; *SANR*,: p318)
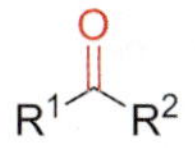 $R^1C(=O)R^2$	$R^3CH{=}CHCR^4SiMe_3$/Lewis acid, CH_2Cl_2, -78°C to rt	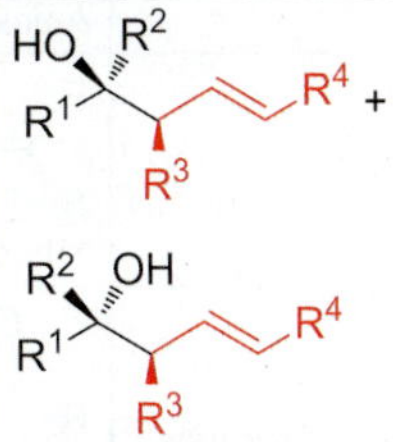 HO, R², R¹, R⁴, R³ + R², OH, R¹, R⁴, R³ *syn-/anti-*Homoallylic alcohol	Sakurai allylation (*Chem. Lett.*, 1976, 941; *TL*, 1976, 1295; *Org. React.*, 1989, 37; *SANR*, p392)
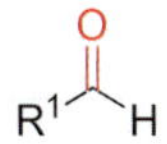 $R^1C(=O)H$	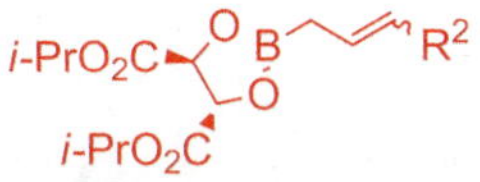 *i*-PrO_2C, *i*-PrO_2C, O, B, O, R² /4A molecular sieve/toluene then NaOH(aq)	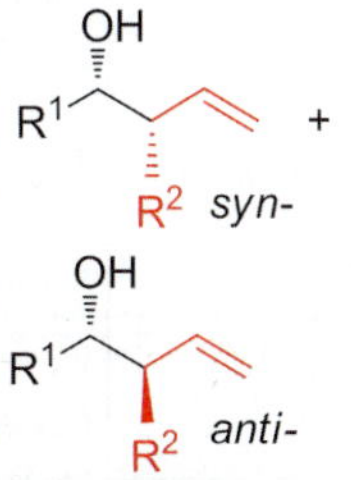 OH, R¹, R² *syn-* + OH, R¹, R² *anti-* *syn-/anti-*Homoallylic alcohol	Roush asymmetric allylation (*ACIE*, 1978, *17*, 768; *JACS*, 1985, *107*, 8186; *SANR*, p386)
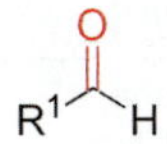 $R^1C(=O)H$	$CH_2{=}CR^2CH_2SnBu_3$/Keck cat./CH_2Cl_2	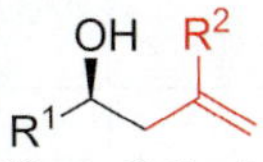 OH, R², R¹ Homoallylic alcohol	Keck asymmetric allylation (*TL*, 1993, *34*, 7827; *JOC*, 1993, *58*, 6543;*SANR*, p236)
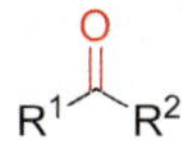 $R^1C(=O)R^2$	(R^3)-$PhCHR^4CH(NH_2)R^5/H^+$ or Lewis acid	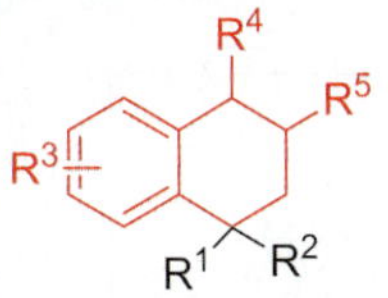 R⁴, R⁵, R³, R¹, R² Tetrahydroisoquinoline	Pictet-Spengler tetrahydroisoquinoline synthesis (*Ber.*, 1911, *44*, 2030; *Org. React.*, 1951, *6*, 151; *SANR*, p348)
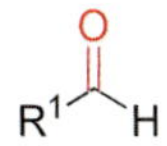 $R^1C(=O)H$	$R^2CH{=}CR^3(OSiMe_3)$(cat.) or Lewis acid or base	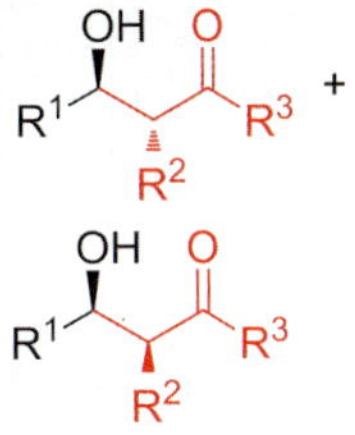 OH, O, R¹, R³, R² + OH, O, R¹, R³, R² *anti-/syn-*Diastereomer	Mukaiyama aldol reaction (*Chem. Lett.*, 1973, *1011; JACS*, 1974, *96*, 7503; *Science*, 1981, *214*, 395; *SANR*, p298)

★ 문헌 약기호는 부록 338쪽에 있는 참고 문헌 약어표를 참고할 것 (계속)

출발 물질	반응 시약 (적색: 주 반응 시약)	생성물	이름 반응 (참고 문헌)*
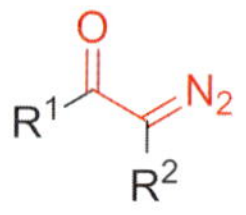 O, R^1, N_2, R^2	Heat or *hv* or transition metal compound	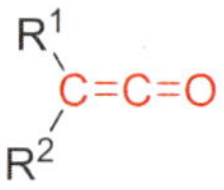 R^1, C=C=O, R^2 Ketene	Wolff rearrangement (*LAC*, 1902, *325*, 129; *Org. React.* 1942, *1*, 38; *SANR*, p494)
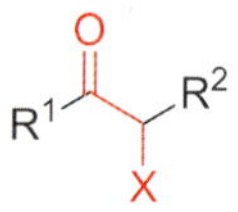 O, R^1, R^2, X	$R^3C(=O)CH_2C(=O)OR^4$/Base, acid	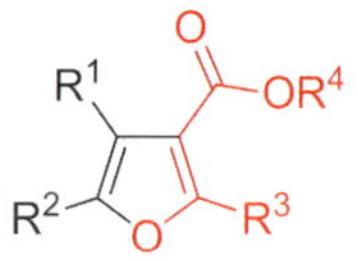 R^1, O, OR^4, R^2, O, R^3 Furan	Feist-Bénary furan synthesis (*Chem. Ber.*, 1902, *35*, 1545; *Ber.* 1911, *44*, 489; *SANR*, p166)
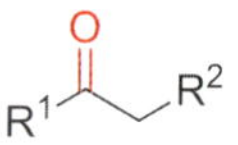 O, R^1, R^2	R^3R^4NH/cat./solvent	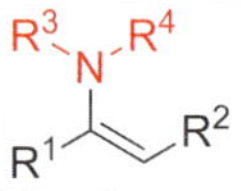 R^3, N, R^4, R^1, R^2 Enamine	Stork enamine synthesis (*Ber.* 1910, *42*, 3912; *JACS*, 1954, *76*, 2029 & 1956, *78*, 5128; *SANR*, p444)
	1)R^3R^4NH/cat./solvent 2)R^5X 3)H^+/H_2O	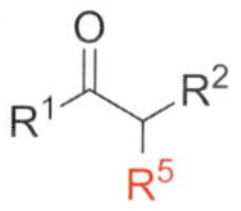 O, R^1, R^2, R^5 α-Substituted ketone	
	1)R^3R^4NH/cat./solvent 2)R^5COCl(or Br, CN, OCOR) 3)H^+/H_2O	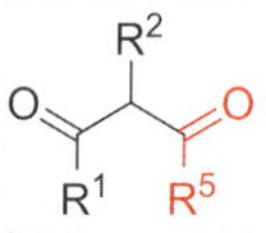 R^2, O, O, R^1, R^5 β-Diketone/aldehyde	
	1)R^3R^4NH/cat./solvent 2)$R^5CH=CHCN$(or COR, CO_2R, NO_2) 3)H^+/H_2O	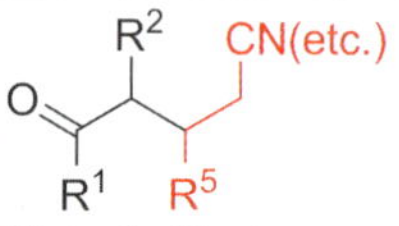 R^2, CN(etc.), O, R^1, R^5 Michael adduct	
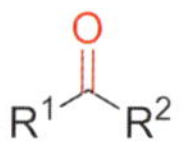 O, R^1, R^2	$ArC(=O)O_2H/CH_2Cl_2$	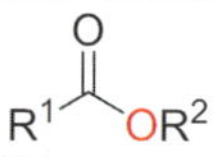 O, R^1, OR^2 Ester	Baeyer-Villiger oxidation (*Org. React.*, 1957, *9*, 73 & 1993, *43*, 251; *SANR*,: p28)
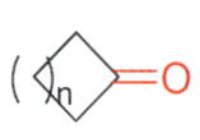 (n =O	$ArC(=O)O_2H/CH_2Cl_2$	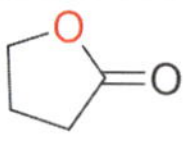 O, =O Lactone	
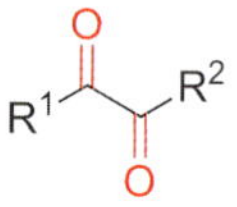 O, R^1, R^2, O	$RhC(PPh_3)_3$/solvent	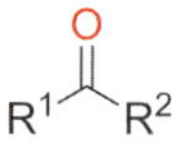 O, R^1, R^2 Ketone	Tsuji-Wilkinson decarboxylation (*TL*, 1965, 3969 & 1965, 4565; *JACS*, 1968, *90*, 99; *SANR*, p460)
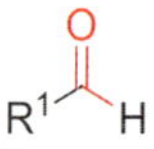 O, R^1, H	$RhC(PPh_3)_3$/solvent	R^1-H Decarbonylated product	

★ 문헌 약기호는 부록 338쪽에 있는 참고 문헌 약어표를 참고할 것

(계속)

출발 물질	반응 시약 (적색: 주 반응 시약)	생성물	이름 반응 (참고 문헌)*
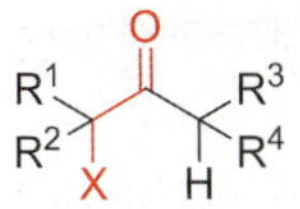	Nucleophile/base	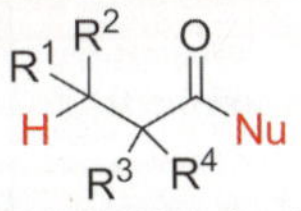 Acid/acid derivative	Favorskii rearrangement (*Org. React.*, 1960, *11*, 261; *J. Chem. Edu.*, 1978, *55*, 286; *SANR*, p164)
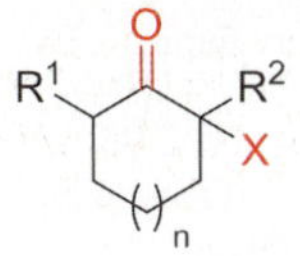	Nucleophile/base	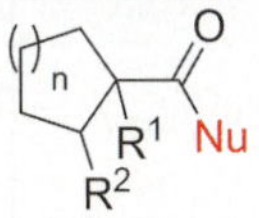 Acid/acid derivative	

★ 문헌 약기호는 부록 338쪽에 있는 참고 문헌 약어표를 참고할 것

표 C.6 알켄의 변환과 관련된 이름 반응

출발 물질	반응 시약 (적색: 주 반응 시약)	생성물	이름 반응 (참고 문헌)*
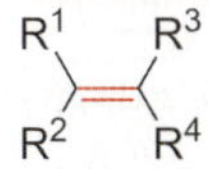 R = H, alkyl, aryl	Oxidant/ Chiral ligand/ OsO_4(cat.)/ Organic solvent-H_2O	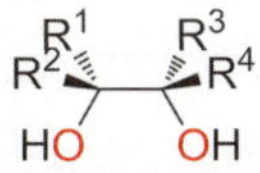 *cis*-Vicinal diol	Sharpless asymmetric dihydroxylation (*JACS*, 1980, *102*, 4263 & 1988, *110*, 1968; *SANR*, p406)
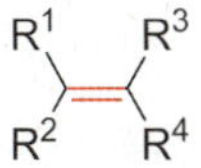 Alkene	RCO_2Ag(2 equiv)/I_2(1 equiv)/ AcOH/H_2O(1equiv)	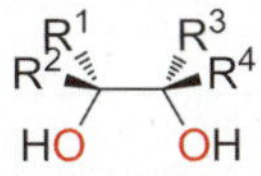 *cis*-1,2-Diol	Prévost reaction (*Comp. rend.*, 1933, *196*, 1129 & 1661; *Org. React.*, 1957, 332; *SANR*, p360)
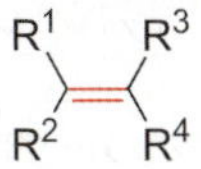 Alkene	RCO_2Ag(2 equiv)/I_2(1 equiv)/ Inert solvent	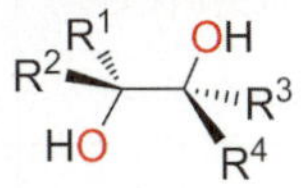 *trans*-1,2-Diol	
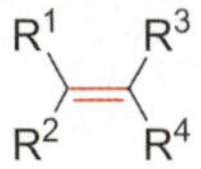 Alkene	R^4X/Pd(0)/Ligand/Base/Solvent	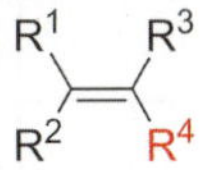 Substituted alkene	Heck reaction (*JACS*, 1968, *90*, 5518; *BCS*, 1971, *44*, 581; *SANR*, p196)
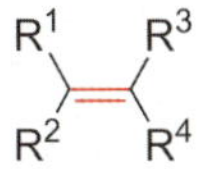 Alkene	R^5CHO/Protic or Lewis acid/(Nucleophile)	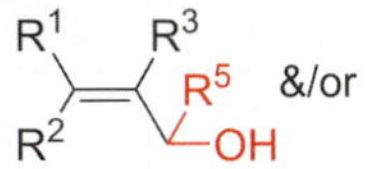 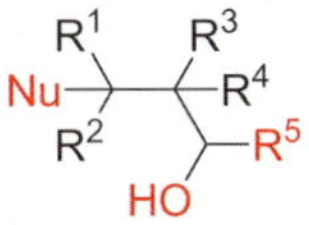 &/or Allylic alcohol &/or 3-Substituted alcohol	Prins reaction (*JCS*, 1899, *76*, 298; *Chem. Rev.*, 1952, *51*, 505; *SANR*, p364)

★ 문헌 약기호는 부록 338쪽에 있는 참고 문헌 약어표를 참고할 것

(계속)

출발 물질	반응 시약 (적색: 주 반응 시약)	생성물	이름 반응 (참고 문헌)*
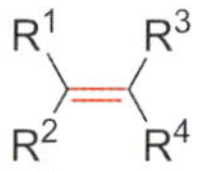 Alkene	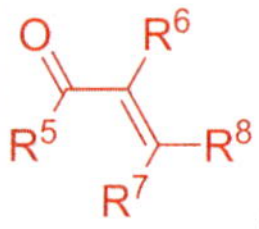 /hv	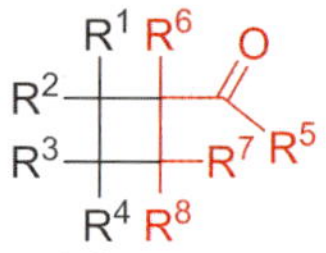 cyclobutane	De Mayo cycloaddition (*PCS*, 1962, *119; JACS*, 1962, *84*, 2454; *SANR*, p132)
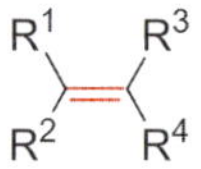 Alkene	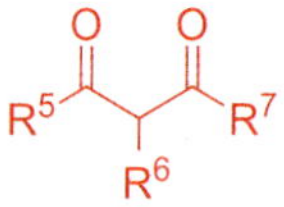 /hv	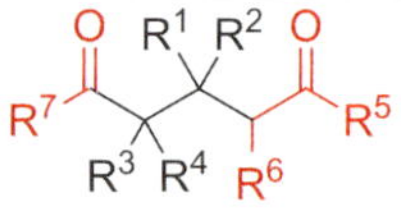 1,5-Diketone	
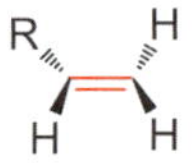	BH_3	$B(CH_2CHHR)_3$ Alkyl borane	Brown hydroboration (*JACS*, 1956, *78*, 5694; *Org. React.* 1963, *13*, 1; *SANR*, p 66)
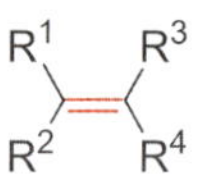	1):CX_2(X=Br, Cl) 2)Na or Mg in ether or MeLi, BuLi, RMGX, etc.	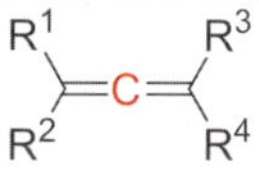 Acyclic allene	Doering-Laflamme allene synthesis (*JACS*, 1954, *76*, 6162 & 1956, *78*, 5447; *SANR*, p146)
	1):CX_2(X=Br, Cl) 2)Na or Mg in ether or MeLi, BuLi, RMGX, etc.	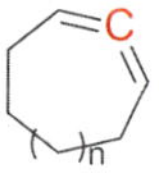 Cyclic allene	
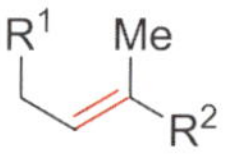	NBS/radical initiator, *hv* or heat	 Allylic bromide	Wohl-Ziegler bromination (*Ber.*, 1919, *52B*, 51; *Chem. Rev.*, 1948, *43*, 271; *SANR*, p492)
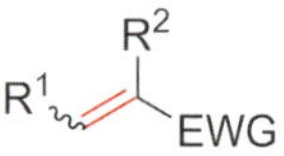	1)R^3-$PhNH_2$/HX 2)H_2O/metal salt(cat.)	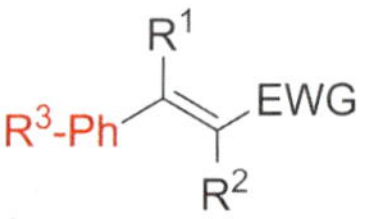 Aryl substituted olefin	Meerwein arylation (*JPC*, 1939, *152*, 237; *Org. React.*, 1960, *11*, 189; *SANR*, p278)
	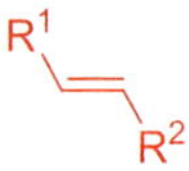	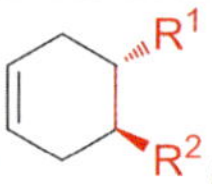 *trans* isomer	Diels-Alder cycloaddition (*Ann.*, 1926, *450*, 237 & 1928, *460*, 98; *Chem. Rev.*, 1980, *80*, 63; *SANR*, p140)
	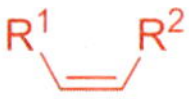	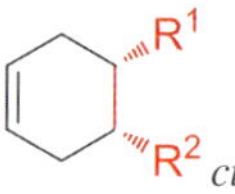 *cis* isomer	
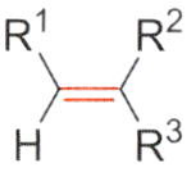	$R^4R^5C=C=O$	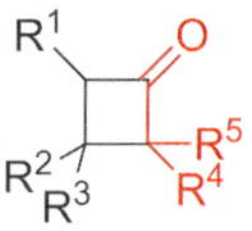 Cyclobutanone	Staudinger ketene cycloaddition (*Ber.*, 1907, *40*, 1145 & 1149; *ACR*, 1975, *8*, 361; *SANR*, p426)

★ 문헌 약기호는 부록 338쪽에 있는 참고 문헌 약어표를 참고할 것

(계속)

출발 물질	반응 시약 (적색: 주 반응 시약)	생성물	이름 반응 (참고 문헌)*
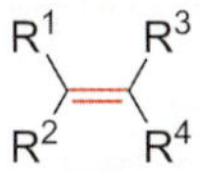 $R^1R^2C=CR^3R^4$	$R^5C≡CR^6/Co_2(CO)_8$	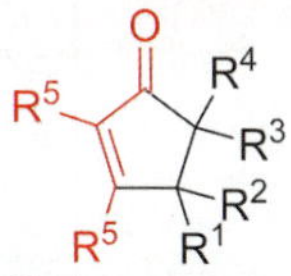 Cyclopentenone	Pauson-Khand reaction (*JCS Perkin Trans.,1*, 1973,977; *Tetrahedron*, 1985, *41*, 5855; *SANR*, p334)
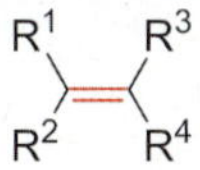 $R^1R^2C=CR^3R^4$	1)(salen)Mn(III)Cl (or OAc)/ PhIO, NaOCl or mCPBA	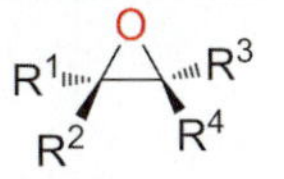 Optically active epoxide	Jacobsen-Katsuki epoxidation (*JACS*, 1986, *108*, 2309 & 1990, *112*, 2801; *SANR*,: p222)
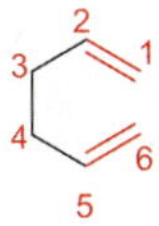 1,5-diene (1–6)	Heat, [*3,3 rearr.*]	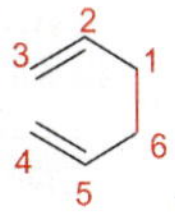 Diene	Cope rearrangement (*JACS*, 1940, *62*, 441; *Tetrahedron*, 1974, *30*, 1525; *SANR*,: p98)
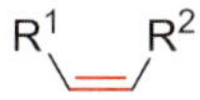 cis-$R^1CH=CHR^2$	CH_2I_2 /Zn-Cu/ether	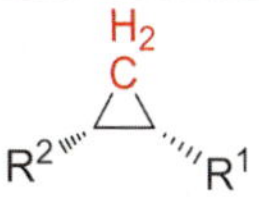 1,2-*cis*-	Simmons-Smith cycloaddition (*JACS*, 1958, *80*, 5323 & 1959, *81*, 4256; *Org. React.*, 1973, *20*, 1; *SANR*, p412)
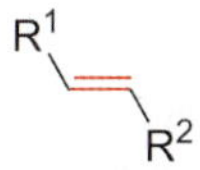 trans-$R^1CH=CHR^2$		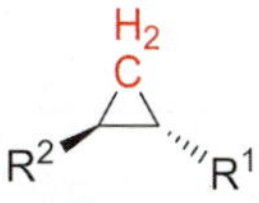 1,2-*trans*-	
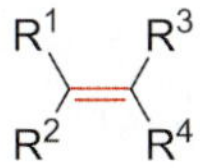 $R^1R^2C=CR^3R^4$	$R^5C(=O)OOH/CHCl_3$, CH_2Cl_2, benzene, ether, acetone or dioxane	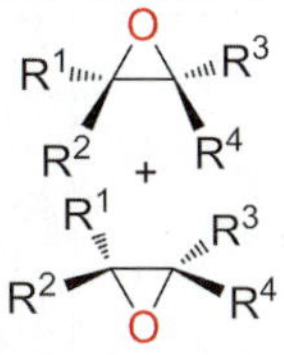 Epoxide(racemate)	Prilezhaev reaction (*Chem. Rev.*, 1949, *45*, 1; *RCR*, 1985, *54*, 1674; *SANR*,p362)
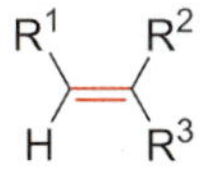 $R^1R^2C=CHR^3$	$KHSO_5$ or 30% H_2O_2(3equiv)/Shi's cat/H_2O/CH_3CN	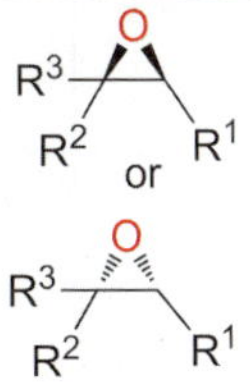 Enantio-pure epoxide	Shi asymmetric epoxidation (*JCS Chem. Commun.*, 1984, *155*; *JACS*, 1996, *118*, 9806; *SANR*, p410)
$R^1CH=CH_2$	H_2O/Pd-Complex(cat.)/Cu(II) or Cu(I) salt(cat.)/O_2 atmosphere	$R^1C(=O)CH_3$ Methyl ketone	Wacker oxidation (*COS*, 1991, *4*, 551; *TCC*, 1993, *164*, 49; *SANR*, p474)
$R^1CH=CH_2$	NuH/Pd-Complex(cat.)/Cu(II) or Cu(I) salt(cat.)/O_2 atmosphere	$R^1NuC=CH_2$ Alkene	
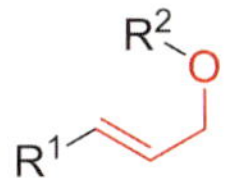 $R^1CH=CHCH_2OR^2$	H_2O/Pd-Complex(cat.)/Cu(II) or Cu(I) salt(cat.)/O_2 atmosphere	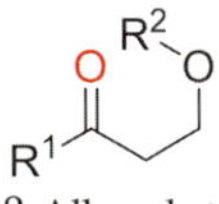 β-Alkoxyketone	

★ 문헌 약기호는 부록 338쪽에 있는 참고 문헌 약어표를 참고할 것

(계속)

출발 물질	반응 시약 (적색: 주 반응 시약)	생성물	이름 반응 (참고 문헌)*
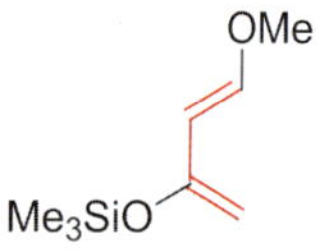 OMe Me_3SiO Danishefsky's diene	$R^1CH{=}CH_2$ or $R^2C{\equiv}CR^3$	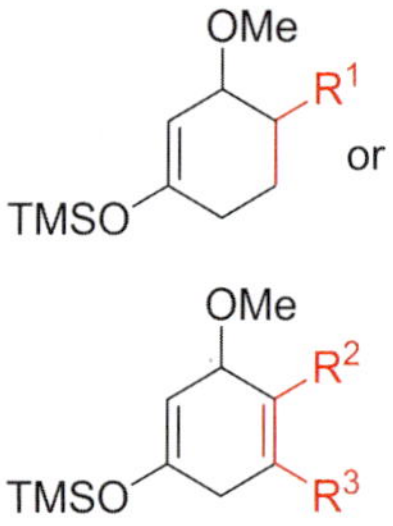 OMe, R^1, TMSO or OMe, R^2, TMSO, R^3 Cycloalkene	Danishefsky's diene cycloaddition (*JACS,* 1974, *96,* 7807; *ACR,* 1981, *14,* 400; *SANR*, p126)
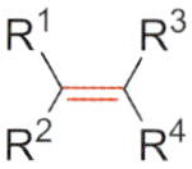 R^1, R^3, R^2, R^4	$R^5C(=O)R^6$/UV light	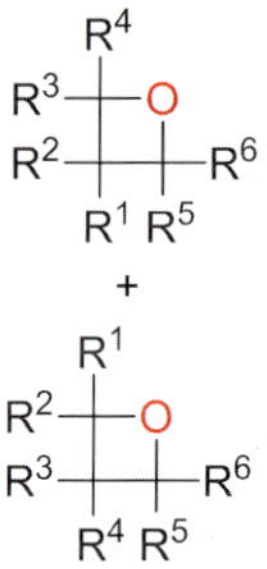 R^4, R^3, O, R^2, R^6, R^1 R^5 + R^1, R^2, O, R^3, R^6, R^4 R^5 Regioisomeric oxetene	Paterno-Büchi reaction (*GCI,* 1909, *39,* 237 & 341; *GCI,* 1911, *39,* 341; *SANR*, p332)
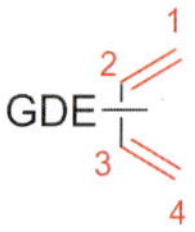 GDE, 1, 2, 3, 4	$CH_2{=}CH(EWG)$/various condition	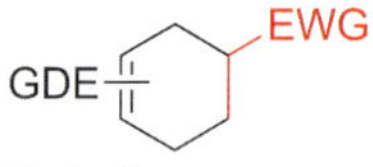 GDE, EWG Cycloalkene	Diels-Alder cycloaddition (*Ann.,* 1926, *450,* 237 & 1928, *460,* 98; *SANR*, p140)
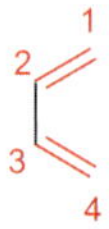 1, 2, 3, 4	A=B/various condition	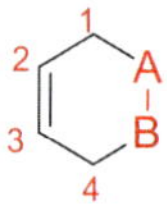 1, 2, 3, 4, A, B Heterocycloadduct	Hetero Diels-Alder cyclization (*Chem. Rev.,* 1986, *86,* 781; *ACR,* 1986, *19,* 250; *SANR*, p204)

★ 문헌 약기호는 부록 338쪽에 있는 참고 문헌 약어표를 참고할 것

표 C.7 엔온(enone)의 변환과 관련된 이름 반응

출발 물질	반응 시약 (적색: 주 반응 시약)	생성물	이름 반응 (참고 문헌)*
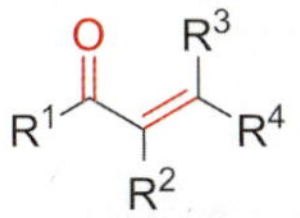	R^5CHO/nucleophilic cat.	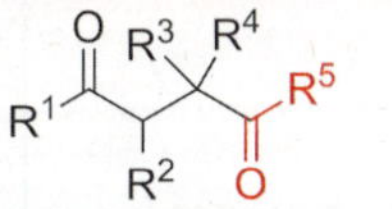 γ-Diketone	Stetter reaction (*Angew. Chem.*, 1973, *85*, 89 & 1976, *88*, 695; *ACR*, 2004, *37*, 534; *SANR*, p432)
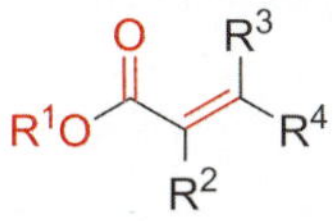	R^5CHO/nucleophilic cat.	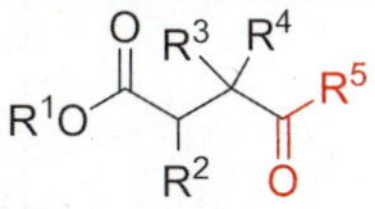 γ-Oxo-ester	
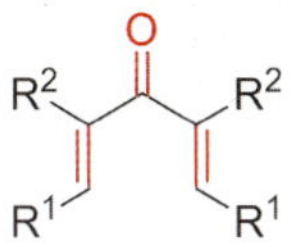	$2R^3CHO$/nucleophilic cat.	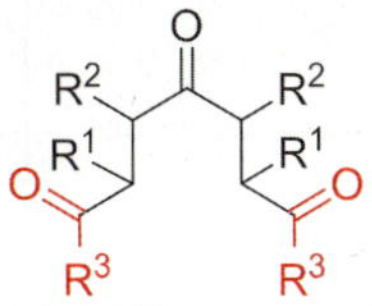 1,4,7-Triketone	
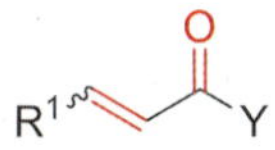 Y=O, NTs, NCO_2R, NSO_2Ar	$R^2R^3C{=}Z$(Z=O, NTs, NCO_2R or NSO_2Ar)/R^4_3N or R^4_3P	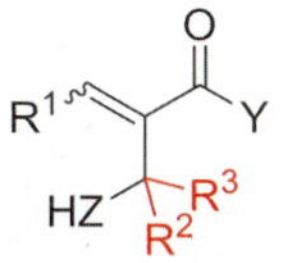 Coupled product	Baylis-Hillman reaction (*BCS*, 1968, *41*, 2815; *Tetrahedron*, 1996, *52*, 8001; *SANR*, p48)
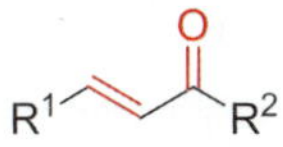	$CeCl_3{\cdot}7H_2O/NaBH_4$	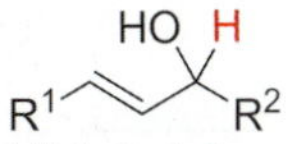 Allyl alcohol	Luche reduction (*JACS*, 1978, *100*, 2226; *JCS Chem. Commun.*, 1978, 601; *SANR*, p268)
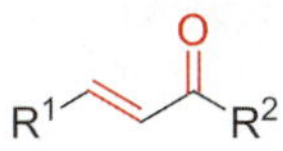	H_2O/Na_2PdCl_4(cat.)/Cu(II) or Cu(I) salt(cat.)/O_2 atmosphere	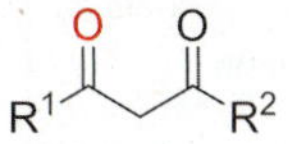 1,3-Dicarbonyl	Wacker oxidation (*COS*, 1991, *4*, 551; *TCC*, 1993, *164*, 49; *SANR*, p474)
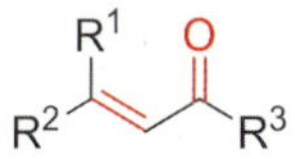	$R^4R^5CH_2$(Michael donor)/base	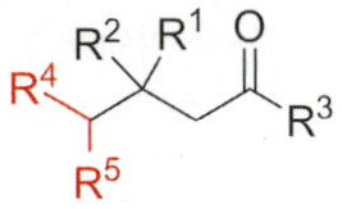 Michael adduct	Michael addition (*LAC*, 1883, *218*, 145; *OPPI*, 1989, *21*, 705; *SANR*, p286)
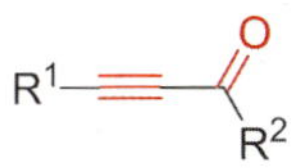	$R^3R^4CH_2$(Michael donor)/base	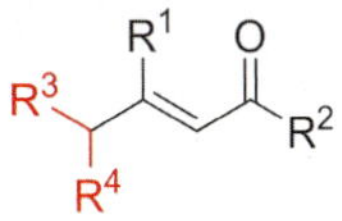 Michael adduct	
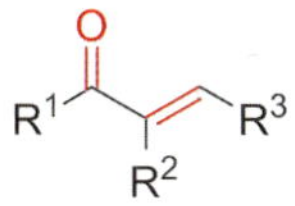	R^4-$PhNH_2/HCl/ZnCl_2$/oxidizing agent	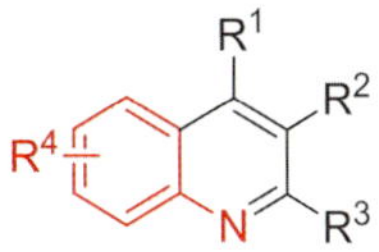 Quinoline	Skraup & Doebner-Miller quinoline synthesis (*Chem. Rev.*, 1944, *35*, 77; *Org. React.*, 1953, *7*, 59; *SANR*, p414)

★ 문헌 약기호는 부록 338쪽에 있는 참고 문헌 약어표를 참고할 것

(계속)

출발 물질	반응 시약 (적색: 주 반응 시약)	생성물	이름 반응 (참고 문헌)*
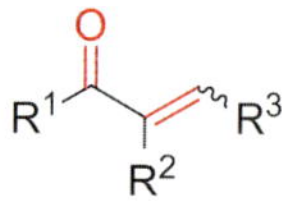 R^1, R^2, R^3, O	1)R^4COCH_2X/pyridine/THF 2)NH_3(equiv)/AcOH	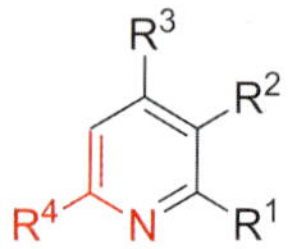 R^3, R^2, R^4, N, R^1 Substituted pyridine	Kröhnke pyridine synthesis (*Chem. Ber.,* 1961, *94,* 698 & 690*; Synthesis,* 1976, *1; SANR*, p254)
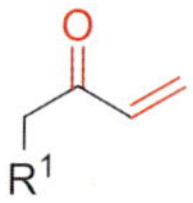 O, R^1	1)2-Alkyl-2-(3-oxoalkyl)cyclopentane-1,3-dione/(*S*)-(-)-proline/polar aprotic solvent 2)acid	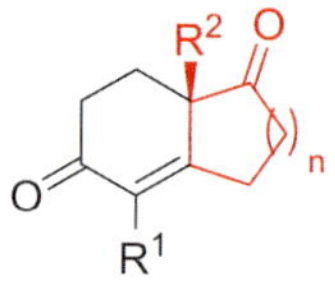 R^2, O, n, O, R^1 Wieland-Miescher ketone	Hajos-Parrish reaction (*ACIE,* 1971, *10,* 496; *JOC,* 1974, *39,* 1615*; SANR*, p192)

★ 문헌 약기호는 부록 338쪽에 있는 참고 문헌 약어표를 참고할 것

표 C.8 알카인의 변환과 관련된 이름 반응

출발 물질	반응 시약 (적색: 주 반응 시약)	생성물	이름 반응 (참고 문헌)*
2 R-C≡CH	1)Cu_2Cl_2(cat.)/NH_3(aq)/EtOH 2)O_2 or air/NH_3(aq)/EtOH	RC≡C-C≡CR 1,3-Diyne	Glaser coupling (*Ber.*, 1869, *2*, 422; *COS*, 1991, *3*, 551; *SANR*, p186)
R^1-C≡C-R^2	*o*-Iodoaniline/Pd(0) or Pd((II) complex(cat.)MCl(1 equiv)/ base(5 equiv)	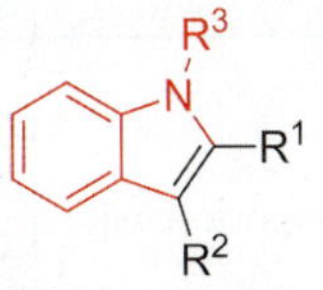 R^3, N, R^1, R^2 Substituted indole	Larock indole synthesis (*JACS*, 1991, *113*, 6689; *JOMC*, 1999, *576*, 42; *SANR*, p260)
R^1-C≡CH	R^2X/Cu(I)-complex/salt/base	R^1-C≡C-R^2	Castro-Stephens coupling (*JOC*, 1963, *28*, 2163 & 3313; *SANR*, p78)
	o-Y-PhX/Cu(I)-complex/salt/base	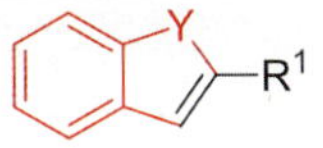 Y, R^1 Heterocycle	
R^1-C≡CH	R^2X/Pd(0) or (Pd(II)-Complex(cat.)/ Ligand/Cu(I)salt(cat.)/ base/solvent	R^1-C≡C-R^2 Internal alkyne	Sonogashira cross-coupling (*JOMC*, 1975, *93*, 253 & 259; *SANR*, p424)
R^1-C≡CX (X=OR, SR, OSiR or NR_2)	2,3,4-Substituted cyclobutenenone /$CHCl_3$, benzene or toluene	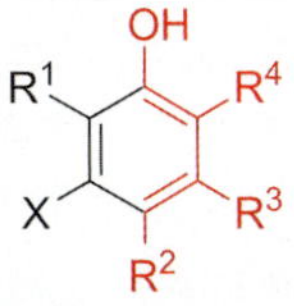 OH, R^1, R^4, X, R^3, R^2 Substituted aromatic ring	Danheiser benzannulation (*JOC*, 1984, *49*, 1672; *JACS*, 1990, *112*, 3093; *SANR*, p122)
R^1-C≡C-R^2	Fischer carbine complex/ *hv* or heat	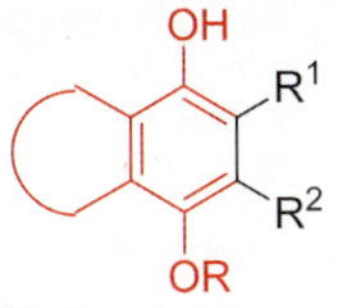 OH, R^1, R^2, OR Hydroquinone	Dötz benzannulation (*Angew. Chem.*, 1975, *87*, 672; *ACIE*, 1975, *14*, 644; *SANR*, p148)
R^1-C≡C-R^2	Danishefsky's diene	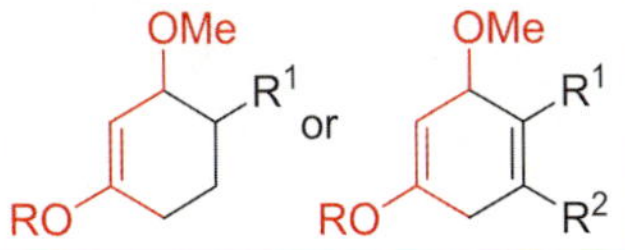 OMe, R^1, RO or OMe, R^1, RO, R^2	Danishefsky's diene cycloaddition (*JACS*, 1974, *96*, 7807; *ACR*, 1981, *14*, 400; *SANR*, p126)

★ 문헌 약기호는 부록 338쪽에 있는 참고 문헌 약어표를 참고할 것

표 C.9 아마이드의 변환과 관련된 이름 반응

출발 물질	반응 시약 (적색: 주 반응 시약)	생성물	이름 반응 (참고 문헌)*
$R^1CH(R^2)C(=O)NH_2$	1)MOX(M=Na, K, Ba, Ca; X=Cl, Br) or $NaBrO_2/H_2O/0^{\circ}C$ 2) heat	$R^1CH(R^2)NH_2$ 1° Amine	Hofmann rearrangement (*Ber.,* 1881, *14,* 2725; 1882, *15,* 407 & 762;1884, *17,* 1406 & 1885, *18,* 2735; *SANR,* p210)
	LTA, $PhI(OCOR_2)_2$, PhI(OH)OTs or PhIO pH=1~3/H_2O/solvent; or R^3OH or R^3NH_2/solvent	$R^1CH(R^2)NHC(=O)OR^3$ or $R^1CH(R^2)NHC(=O)NHR^3$ Carbamate or Urea	
R^1-substituted 2-Me-C_6H_3-NHC(=O)R^2	Strong base	2-R^2-indole (R^1 on benzene ring) 2-Substituted indole	Madelung Indole synthesis (*Ber.,* 1912, *45,* 1128; *AHC,* 1968, *9,* 27; *SANR,* p270)
R^1-C_6H_4-CH_2CH_2-NHC(=O)R^2	P_2O_5, $POCl_3$ or PPA	1-R^2-3,4-dihydroisoquinoline (R^1 on benzene ring) 3,4-Dihydroisoquinoline	Bischler-Napieralski isoquinoline synthesis (*Org. React.,* 1951, *6,* 74; *Chem. Rev.,* 1999, *99,* 1549; *SANR,* p62)
R^1-C_6H_4-$CH_2CH(OH)$-NHC(=O)R^2	P_2O_5, $POCl_3$ or PPA	1-R^2-isoquinoline (R^1 on benzene ring) Isoquinoline	
$R^1C(=O)NHR^2$	Tebbe or Petasis reagent	$R^1C(=CH_2)NR_2^2$ Enamine	Tebbe olefination/Petasis-Tebbe olefination (*JACS,* 1976, *98,* 5399 & 1978, *100,* 3611; *SANR,* p 454)
$R^1C(=O)NHR^2$	Tebbe or Petasis reagent	$R^1(NHR^2)C=CH_2$ Enamine	
$R^1C(=O)NR^2_2$	1)$R^3CH_2CH_2MgBr$/MeTi(*i*-PrO)$_3$/Et_2O 2) acidic work-up or 1)XTi(*i*-PrO)$_3$(5-10 mol%)/$Et_2O/R^3MgBr/R^5CHCH_2$ 2)acidic work-up	1-R^1-1-$N(R^2)_2$-2-(R^5 or R^3)cyclopropane *cis*-1,2-Disubstituted cyclopropane	Kulinkovich reaction (*Synthesis* 1991, *234;* *Chem. Rev.,* 2000, *100,* 2835; *SANR,* p 256)

★ 문헌 약기호는 부록 338쪽에 있는 참고 문헌 약어표를 참고할 것 (계속)

출발 물질	반응 시약 (적색: 주 반응 시약)	생성물	이름 반응 (참고 문헌)*
R^1R^2N-CHO	1)Acid chloride 2)Ph-(EDG) 3)H_2O	(EDG)-Ph-CHO Substituted benzaldehyde	Vilsmeier-Haack formylation (*JPC*, 1925, *109*, 69; *COS*, 1991, *2*, 777; *SANR*, p468)
	1)Acid chloride 2)5-Membered aromatic heterocycle 3)H_2O	(or S,NH, NR) R^3-furan-CHO Heteroaromatic aldehyde	
	1)Acid chloride 2)$R^3CH=CR^4(XR^5)$ 3)H_2O	R^3, X-R^5, OHC, R^4 X=O, NR, CH_2	
Ph-CH(OH)-CH(Me)-N(Me)-C(=O)-CH_2-R^1	R^2X/LDA(2.25 equiv), LiCl(6 equiv)/THF, -78°C	(H or)HO-C(=O)-CH(R^1)(R^2) or HO-CH_2-CH(R^1)(R^2) Carboxylic acid(or aldehyde) or 1° Alcohol	Myers asymmetric alkylation (*TL*, 1978, *3961*; *JOMC*, 1979, *177*, 5; *JACS*, 1994, *116*, 9361; *SANR*, p300)
R^1-C(=O)-CH_2-C(=O)-NH_2(NR, R^2) R^2=Alkyl, aryl OR, OAr	$R^3SO_2N_3$/base/solvent	R^1-C(=O)-C(=N_2)-C(=O)-NH_2(NR, R^2) α-Diazo-β-dicarbonyl	Regitz diazo transfer (*Ann.*, 1910, *373*, *336* & 1964, *676*, 101; *SANR*, p376)
R^1-C(=O)-N(Me)-OMe Weinreb's amide	1)R^2MgX or R^2Li 2)acidic work-up	R^1-C(=O)-R^2 Ketone	Weinreb ketone synthesis (*TL*, 1981, *22*, 3815; *OPPI*, 1993, *25*, 15; *SANR*, p478)
	1)$LiAlH_4$ or $AlH(t\text{-}Bu)_2$ 2)acidic work-up	R^1-C(=O)-H Aldehyde	
HO_2C-C(R^2OCHN)=CH-R^1	BINAP-Ru(II)$(O_2CR)_2$ (cat.)/H_2 pressure/alcohol solvent	HO_2C-CH(R^2OCHN)-CH(H)-R^1 Enantio-enriched amino acid	Noyori asymmetric hydrogenation (*JACS*, 1980, *102*, 792 & 1986, *108*, 7117; *SANR*, p316)

★ 문헌 약기호는 부록 338쪽에 있는 참고 문헌 약어표를 참고할 것

표 C.10 아민의 변환과 관련된 이름 반응

출발 물질	반응 시약 (적색: 주 반응 시약)	생성물	이름 반응 (참고 문헌)*
R^1-NH-R^2	$R^3C(=O)X$ or Anhydride, organic base and/or Lewis acid	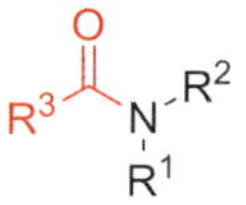 Amide	Schotten-Baumann reaction (*Chem. Ber.*, 1884, *21*, 2544; *Chem. Rev.*, 1953, *52*, 237; *SANR*, p398)
Cycloakyl-CH_2NH_2	HNO_2/H_2O	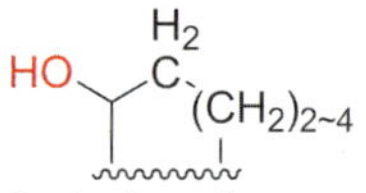 Cycloalkanol	Demjanov rearrangement (*JRPCS*, 1901, *33*, 279 & 1903, *35*, 26; *SANR*, p134)
Cycloakyl-C(OH)CH_2NH_2	HNO_2/H_2O	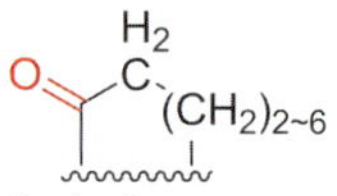 Cycloalkanone	Tiffeneau-Demjanov rearrangement (*Compt. Rend.*, 1937, *205*, 1411; *Org. React.*, 1960, *11*, 157; *SANR*, p134)
R^1-NH-R^2	$R^3C(=O)CHR^4R^5$/ $R^6C(=O)R^7$/ acid(cat.) or base(cat.)	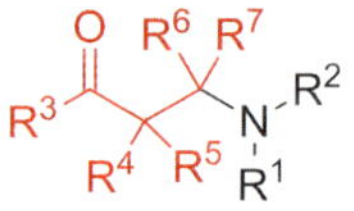 Mannich base	Mannich reaction (*JCS Abstract* 1917, *112*, 634; *COS*, 1991, *2*, 893; *SANR*, p274)
R^1-NH-R^2	Y-Ph-Cl(Br, I or OTf)/$[L_2PdCl_2]$(cat.)	Y-Ph-NR^1R^2 Aryl amine	Buchwald-Hartwig cross-coupling (*Chem. Lett.*, 1983, *927*; *JACS*, 1994, *116*, 7901; *SANR*, p70)
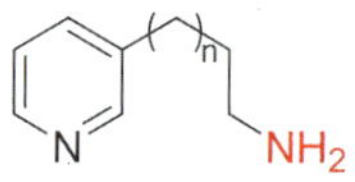	Base/solvent/high temp.	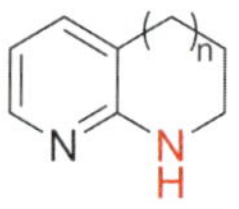 Nitrogen heterocycle	Chichibabin amination (*JRPCS*, 1914, *46*, 1216; *AHC*, 1988, *44*, 1; *SANR*, p80)
$R^1N=CR^2R^3$(R^1= H, aryl, alkyl, acyl etc.)	R^4CO_3H or Oxone	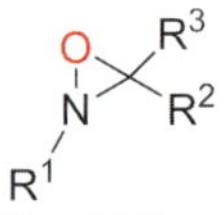 Oxaziridine	Davis'oxaziridine oxidation (*TL*, 1977, 1721; *JCS Chem Commun.*, 1977, 25; *SANR*, p130)
$R^1CH_2CH_2NR^2R^3$	H_2O_2 or RCO_3H	$R^1CH=CH_2$ + $HONR^2R^3$ Olefin/ *N,N*-Dialkylhydroxy-amine	Cope elimination (*JACS*, 1949, *71*, 3929 & 1949, *71*, 3423; *SANR*, p 96)
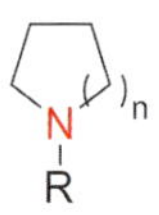	H_2O_2 or RCO_3H	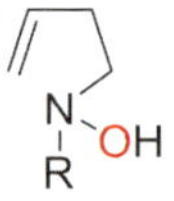 *N,N*-Dialkylhydroxylamine	
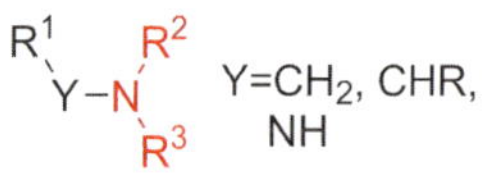 Y=CH_2, CHR, NH	1)R^4X 2) base	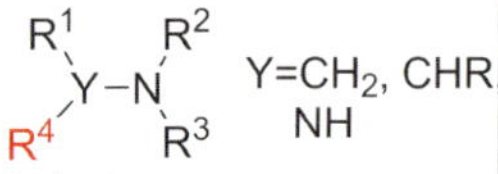 Y=CH_2, CHR, NH 3° Amine	Stevens rearrangement (*JCS, Abstracts*, 1928, 3193 & 1932, 1926; *SANR*, p434)

★ 문헌 약기호는 부록 338쪽에 있는 참고 문헌 약어표를 참고할 것 (계속)

출발 물질	반응 시약 (적색: 주 반응 시약)	생성물	이름 반응 (참고 문헌)*
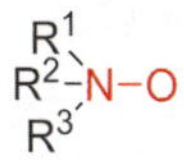 $R^1R^2R^3N$–O	Heat: [*1,2*-rearr.]	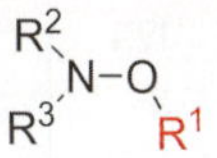 R^2R^3N–O–R^1 *O*-Substituted hydroxylamine	Meisenheimer rearrangement (*Ber.* 1919, *52B*, 1667 & 1922, *55B*, 512; *SANR*, p282)
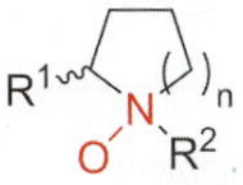	Heat: [*1,2*-rearr.]	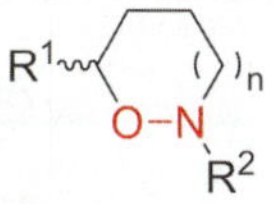 1,2-Oxazaheterocycle	
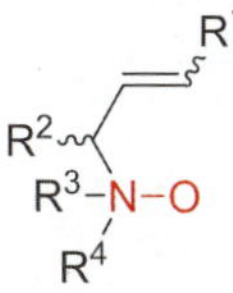	Heat: [*2,3*-rearr.]	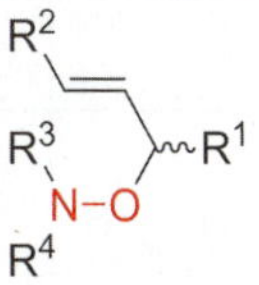 *O*-Allyl-*N,N*-disubstituted hydroxylamine	
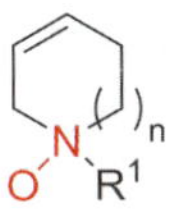	Heat: [*2,3*-rearr.]	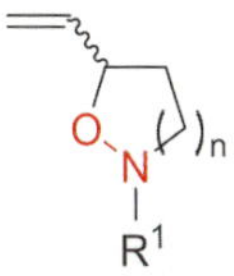 1,2-Oxazaheterocycle	
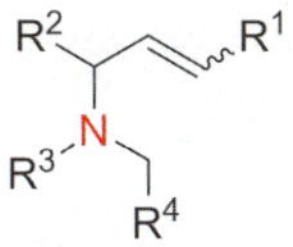	RLi/work-up: [aza-*2,3*-rearr.]	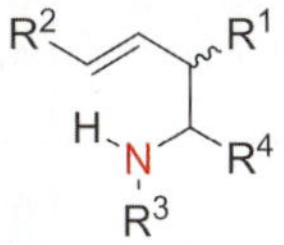 Homoallylic 2° amine	Aza-[2,3]-Wittig rearrangement (*JOMC*, 1971, *30*, C97; *JACS*, 1972, *94*, 9261; *SANR*, p26)
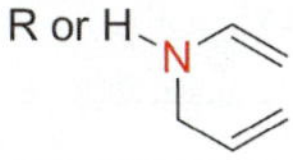 R or H–N	Heat or Lewis acid	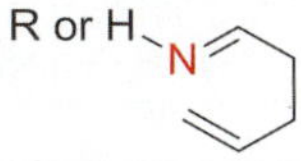 R or H–N	Aza-Claisen rearrangement (*TL*, 1967, *1421*; *PAC*, 1994, *66*, 2071; *SANR*, p20)
R-Ph-NH_2	1)$NaNO_2$/HX or *t*-BuONO 2)CuX	R-Ph-X Arylhalide or nitrile	Sandmeyer reaction (*Chem. Rev.*, 1947, *40*, 251 & 1988, *88*, 765; *SANR*, p394)
ArNH_2	1)HNO_2/HBF_4 2) heat	Ar-F Aryl fluoride	Balz-Schiemann reaction (*Ber.* 1927, *60B*, 1186; *Org. React.*, 1949, *5*, 193; *SANR*, p34)
R^1-Ar-NH_2	1)$NaNO_2$ 2)$R^2CH=CR^3(EWG)$	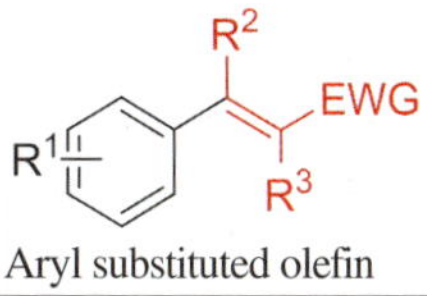 Aryl substituted olefin	Meerwein arylation (*JPC*, 1939, *152*, 237; *Org. React.*, 1960, *11*, 189; *SANR*, p278)
R^1-Ph-NH_2(NHR, NHCOR)	R^2-PhX/Cu(0) metal or Cu(I)-salt/base	R^1-Ph-NR-Ph-R^2 Biaryl amine	Ullmann biaryl amine synthesis (*Ber.*, 1903, *36*, 2382; *Chem. Rev.*, 1951, *49*, 273; *SANR*, p464)

★ 문헌 약기호는 부록 338쪽에 있는 참고 문헌 약어표를 참고할 것

(계속)

출발 물질	반응 시약 (적색: 주 반응 시약)	생성물	이름 반응 (참고 문헌)*
R^1-NH_2	$R^2C(=O)CH(R^3)CH(R^4)C(=O)R^5$/ H^+ or Lewis acid cat.	Pyrrole	Paal-Knorr pyrrole synthesis (*Ber.*, 1884, *17*, 2863 & 2756; *SANR*, p328)
R^1-NH-R^2	HCHO/HCO_2H	*N*-Methyl amine	Eschweiler-Clarke methylation (*Ber.*, 1905, *38*, 880; *JACS*, 1933, *55*, 4571; *SANR*, p160)
R^1-NH-R^2	$R^3C(=O)R^4$(or H)/reducing agent	*N*-Alkyl amine	Leuckart-Wallach reaction (*Org. React.*, 1949, *5*, 301; *SANR*, p160)
	HCHO/HCO_2H/H_2O	n= 0, 1 Cyclic amine	Eschweiler-Clarke cyclization (*JOC*, 1965, *30*, 2163 & 1966, *31*, 3099; *SANR*, p160)
R^1-PhNH_2	1)$R^2C(=O)CH(R^3)C(=O)R^4$ 2)acid/heat	Quinoline	Combes quinoline synthesis (*Chem. Rev.* 1942, *30*, 113 & 1944, *35*, 77; *SANR*, p94)
R^1-PhNH_2	1)$R^2C(=O)CH(R^3)C(=O)OR^4$ 2)heat	4-Hydroxy quinoline	
R^1-PhNH_2	$HOCH_2CH(OH)CH_2OH$/*conc*-H_2SO_4/oxidizing agent	Quinoline	Skraup synthesis (*Chem. Rev.*, 1944, *35*, 77; *Org. React.* 1953, *7*, 59; *SANR*, p414)
R^1-PhNH_2	$R^2C(=O)C(R^3)=CHR^4$/HCl-$ZnCl_2$ /oxidizing agent	Quinoline	Doebner-Miller synthesis (*TL*, 2000, *41*, 8523 & 2002, *43*, 3907; *SANR*, p414)
$R^1CH_2(CH_2)_3N(X)R^2$	1)heat or *hv* or radical initiator/ acidic or neutral or weakly basic medium 2)base	Cyclic amine	Hofmann-Löffler-Freytag reaction (*Ber.*, 1883, *16*, 558 & 1909, *42*, 3427; *Chem Rev.*, 1963, *63*, 55; *SANR*, p208)

★ 문헌 약기호는 부록 338쪽에 있는 참고 문헌 약어표를 참고할 것

표 C.11 카복실산의 변환과 관련된 이름 반응

출발 물질	반응 시약 (적색: 주 반응 시약)	생성물	이름 반응 (참고 문헌)*
(Ar or)RC(=O)OH	HN_3/acid(cat.)/H_2O	(Ar or)R-NH_2 Amine	Schmidt reaction (*Ber.* 1924, *57B*, 704; *Org. React.*, 1946, 307; *RCR*, 1978, *47*, 1084; *SANR*, p396)
(Ar or)RC(=O)OH	$R^2C(=O)R^3/R^4N{\equiv}C$/aprotic solvent	$R^1C(=O)OC(R^2)(R^3)C(=O)NHR^4$ α-Acyloxycarboxamide	Passerini multicomponent reaction (*ACIE*, 1962, *1*, 8; *COS*, 1991, *2*, 1083; *SANR*, p 330)
$R^1R^2C(H)C(=O)OH$	1)X_2/P or PX_3(cat.)/heat 2)H_2O	$R^1R^2C(X)C(=O)OH$ α-Halocarboxylic acid	Hell-Volhard-Zelinsky reaction (*Chem. Rev.*, 1930, *7*, 173 & 1953, *52*, 237; *SANR*, p200)
RC(=O)OH	1)$SOCl_2$ or $(COCl)_2$ 2)*N*-hydroxypyridine-2-thione sodium salt 3)$(n\text{-}Bu)_3SnH$, AIBN/PhH	R-H Alkane	Barton radical decarboxylation reaction (*PCS*, 1962, 309; *JCS Chem. Commun.*, 1980, 732; *SANR*, p44)
(Ar or)RC(=O)OH	1)*t*-BuOCl(or Br) 2)*hν*, PhH or $X_2/Pb(OAc)_4/CCl_4$	R-Cl(or Br) Chloride/bromide	Hunsdiecker reaction (*Ber.*, 1942, *75B*, 291; *Chem. Rev.*, 1956, *56*, 219; *SANR*, p218)
	XeF_2/HF/DCM	R-F Fluoride	
	$PhI(OAc)_2/CCl_4$	R-I Iodide	
RC(=O)OH	1)$SOCl_2$ 2)CH_2N_2 3)Ag_2O/H_2O	RCH_2COOH Homologated acid	Arndt-Eistert homologation synthesis (*Ber.*, 1935, *68B*, 200; *Org. React.*, 1942, *1*, 38; *SANR*, p18)
RC(=O)OH	$SOCl_2/NaN_3$ or $TMSN_3$ or $ClCO_2Et/NaN_3$ or $(PhO)_2P(O)N_3$	R^1-N=C=O Isocyanate	Curtius rearrangement (*SANR*, p 116)
HO–CH_2CH_2–$(CH_2)_n$–C(=O)OH	DCC or EDCI/DMAP/ DMAP-HCl	Lactone	Keck macrolactonization (*JOC*, 1985, *50*, 2394; *TCC*, 1992, *161*, 107; *SANR*, p238)
HO–CH(R)–CH_2–$(CH_2)_n$–C(=O)OH	2,2'-Dipyridyl disulfide/PPh_3	Lactone	Corey-Nicolaou macrolactonization (*JACS*, 1974, *96*, 5614 & 1975, *97*, 653; *SANR*, p 108)
HO–CH(R)–CH_2–$(CH_2)_n$–C(=O)OH	2,4,6-Trichlorobenzoyl chloride/NR_3	Lactone	Yamaguchi macrolactonization (*BCS*, 1979, *52*, 1989; *Tetrahedron*, 1980, *36*, 2409; *SANR*, p500)

★ 문헌 약기호는 부록 338쪽에 있는 참고 문헌 약어표를 참고할 것

(계속)

출발 물질	반응 시약 (적색: 주 반응 시약)	생성물	이름 반응 (참고 문헌)*
$ArCO_2H$	HN_3/acid(cat.)/H_2O	Ar-NH_2 Aromatic amine	Schmidt reaction (*Ber.* 1924, *57B*, 704; *Org. React.*, 1946, 307; *RCR*, 1978, *47*, 1084; *SANR*, p396)
R^1R^2CH–CO_2H	HN_3/acid(cat.)/H_2O	$R^1R^2CHNH_2$ Aliphatic amine	
$R^3(CO_2H)C{=}CR^2R^1$	BINAP-Ru(II)(O_2CR)$_2$ (cat.)/H_2/alcohol solvent	$R^3(CO_2H)$ with H, H, R^2, R^1 (hydrogenated) Enantio-enriched carboxylic acid	Noyori asymmetric hydrogenation (*JACS*, 1980, *102*, 7932 & 1986, *108*, 7117; *SANR*, p316)

★ 문헌 약기호는 부록 338쪽에 있는 참고 문헌 약어표를 참고할 것

표 C.12 카복실산 유도체의 변환과 관련된 이름 반응

출발 물질	반응 시약 (적색: 주 반응 시약)	생성물	이름 반응 (참고 문헌)*
$R^1C(=O)Y$ Y=acid derivative	R^2MgX(2 equiv)	$R^1R^2R^2COH$ 3° Alcohol	Grignard reaction (*Org. React.*, 1954, *8*, 28; *CSR*, 2003, *32*, 225; *SANR*, p188)
$R^1C(=O)Y$ Y=Acid anhydride/halide	Tebbe reagent	$R^1(OTi)C{=}CH_2$ Ti-enolate	Tebbe olefination (*JACS*, 1976, *98*, 5399 & 1978, *100*, 3611; *SANR*, p454)
$R^1C(=O)_2O$	Petasis reagent	$R^1C(=CH_2)OC(=O)R^1$	Petasis olefination (*JACS*, 1947, *69*, 1551; *JOC.*, 1962, *27*, 3647; *SANR*, p344)
$[R^1CH_2C(=O)]_2O$	R^2CHO/base/heat	$R^2CH{=}C(R^1)CO_2H$ α,β-Unsaturated carboxylic acid	Perkin reaction (*JCS*, 1868, *21*, 181; *Org. React.*, 1942, *1*, 210; *SANR*, p338)
$R^1C(=O)_2O$	$R^2CH_2N^+(R^3R^4)O^-$	$R^1C(=O)NR^3R^4$ + R^2CHO 3° Amine+Aldehyde	Polonovski reaction (*COS*, , 1991, *6*, 909; *Heterocycles*, 1984, *22*, 1591; *SANR*, p356)
$R^1C(=O)_2O$	R^2PhH/cat.	$R^2PhC(=O)R^1$ Aryl ketone	Fridel-Crafts acylation (*Ber.*, 1877, *10*, 2173; *Chem. Rev.*, 1935, *17*, 327; *SANR*, p176)
$R^1C(=O)X$ X=Halide	$RhC(PPh_3)_3$/solvent	R-X Halide	Tsuji-Wilkinson decarboxylation (*TL*, 1965, 3969 & 1965, 4565; *JACS*, 1968, *90*, 99; *SANR*, p460)
$R^1C(=O)X$ X=Halide	R^2ZnX/NiL_n or PdL_n/solvent/ligand	$R^1C(=O)R^2$ Coupled ketone	Negishi cross-coupling (*JACS*, 1976, *98*, 6729; *JCS Chem. Commun.*, 1976, 596; *SANR*, p310)

★ 문헌 약기호는 부록 338쪽에 있는 참고 문헌 약어표를 참고할 것

표 C.13 에스터 유도체의 변환과 관련된 이름 반응

출발 물질	반응 시약 (적색: 주 반응 시약)	생성물	이름 반응 (참고 문헌)*
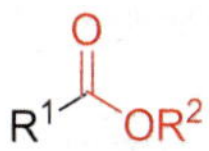	Tebbe or Petasis reagent	$R^1(OR^2)C=CH_2$ Enol ether	Tebbe-Petasis olefination (*JACS*, 1976, *98*, 5399 & 1978, *100*, 3611; *SANR*, p454)
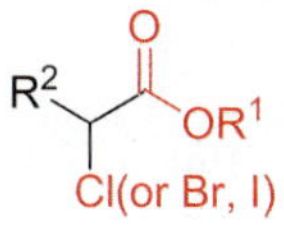	1)$R^3R^4C=O$/metal or metal salts 2)acidic work-up	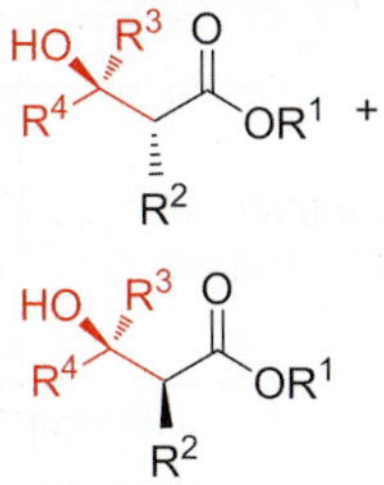 β-Hydroxyester	Reformatsky reaction (*Org. React.*, 1942, 1; *Chem. Rev.*, 1959, *58*, 89; *SANR*, p374)
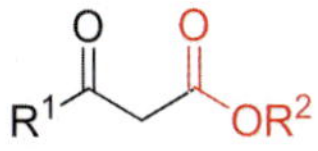	$R^3SO_2N_3$/base	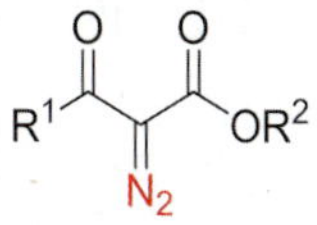 α-Diazo-β-carbonyl ester	Regitz diazo transfer (*Ann.*, 1910, *373*, 336 & 1964, *676*, 101; *TL*, 1964, 1403; *SANR*, p376)
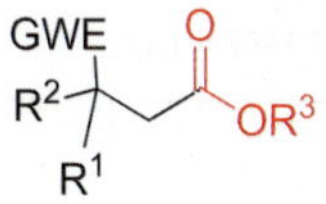	NaCN(or KCN, LiCl, NaCl, NaBr, NaI, etc)/DMSO(or DMF, DMA, HMPT)	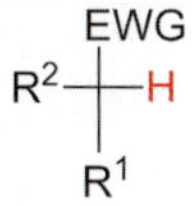 Decarboxylated product	Krapcho dealkoxycarbonylation (*LAC*, 1894, *282*, 153; *TL*, 1967, 215; *SANR*, p252)
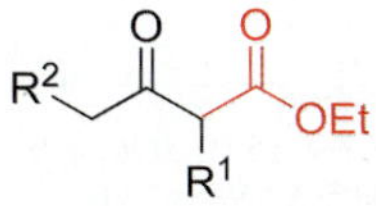	R^3-PhOH/protic or Lewis acid	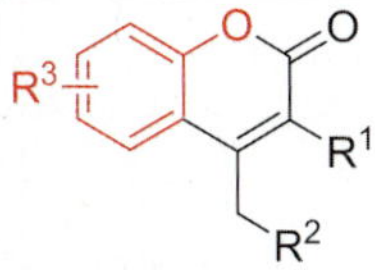 Coumarin	von Pechmann reaction (*Org. React.*, 1953, *VII*, 1; *JCE*, 1998, *75*, 1631; *SANR*, p472)
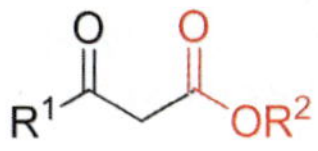	$R^3C(=O)CHXR^4$/base	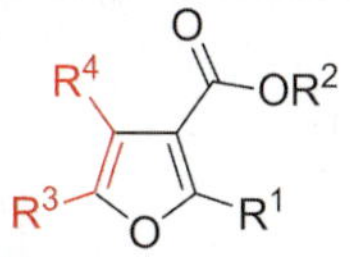 Furan	Feist-Bénary furan synthesis (*Chem. Ber.*, 1902, *35*, 1545; *Ber.*, 1911, *44*, 489; *SANR*, p166)
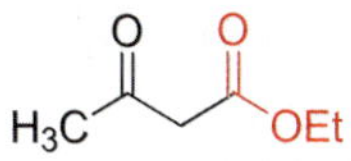	$H_3CC(=O)CH(NO)C(=O)OEt$/Zn dust/AcOH(gracial)	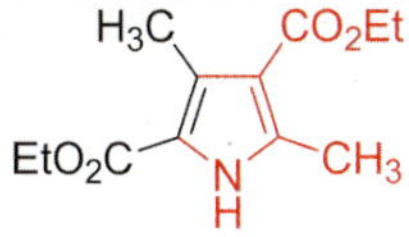 Pyrrole	Knorr pyrrole synthesis (*Ber.*, 1902, *35*, 2998; *COC*, 2003, *7*, 1855; *SANR*, p244)
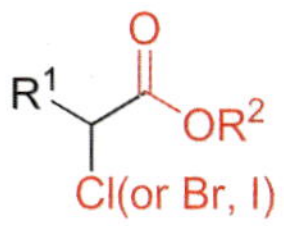	$R^3R^4C=O$(or NR)/base	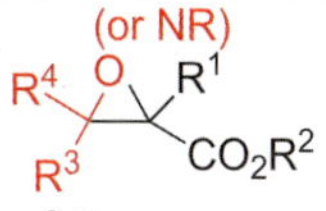 α,β-Epoxy ester	Darzens glycidic ester condensation (*LAC*, 1892, *271*, 137; *Chem. Rev.*, 1955, *55*, 283; *SANR*, p128)

★ 문헌 약기호는 부록 338쪽에 있는 참고 문헌 약어표를 참고할 것

(계속)

출발 물질	반응 시약 (적색: 주 반응 시약)	생성물	이름 반응 (참고 문헌)*
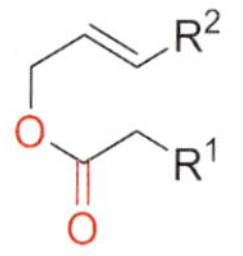	1)LDA/THF, adding TMSCl 2)warm to r.t. 3) NaOH/H_2O	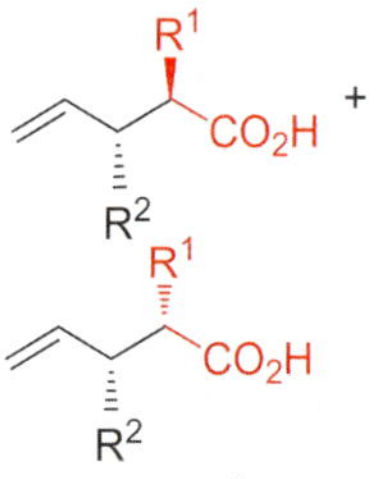 *anti*- or *syn*-γ,δ-Unsaturated acid	Claisen-Ireland rearrangement (*JACS*, 1949, *71*, 2439 & 1150; *SANR*, p90)
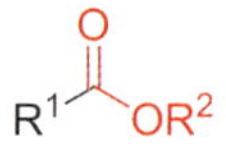	1)EtMgBr(3 equiv)/Ti(*i*-PrO)$_4$ (1 equiv)/Et_2O 2)H_2SO_4(5%)	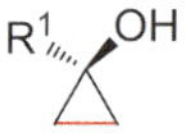 1-Alkylcyclopropanol	Kulinkovich reaction (*Synthesis*, *1991*, 234; *Chem. Rev.*, *2000*, *100*, 2789; *SANR*, p256)
	1)$R^3CH_2CH_2MgBr$(3 equiv)/ Ti(*i*-PrO)$_4$(1 equiv)/Et_2O 2)acidic work-up	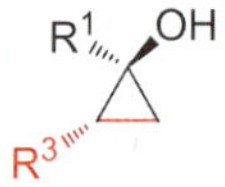 *cis*-1,2-Disubstituted cyclopropanol	
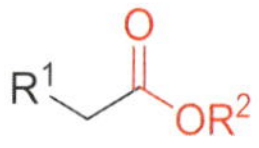	$R^1CH_2CO_2R^2$/R^2ONa(or K, Li)/R^2OH	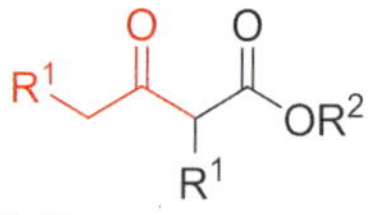 β-Keto ester	Claisen condensation (*Org. React.*, 1942, *1*, *266*; *Ber.*, 1887, *20*, *651*; *SANR*, p86)
	$R^3CO_2R^2$/R^2ONa(or K, Li) /R^2OH	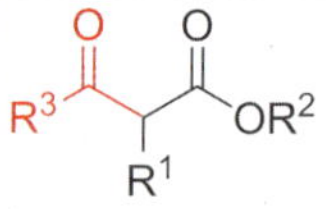 β-Keto ester	
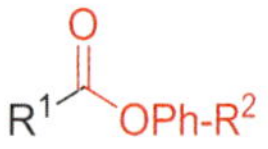	Lewis or Brönstead acid or solid acid or *hv*	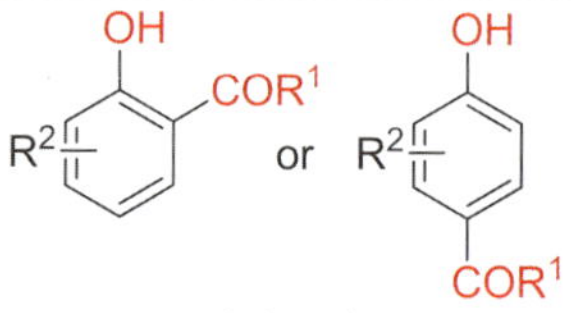 *o*-/*p*-Acylated phenol	Fries rearrangement (*Ber.*, 1909, *41*, 4271 & 1910, *43*, 212; *Org. React.*, 1942, *1*, 342; *SANR*, p180)

★ 문헌 약기호는 부록 338쪽에 있는 참고 문헌 약어표를 참고할 것

표 C.14 아자이드 유도체의 변환과 관련된 이름 반응

출발 물질	반응 시약 (적색: 주 반응 시약)	생성물	이름 반응 (참고 문헌)*
$R^1C(=O)N_3$	1)heat 2)H_2O	R^1NH_2 1° Amine	Curtius rearrangement (*JPC*, 1894, *50*, 275 & 1930, *125*, 303; *Chem. Rev.*, 1948, *43*, 203; *SANR*, p 116)
$R^1C(=O)N_3$	1)heat 2) R^2NH_2	$R^1NHC(=O)NHR^2$ Urea	
$R^1C(=O)N_3$	1)heat 2)R^2OH	$R^1NHC(=O)OR^2$ Carbamate	
(Ar or)R^1-N_3	1)PPh_3 2) $R^2C(=O)R^3$	(Ar or)R^1N=CR^2R^3 Schiff base	Aza-Wittig reaction (*HCA*, 1919, *2*, 635; *PAC*, 1964, *9*, 245; *SANR*, p 24)
(Ar or)R^1-N_3	1)PX_3 2)H_2O	R^1-NH_2 1° Amine	Staudinger reaction (*HCA*, 1919, *2*, 635; *Chem. Rev.*, 1988, *88*, 297; *SANR*, p428)
R^1-N_3	R^2R^3C=O/H^+ or Lewis acid	Amide	Schmidt reaction (*Ber.* 1924, *57B*, 704; *Org. React.*, 1946, 307; *RCR*, 1978, *47*, 1084; *SANR*, p396)
$R^1SO_2N_3$	$R^2C(=O)CH_2C(=O)R^3$/base	α-Diazo-β-carbonyl	Regitz diazo transfer (*Ann.*, 1964, *676*, 101; *TL*, 1964, 1403; *SANR*, p376)

★ 문헌 약기호는 부록 338쪽에 있는 참고 문헌 약어표를 참고할 것

표 C.15 나이트릴/아이소나이트릴 유도체의 변환과 관련된 이름 반응

출발 물질	반응 시약 (적색: 주 반응 시약)	생성물	이름 반응 (참고 문헌)*
$R^1C\equiv N$	R^2MgX(1 equiv)	$R^1C(=O)R^2$ Ketone	Grignard reaction (*Org. React.*, 1954, *8*, 28; *CSR*, 2003, *32*, 225; *SANR*, p188)
$R^1C\equiv N$	$R^2R^3R^4COH$ or $R^2R^3R^4C^+X^-$	*N*-Alkyl carboxamide	Ritter reaction (*JACS*, 1948, *70*, 4048 & 4045; *RCR*, 1960, *26*, 331; *SANR*, p382)
	R^4CHO/nucleophilic cat.	γ-Oxo-nitrile	Stetter reaction (*Angew. Chem.*, 1973, *85*, 89 & 1976, *88*, 695; *Org. React.*, 1991, *40*, 407; *SANR*, p432)
R^1-$C\equiv N$	1)HCl/solvent 2)SnX_2/solvent 3)H_2O/heat	Aldehyde	Stephen aldehyde synthesis (*Chem. Rev.*, 1946, *38*, 227 & 1962, *31*, 615; *SANR*, p430)

★ 문헌 약기호는 부록 338쪽에 있는 참고 문헌 약어표를 참고할 것

(계속)

출발 물질	반응 시약 (적색: 주 반응 시약)	생성물	이름 반응 (참고 문헌)*
$R^1N\equiv C$	$R^2CO_2H/R^3R^4C{=}O$/apolar solvent	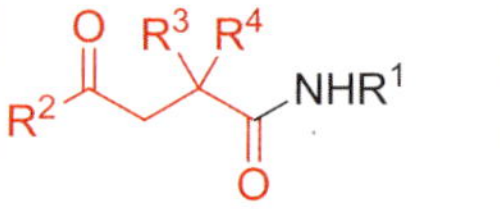 α-Acyloxycarboxamide	Passerini multicomponent reaction (*ACIE*, 1962, *1*, 8; *COS*, 1991, *2*, 1083; *SANR*, p330)
$R^1N\equiv C$	$H_2O/R^2R^3C{=}O$/apolar solvent	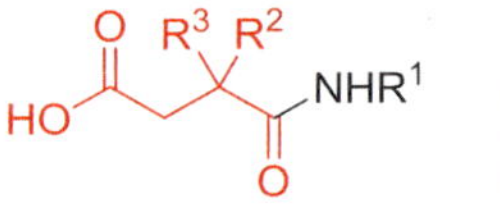 α-Hydroxycarboxamide	
$R^1N\equiv C$	$HN_3/R^3R^4C{=}O$/apolar solvent	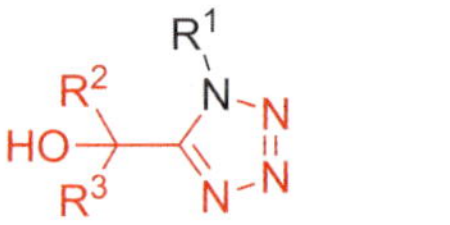 α-Hydroxyalkyltetrazole	
$R^1C\equiv N$ or $R^1CH(X)C\equiv N$	R^2PhR^3/HCl or $H_2SO_4/ZnCl_2$, $ZnBr_2$, $AlCl_3$ or $FeCl_3$	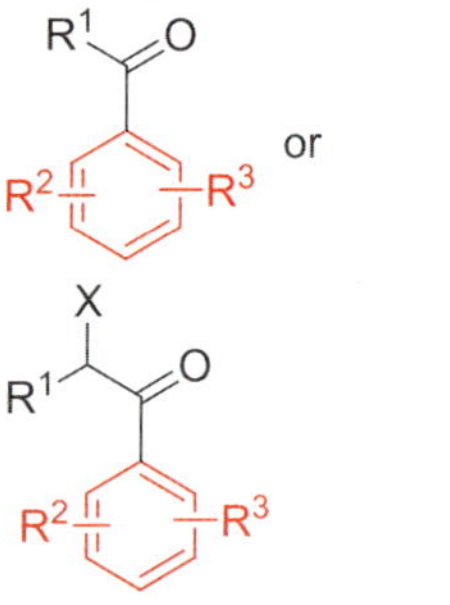 Aromatic ketone	Houben-Hoesch reaction (*Ber.*, 1926, *59B*, 2878 & 1927, *60B*, 389 & 2537; *SANR*, p216)
$R^1C\equiv N$	R^2OH/HX(dry)/weak base/H_2O	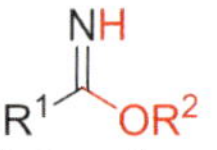 Imino ether	Pinner reaction (*Chem. Rev.*, 1959, *59*, 841; *RCR*, 1962, *31*, 615; *SANR*, p352)
$R^1C\equiv N$	R^2SH/HX(dry)/weak base/H_2O	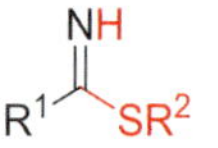 Imino thioester	
$R^1C\equiv N$	R^2OH/HX(dry)/acid/H_2O	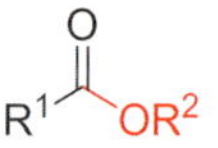 Ester	

★ 문헌 약기호는 부록 338쪽에 있는 참고 문헌 약어표를 참고할 것

표 C.16 에터 및 에폭사이드 유도체의 변환과 관련된 이름 반응

출발 물질	반응 시약 (적색: 주 반응 시약)	생성물	이름 반응 (참고 문헌)*
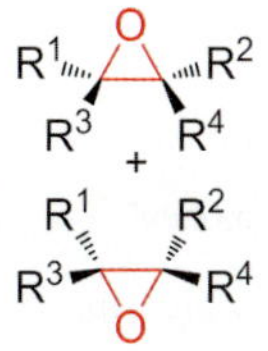	Y-Nu/solvent/H_2O(cat.)Jacobsen's Co(III)salen cat. (Y=cationic species; Nu=anionic species)	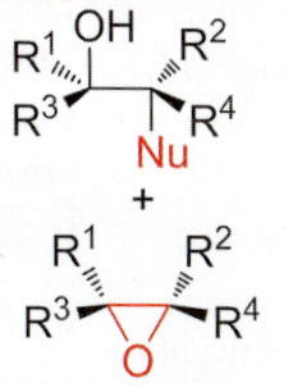 Enantio-enriched alcohol/epoxide	Jacobsen hydrolytic kinetic resolution (*JOMC*, 1988, *346*, C7; *JACS*, 1992, *114*, 2768; *SANR*, p220)
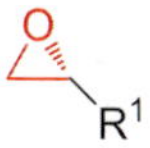	1)2-Silylated-1,3-dithiane/*n*-BuLi (or *t*-BuLi) 2)12-crown-4 or Et_2O 3)HMPA or DMPU/epoxide/Et_2O	 X, Y= OH(or OR^2) 1,5-Polyol	Smith-Tietze multicomponent dithiane coupling (*JCS, Perkin Trans. 1,* 1973, 2272; *JACS*, 1997, *119*, 6925; *SANR*, p418)
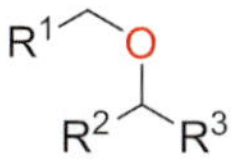	1)base 2) work-up, [*1,2*-rearr.]	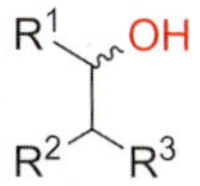 R^1=Aryl, alkenyl, alkynyl R^2,R^3=H, alkyl R^4=Aryl, alkenyl, alkynyl, COR, CN, etc. 2°/3° Alcohol	Wittig rearrangement (*LAC*, 1949, *562*, 192; *Chem. Rev.*, 1986, *86*, 885; *SANR*, p490)
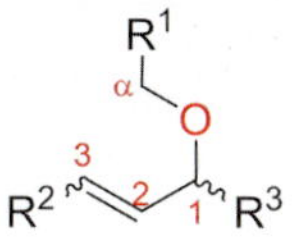	1)base 2) work-up, [*2,3*-rearr.]	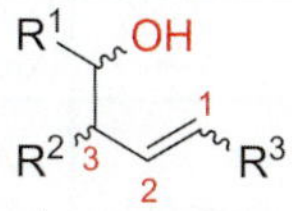 R^1=Aryl, alkenyl, alkynyl, COR, CN, etc. R^2,R^3=H, alkyl 2°/3° Homoallylic alcohol	
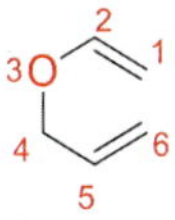	heat or Lewis acid, [*3,3*-sigma.]	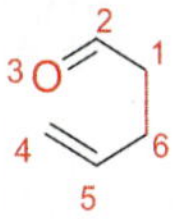 γ,δ-Unsaturated carbonyl	Claisen rearrangement (*Ann.*, 1914, *401*, 21; *Chem. Rev.*, 1984, *84*, 205; *SANR*, p88)
$R^1CH=CHCH_2OR^2$	Pd(II)-complex(cat.)/H_2O /org. solvent/Cu(I) or Cu(II) salt(cat.)/ O_2 atm or benzoquinone	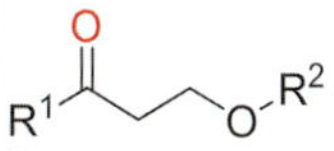 β-Alkoxyketone	Wacker oxidation (*Angew. Chem.*, 1959, *71*, 176 & 626; *JOC*, 1964, *29*, 241; *SANR*, p474)

★ 문헌 약기호는 부록 338쪽에 있는 참고 문헌 약어표를 참고할 것

(계속)

출발 물질	반응 시약 (적색: 주 반응 시약)	생성물	이름 반응 (참고 문헌)*
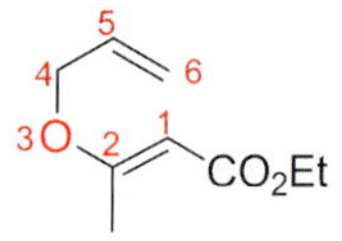 5, 6, 4, 3 O, 2, 1, CO_2Et	heat, [*3,3*-sigma.]	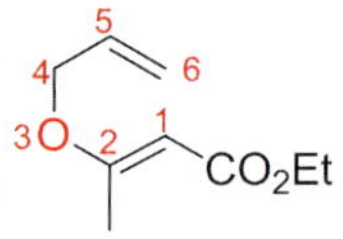 5, 4, 6, 3 O, 2, 1, CO_2Et 2-Allyl acetoacetic ester	Claisen rearrangement (*Ann.*, 1914, *401*, 21; *Chem. Rev.*, 1984, *84*, 205; *SANR*, p88)
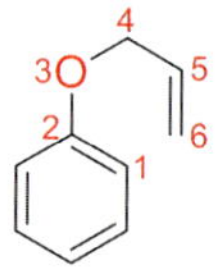 4, 3 O, 5, 2, 6, 1	heat, [*3,3*-sigma.]	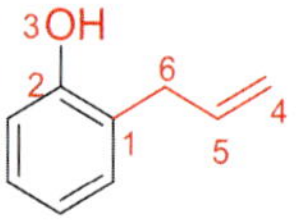 3 OH, 2, 6, 4, 1, 5 *o*-Allylphenol	
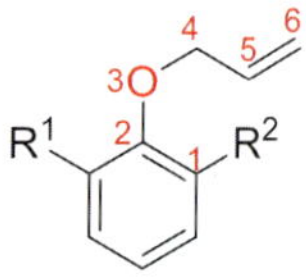 4, 6, 3 O, 5, R^1, 2, 1, R^2	heat, 2x[*3,3*-sigma.]	 R^2, 6, 1, 3, 2, HO, 5, 4, R^1 *p*-Allylphenol	

★ 문헌 약기호는 부록 338쪽에 있는 참고 문헌 약어표를 참고할 것

표 C.17 할로젠화물 유도체의 변환과 관련된 이름 반응

출발 물질	반응 시약 (적색: 주 반응 시약)	생성물	이름 반응 (참고 문헌)*
R^1-X	1)Malonic ester/base(1 equiv) 2)saponification 3)H_3O^+, heat	R^1CH_2COOH Monosubstituted acetic acid	Malonic ester synthesis (*LAC*, 1877, *186*, 161; *Org. React.*, 1957, 107; *SANR* , p272)
R^1-X	1)Malonic ester/base(1 equiv) 2)base/R^2X 3)saponification 4)H_3O^+, heat	$R^1R^2CH_2COOH$ Disubstituted acetic acid	
X-$CH_2(CH_2)_{1\sim3}CH_2$-X	Malonic ester/base(2 equiv)	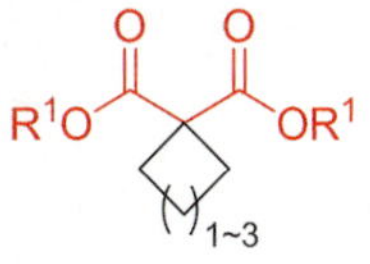 R^1O, OR^1, 1~3 Cycloalkane	
R^1-CHX_3(X=Cl, Br, I)	$R^2CHO/CrCl_2$/THF	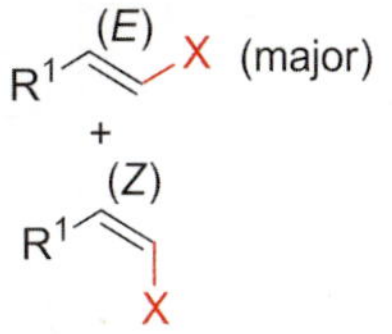 (*E*) R^1 X (major) + (*Z*) R^1 X (*E*)- /(*Z*)-Alkenyl halide	Takai-Utimoto olefination (*JACS*, 1986, *108*, 7408 & 1987, *109*, 951; *SANR*, P452)
R^1-CHI_2	$R^2CHO/CrCl_2$-DMF/THF or $R^2CHBr(OAc)/CrCl_3$/Zn/ THF/DMF or TMEDA	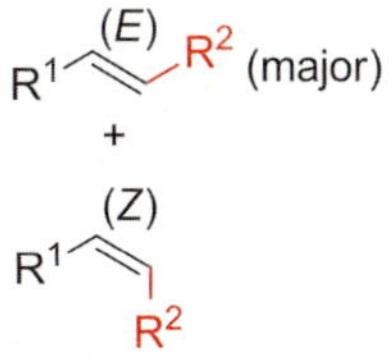 (*E*) R^1 R^2 (major) + (*Z*) R^1 R^2 (*E*)- /(*Z*)-Alkene	
Me_3SiCBr_3	$R^2CHO/CrBr_2$/THF	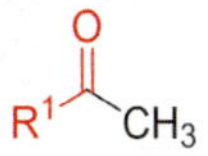 O, R^1, CH_3 Methyl ketone	
R^1-X	R^2ZnX/NiL_n or PdL_n/ solvent/ligand	R^1-R^2 Coupled product	Negishi cross-coupling (*JACS*, 1976, *98*, 6729; *JCS Chem. Commun.*, 1976, 596; *SANR*, p310)
R^1-Cl(or Br, OMs, OTs)	NaBr(or I)/acetone/reflux	R^1-Br(or I) Halide	Finkelstein reaction (*Ber.*, 1910, *43*, 1528; *Org. React.*, 1974, *21*, 125; *SANR*, p170)
2 R^1-X	Na(metal)/solvent	 R^1 R^1 Symmetric alkane	Wurtz coupling (*Ann.*, 1855, *96*, 364; *COS*, 1991, *3*, 413; *SANR*, p498)
R^1-X/R^2-X	Na(metal)/solvent	 R^1 R^2 Asymmetric alkane	
Ar-X/R^1CH_2-X	Na(metal)/solvent	 Ar R^1 Alkylated arene	

★ 문헌 약기호는 부록 338쪽에 있는 참고 문헌 약어표를 참고할 것

(계속)

출발 물질	반응 시약 (적색: 주 반응 시약)	생성물	이름 반응 (참고 문헌)*
R^1–CH(X)–R^2	Method 1: C_5H_5N-O or 2-Me-C_5H_4N-O/$NaHCO_3$/solvent Method 2: $(Me_3)N$-O/DMSO Method 3: 1)AgOTs/MeCN 2)DMSO Method 4: $AgBF_4$/DMSO	R^1–C(=O)–R^2 Aldehyde/Ketone	Kornblum oxidation (*JACS*, 1957, *79*, 6562 & 1959, *81*, 4113; *SANR*, p250)
R^1-X	R^2-PhH/cat.	R^2-Ph-R^1 Alkylbenzene	Friedel-Crafts alkylation (*JCS*, 1877, *32*, 725; *Chem. Rev.*, 1935, *17*, 327; *SANR*, p178)
R^1-X	$R^2C(=O)CH_2R^3/R^4R^5NH$/ cat. solvent	R^2–C(=O)–CH(R^1)–R^3 α-Alkylated ketone	Stork enamine synthesis (*Ber.*, 1910, *42*, 3912; *JACS*, 1954, *76*, 2029; *SANR*, p444)
R^1-X	1)Phthalimide/base/solvent/heat 2)acid or base or NH_2NH_2/solvent	R^1-NH_2 1° Amine	Gabriel synthesis (*ACIE*, 1968, *7*, 919; *ACR*, 1991, *24*, 285; *SANR*, p182)
R^1-X	R^2OH/base	R^1-O-R^2 Ether	Williamson ether synthesis (*LAC*, 1851, *77*, 37; *Chem. Rev.*, 1934, *14*, 385; *SANR*, p484)
R^1-X	$P(OR^2)_3$/heat	R^2O–P(=O)(R^1)–OR^2 Dialkylphosphonate	Arbuzov reaction (*JRPCS*, 1910, *42*, 395; *Chem. Rev.*, 1957, *57*, 479; *SANR*, p16)
	$PR^3(OR^2)_2$/heat	R^3–P(=O)(R^1)–OR^2 Phosphinic acid ester	
R^1-X	$P(R^3)_2(OR^2)$/heat	R^3–P(=O)(R^1)–R^3 Phosphine oxide	
R^2–C(R^1)(R^3)–C(R^4)(X)–H	H^+ or Lewis acid or solvolysis	R^1(R^2)C=C(R^4)(R^3) Alkene	Wagner-Meerwein rearrangement (*Ber.*, 1899, *32*, 2302 & 1922, *55B*, 2500; *Chem. Rev.*, 1956, *56*, 571; *SANR*, p476)
	1) H^+ or Lewis acid or solvolysis 2)Nucleophile	R^1–C(Nu)(R^2)–C(R^4)(R^3)–H Substituted product	
R^1-X	$R^2HC=CR^3R^4$/Pd(0)(cat.)/ ligand/base	R^1(R^2)C=C(R^4)(R^3) Alkene	Heck reaction (*JACS*, 1968, *90*, 5518; *BCS*, 1971, *44*, 581; *SANR*, p196)

★ 문헌 약기호는 부록 338쪽에 있는 참고 문헌 약어표를 참고할 것

(계속)

출발 물질	반응 시약 (적색: 주 반응 시약)	생성물	이름 반응 (참고 문헌)*
R^1-Ph-X	R^2R^3NH/L_2PdCl_2(cat.)/base	R^1-PhNR^2R^3 Aryl amine	Buchwald-Hartwig cross-coupling (*Chem. Lett.*, 1983, 927; *JACS*, 1994, *116*, 7901; *SANR*, p70)
	$R^2ONa/Pd(OAc)_2$ or $Pd_2(dba)_3$/base	R^1-PhOR^2 Aryl ether	
$R^1(R^2)C=C(R^3)X$	R^4MgX (or R^4Li)/$NiCl_2L_2$(cat.) or Pd(0)(cat.)/ligand/solvent	$R^1(R^2)C=C(R^3)R^4$ Coupled product	Kumada cross-coupling (*JCS Chem. Commun.*, 1972, 144; *JACS*, 1972, *94*, 9268; *SANR*, p258)
R^1-X	R^2-Sn(alkyl)$_3$/Pd(0)(cat.)/ligand	R^1-R^2 Coupled product	Stille cross-coupling (*JOMC*, 1976, *117*, C55; *Chem. Lett.*, 1977, 301; *SANR*, p438)
R^1-X	R^2-B(R)$_3$/Pd(0)(cat.)/ligand/base	R^1-R^2 Coupled product	Suzuki cross-coupling (*SANR*, p448)
R^1-Ph-X	R^2PhY(OH or NH_2, NHR, NHCOR) /Cu(II) metal or Cu(I) salt/base	R^1-Ph-Y-PhR^2 Biaryl ether/amine	Ullmann biaryl ether/amine synthesis (*Ber., 1905, 38, 2211;Chem. Rev., 1951, 49, 273; SANR,* p464)
$R^1CH=CHCH_2X$	1)Pd(0) or Pd(II)complex (cat.)/ ligand/base or neutral con. 2)Nucleophile	$R^1CH=CHCH_2Nu$ Substituted product	Tsuji-Trost reaction (*TL*, 1965, 4387 & 1970, 3821; *SANR*, p458)
R^1-X	1)2$CrCl_2$/aprotic solvent 2)$R^2R^3C=O$	$R^1C(OH)(R^2)R^3$ Allylic/homoallylic alcohol	Nozaki-Hiyama-Kishi reaction (*JACS*, 1977, *99*, 3179; *TL*, 1977, 3829; *SANR*, p318)
R^1-X	$R^2R^3C=O$/Mg(or Sm, Zn, Li, etc.)	$R^1C(OH)(R^2)R^3$ 1°/2°/3° Alcohol	Barbier coupling reaction (*Chem. Rev.*, 1993, *93*, 2023 & 1999, *99*, 745; *SANR*, p38)

★ 문헌 약기호는 부록 338쪽에 있는 참고 문헌 약어표를 참고할 것

표 C.18 하이드라존 유도체의 변환과 관련된 이름 반응

출발 물질	반응 시약 (적색: 주 반응 시약)	생성물	이름 반응 (참고 문헌)*
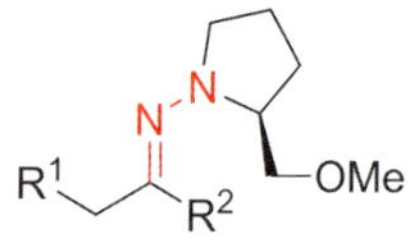	1)LDA, 0°C/THF then R^3X, -100 °C to r.t. 2)O_3/DCM or MeI then HCl/pentane	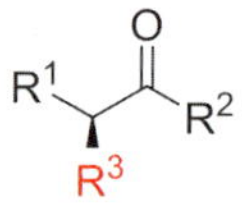 α-Substituted carbonyl	Enders SAMP/RAMP hydrazone alkylation (*ACIE*, 1976, *15*, 549; *TL*, 1977, 191; *SANR*,150)
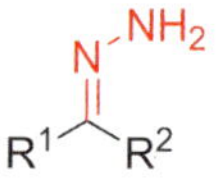	Platinized porous plate/ KOH/ heat or DMSO/KO*t*Bu/*t*BuOH, r.t.	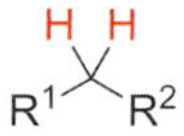 Alkane	Wolff-Kishner reduction (*JRPCS*, 1911, *43*, 582; *LAC*, 1912, *394*, 23; *SANR*, 496)
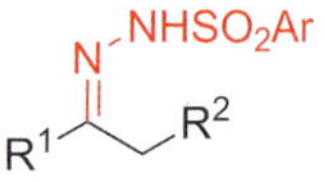	1)BuLi (2 equiv)/THF 2)Electrophile	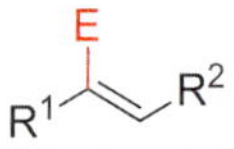 Substituted alkene	Bamford-Stevens-Shapiro olefination (*JCS*, 1952, 4735; *ACR*, 1983, *16*, 55; *SANR*, 36)
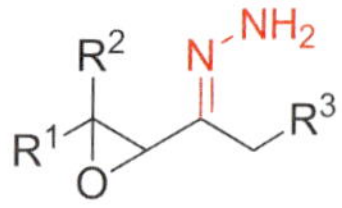	Strong base	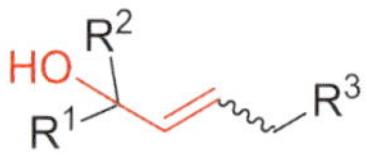 Allyl alcohol	Wharton olefin synthesis (*JRPCS*, 1913, *45*, 973; *JCS Abstracts*, 1951, 2752; *SANR*, 482)
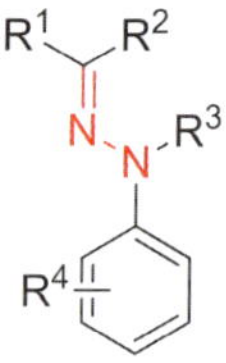	H^+, [*3,3*-sigma.]	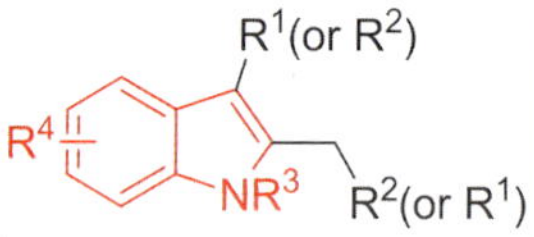 Indole	Fischer indole synthesis (*Ber.*, 1883, *16*, 2241; *Chem. Rev.*, 1969, *69*, 227; *SANR*,172)

★ 문헌 약기호는 부록 338쪽에 있는 참고 문헌 약어표를 참고할 것

표 C.19 나이트로 및 옥심 유도체의 변환과 관련된 이름 반응

출발 물질	반응 시약 (적색: 주 반응 시약)	생성물	이름 반응 (참고 문헌)*
R^1CH_2-NO_2	$R^2R^3C=O$/base/solvent	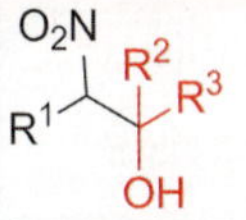 β-Nitroalcohol	Henry reaction (*Chem. Rev.*, 1943, *32*, 373; *ACR*, 1985, *18*, 284; *SANR*, p202)
R^1CH_2-NO_2	1) $R^2R^3C=O$/base/solvent 2)dehydration	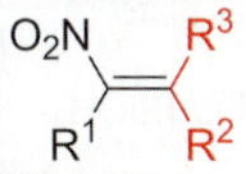 Nitroalkene	
R^1CH_2-NO_2	1) $R^2R^3C=O$/base/solvent 2)Oxidation	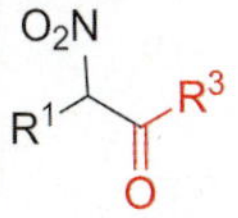 α-Nitroketone	
R^1CH_2-NO_2	$R^2R^3C=O$/base/solvent	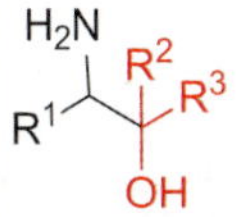 β-Aminoalcohol	
R^1R^2CH-NO_2	Oxidizing agent/H_2O	$R^1C(=O)OH$ Carboxylic acid	Nef reaction (*JRPCS*, 1893, *25*, 509; *Org. React.*, 1990, *38*, 655; *SANR*, p308)
R^1R^2CH-NO_2	Oxidizing agent/H_2O; or 1)base 2)protic acid/H_2O; or 1)$TiCl_3$ or VCl_2 or $CrCl_2$ 2)work-up	$R^1R^2C=O$ Carbonyl compound	
$R^1R^2C=CR^3NO_2$	$B_{10}H_{14}$/Pd(C)/DMSO/MeOH	$R^1R^2C=CR^3NOH$ Oxime	
$R^1R^2C=CR^3NO_2$	1)reducing agent 2) work-up	$R^1R^2CHC(=O)R^3$ Ketone	
$R^1R^2C=NOH$ (OTs, OMs, Cl)	Brönstead or Lewis acid	$R^1C(=O)NHR^2$ Amide	Beckmann rearrangement (*Org. React.*, 1960, *11*, 1; *JACS*, 1961, 83, *1983*; *SANR*, p50)
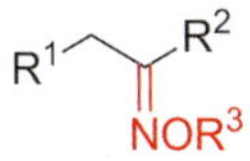 $R^1CH_2C(=NOR^3)R^2$	1)base 2)HCl/H_2O	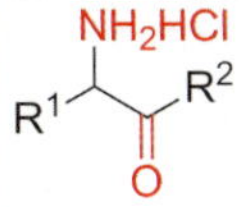 α-Amino ketone salt	Neber rearrangement (*Ann.*, 1936, *526*, 277;*Chem. Rev.*, 1964, *64*, 81; *SANR*, p306)

★ 문헌 약기호는 부록 338쪽에 있는 참고 문헌 약어표를 참고할 것

표 C.20 페놀 유도체의 변환과 관련된 이름 반응

출발 물질	반응 시약 (적색: 주 반응 시약)	생성물	이름 반응 (참고 문헌)*
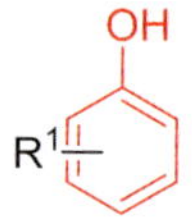 OH, R^1	Dichlorocarbene precursor/base/H_2O	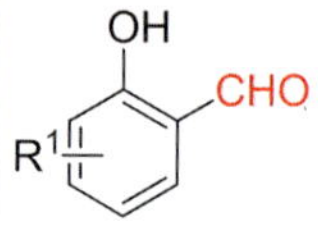 OH, CHO, R^1 *o*-Formylphenol	Reimer-Tiemann reaction (*Chem. Rev.*, 1960, *60*, 169; *Org. React.*, 1982, *28*, 1; *SANR*, p378)
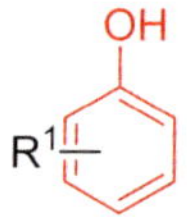 OH, R^1	$R^2CH_2C(=O)CHR^3C(=O)OEt$/ H^+ or Lewis acid	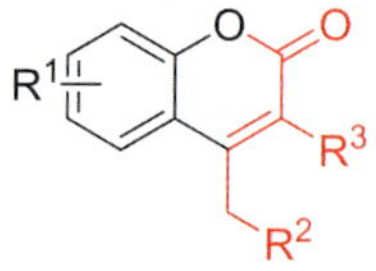 R^1, O, O, R^3, R^2 Coumarin	von Pechmann reaction (*Org. React.*, 1953, *VII*, 1; *JCE*, 1998, *75*, 1631; *SANR*, p472)
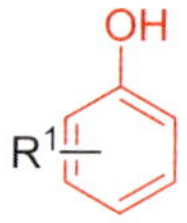 OH, R^1	1)Base then remove solvent 2)CO_2(high pressure), >100 °C 3)H_3O^+	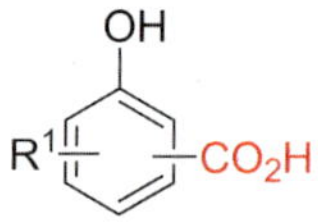 OH, R^1, CO_2H *o-/p*-Substituted hydroxyl acid	Kolbe-Schmitt reaction (*LAC*, 1860, *115*, 201; *Chem. Rev.*, 1957, *57*, 583; *SANR*, p248)

★ 문헌 약기호는 부록 338쪽에 있는 참고 문헌 약어표를 참고할 것

이름 반응 참고 문헌 약어표

1) *ACIE: Angew. Chem. Intl. Ed. Engl.*
2) *ACR: Acc. Chem. Res.*
3) *AHC: Adv. Heterocycl. Chem.*
4) *BCS: Bull. Chem. Soc. Jpn.*
5) *COC: Curr. Org. Chem.*
6) *COS: Comp. Org. Synth.*
7) *CSR: Chem. Soc. Rev.*
8) *GCI: Gazz. Chim. Ital.*
9) *HCA: Helv. Chim. Acta*
10) *JACS: J. Am. Chem. Soc.*
11) *JCE: J. Chem. Edu.*
12) *JCS: J. Chem. Soc.*
13) *JOC: J. Org. Chem.*
14) *JOMC: J. Organomet. Chem.*
15) *JPC: J. Prakt. Chem.*
16) *JRPCS: J. Russ. Phys. Chem. Soc.*
17) *LAC: Liebigs Ann. Chem.*
18) *OPPI: Org. Prep. Procced. Int.*
19) *PAC: Pure Appl. Chem.*
20) *PCS: Proc. Chem. Soc.*
21) *RCR: Russ. Chem. Rev.*
22) *SANR:* Strategic Application of Named Reactions in Organic Synthesis, L. Kurti & B. Czako, Elsevier, Amsterdam, 2005.
23) *TL: Tetrahedron Lett.*
24) *TCC: Top. Curr. Chem.*
25) *TMC: Transition Metal Chem.*

찾아보기

숫자, 영문

| 저자 소개 |

윤용진 (경상대학교 화학과 명예교수)

성균관대학교 이과대학 화학과를 졸업하고, 동 대학원에서 이학석사 및 박사학위를 취득하였다. 가톨릭대학교 의과대학 생화학교실을 거쳐 1980년 경상대학교로 부임하여 35년간 재직하였고, 현재 경상대학교 자연과학대학 화학과 명예교수이다. 재직 중에는 의예과, 수의예과 및 생물 관련학과의 유기화학을 강의하였고, 의약품과 농약 개발 및 새로운 유기 합성법 등을 연구하였다.

저서로는 '이공학도를 위한 Yoon's 핵심유기화학', '생명과학자를 위한 Yoon's 유기화학', '유기화학용어 길라잡이', '뉴턴, 음양오행설을 만나다' 등이 있으며, 유기화학 및 일반화학 등의 36권에 이르는 역서 발간에도 참여하였다.

윤효재 (고려대학교 화학과 교수)

서강대학교 화학과에서 이학사를 취득하고 미국 노스웨스턴대학교 화학과에서 박사학위를 취득하였다. 하버드대학교 화학과에서 박사후 연구를 진행한 후 2014년 고려대학교 이과대학 화학과로 부임하여 현재 부교수로 재직하고 있다. 유기 및 유기금속 분자 기반의 재료화학, 특히 다양한 유기분자 및 고분자들의 합성, 박막 제작, 물성 이해 및 제어에 관한 연구를 주로 수행하고 있다.

저서로는 '생명과학자를 위한 Yoon's 유기화학', '유기화학용어 길라잡이'가 있다.

Yoon's 유기 합성 기초 이론 및 설계

|저　　자 윤 용 진 · 윤 효 재
|발 행 인 주 정 희
|발 행 처 자유아카데미
|주　　소 경기도 파주시 회동길 37-42
파주출판도시
|전　　화 031-955-1321
|팩　　스 031-955-1322
|홈페이지 www.freeaca.com
|전자우편 main@freeaca.com(대표)
editor@freeaca.com(편집)
crm@freeaca.com(영업)
|등　　록 제406-2003-017호, 1980. 7. 12
|제1판1쇄 2017년 12월 10일 발행
|정　　가 27,000원

저자와의
협의하에
인지생략

ISBN 979-11-5808-148-5 93430